高职高专机电类专业系列教材

机械设计基础

主　编　赵永刚
副主编　柴艳荣　曾海燕
参　编　李玉梅　潘爱民
主　审　祁建中

机械工业出版社

本书是根据教育部制定的“高职高专教育机械类专业人才培养目标及规格”要求，结合当前高职高专办学实际情况和作者多年教学及教改实践经验编写而成的。本书以培养学生的机械设计能力为主线，将机械原理和机械设计的内容进行有机地结合，加强了机械设计理论和实践的联系。

全书除绪论外共14章，主要内容包括：平面机构的运动简图和自由度、平面连杆机构、凸轮机构、间歇运动机构、带传动、链传动、齿轮传动、蜗杆传动、齿轮系、连接、轴、轴承、刚性回转件的平衡、机械传动系统设计。

本书可作为高职高专院校机械类和近机类各专业“机械设计基础”课程的教材，也可供有关专业的师生和工程技术人员参考。

本书配有电子课件，凡使用本书作为教材的教师可登录机械工业出版社教材服务网 www. cmpedu. com 注册后下载。咨询邮箱：cmpgaozhi@ sina. com。咨询电话：010-88379375。

图书在版编目（CIP）数据

机械设计基础/赵永刚主编. —北京：机械工业出版社，2014.1（2024.7 重印）
高职高专机电类专业系列教材
ISBN 978-7-111-45747-3

Ⅰ.①机… Ⅱ.①赵… Ⅲ.①机械设计—高等职业教育—教材 Ⅳ.①TH122

中国版本图书馆 CIP 数据核字（2014）第 023808 号

机械工业出版社（北京市百万庄大街 22 号 邮政编码 100037）
策划编辑：王海峰 责任编辑：王海峰 王英杰
版式设计：霍永明 责任校对：闫玥红
封面设计：鞠 杨 责任印制：郜 敏
北京富资园科技发展有限公司印刷
2024 年 7 月第 1 版 第 10 次印刷
184mm×260mm · 15 印张 · 363 千字
标准书号：ISBN 978-7-111-45747-3
定价：44.80 元

电话服务 网络服务
客服电话：010-88361066 机 工 官 网：www. cmpbook. com
010-88379833 机 工 官 博：weibo. com/cmp1952
010-68326294 金 书 网：www. golden-book. com
封底无防伪标均为盗版 机工教育服务网：www. cmpedu. com

前　　言

本书是根据教育部制定的“高职高专教育机械类专业人才培养目标及规格”要求，组织从事多年教学和生产实践工作的一线教师，结合当前高职高专办学实际情况编写而成的，本书可供机械类和近机类专业使用。

本书编写突出以下特点：

1）结构清晰。本书每章都编写有知识导读，旨在让学生在学习本章知识之前，明确学习目的，把握知识点，做到有的放矢。

2）知识体系完整。在满足教学基本要求的前提下，以“必需、够用”为原则，对教学内容进行整合，使教材难易适度、篇幅适中、简明、实用。

3）突出职业教育实用性的特点。适当减少了理论和繁杂公式的推导，采取直接切入主题的方法，明确基本概念及基本方法。采用图文结合的形式，提高学生的学习兴趣，使读者易于理解和掌握。

4）技术规范和资料均采用已正式颁布的最新国家标准。

本书除绪论外共14章，分别为：平面机构的运动简图和自由度、平面连杆机构、凸轮机构、间歇运动机构、带传动、链传动、齿轮传动、蜗杆传动、齿轮系、连接、轴、轴承、刚性回转件的平衡、机械传动系统设计。每章后附有同步练习，以便学生巩固所学知识。

本书由郑州电力职业技术学院赵永刚任主编，郑州电力职业技术学院柴艳荣、曾海燕任副主编，郑州电力职业技术学院潘爱民、李玉梅参编。各章编写分工为：第2、5、7、11、12章由赵永刚编写，第1、3、4章由柴艳荣编写，第6、8、9、10章由潘爱民编写，第13、14章由曾海燕编写，绪论由李玉梅编写。

本书由郑州电力职业技术学院祁建中教授担任主审，祁建中教授认真细致地审阅，为本书提出了许多宝贵意见，对保证本书质量起了很大作用，在此表示衷心的感谢。

由于作者水平有限，书中错误和不足之处在所难免，恳请使用本书的教学单位和读者给予关注，多提宝贵意见和建议，以便修订时改进。

编　者

目　录

绪论

本章知识导读

1. 主要内容

本课程的研究对象、主要内容以及机械零件设计中所必备的基础知识，如零件的常用材料及其选择的原则。

2. 重点、难点提示

深刻认识本课程在实际生产中的地位，掌握正确的学习方法。

机械工程是人类实现工业化的主导力量。在二百多年的工业化进程中，创造了科学飞速发展和技术创新不断涌现的新时代。现在市场上可以看到千百万种大小机械，在一切可能的地方代替了人力劳动，它所创造的财富丰富了人类的物质文明和精神文明。在全球信息化的时代，机械工程将提升到一个崭新阶段，从纳米机械一直到航空航天机械，新的发明创造层出不穷，必将极大地造福于人类社会。

0.1 机器的组成及其特征

0.1.1 机器与机构

在现代的日常生活和工程实践中随处都可见到各种各样的机器。例如，洗衣机、缝纫机、内燃机、拖拉机、金属切削机床、起重机、包装机、复印机等。机器是一种人为实物组合的具有确定机械运动的装置，用来完成一定的工作过程，以代替或减轻人类的劳动。机器的种类很多，根据用途不同，机器可分为：

① 动力机器——用于实现能量转换，如内燃机、电动机、蒸汽机、发电机、压气机等。

② 加工机器——用于完成有用的机械功或搬运物品，如机床、织布机、汽车、飞机、起重机、输送机等。

③ 信息机器——用于完成信息的传递和变换，如复印机、打印机、绘图机、传真机、照相机等。

虽然机器的种类繁多，构造、用途和功能也各不相同。但具有如下相同的基本特征：

1）人为的实物（构件）组合体。

2）各个运动实物之间具有确定的相对运动。

3）能代替或减轻人类劳动，完成有用功或实现能量的转换。

凡具备上述1）、2）两个特征的实物组合体称为机构。

机器能实现能量的转换或代替人的劳动去做有用的机械功，而机构则没有这种功能。

仅从结构和运动的观点看，机器与机构并无区别，它们都是构件的组合，各构件之间具有确定的相对运动。因此，通常人们把机器与机构统称为机械。如图0-1所示的单缸内燃机，是由气缸体、活塞、连杆、曲轴、小齿轮、大齿轮、凸轮、推杆等一系列构件组成的，其各构件之间的运动是确定的。

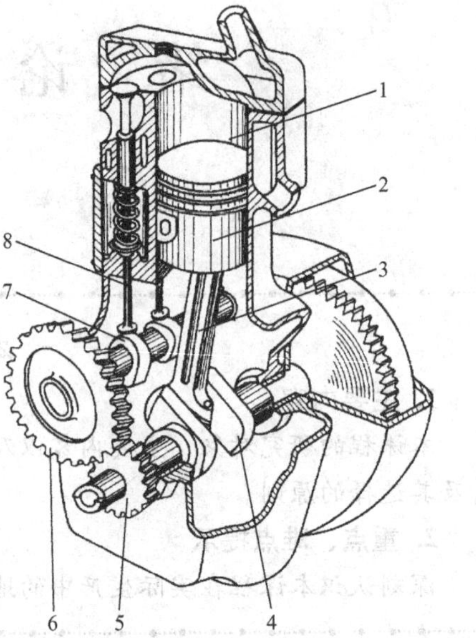

图0-1 单缸内燃机

1—气缸体 2—活塞 3—连杆 4—曲轴 5—小齿轮 6—大齿轮 7—凸轮 8—推杆

0.1.2 构件与零件

机构是由具有确定相对运动的运动单元组成的，这些运动单元称为构件。组成构件的制造单元称为零件，零件是机器中不可拆的一个最基本的制造单元体。构件可以由一个或多个零件组成。图0-1所示的单缸内燃机的曲轴即为一个零件，连杆则由多个零件组合而成。因此，构件是相互固连在一起的零件组合体。

0.2 本课程的性质和研究对象

0.2.1 本课程的性质

本课程是一门研究常用机构、通用零件与部件以及一般机器的基本设计理论和方法的课程，是机械工程类各专业的主干课程，它介于基础课程与专业课程之间，具有承上启下的作用，是一门重要的技术基础课程。本课程要求综合应用机械制图、金属工艺学、工程力学、互换性与技术测量等先修课程的基础理论和基本知识，且偏重于面对工程实践的应用。因此，要重视生产实践环节，学习时应注重培养工程意识、理论联系实际。本课程将为学生今后学习有关专业课程和掌握新的机械科学技术奠定必要的基础。

0.2.2 本课程的研究对象

本课程的研究对象为机械中的常用机构及一般工作条件下和常用参数范围内的通用零部件，研究其工作原理、结构特点、运动和动力性能、基本设计理论、计算方法以及一些零部件的选用和维护。

0.3　本课程的基本要求和学习方法

0.3.1　本课程的基本要求

本课程的任务是使学生掌握常用机构和通用零件的基本理论和基本知识，初步具有分析、设计能力，并获得必要的基本技能训练，同时培养学生正确的设计思想和严谨的工作作风。通过本课程的教学，应使学生达到下列基本要求：

1）熟悉常用机构的组成、工作原理及其特点，掌握通用机构的分析和设计的基本方法。

2）熟悉通用机械零件的工作原理、结构及其特点，掌握通用机械零件的选用和设计的基本方法。

3）具有对机构分析设计和零件设计计算的能力，并具有运用机械设计手册、图册、国家标准及行业标准等有关技术资料的能力。

4）具有综合运用所学知识和实践的技能，设计简单机械和简单传动装置的能力。

0.3.2　本课程的学习方法

本课程是从理论性、系统性很强的基础课和专业课向实践性较强的专业课过渡的一个重要转折点。因此，学生在学习过程中，必须多观察、细思考、勤练习、常总结。观察生活、生产中遇到的各种机械，熟悉典型结构，增强感性认识；思考明晰本课程的基本概念，注意各种知识的联系，做到融会贯通；勤练基本技能，提高分析能力和综合能力；及时总结、消化课程内容，归纳学到的各种技术方法。特别应注重实践能力和创新精神的培养，提高全面素质和综合职业能力。

0.4　机械设计中常用的工程材料

0.4.1　机械零件常用材料

机械零件常用材料有碳素结构钢、合金钢、铸铁、有色金属、非金属材料及各种复合材料。其中，碳素结构钢和铸铁应用最广泛。

机械零件常用材料的分类和应用见表0-1。

表0-1　机械零件常用材料的分类和应用

材料分类			应用举例或说明
钢	碳素结构钢	低碳钢（碳的质量分数≤0.25%）	铆钉、螺钉、连杆、渗碳零件等
		中碳钢（碳的质量分数>0.25%~0.60%）	齿轮、轴、蜗杆、丝杠、连接件等
		高碳钢（碳的质量分数≥0.60%）	弹簧、工具、模具等
	合金钢	低合金钢（合金元素的质量分数≤5%）	较重要的钢结构和构件、渗碳零件、压力容器等
		中合金钢（合金元素的质量分数>5%~10%）	飞机构件、热镦锻模具、冲头等
		高合金钢（合金元素的质量分数≥10%）	航空工业蜂窝结构、液体火箭壳体、核动力装置、弹簧等

（续）

材料分类			应用举例或说明
铸铁	灰铸铁（HT）	低牌号（HT100、HT150）	对力学性能无一定要求的零件，如端盖、底座、手轮、机床床身等
		高牌号（HT200～HT400）	承受中等静载的零件，如机身、底座、泵壳、齿轮、联轴器、飞轮、带轮等
	可锻铸铁（KT）	铁素体型	承受低、中、高动载荷和静载荷的零件，如差速器壳、犁刀、扳手、支座、弯头等
		珠光体型	要求强度和耐磨性较高的零件，如曲轴、凸轮轴、齿轮、活塞环、轴套、犁刀等
	球墨铸铁（QT）	铁素体型	与可锻铸铁基本相同
		珠光体型	
铜合金	铸造铜合金	铸造黄铜	用于轴瓦、衬套阀体、船舶零件、耐腐蚀零件、管接头等
		铸造青铜	用于轴瓦、蜗轮、丝杠螺母、叶轮、管配件等
轴承合金（巴氏合金）	锡基轴承合金		用于轴承衬，其摩擦因数低，减摩性、抗胶合性、磨合性、耐蚀性、韧度、导热性均良好
	铅基轴承合金		强度、韧度和耐蚀性稍差，但价格较低
塑料	热塑性塑料（如聚乙烯、有机玻璃、尼龙等） 热固性塑料（如酚醛塑料、氨基塑料等）		用于一般结构零件，减摩、耐磨零件，传动件、耐腐蚀件、绝缘件、密封件、透明件等
橡胶	通用橡胶 特种橡胶		用于密封件，减振、防振零件，传动带、运输带和软管、绝缘材料、轮胎、胶辊、化工衬里等

0.4.2 材料选用的原则

合理选择材料是机械设计中的重要环节。选择材料首先必须保证零件在使用过程中具有良好的工作能力，同时还要考虑其加工工艺性和经济性。

1. 满足使用性能要求

材料的使用性能是指零件在工作条件下，材料应具有的力学性能、物理性能以及化学性能。对机械零件而言，最重要的是力学性能。

零件的使用条件包括三方面：①受力状况（如载荷类型、大小、形式及特点等）；②环境状况（如温度特性、湿度特性、环境介质等）；③特殊要求（如导电性、导热性、热膨胀等）。

（1）零件的受力状况　当零件受拉伸或剪切这类分布均匀的静载荷时，应选用组织均匀的材料，按塑性和强度性能选择材料。载荷较大时，可选下屈服强度 R_{eL} 或抗拉强度 R_m 较高的材料。

当零件受弯曲、扭转这类分布不均匀的静载荷时，按综合力学性能选择材料，应保证最大应力部位有足够的强度。常选用容易通过热处理等方法提高强度及表面硬度的材料（如调质钢等）。

当零件受较大接触应力时，可选用容易进行表面强化的材料（如渗碳钢、渗氮钢等）。

当零件受变应力时，应选用抗疲劳强度较高的材料，常用能通过热处理等手段提高疲劳强度的材料。

对刚度要求较高的零件，应选用弹性模量较大的材料，同时还应该考虑结构、形状、尺寸等对刚度的影响。

（2）零件的环境状况及特殊要求　根据零件的工作环境及特殊要求不同，除对材料的力学性能提出要求外，还应对材料的物理性能及化学性能提出要求。如当零件在滑动摩擦条件下工作时，应选用耐磨性、减摩性好的材料，故滑动轴承常选用轴承合金、锡青铜等材料。

在高温下工作的零件，常选用耐热性能好的材料，如内燃机排气阀可选用耐热钢，气缸盖则选用导热性好、比热容大的铸造铝合金。

在腐蚀介质中工作的零件，应选用耐蚀性好的材料。

2. 有良好的加工工艺性

零件毛坯的加工方法有许多，主要有热加工和切削加工两大类。不同材料的加工工艺性不同。

1）热加工工艺性能。热加工工艺性能主要包括：铸造性能、锻造性能、焊接性能和热处理性能。表 0-2 为常用金属材料热加工工艺性能比较。

表 0-2　常用金属材料热加工工艺性能比较

热加工工艺性能	常用金属材料热加工性能比较	备　注
铸造性能	可铸性较好的金属铸造性能排序：铸造铝合金、铜合金、铸铁、铸钢	铸铁中，灰铸铁的铸造性能最好
锻造性能	碳素结构钢中锻造性能排序：低碳钢、中碳钢、高碳钢 合金钢：低合金钢锻造性能近于中碳钢；高碳合金钢较差	碳的质量分数及合金元素质量分数越高的材料，其锻造性能相对越差
焊接性能	低碳钢和碳的质量分数低于 0.18% 的合金钢有较好的焊接性能；碳的质量分数大于 0.45% 的碳素钢和碳的质量分数大于 0.35% 的合金钢焊接性能较差；铜合金和铝合金的焊接性能较差，灰铸铁焊接性能更差	碳的质量分数及合金元素质量分数越高的材料，其焊接性能越差
热处理性能	金属材料中，钢的热处理性能较好，合金钢的热处理性能比碳素结构钢好；铝合金的热处理要求严格；铜合金只有很少几种可通过热处理方法强化	选择材料时要综合考虑淬硬性、淬透性、变形开裂倾向性、回火脆性等性能要求

2）切削加工性能。金属的切削加工性能一般用刀具耐用度为 60min 时的切削速度 v_{60} 来表示，v_{60} 越高，则金属的切削加工性能越好。金属切削加工性能分为 8 个级别，1 级为易加工，8 级为难加工。各种金属材料的切削加工性能可查阅有关手册。

3. 选择材料要综合考虑经济性要求

1）材料价格。材料价格在产品总成本中占较大比重，一般占产品价格的 30%~70%。

2）提高材料的利用率。采用精铸、模锻等毛坯加工方法，可以减少切削加工对材料的浪费。

3）零件的加工和维修费用要尽量低。

4）采用组合结构。如蜗轮齿圈可采用减摩性好的铸造锡青铜，而其他部分可采用廉价的材料。

5）材料的合理代用。对生产批量大的零件，要考虑我国资源状况，材料来源要丰富，尽量避免采用稀缺的材料。如可用热处理方法强化碳素钢，代替合金钢而降低成本。

0.5　机械零件设计的基本准则及设计步骤

0.5.1　机械零件的主要失效形式

机械零件由于某种原因丧失正常工作能力称为失效。对于通用的机械零件，其强度、刚度和磨损失效是主要失效形式；对于高速传动的零件，还应考虑振动问题。归纳起来，零件的主要失效形式如图0-2所示。

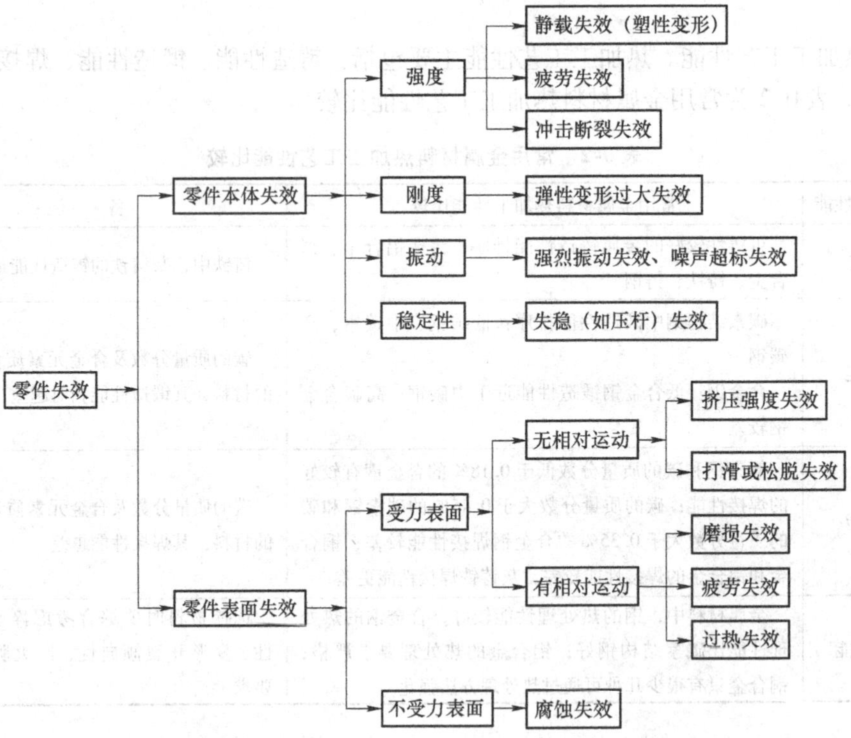

图0-2　零件的主要失效形式

机械零件在实际工作中，可能会同时发生几种失效形式，设计时应根据具体情况，确定避免同时发生失效的设计方案。

0.5.2　机械零件的设计准则

根据零件产生失效的形式及原因制定设计准则，并以此作为防止失效和进行设计计算的依据。概括地讲，大体有以下准则：

（1）强度准则 要求零件在工作时不产生强度失效，强度准则应取在零件中的危险截面处，应力不超过许用应力。用公式表示为

$$\sigma \leqslant [\sigma] = \frac{\sigma_{\lim}}{S_\sigma} \tag{0-1}$$

$$\tau \leqslant [\tau] = \frac{\tau_{\lim}}{S_\tau} \tag{0-2}$$

式中 σ、τ——拉伸（压缩、弯曲）应力及剪应力；

$[\sigma]$、$[\tau]$——许用应力；

S_σ、S_τ——安全系数；

$\sigma_{\lim}$、$\tau_{\lim}$——极限应力。

对于静应力，极限应力取屈服极限（塑性材料）或强度极限（脆性材料）；对于变应力，极限应力取疲劳极限。

（2）刚度准则 刚度是指零件在载荷作用下抵抗弹性变形的能力。刚度计算准则要求零件的弹性变形小于或等于允许值。此允许值根据变形对零件工作性能的影响，由分析或实验的方法决定（如轴弯曲变形量影响轴上齿轮的啮合情况等）。

（3）耐磨性准则 耐磨性是指零件抵抗磨损的能力。例如齿轮的轮齿表面磨损量超过一定限度后，轮齿齿形会有较大的改变，从而使齿轮转速均匀性受到影响，产生噪声与振动，严重时因齿根厚度变薄而导致轮齿折断。因此在磨损严重的情况下，以限制与磨损有关的参数作为磨损计算的准则。

（4）振动稳定性准则 如果一个零件的固有频率 f 与激振源的频率 f_P 相同或为整数倍关系时，则这些零件就会产生共振，以致使零件破坏或机器工作情况失常。根据实践经验，f 与 f_P 接近在一定范围以内时，即可发生共振。因此振动稳定性准则要求激振源的频率在该范围之外，一般要求 $f_P < 0.85f$，$f_P > 1.15f$（更高阶的共振也应避免）。

（5）可靠性准则 可靠性表示系统、机器或零件等在规定时间内稳定工作的程度或性质。可靠性常用可靠度 R 来表示，可靠度是指系统、机器或零件等在规定的使用时间（寿命）内和预订环境条件下，能正常地实现其功能的概率。如有一批某种被试零件，共有 N_T 件，在一定条件下进行试验，在预定时间 t 内，有 N_f 个零件失效，剩下 N_s 个零件仍能继续工作，则可靠度为

$$R = \frac{N_s}{N_T} = \frac{N_T - N_f}{N_T} = 1 - \frac{N_f}{N_T} \tag{0-3}$$

一个由多个零件组成的串联系统，任意一个零件失效都会整个机器失效，如 R_1、R_2、…、R_n 为各零件的可靠度，则整个零件的可靠度为

$$R = R_1 R_2 \cdots R_n \tag{0-4}$$

有些系统机器或零件要求以可靠度作为计算准则。

0.5.3 机械零件设计的一般步骤

机械零件的设计计算方法有很多种，如理论设计法（简化成物理、力学模型）、经验设计法（经验公式、类比法）、模型实验法、计算机辅助设计法法（CAD/CAE）等。机械零

件的设计大体要经过以下几个步骤：

1）根据零件的使用要求，选择零件的类型和结构。为此，必须对各种零件的不同用途、优缺点、特性与使用范围等，进行综合对比并正确选用。

2）根据机器的工作要求，计算作用在零件上的载荷。

3）根据零件的工作要求及对零件的特殊要求，选择适当的材料。

4）根据零件可能的失效形式确定计算准则，根据计算准则进行计算，确定出零件的基本尺寸。

5）根据工艺性及标准化等原则进行零件的结构设计。

6）细节设计完成后，必要时进行详细的校核计算，以判定结构的合理性。

7）画出零件的工作图，并写出计算说明书。

在进行设计时，对于数值的计算除少数与几何尺寸精度要求有关外，对于手算工作一般以两、三位有效数字的计算精度为宜。

必须再度强调指出，结构设计是机械零件的重要设计内容之一，在有些情况下，它占用了设计工作量中的一个较大比例，一定要给予足够的重视。

绘制的零件工作图应完全符合制图标准，并满足加工的要求。

写出的设计说明书要条理清晰，语言简练，数字正确，格式统一，并附有必要的结构草图和计算草图。重要的引用数据，一般要指明来源出处。对于重要的计算结果，要写出简短的结论。

第1章 平面机构的运动简图和自由度

本章知识导读

1. 主要内容

机构的组成及运动特点，平面机构运动简图的绘制以及机构自由度的计算。

2. 重点、难点提示

平面机构运动简图的绘制以及机构自由度的计算。

机构是实现传递机械运动和动力的构件组合体，是用运动副连接起来的、具有确定相对运动的构件系统。机构种类繁多，如常见的连杆机构、凸轮机构、齿轮传动机构、螺旋传动机构、带和链传动机构等。如果机构中各运动构件均在同一平面或相互平行的平面中运动，则称为平面机构，反之则称为空间机构。

1.1 机构的组成

1.1.1 自由度、运动副与约束

构件是机构中运动的单元体，因此它是组成机构的基本要素。构件的自由度是构件可能出现的独立运动。任何一个构件在空间自由运动时皆有六个自由度。它可表达为在直角坐标系内沿着三个坐标轴的移动和绕着三个坐标轴的转动。而对于一个做平面运动的构件，则只有三个自由度——构件沿 x 轴、y 轴方向移动和绕垂直于 xOy 平面的任意轴线的转动，如图 1-1 所示。

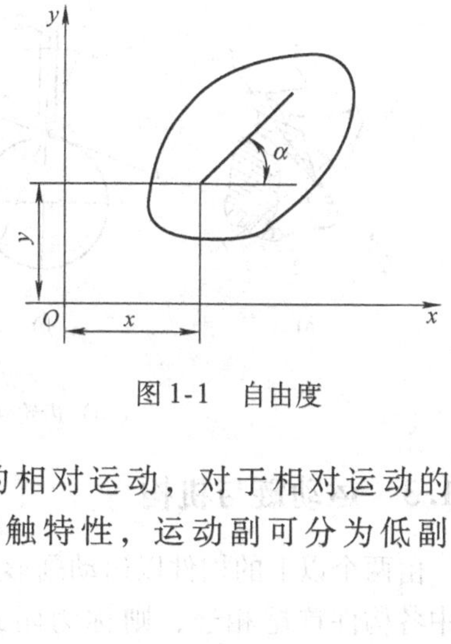

图 1-1　自由度

平面机构中每个构件都不是自由构件，而是以一定的方式与其他构件组成动连接。这种使两构件直接接触并能产生一定运动的连接，称为运动副。两构件组成运动副时构件上参加接触的点、线、面称为运动副元素，显然，运动副也是组成机构的主要要素。两构件组成运动副后，就限制了两构件间的相对运动，对于相对运动的这种限制称为约束。根据组成运动副两构件之间的接触特性，运动副可分为低副和高副。

1.1.2 运动副及其分类

1. 低副

两构件组成面接触的运动副称为低副。根据它们之间的相对运动是转动还是移动，运动副又可分为转动副和移动副。

(1) 转动副　若组成运动副的两构件只能绕某一轴线做相对转动则构成转动副。通常转动副用铰链连接，即由圆柱销和销孔所构成，如图 1-2 所示。

(2) 移动副　若组成运动副的两构件只能做相对直线移动则构成移动副，如图 1-3 所示。如活塞与气缸体所组成的运动副即为移动副。

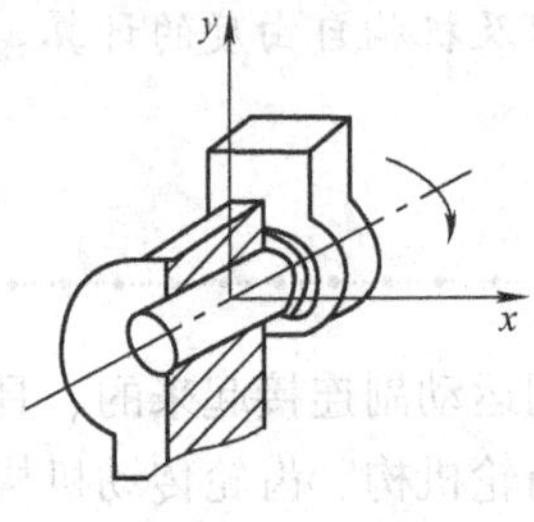

图 1-2　转动副

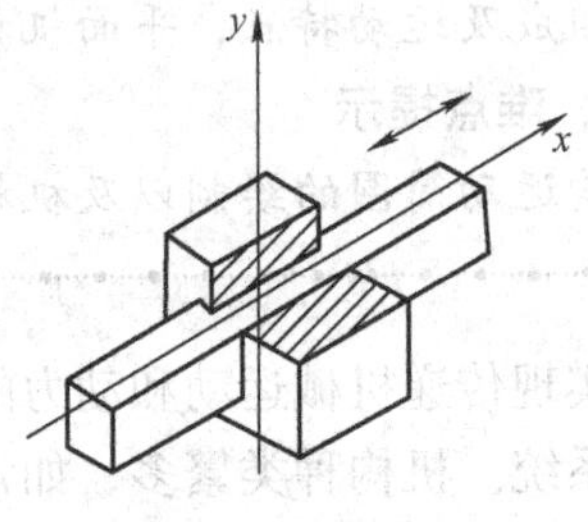

图 1-3　移动副

平面机构中的低副引入两个约束，仅保留一个自由度。

2. 高副

两构件以点或线接触组成的运动副称为高副，如图 1-4 所示。图 1-4a 为齿轮副的两齿轮之间、图 1-4b 为凸轮副的凸轮与从动件之间分别在接触部位形成高副。组成高副的两构件之间可以沿接触处的公切线方向做相对移动以及在平面内做相对转动。

由此可见，平面机构中的高副为引入一个约束，保留了两个自由度。

此外，常用的运动副还有图 1-4c 所示的球面副、图 1-4d 所示的螺旋副，它们都属于空间运动副，即两构件的相对运动为空间运动。

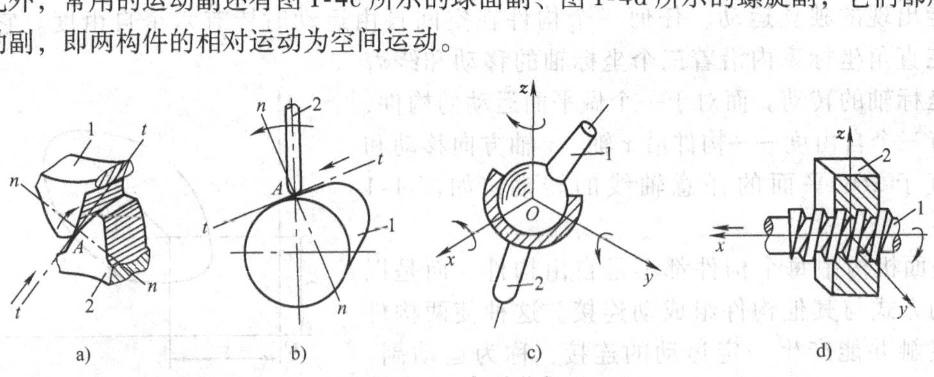

图 1-4　高副形式

a) 齿轮副　b) 凸轮副　c) 球面副　d) 螺旋副

1.1.3 运动链与机构

由两个以上的构件以运动副形式连接而构成的系统称为运动链，如图 1-5 所示。若运动链中各构件首尾相连，则称为闭式运动链，如图 1-5a 所示；否则称为开式运动链，如

图1-5b所示。

将运动链中的一个构件固定，当其中的一个或几个构件做给定的独立运动时，其余构件便随之做确定的运动，此时，运动链便成为机构。机构中固定的构件称为机架，输入运动的构件称为主动件，其余的活动构件称为从动件。从动件的运动规律取决于主动件的运动规律和机构的结构。因此，机构是由机架、主动件和从动件所组成的构件系统。

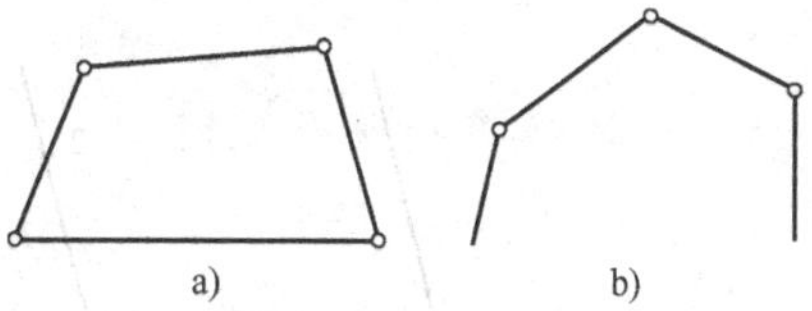

图1-5　运动链

a）闭式运动链　b）开式运动链

1.2　平面机构的运动简图

在研究分析机械设备和设计新机械时，为了便于分析，可以先不考虑实际机械或机构的复杂外形和构造，仅用规定的符号和线条按一定的比例表示构件的尺寸和运动副的相对位置，这种表示机构中各构件间相对运动关系并能完全反映机构特征的简图称为机构运动简图。

工程中使用的机械虽然千差万别，但从运动学观点看，许多机器都有共同之处。例如，活塞式内燃机、空气压缩机、压力机等，尽管外形和用途各不相同，但它们的主要传动机构运动简图是相同的。

1.2.1　运动副及构件的表示方法

1. 构件

构件均用直线或小方块来表示，图1-6a、b所示为一个构件上有两个运动副的情况，图1-6c、d所示为一个构件上有三个运动副的情况。

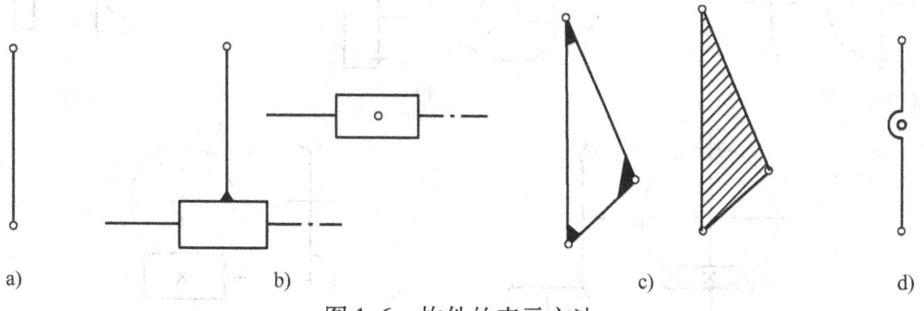

图1-6　构件的表示方法

a）、b）一个构件上有两个运动副　c）、d）一个构件上有三个运动副

2. 转动副

两构件组成转动副时，其表示方法如图1-7所示。图面与回转轴线垂直，如图1-7a所示；图面与回转轴线共面，如图1-7b所示。表示转动副的圆圈，其圆心必须与回转轴线重合。

3. 移动副

两构件组成移动副时，其表示方法如图1-8所示。移动副的导路应与两构件相对移动的方向一致。

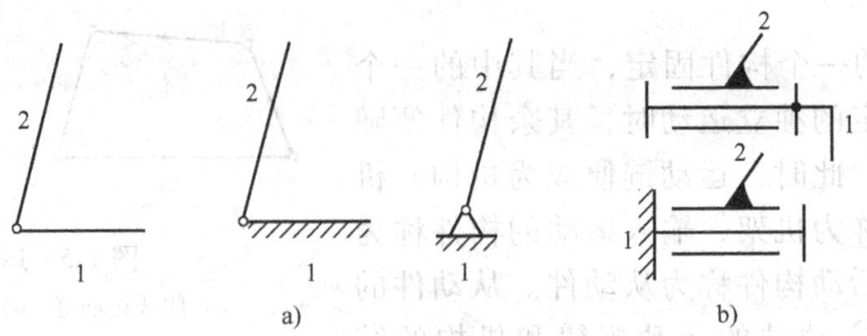

图 1-7 转动副的表示方法

a）图面与回转轴线垂直 b）图面与回转轴线共面

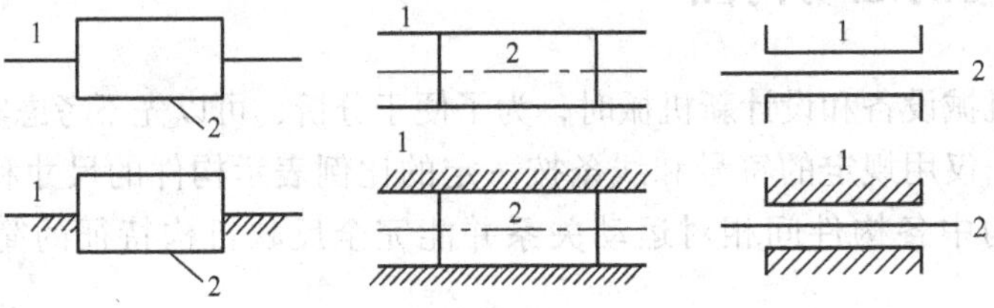

图 1-8 移动副的表示方法

4. 高副

两构件组成高副时的相对运动与这两个构件在接触处的轮廓形状有直接关系，因此，在表示高副时必须画出两构件在接触处的曲线轮廓。图 1-9 所示为齿轮副的表示方法。

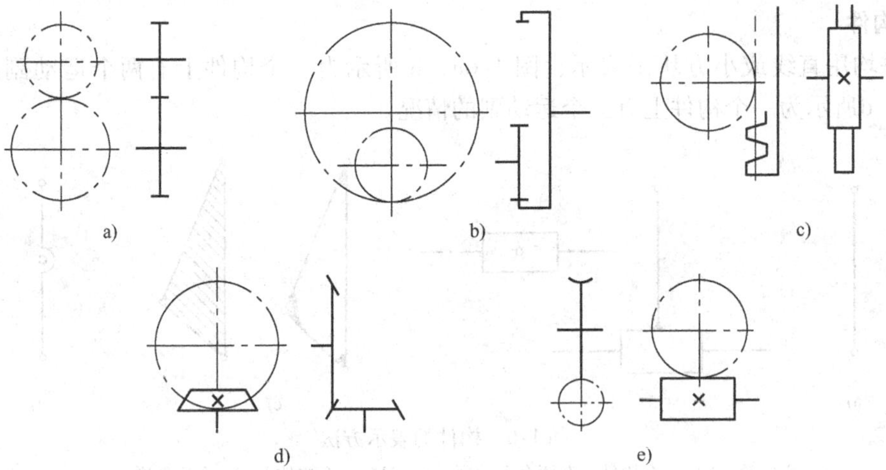

图 1-9 齿轮副的表示方法

a）外啮合齿轮副 b）内啮合齿轮副 c）齿轮齿条副 d）锥齿轮副 e）蜗杆副

图 1-10 所示为凸轮副的表示方法。

1.2.2 平面机构运动简图的绘制

在绘制机构运动简图时，首先必须分析该机构的实际构造和运动情况，明确机构中的主动件及从动件；然后从主动件开始，顺着运动传递路线，仔细分析各构件之间的相对运动情况；从而确定组成该机构的构件数、运动副数及性质。在此基础上按一定的比例，使用规定的构件和运动副符号，正确绘制出机构运动简图。绘制时应撇开与运动无关的构件复杂外形和运动副具体构造。同时应注意选择恰当的原动件位置进行绘制，避免构件相互重叠或交叉。

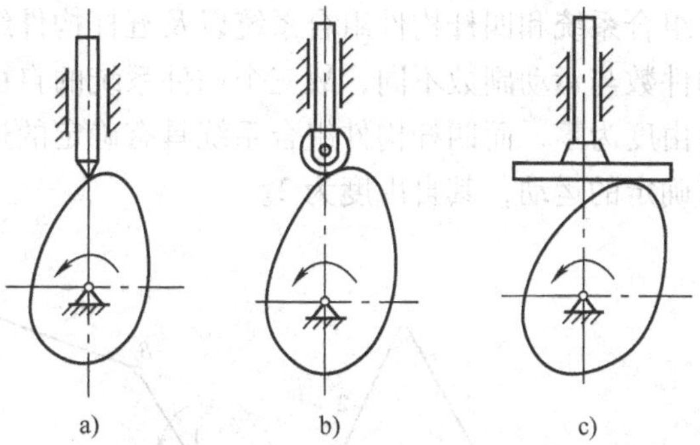

图 1-10　凸轮副的表示方法

绘制机构运动简图的步骤如下：

1）分析机构的组成，观察相对运动关系，了解其工作原理。

2）确定所有的构件（数目与形状）、运动副（数目和类型）。

3）选择合理的位置，能充分反映机构的特性。

4）确定比例尺，$\mu_l = \dfrac{实际尺寸}{图上尺寸}$（m/mm 或 mm/mm）。

5）用规定的符号和线条绘制成机构运动简图。

【例 1-1】　图 1-11a 所示为颚式破碎机的主体机构，试绘制其机构运动简图。

解　破碎机工作时偏心轴绕轴线 A 转动，驱动动颚板运动，从而将矿石压碎。偏心轴与机架在 A 点构成转动副；偏心轴与动颚板也构成转动副，其轴心在 B 点；肋板分别与动颚板和机架在 C、D 两点构成转动副。此机构是由原动件偏心轴，从动件肋板、构件、机架共同构成的曲柄摇杆机构。

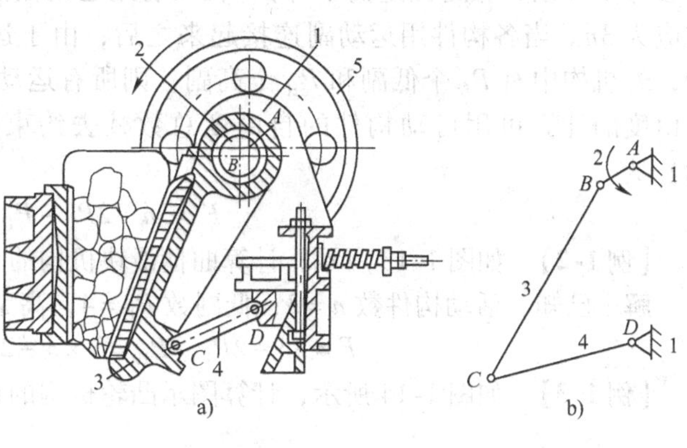

图 1-11　颚式破碎机的主体结构及其机构运动简图

a）结构剖面图　b）机构运动简图

1—机架　2—偏心轴　3—动颚板　4—肋板　5—带轮

按图 1-11a 量取尺寸，选取合适的比例尺，确定 A、B、C、D 四个转动副的位置，即可绘制出机构运动简图，最后标出原动件的转动方向，如图 1-11b 所示。

1.3　运动确定性的概念

运动链和机构都是由构件和运动副组成的系统，机构要实现预期的运动传递和变换，必须使其运动具有可能性和确定性。研究平面机构的自由度是分析机构运动确定与否的关键。

1.3.1　平面机构的自由度

机构的自由度是指机构中各构件相对于机架所具有的独立运动的数目。平面机构自由度与组成机构的构件数目、运动副的数目及运动副的性质有关。如图 1-12 所示，观察三杆构件组合系统和四杆构件组合系统以及五杆构件组合系统，它们皆用转动副连接，但因三者的构件数与运动副数不同，故三个构件系统的自由度也不同。显然三杆构件组合系统不能动，自由度为零，而四杆构件组合系统具有确定的运动，有一个自由度，五杆构件组合系统也具有确定的运动，其自由度为2。

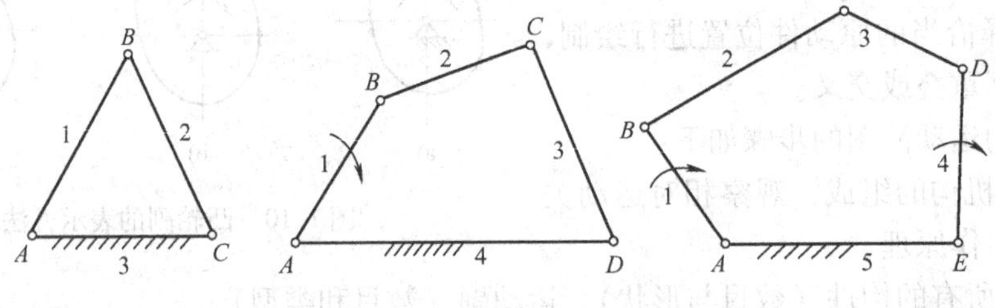

图1-12　机构的自由度

在平面机构中每个平面低副（转动副、移动副等）引入两个约束，使构件失去两个自由度，保留一个自由度；而每个平面高副（齿轮副、凸轮副等）引入一个约束，使构件失去一个自由度，保留两个自由度。如果一个平面机构中包含有 n 个可动构件（机架为参考坐标系，相对固定而不计），在没有用运动副连接之前，这些可动构件的自由度总数应为 $3n$。当各构件用运动副连接起来之后，由于运动副引入的约束使构件的自由度减少，若机构中有 P_L 个低副和 P_H 个高副，则所有运动副引入的约束数为 $2P_L+P_H$。因此，自由度的计算可用可动构件的自由度总数减去约束的总数。则机构的自由度（用 F 表示）为

$$F=3n-2P_L-P_H \tag{1-1}$$

【例1-2】 如图1-13所示，计算曲柄滑块机构的自由度。

解 已知，活动构件数 $n=3$，低副数 $P_L=4$，高副数 $P_H=0$

$$F=3n-2P_L-P_H=3\times3-2\times4-0=1$$

【例1-3】 如图1-14所示，计算图示凸轮机构的自由度。

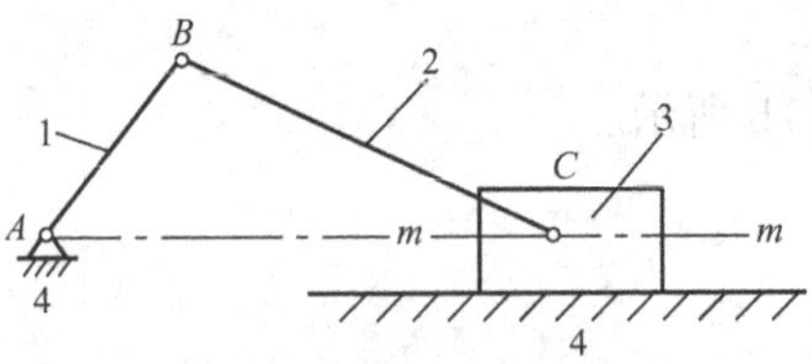

图1-13　曲柄滑块机构

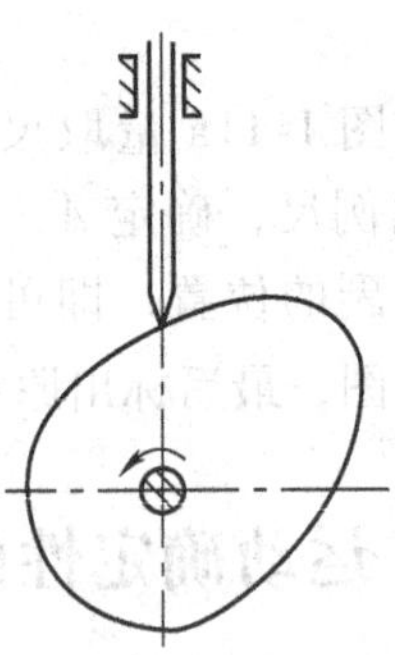

图1-14　凸轮机构

解 已知，活动构件数 $n=2$，低副数 $P_L=2$，高副数 $P_H=1$

$$F=3n-2P_L-P_H=3\times2-2\times2-1=1$$

1.3.2　计算机构的自由度时应注意的问题

在应用自由度公式式（1-1）计算平面机构自由度时，应注意以下几点。

1. 复合铰链

两个以上的构件共用同一条转动轴线所构成的转动副称为复合铰链。如图1-15a所示，三个构件在同一处构成复合铰链。由图1-15b可知，此三构件共组成两个共轴线转动副。显然，当有 n 个构件在同一处构成复合铰链时，就构成 $n-1$ 个共线转动副。在计算机构自由度时，应仔细观察是否有复合铰链存在，以免算错运动副的数目。

【例1-4】 如图1-16所示，计算复合杆机构的自由度。

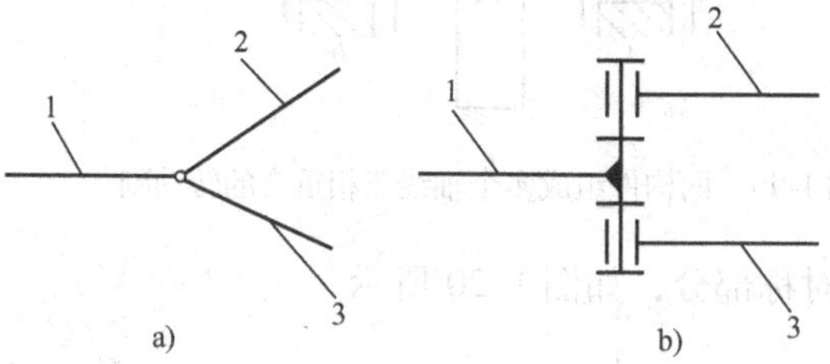

图1-15　复合铰链

a）铰链轴线垂直于纸面　b）铰链轴线平行于纸面

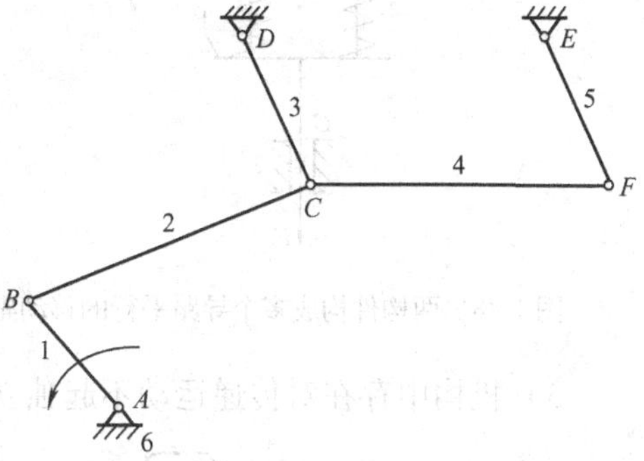

图1-16　复合杆机构

解　已知，活动构件数 $n=5$，低副数 $P_L=7$，高副数 $P_H=0$

$$F=3n-2P_L-P_H=3\times5-2\times7-0=1$$

2. 局部自由度

在机构中，某些构件具有不影响其他构件运动的自由度，称为机构的局部自由度，在计算机构自由度时应去掉。

在图1-17a所示的平面凸轮机构中，为减少高副接触处的磨损，在从动件上安装一个滚子，使其与凸轮的轮廓线滚动接触。显然，滚子是否绕其自身轴线转动并不影响凸轮与从动件间的相对运动，因此滚子绕其自身轴线的转动为机构的局部自由度。在计算机构的自由度时应预先将转动副和滚子除去不计，如图1-17b所示，设想将滚子与从动件固连在一起，作为一个构件来考虑。此时该机构中，$n=2$，$P_L=2$，$P_H=1$。

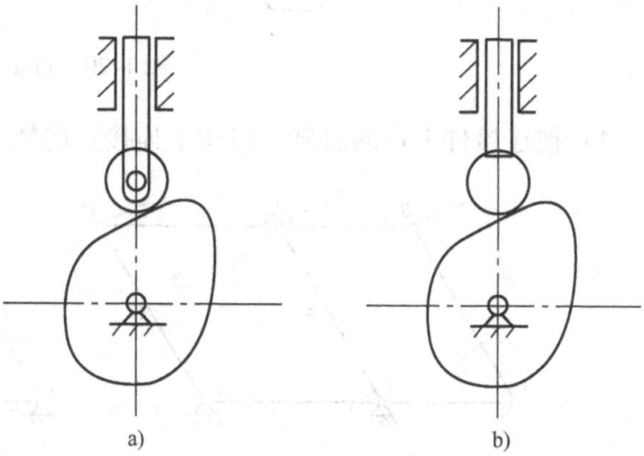

图1-17　局部自由度

a）对心直动滚子从动件盘形凸轮机构

b）按局部自由度处理后的机构

其机构自由度为

$$F=3n-2P_L-P_H=3\times2-2\times2-1=1$$

3. 虚约束

在特殊的几何条件下，有些约束所起的限制作用是重复的，这种不起独立限制作用的约束称为虚约束。

平面机构的虚约束常出现于下列情况。

1）两构件构成多个导路平行的移动副，如图1-18所示。

2）两构件组成多个轴线互相重合的转动副，如图1-19所示。

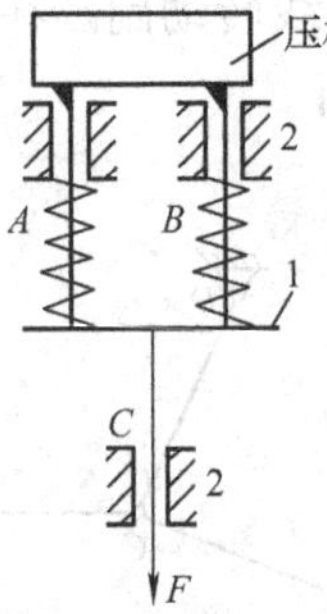

图1-18　两构件构成多个导路平行的移动副

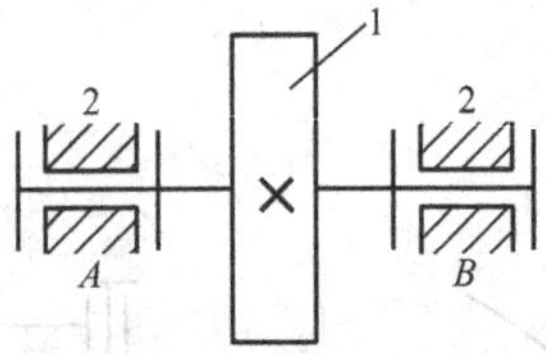

图1-19　两构件组成多个轴线互相重合的转动副

3）机构中存在对传递运动不起独立作用的对称部分，如图1-20所示。

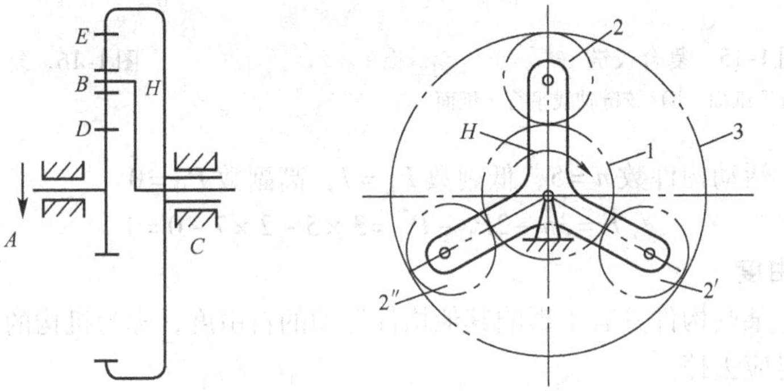

图1-20　行星轮系

4）被连接件上点的轨迹与机构上连接点的轨迹重合，如图1-21所示。

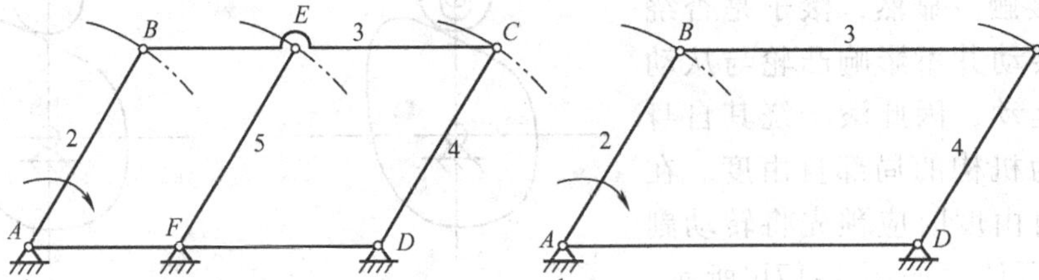

图1-21　平行四边形机构

1.3.3　机构具有确定运动的条件

机构要能运动，它的自由度必须大于零。机构的自由度表明机构具有的独立运动数。由于每一个原动件只可从外界接受一个独立运动规律（如内燃机的活塞具有一个独立的移动），因此，当机构的自由度为1时，只需要有一个原动件；当机构的自由度为2时，则需要有两个原动件。故机构具有确定运动的条件是：构件系统的自由度必须大于零，且原动件的数目必须等于自由度的数目。

如果机构的自由度数大于原动件数，机构的运动将不确定；如果机构的自由度数小于原动件数，机构将不能运动甚至损坏机构中的薄弱环节。

同步练习

1. 什么是运动副？常见的运动副有哪些？
2. 机构具有确定运动的条件是什么？
3. 绘制如图1-22所示各机构的运动简图。

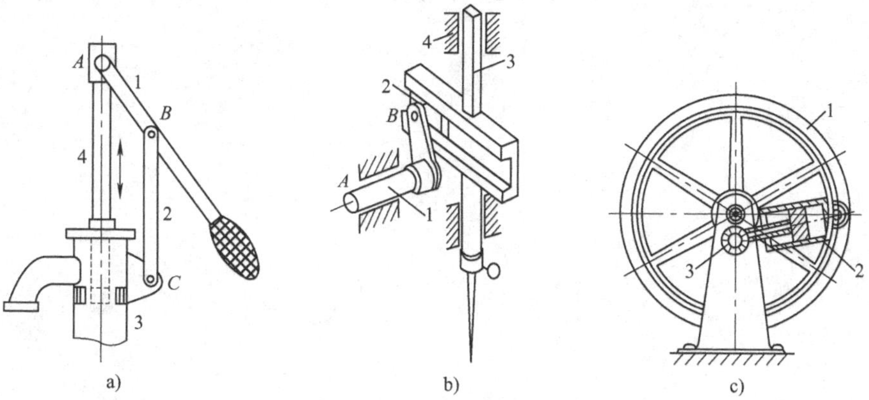

图1-22　同步练习3图

4. 指出图1-23所示各机构中的复合铰链、局部自由度和虚约束，计算机构的自由度，并判断它们是否有确定的运动（标有箭头的构件为原动件）。

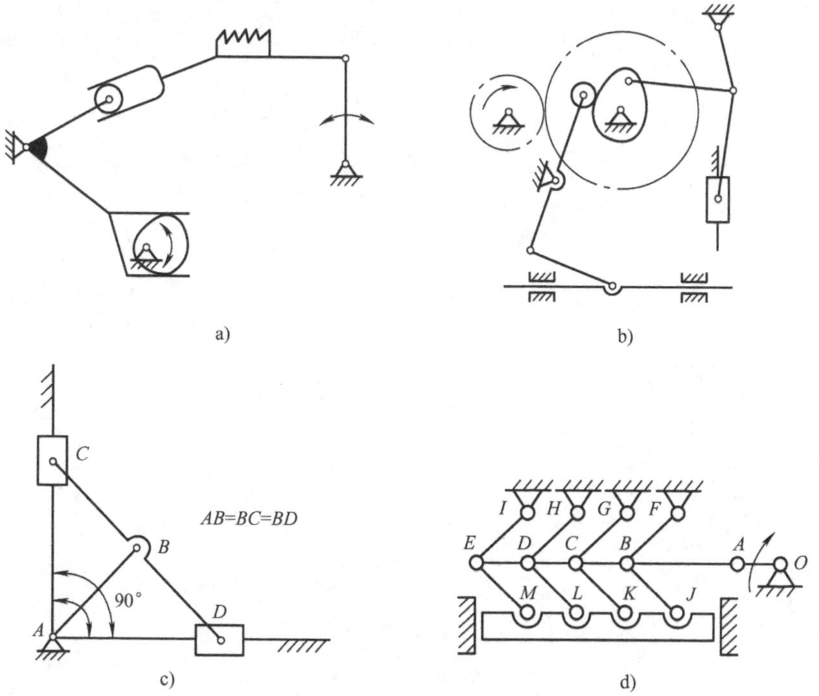

图1-23　同步练习4图

5. 计算图1-24所示机构的自由度。

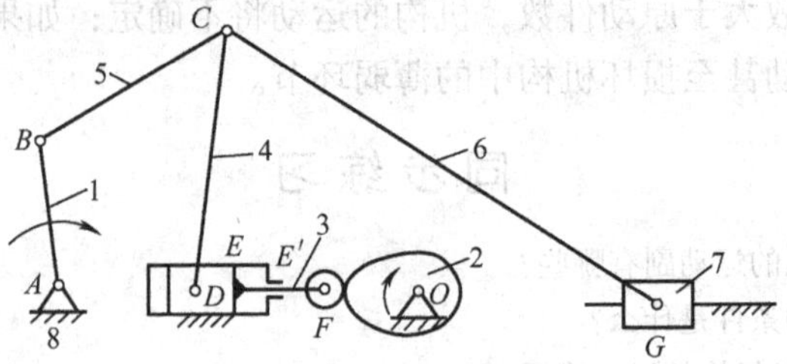

图1-24 同步练习5图

第2章 平面连杆机构

机械设计基础

本章知识导读

1. 主要内容

平面四杆机构的基本形式及其演化形式；平面四杆机构的工作特性；平面四杆机构设计的基本问题。

2. 重点、难点提示

平面四杆机构的类型、特性及设计是本章的重点。

平面连杆机构是由若干个构件以低副（转动副和移动副）连接而成，且所有构件在相互平行的平面内运动的机构，也称为平面低副机构。平面连杆机构是工程中最常见的机构，其中结构最简单、应用最广泛的是平面四杆机构。

2.1 概述

2.1.1 平面连杆机构的特点

平面连杆机构广泛应用于各种机械和仪表中，平面连杆机构的主要优点是：

1）运动副都是低副，压强小，便于润滑，磨损轻，寿命长，可传递较大的动力。

2）运动副元素的几何形状简单，易于加工，可获得较高精度，成本低。

3）在主动件等速连续运动的条件下，当各构件的相对长度不同时，从动件可实现多种形式的运动，满足多种运动规律的要求。

4）连杆上各点轨迹形状各异，可利用这些曲线来满足不同轨迹的要求。

平面连杆机构的主要缺点是：

1）平面连杆机构的运动链较长，运动副中存在的间隙以及构件的尺寸误差将产生较大的积累误差，降低机械效率。

2）平面连杆机构只能近似地满足对运动规律和运动轨迹的要求，不容易实现精确复杂的运动规律。

3）机构中做平面运动和移动的构件所产生的惯性力难以平衡，不适用于高速传动。

2.1.2 平面连杆机构的应用和分类

平面连杆机构能方便地实现转动、摆动、移动等运动形式的转换，常应用于机床、动力机械、工程机械、包装机械、印刷机械和纺织机械中。如牛头刨床中的导杆机构，活塞式发动机和空气压缩机中的曲柄滑块机构，包装机中的执行机构等。其中以平面四杆机构在工程中最为常用，而平面四杆机构最常用的形式可分为两大类：铰链四杆机构及含有一个移动副的平面四杆机构。铰链四杆机构是平面四杆机构的基本形式。含有一个移动副的平面四杆机构可视为铰链四杆机构的演化形式，即含有一个移动副的铰链四杆机构。

2.2 铰链四杆机构

2.2.1 铰链四杆机构的组成

如图 2-1 所示的铰链四杆机构，其中固定不动的构件 *AD* 称为机架；与机架相连的构件 *AB* 和 *CD* 称为连架杆；连架杆中，能绕机架的固定铰链做整周转动的称为曲柄，仅能在一定角度范围内往复摆动的称为摇杆；连接两连架杆且不与机架直接相连的构件 *BC* 称为连杆。

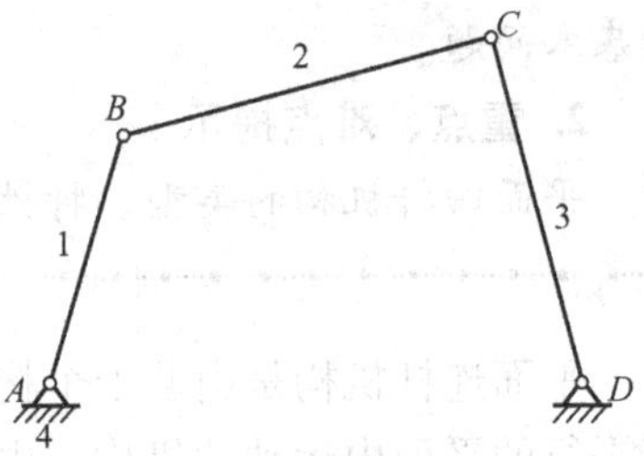

图 2-1 铰链四杆机构

2.2.2 铰链四杆机构的基本形式

根据两个连架杆能否成为曲柄，铰链四杆机构可分为三种基本形式：①曲柄摇杆机构、②双曲柄机构、③双摇杆机构。

1. 曲柄摇杆机构

在铰链四杆机构中，若两个连架杆中，一个为曲柄，另一个为摇杆，则此铰链四杆机构称为曲柄摇杆机构。通常曲柄为原动件，并作匀速转动，而摇杆为从动件，做变速往复摆动。如图 2-2 所示的搅拌机、图 2-3所示的雷达天线俯仰角的调整机构及图 2-4 所示的缝纫机脚踏机构均为曲柄摇杆机构。图 2-3 中，曲柄缓慢地匀速转动，通过连杆，使摇杆在一定角度范围内摆动，以调整天线俯仰角的大小。

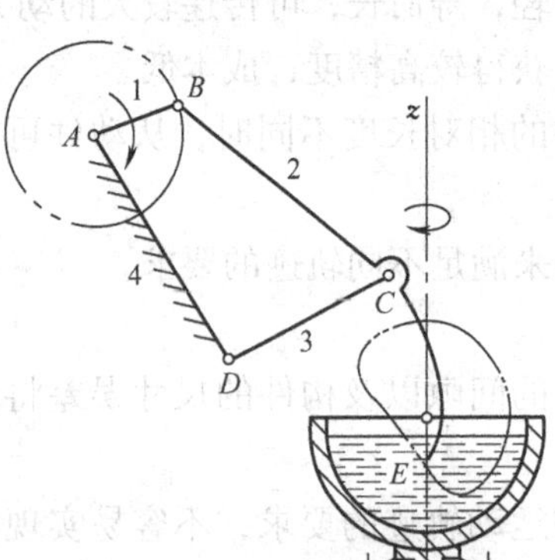

图 2-2 搅拌机

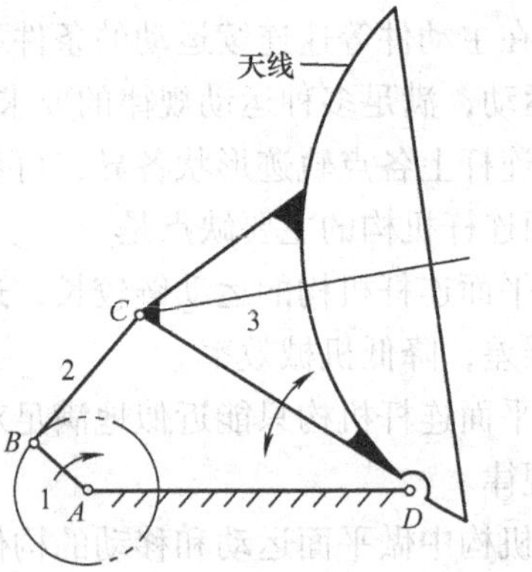

图 2-3 雷达天线俯仰角的调整机构

2. 双曲柄机构

在铰链四杆机构中，若两连架杆均为曲柄，则称为双曲柄机构。

图 2-5 所示的惯性筛机构中的构件 1、构件 2、构件 3、构件 6 组成的机构，为双曲柄机构。在惯性筛机构中，主轴曲柄 *AB* 等角度速回转一周，曲柄 *CD* 变角速度回转一周，进而带动筛子做往复运动，筛选物料。

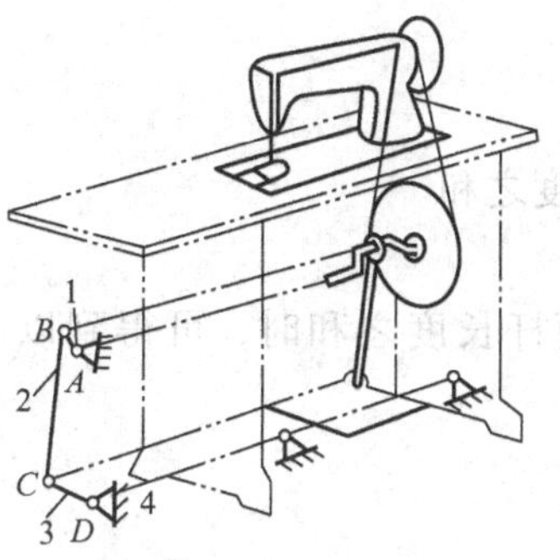

图 2-4　缝纫机脚踏机构

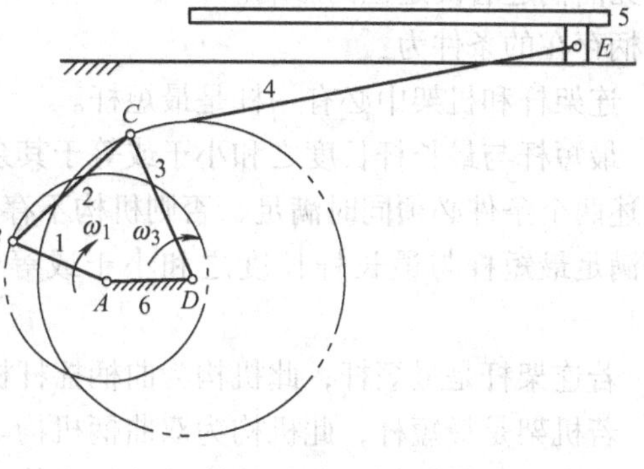

图 2-5　惯性筛机构

在双曲柄机构中，用得较多的是平行双曲柄机构（也称为平行四边形机构），如图 2-6 所示。这种机构的对边长度相等，组成平行四边形。当杆 *AB* 等角速度转动时，杆 *CD* 也以相同角速度同向转动，连杆 *BC* 则做平移运动。

此外，还有反平行四边形机构。如公共汽车车门启闭机构，当主动曲柄转动时，通过连杆从动曲柄朝相反方向转动，从而保证两扇车门同时开启或关闭。

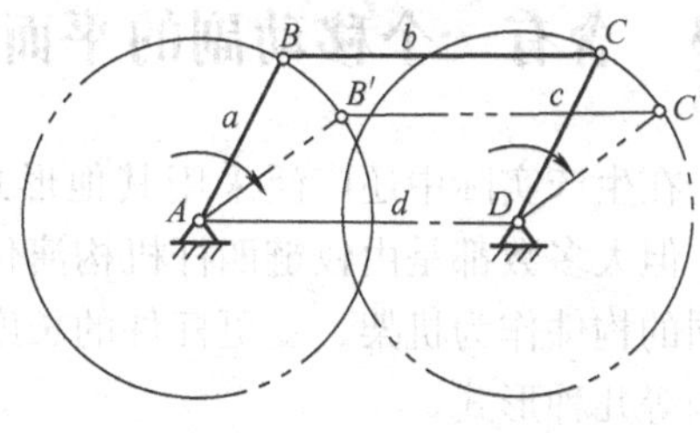

图 2-6　平行四边形机构

3. 双摇杆机构

两连架杆均为摇杆的铰链四杆机构称为双摇杆机构。

图 2-7 所示的轮式车辆的前轮转向机构为双摇杆机构，该机构两摇杆长度相等，称为等腰梯形机构。车子转弯时，为了保证轮胎与地面之间作纯滚动，以减轻轮胎磨损，*AB*、*CD* 两摇杆摆角不同，使两前轮转动轴线汇交于后轮轴线上的 *O* 点，这时四个车轮绕 *O* 点做纯滚动。

图 2-8 所示为用于鹤式起重机变幅的双摇杆机构。当摇杆 *AB* 摆动时，另一摇杆 *CD* 随之摆动，选用合适的杆长参数，可使悬挂点 *E* 的轨迹近似为水平直线，以免被吊重物做不必要的上下运动而造成功率损耗。

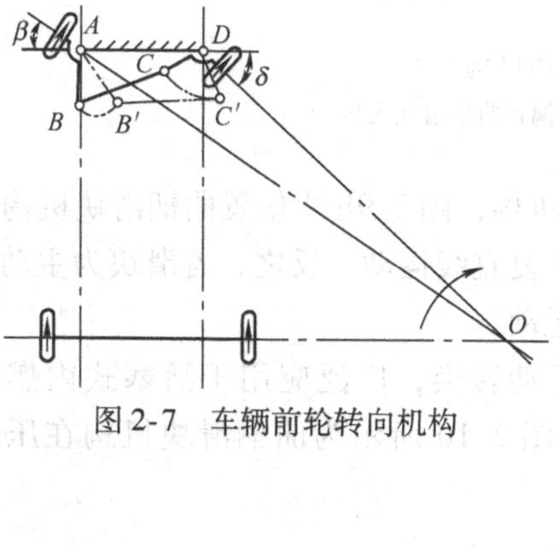

图 2-7　车辆前轮转向机构

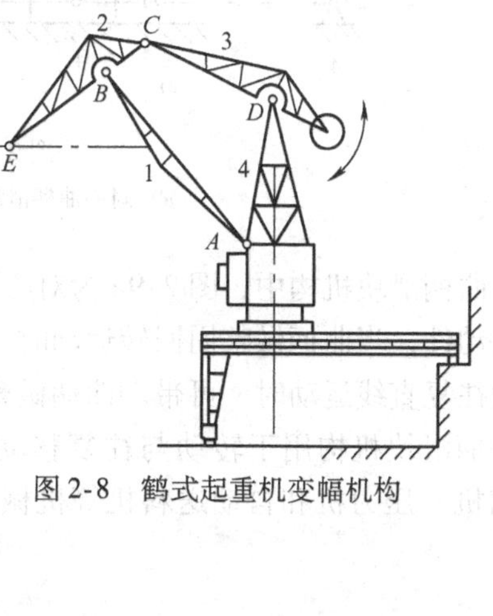

图 2-8　鹤式起重机变幅机构

2.2.3 铰链四杆机构曲柄存在的条件

铰链四杆机构的三种基本形式，区别在于有无曲柄和有几个曲柄。而四个杆相对长度对机构有无曲柄起着决定性的影响。

曲柄存在的条件为：

1）连架杆和机架中必有一杆是最短杆。

2）最短杆与最长杆长度之和小于或等于其余两杆长度之和。

上述两个条件必须同时满足，否则机构不存在曲柄。

若满足最短杆与最长杆长度之和小于或等于其余两杆长度之和时，可得到以下三种结构：

1）若连架杆是最短杆，此机构为曲柄摇杆机构。

2）若机架是最短杆，此机构为双曲柄机构。

3）若连杆是最短杆，此机构为双摇杆机构。

若不满足最短杆与最长杆长度之和小于或等于其余两杆长度之和时，此机构为双摇杆机构。

2.3 含有一个移动副的平面四杆机构

在生产实际中还广泛采用其他形式的四杆机构。这些机构种类繁多，具体结构差异较大，但大多数都是由铰链四杆机构演化而成的。演化的方式通常采用移动副取代转动副、以不同的构件作为机架、变更杆件的长度和扩大回转副等途径。常用的有曲柄滑块机构、导杆机构等几种形式。

2.3.1 曲柄滑块机构

曲柄滑块机构是用移动副取代曲柄摇杆机构中的转动副而演化得到的，如图 2-9 所示。

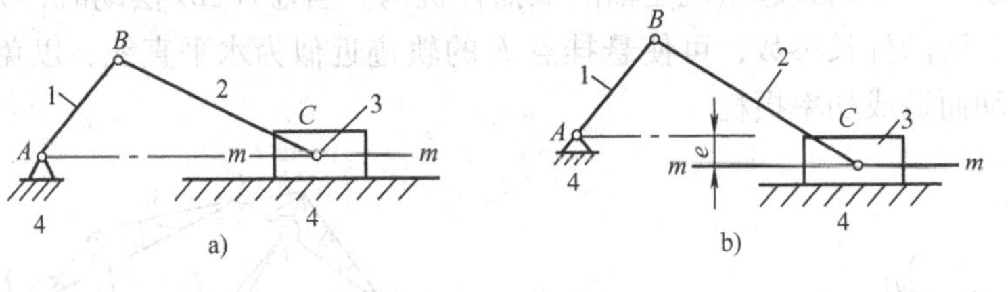

图 2-9 曲柄滑块机构

a）对心曲柄滑块机构 b）偏置曲柄滑块机构

在曲柄滑块机构中，图 2-9a 为对心曲柄滑块机构，图 2-9b 为偏置曲柄滑块机构。若曲柄为主动件，当曲柄做整周回转运动时，滑块做往复直线运动；反之，若滑块为主动件，当滑块做往复直线运动时，可带动曲柄做整周回转运动。

曲柄滑块机构用于转动与往复移动之间的运动转换，广泛应用于活塞式内燃机、空气压缩机、压力机和自动送料机等机械设备中。图 2-10 所示为曲柄滑块机构在压力机中的应用。

2.3.2　导杆机构

导杆机构可看做是通过改变曲柄滑块机构中的固定构件演化而来的。在图2-11a所示的对心曲柄滑块机构中，若取不同的构件为机架，则可得到不同的导杆机构。

1. 曲柄转动导杆机构

如图2-11b所示，以杆1为机架，若杆的长度 $l_1 < l_2$，此时杆2和杆4都可以做整周回转运动，这种具有一个曲柄和一个能做整周转动导杆的四杆机构称为曲柄转动导杆机构。如图2-12所示的小型刨床机构简图，采用的就是这种曲柄转动导杆机构。

2. 曲柄摆动导杆机构

如图2-11b所示，以杆1为机架，如果杆的长度 $l_1 > l_2$，那么机构就演化成曲柄摆动导杆机构。图2-13所示为曲柄摆动导杆机构在电器开关中的应用。当曲柄 BC 处于图示位置时，动触点4和静触点1接触，当 BC 偏离图示位置时，两触点分开。

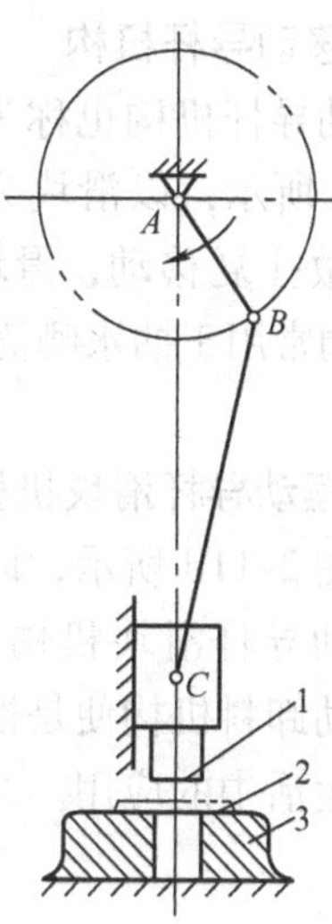

图2-10　曲柄滑块机构在压力机中的应用

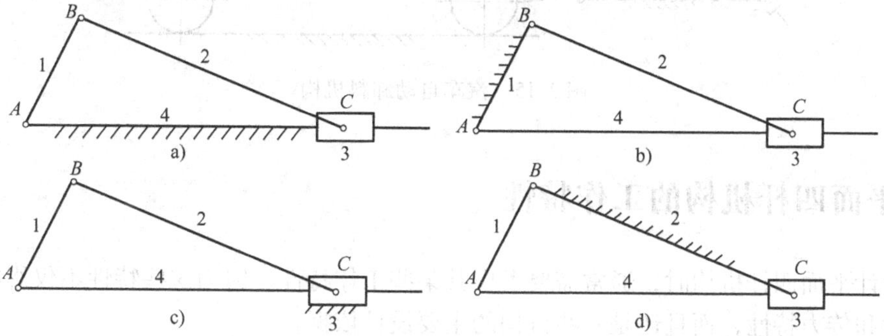

图2-11　曲柄滑块机构向导杆机构的演化

a）对心曲柄滑块机构　b）曲柄导杆机构　c）移动导杆机构　d）摆动导杆滑块机构

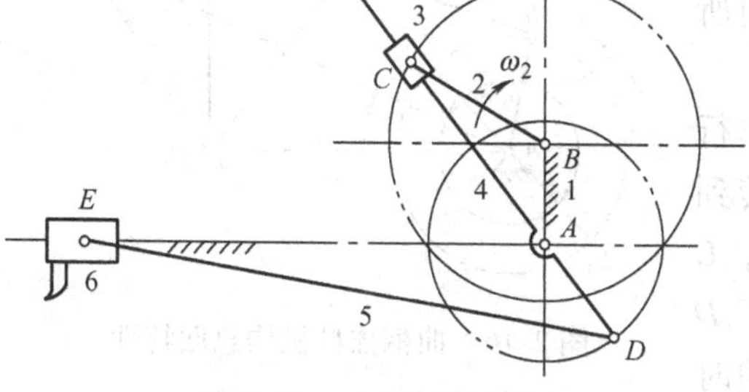

图2-12　小型刨床机构

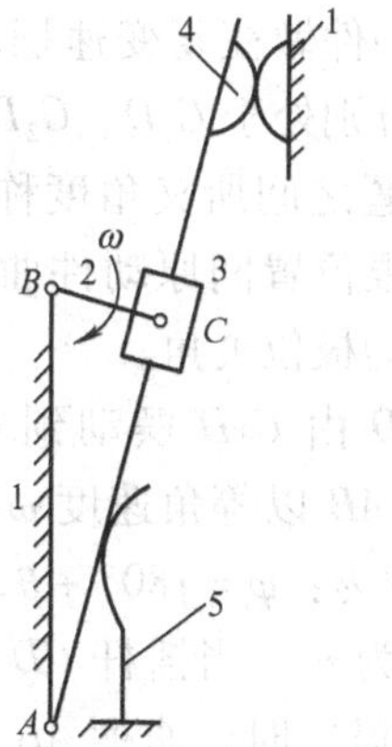

图2-13　曲柄摆动导杆机构在电器开关中的应用

1—静触点　2—曲柄　3—滑块　4—动触点　5—压簧

3. 移动导杆机构

移动导杆机构也称为定滑块机构。如图2-11c所示，以滑块为机架，杆4只相对滑块做往复移动，滑块3称为定滑块。这种机构常用于抽水唧筒（图2-14）和抽油泵中。

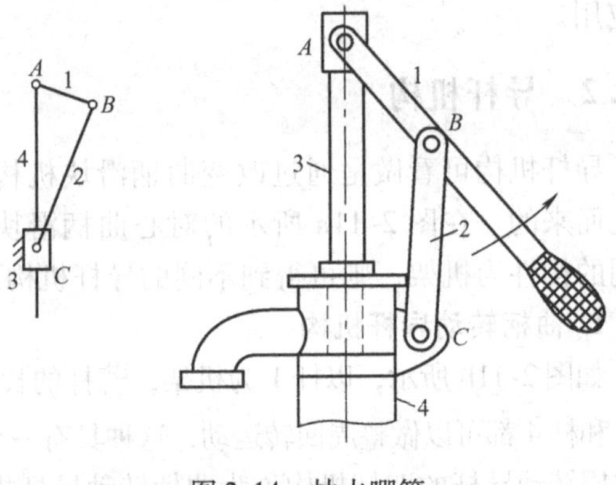

图2-14 抽水唧筒

4. 摆动导杆滑块机构

如图2-11d所示，以杆2为机架，便得到摆动导杆滑块机构。图2-15所示的汽车自动卸料机构便是摆动导杆滑块机构在实际生活中的应用。

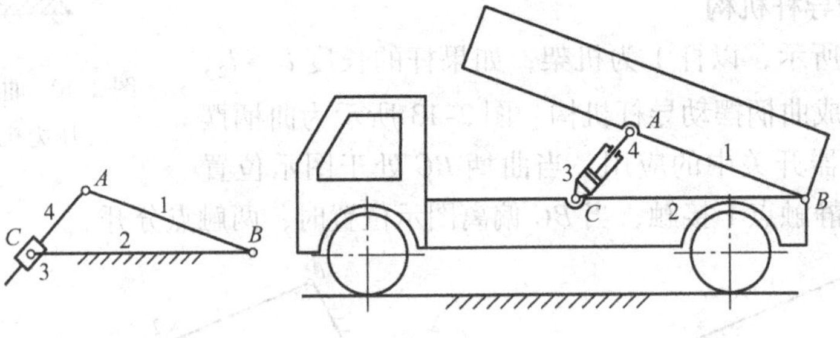

图2-15 汽车自动卸料机构

2.4 平面四杆机构的工作特性

在设计平面四杆机构时，通常需要考虑其某些工作特性，因为这些特性不仅影响机构的运动特性和传力特性，而且还是一些机构的主要设计依据。

2.4.1 急回特性及行程速度变化系数

在图2-16所示的曲柄摇杆机构中，当曲柄AB为原动件以角速度ω做等角速度转动时，摇杆CD为从动件做往复变速摆动，曲柄AB在回转一周的过程中有两次与连杆BC共线。这时摇杆CD分别处于C_1D、C_2D两个极限位置，摇杆在两极限位置之间所夹角度称为摇杆的摆角，用φ表示。两极限位置间原动件曲柄所在直线之间所夹的锐角θ称为极位夹角。

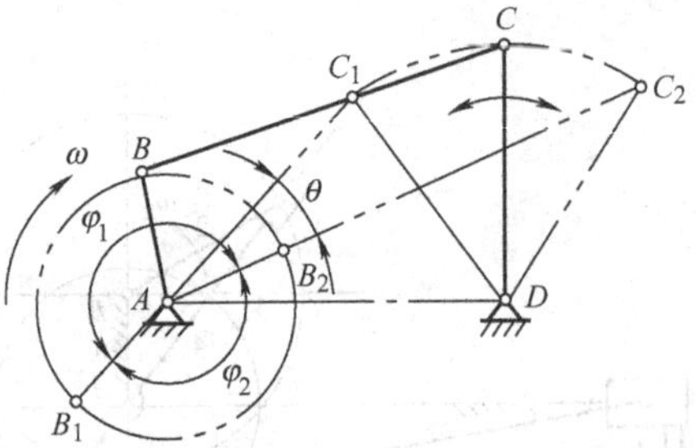

图2-16 曲柄摇杆机构急回特性

当摇杆CD由C_1D摆动到C_2D位置（工作行程）时，曲柄AB以等角速度ω顺时针从AB_1转到AB_2，转过角度为：$\varphi=180°+\theta$，所需时间为t_1，C点的平均速度为v_2。当摇杆CD由C_2D摆回到C_1D位置（空回行程）时，曲柄AB以等角速度ω顺时针从AB_2回转到AB_1，转过的角度为：$\varphi_2=180°-\theta$，所需时间为t_2，C点的平均速度为v_2。

由于$\varphi_1>\varphi_2$，所以$t_1>t_2$，$v_2>v_1$，说明当曲柄等速转动时，摇杆来回摆动的速度不同，空回行程速度较大。这种从动件往复运动所需时间不等的性质称为机构的急回特性。这种特性能满足某些机械的工作要求，如牛头刨床和插床，工作行程要求速度慢而均匀以提高加工质量，空回行程要求速度快以缩短非工作时间，提高工作效率。

通常用行程速度变化系数K来表示这种特性，即

$$K=\frac{\text{从动件回程平均速度}}{\text{从动件工作平均速度}}=\frac{\dfrac{\overset{\frown}{C_1C_2}}{t_2}}{\dfrac{\overset{\frown}{C_1C_2}}{t_1}}=\frac{t_1}{t_2}=\frac{\varphi_1}{\varphi_2}=\frac{180^\circ+\theta}{180^\circ-\theta} \tag{2-1}$$

行程速度变化系数K的大小表达了机构的急回特性。若$K>1$，表示空回行程速度v_2大于工作行程速度v_1，机构具有急回特性。θ越大，K值则越大，机构的急回特性越显著；反之，K值越小，机构的急回特性越不显著；若极位夹角θ为零，则机构没有急回特性。

由式（2-1）得

$$\theta=180^\circ\frac{K-1}{K+1} \tag{2-2}$$

极位夹角θ是设计四杆机构的重要参数之一。

图2-17所示为偏置曲柄滑块机构，偏距为e。当$e=0$时，$\theta=0$，则$K=1$，无急回特性；$e\neq0$时，$\theta\neq0$，则$K>1$，机构有急回特性。

图2-18所示为曲柄摆动导杆机构，其极位夹角θ等于导杆摆角φ，具有急回特性。

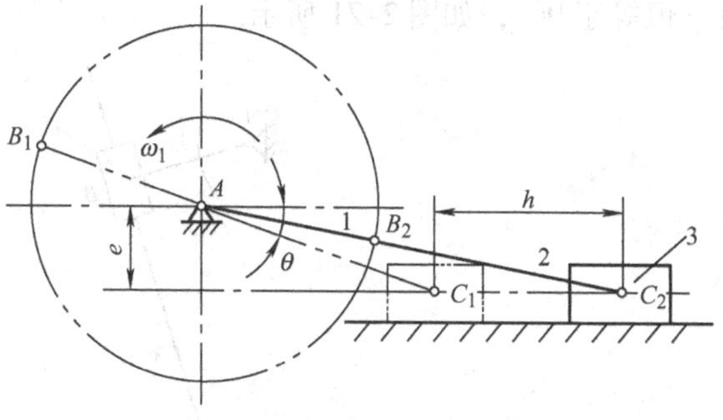

图2-17　偏置曲柄滑块机构图

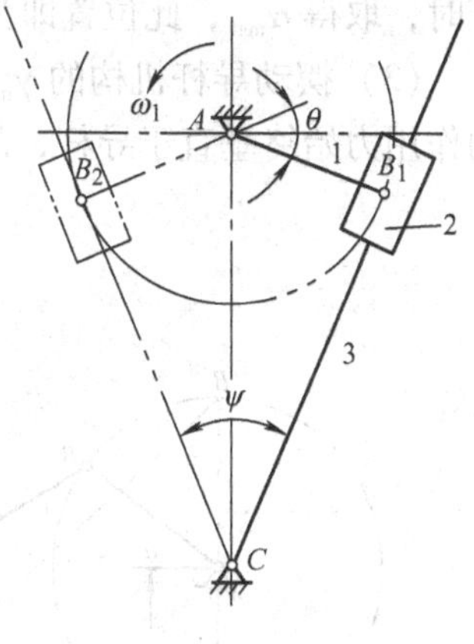

图2-18　曲柄摆动导杆机构

在生产实际中，常利用机构的急回特性来缩短非生产时间，提高生产率，如牛头刨床、往复式运输机等。

2.4.2　压力角和传动角

在如图2-19所示的曲柄摇杆机构中，如不考虑构件所受重力和摩擦力，则连杆BC是二力杆，主动件曲柄通过连杆传给从动件的力F沿BC方向。作用在从动件上的驱动力F与该力作用点的绝对速度v_C方向之间所夹锐角称为压力角，用α表示。力F可正交分解为两

个分力，即沿 v_C 方向的分力 $F_t = F\cos\alpha$，它对从动件产生驱动力矩，做有用功，称为有效分力；沿 v_C 垂直方向的分力 $F_n = F\sin\alpha$，它引起摩擦阻力，产生有害的摩擦功，称为有害分力。

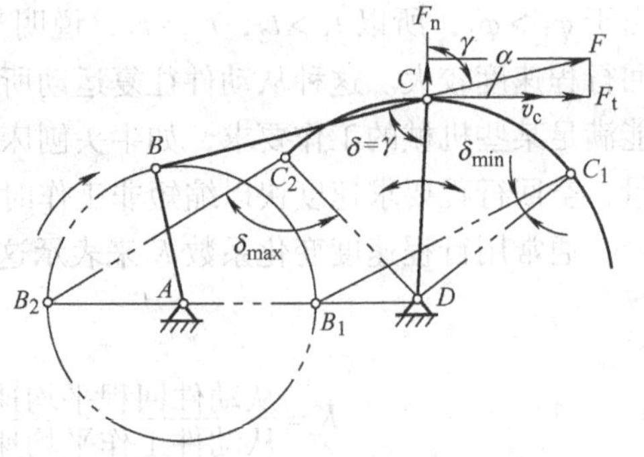

图 2-19 压力角和传动角

在连杆机构设计中，为了测量方便，常用压力角的余角 γ 来判断传力性能，γ 称为传动角。显然，压力角 α 越小，传动角 γ 越大，使从动件运动的有效分力就越大，机构的传力性能越好；反之，压力角 α 越大，传动角 γ 越小，机构传力性能越差。α 和 γ 是反映机构传动性能的重要指标，由于机构运行时，α、γ 随从动件的位置不同而变化，为保证机构有良好的传力性能，要限制工作行程的最大压力角 α_{max} 或最小传动角 γ_{min}：对于一般的机械，$\alpha_{max} \leqslant 50°$ 或 $\gamma_{min} \geqslant 40°$；对于大功率机械，$\alpha_{max} \leqslant 40°$ 或 $\gamma_{min} \geqslant 50°$。为此，在设计机构时，应保证 $\gamma_{min} \geqslant [\gamma]$，确定机构何时何位置取得 γ_{min} 就成为了关键。

（1）曲柄摇杆机构的 γ_{min}　曲柄摇杆机构的最小传动角 γ_{min} 出现在曲柄 AB 与机架 AD 共线的两个位置。如图 2-19 所示，AB_1 与 AD 重合，连杆与从动件间的夹角 $\delta = \delta_{min}$；AB_2 在 AD 的延长线上，$\delta = \delta_{max}$。

由于 γ 应该是锐角，所以，若 δ 是锐角，则 $\gamma_{min} = \delta_{min}$；若 δ 是钝角，则 $\gamma_{min} = 180° - \delta_{max}$。从两个 γ_{min} 中取较小者作为该机构的最小传动角。

（2）曲柄滑块机构的 γ_{min}　在曲柄滑块机构中，当原动件曲柄 AB 与从动件滑块导路垂直时，取得 α_{max}，此位置即为 γ_{min} 位置，如图 2-20 所示。

（3）摆动导杆机构的 γ_{min}　在摆动导杆机构中，当曲柄 AB 为原动件时，因滑块对导杆的作用力始终垂直于导杆，故其传动角 γ 恒等于 90°，如图 2-21 所示。

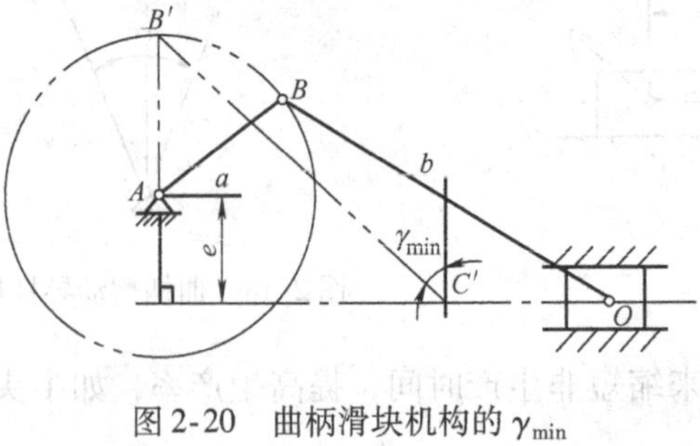

图 2-20 曲柄滑块机构的 γ_{min}

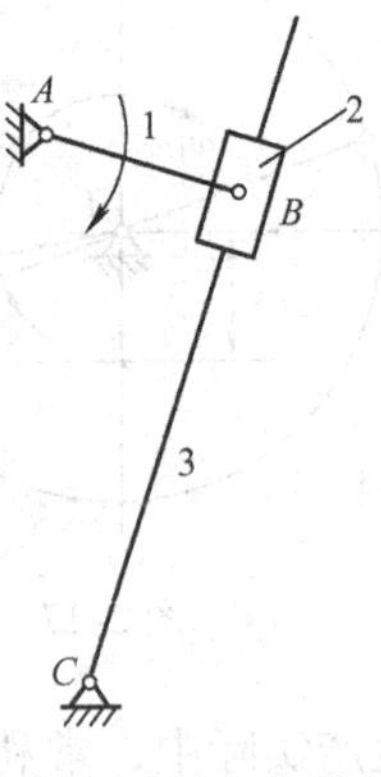

图 2-21 摆动导杆机构的 γ_{min}

2.4.3 死点

在图 2-22 所示的曲柄摇杆机构中，当摇杆 CD 为主动件、曲柄 AB 为从动件时，当摇杆处在两个极限位置时，连杆 BC 与曲柄 AB 共线。若不计各构件质量，则这时连杆 BC 加给曲柄 AB 的力将通过铰链 A 的中心，这时连杆 BC 无论给从动件曲柄 AB 的力多么大都不能推动曲柄运动，机构所处的这种位置称为死点位置。机构处于死点位置，从动件会出现卡死（机构自锁）或运动方向不确定的现象。对于传动机构来说，有死点是不利的，应该采取措施使机构能顺利通过死点位置。对于连续运转的机器，可以利用从动件惯性来通过死点位置，如缝纫机就是借助于带轮的惯性通过死点位置。

机构的死点位置并非都是起消极作用的，有时可利用死点位置实现某种功能。如图2-23所示的夹具，当工件被夹紧后，四杆机构的铰链中心 B、C、D 处于同一条直线上，工件加在构件1上的反作用力 T 无论多大，工件经杆1传递给杆2再传给杆3的力都将通过回转中心 D，此时力将不能使杆3转动。这就保证当力 F 去掉后夹具仍能可靠地夹紧工件。当需要取出工件时，只需向上扳动手柄，即能松开夹具。

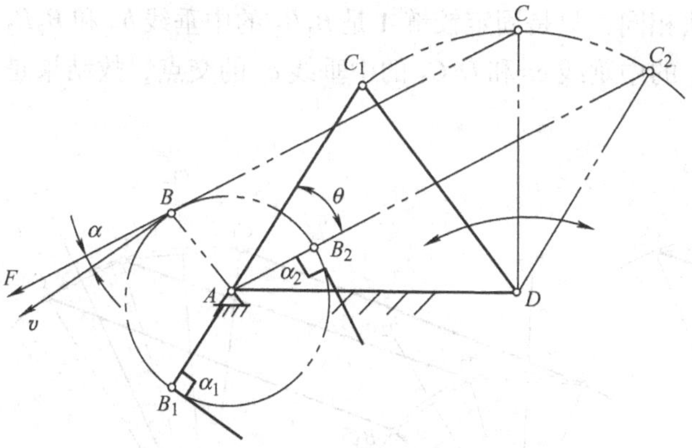

图2-22 曲柄摇杆机构的死点

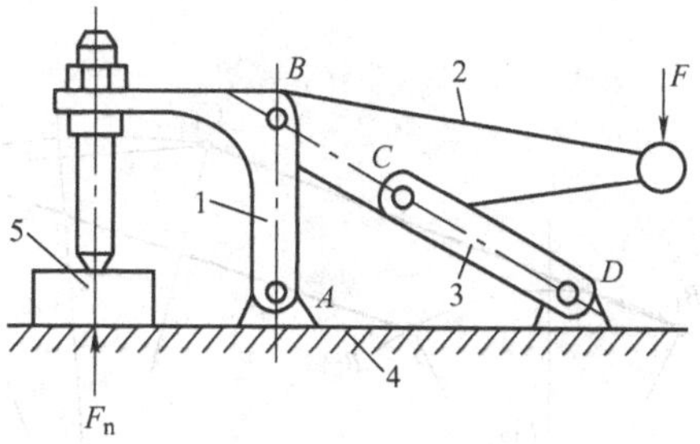

图2-23 死点的应用——夹具

2.5 平面四杆机构的设计

设计平面四杆机构的主要任务是根据给定的运动条件，选定机构的形式，确定机构运动简图中各个构件的尺寸参数。

2.5.1 四杆机构的设计条件

1）给定位置或运动规律，如连杆位置、连架杆对应位置或行程速度变化系数等。

2）给定运动轨迹，如要求起重机中吊钩的轨迹为一直线；搅面机中搅拌杆端能按预定轨迹运动等，这些都是连杆上的点的轨迹。为了使机构设计得合理、可靠，还应考虑几何条件和传力性能要求等。

2.5.2 四杆机构的设计方法

四杆机构的设计方法有解析法、几何作图法和图谱法等。作图法直观、解析法精确、图谱法方便。下面仅以几何作图法为例，介绍四杆机构设计的基本方法。

1）按给定连杆两个位置设计四杆机构。

已知连杆的两个位置 B_1C_1、B_2C_2 及其长度 l_{BC}，设计铰链四杆机构。

设计分析：按给定条件，画出设想的四杆机构（图2-24）。由图可知，待求的铰链中心

A、D 分别是 B 点的轨迹 $\overset{\frown}{B_1B_2}$ 和 C 点的轨迹 $\overset{\frown}{C_1C_2}$ 的圆心。

作图步骤：① 选取比例尺 μ_l（m/mm 或 mm/mm）。

② 由设计条件，作 B_1B_2 中垂线 b_{12} 和 C_1C_2 中垂线 c_{12}。

③ 在 b_{12} 上任取一点 A，在 c_{12} 上任取一点 D，连接 AB_1 和 C_1D，即得到各构件的长度：$l_{AB}=\mu_l(AB_1)$、$l_{CD}=\mu_l(C_1D)$、$l_{AD}=\mu_l(AD)$。

由于 A、D 两点是任意选取的，所以有两组无穷多解，因此必须给出辅助条件，才能得出确定的解。

2）按给定连杆的三个位置设计四杆机构。

如图 2-25 所示，已知连杆的三个位置 B_1C_1、B_2C_2、B_3C_3 以及连杆长度 l_{BC}，设计四杆机构。设计方法与给定连杆两个位置方法相同，只是固定铰链 A 是 B_1B_2 的中垂线 b_{12} 和 B_2B_3 的中垂线 b_{23} 的交点，固定铰链 D 是 C_1C_2 的中垂线 c_{12} 和 C_2C_3 的中垂线 c_{23} 的交点，故结果是唯一的。

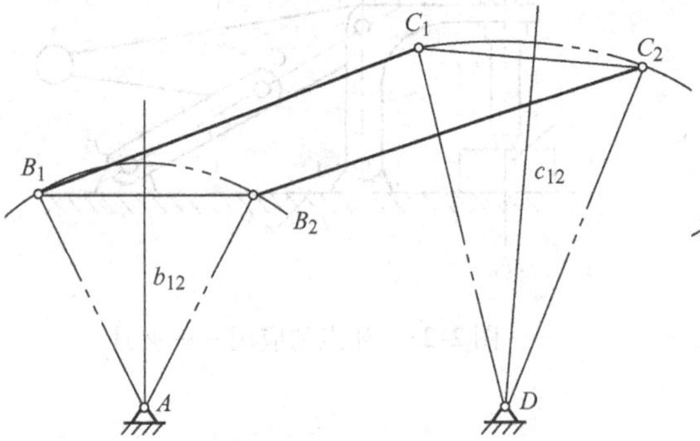

图 2-24　已知连杆两位置设计铰链四杆机构

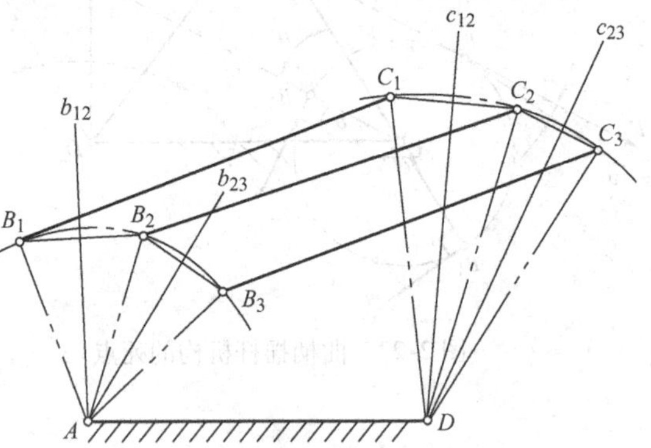

图 2-25　按给定连杆的三个位置设计四杆机构

【例 2-1】 设计一砂箱翻转机构。翻台在位置Ⅰ处造型，在位置Ⅱ处起模，翻台与连杆 BC 固连成一整体，$l_{BC}=0.5\text{m}$，机架 AD 为水平位置，如图 2-26 所示。

解 由题意可知此机构的两个连杆位置，其设计步骤如下：

① 取 $\mu_l=0.1\text{m/mm}$，则 $BC=\dfrac{l_{BC}}{\mu_l}=\dfrac{0.5\text{m}}{0.1\text{m/mm}}=5\text{mm}$，在给定位置作 B_1C_1、B_2C_2。

② 作 B_1B_2 中垂线 b_{12}，C_1C_2 中垂线 c_{12}。

③ 按给定机架位置作水平线，与 b_{12}、c_{12} 分别交得点 A、D。

④ 连接 AB_1 和 C_1D，即得到各个构件的长度分别为

$$l_{AB}=\mu_l AB=0.1\text{m/mm}\times 25\text{mm}=2.5\text{m}$$

$$l_{CD}=\mu_l CD=0.1\text{m/mm}\times 27\text{mm}=2.7\text{m}$$

$$l_{AD}=\mu_l AD=0.1\text{m/mm}\times 8\text{mm}=0.8\text{m}$$

本题解是唯一的，给定的机架 AD 位置是辅助条件。

3）按给定的行程速度变化系数 K 设计四杆机构。

设计具有急回特性的四杆机构，一般是根据实际运动要求选定行程速度变化系数 K 的数值，然后根据机构极位的几何特点，结合其他辅助条件进行设计。具有急回特性的四杆机构有曲柄

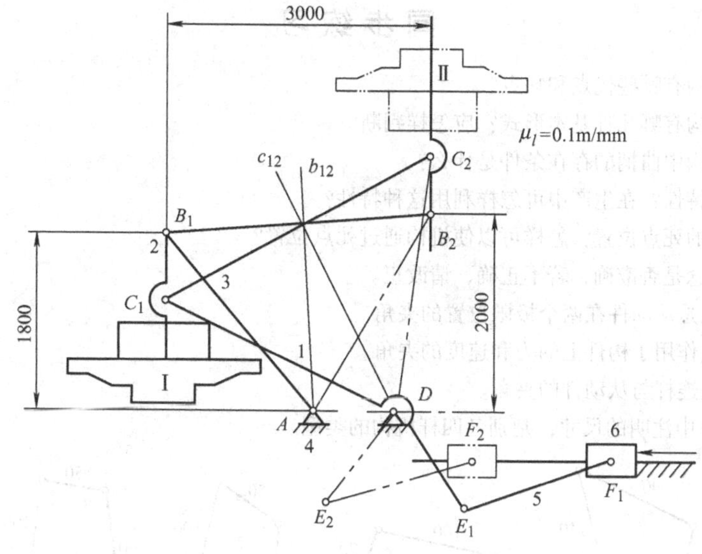

图 2-26 砂箱翻转机构的设计

摇杆机构、偏心曲柄滑块机构和摆动导杆机构等，其中以典型的曲柄摇杆机构设计为基础。

已知摇杆长度 l_{CD}，摆角 ψ 和行程速度变化系数 K，该机构设计步骤如下：

① 根据实际尺寸确定适当的长度比例尺 μ_l（m/mm 或 mm/mm）。

② 按给定的行程速度变化系数 K，求出极位夹角 θ。

$$\theta = 180° \times \frac{K-1}{K+1}$$

③ 如图 2-27 所示，任选固定铰链中心 D 的位置，按摇杆长度 CD 和摆角 ψ 作出摇杆两个极位 C_1D 和 C_2D。

④ 连接 C_1 和 C_2，并作 C_1M 垂直于 C_1C_2。

⑤ 作 $\angle C_1C_2N = 90° - \theta$，得 C_2N 与 C_1M 相交于 P 点，由图可见 $\angle C_1PC_2 = \theta$。

⑥ 作 $\triangle PC_1C_2$ 的外接圆，在此圆周上任取一点 A 作为曲柄的固定铰链中心；连接 AC_1 和 AC_2，因同一圆弧的圆周角相等，故 $\angle C_1AC_2 = \angle C_1PC_2 = \theta$。

⑦ 因在极位处，曲柄与连杆必共线，故 $AC_1 = l_{BC} - l_{AB}$，$AC_2 = l_{BC} + l_{AB}$，从而得曲柄 $l_{AB} = \frac{(AC_2 - AC_1)}{2}$，再以 A 为圆心、l_{AB} 为半径作圆，交 C_2A 于 B_2，即得 $B_1C_1 = B_2C_2 = l_{BC}$ 及 $AD = l_{AD}$。

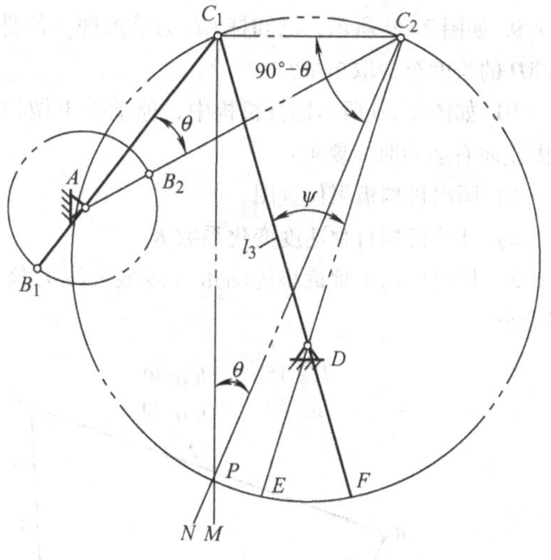

图 2-27 按给定的行程速度变化系数 K 设计四杆机构

由于 A 点是在 $\triangle C_1PC_2$ 外接圆上任选的点，所以若仅按行程速度变化系数 K 设计，可得无穷多解。A 点位置不同，机构传动角的大小也不同，要获得良好的传动性能，还需借助其他辅助条件来确定 A 点位置。

同步练习

1. 平面连杆机构有哪些优点和缺点？

2. 铰链四杆机构有哪几种基本形式？应怎样判断？

3. 铰链四杆机构中曲柄的存在条件是什么？

4. 什么是急回特性？在生产中可怎样利用这种特性？

5. 什么是机构的死点位置？怎样可以使机构通过死点位置？

6. 判断以下概念是否准确，若不正确，请改正。

1）极位夹角就是从动件在两个极限位置的夹角。

2）压力角就是作用于构件上的力和速度的夹角。

3）传动角就是连杆与从动件的夹角。

7. 根据图 2-28 中注明的尺寸，判别各四杆机构的类型。

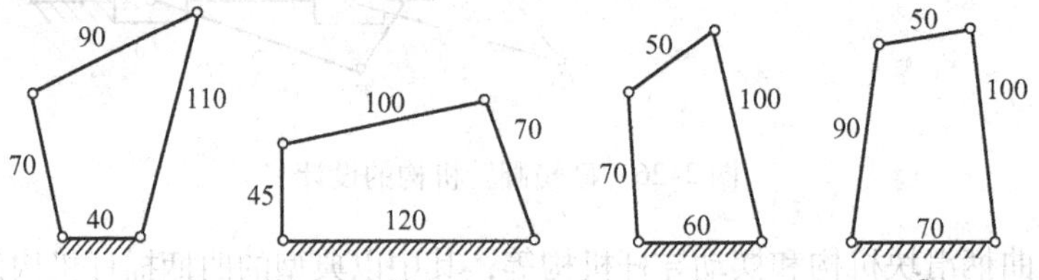

a)　b)　c)　d)

图 2-28　同步练习 7 图

8. 在曲柄摇杆机构中，已知连杆长度 $BC=45$mm，摇杆长度 $CD=40$mm，机架 $AD=50$mm，试确定曲柄 AB 长度的取值范围。

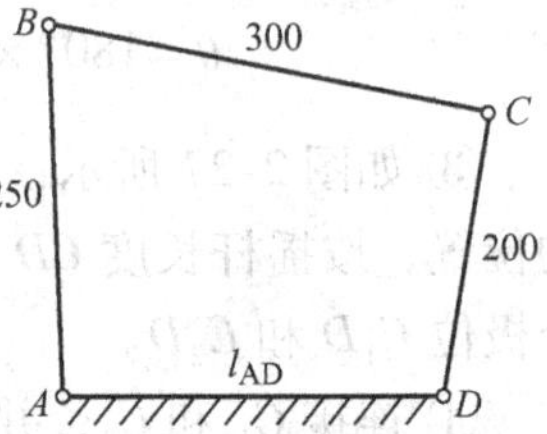

图 2-29　同步练习 9 图

9. 如图 2-29 所示，已知杆 CD 为最短杆。若要构成曲柄摇杆机构，机架 AD 的长度至少取多少？

10. 如图 2-30 所示四杆机构中，原动件 1 做匀速顺时针转动，从动件 3 由左向右运动时，要求：

1）画出机构极限位置图。

2）计算机构行程速度变化系数 K。

3）作出机构出现最小传动角（或最大压力角）时的位置图，并量出其大小。

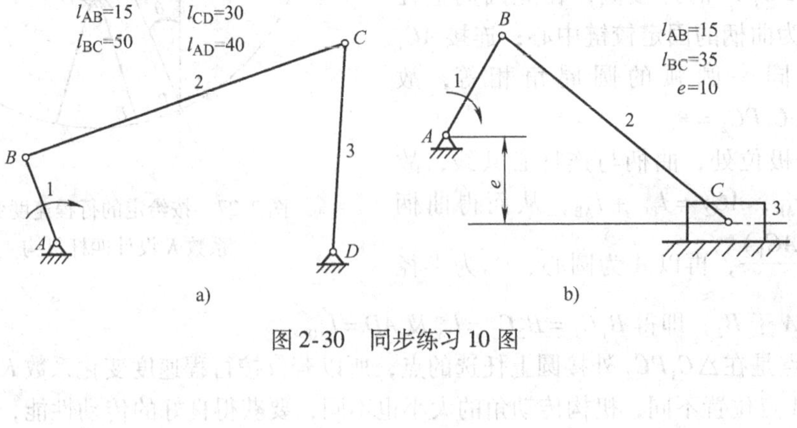

a)　b)

图 2-30　同步练习 10 图

第3章 凸轮机构

机械设计基础

本章知识导读

1. 主要内容

凸轮机构的类型、特点和适用场合；从动件常见运动规律及位移曲线的绘制；凸轮机构的设计。

2. 重点、难点提示

本章的重点是从动件的常用运动规律，即带顶尖、滚子从动件的盘形凸轮轮廓曲线的设计等问题；难点是利用图解法设计凸轮的轮廓。

凸轮机构广泛应用于各种机械中，只要合理设计凸轮的轮廓曲线，其从动件的位移、速度和加速度即可按照预期的运动规律变化。

3.1 凸轮机构的应用和分类

3.1.1 凸轮机构的组成、应用和特点

在各种机械中，为实现某些特殊或复杂的运动规律，常采用凸轮机构。凸轮机构是一种高副机构，其主要构件凸轮是一种具有曲线轮廓或凹槽的构件，它通过与从动件的接触，在运动时可以使从动件获得连续或不连续的任意预期运动。凸轮机构在各种机械均得到广泛地应用，即使在现代化程度很高的自动机械中，凸轮机构的作用也是不可替代的。

凸轮机构由原动件凸轮、从动件和机架三部分组成，结构简单、紧凑，只要设计出适合的凸轮轮廓曲线，就可以使从动件实现预期的运动规律。在自动机械中，凸轮机构常与其他机构组合使用，充分发挥各自的优势，扬长避短。但由于凸轮机构是点接触或线接触的高副机构，容易产生磨损，而磨损后会影响运动规律的准确性，因此只适用于传递动力不大的场合。

图3-1所示为内燃机配气凸轮机构。当主动件盘形凸轮1以等角速度回转时，通过其向径的变化可使从动件2（阀杆）按内燃机工作循环的要求做上、下往复移动，从而达到控制阀门启闭的目的。

图3-2所示为仿形车削机构，工件1回转，凸轮3作为靠模被固定在床身上，刀架2在靠模板（凸轮）曲线轮廓的推动下做横向移动，从而切削出与靠模板曲线一致的工件。

图3-3所示为自动机床上控制刀架运动的凸轮机构。当带凹槽的圆柱凸轮1匀速回转时，凸轮凹槽中的滚子带动从动件2做往复移动，以驱动刀架运动。凹槽的形状将决定刀架的运动规律。

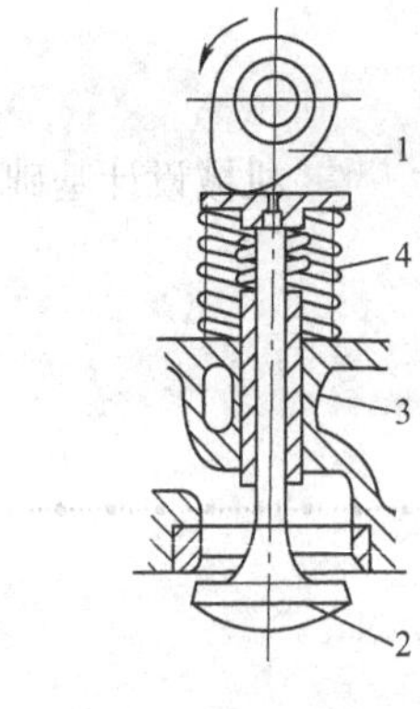

图 3-1　内燃机配气凸轮机构
1—盘形凸轮　2—阀杆　3—机架　4—弹簧

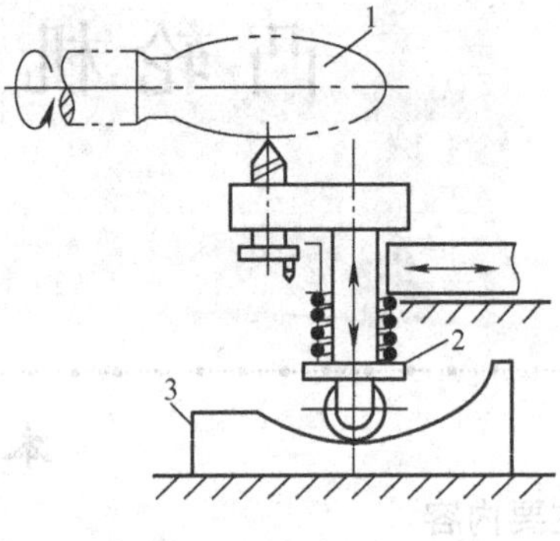

图 3-2　仿形车削机构
1—工件　2—刀架　3—凸轮

图 3-4 所示为分度转位机构，当主动件蜗杆 1 转动时推动从动轮 2 做间歇运动，从而完成高速、高精度的分度动作。

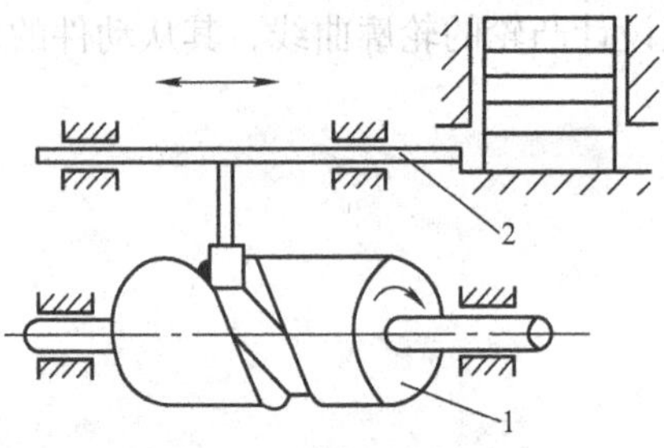

图 3-3　自动机床上控制刀架运动的凸轮机构
1—带凹槽的圆柱凸轮　2—从动件

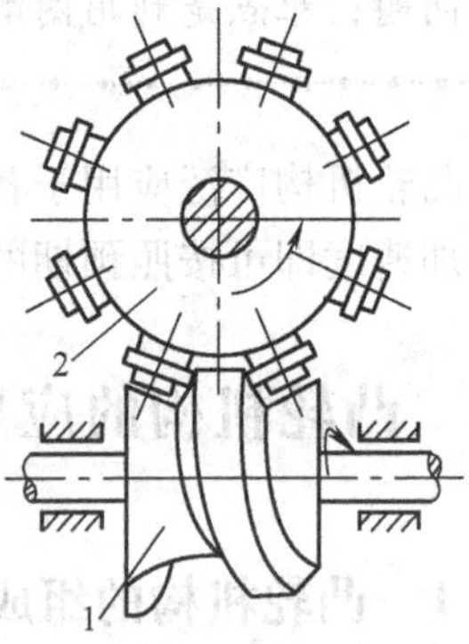

图 3-4　分度转位机构
1—蜗杆　2—从动轮

3.1.2　凸轮机构的分类

凸轮机构的类型很多，通常按凸轮和从动件的形状、运动形式分类。

1. 按凸轮的形状分类

（1）盘形凸轮机构　它是凸轮的最基本形式。这种凸轮是一个绕固定轴转动且有变化半径的盘形零件，凸轮与从动件互做平面运动，属于平面凸轮机构，如图 3-1 所示。

（2）移动凸轮机构　当盘形凸轮的回转中心趋于无穷远时，凸轮相对机架做往复直线运动，这种凸轮称为移动凸轮，也属于平面凸轮机构，如图 3-2 所示。

（3）圆柱凸轮　这种凸轮可看作将移动凸轮卷成圆柱体而得到的凸轮，从动件与凸轮之间的相对运动为空间运动，因此圆柱凸轮机构是一个空间凸轮机构，如图 3-3 所示。

（4）曲面凸轮　若图 3-4 中的圆柱表面用圆弧面代替，就演化成了曲面凸轮，它也是一种空间凸轮机构。

2. 按从动件形状分类

（1）尖顶从动件凸轮机构　尖顶能与任意复杂的凸轮轮廓保持接触，因而能实现任意预期的运动规律，如图 3-5a 所示。但因为凸轮与从动件为点或线接触，尖顶易发生磨损，所以只适用于受力不大的低速凸轮机构中。

（2）滚子从动件凸轮机构　在从动件的尖顶处安装一个滚子，即成为滚子从动件，这样通过将滑动摩擦转变为滚动摩擦，克服了尖顶从动件易磨损的缺点。滚子从动件的优点是耐磨损，可以承受较大载荷，是最常用的一种凸轮从动件形式，如图 3-5b 所示。缺点是凸轮上凹陷的轮廓未必能很好地与滚子接触，从而影响实现预期的运动规律。

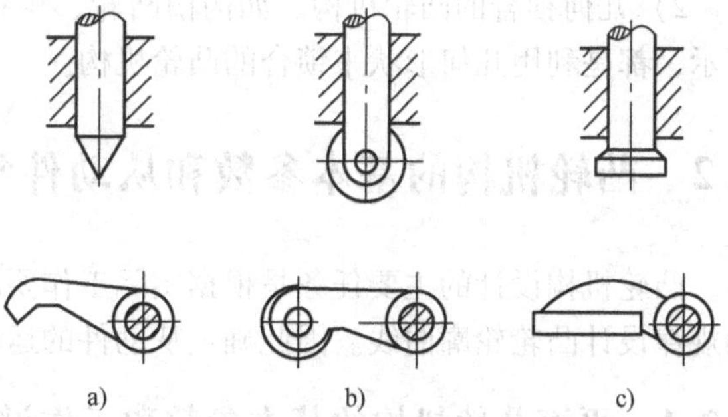

图 3-5　凸轮机构从动件的形式

a）尖顶从动件　b）滚子从动件　c）平底从动件

（3）平底从动件凸轮机构　在从动件的尖顶处固定一个平板，即成为平底从动件，这种从动件与凸轮轮廓表面接触的端面为一平面，所以它不能与凹陷的凸轮轮廓相接触，如图 3-5c 所示。这种从动件的优点是：当不考虑摩擦时，凸轮与从动件之间的作用力始终与从动件的平底相垂直，传动效率较高，且接触面易于形成油膜，利于润滑，故常用于高速凸轮机构。

在凸轮机构中，从动件不仅有不同的形状，而且也可以有不同的运动形式。根据从动件的运动形式不同，可以把从动件分为直动从动件（直线运动）和摆动从动件两种。在直动从动件中，若导路轴线通过凸轮的回转轴，则称为对心直动从动件，否则称为偏置直动从动件。将不同形式的从动件和相应的凸轮组合起来，就构成了种类繁多的凸轮机构。

3. 按从动件与凸轮保持接触（即锁合）的方式分类

1）力锁合的凸轮机构即依靠重力、弹簧力锁合的凸轮机构，如图 3-6a ~ c 所示。

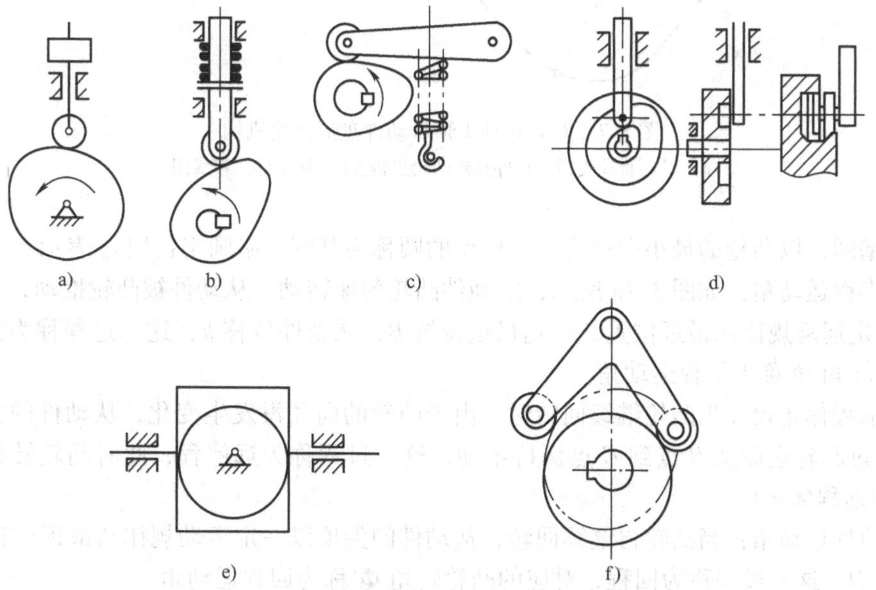

图 3-6　锁合方式

a)、b)、c）力锁合　d)、e)、f）几何锁合

2）几何锁合的凸轮机构。如沟槽凸轮、等径及等宽凸轮、共轭凸轮等，如图 3-6d ~ f 所示，都是利用几何形状来锁合的凸轮机构。

3.2　凸轮机构的基本参数和从动件常用运动规律

凸轮机构设计的主要任务是根据实际工作要求确定从动件的运动规律，根据从动件的运动规律设计凸轮轮廓曲线。因此确定从动件的运动规律是凸轮设计的前提。

3.2.1　平面凸轮机构的基本参数和工作过程

图 3-7 所示为一对心直动尖顶从动件盘形凸轮机构。

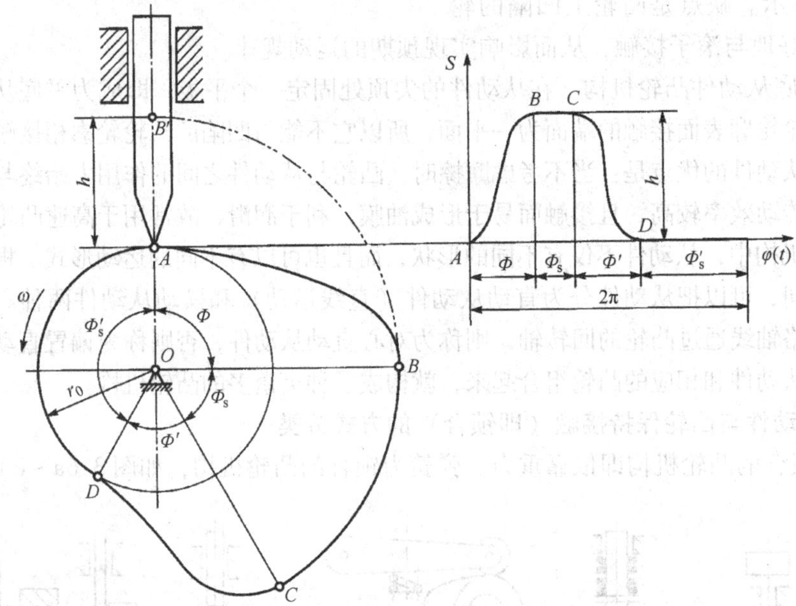

图 3-7　对心直动尖顶从动件盘形凸轮机构

a）对心直动尖顶从动件盘形凸轮机构　b）从动件位移线图

1）基圆：以凸轮的最小向径为半径所作的圆称为基圆，基圆半径用 r_0 表示。

2）推程运动角：如图 3-7a 所示，主动件凸轮匀速转动，从动件被凸轮推动，从动件的尖顶以一定运动规律从最近位置 A 到达最远位置 B，从动件位移 h，这一过程称为推程，对应的凸轮转角 Φ 称为推程运动角。

3）远程休止角：当凸轮继续回转时，由于凸轮的向径没发生变化，从动件的尖顶在最远位置划过凸轮表面从 B 点到 C 点保持不动，这一过程称为远停程，此时凸轮转过的角度 Φ_s，称为远程休止角。

4）回程运动角：当凸轮再继续回转，从动件的尖顶以一定运动规律从最远位置 C 回到最近位置 D，这一过程称为回程，对应的凸轮转角 Φ'称为回程运动角。

5）近程休止角：当凸轮继续回转时，从动件的尖顶划过凸轮表面从 D 点回到 A 点保持不动，这一过程称为近停程，凸轮转过的角度 Φ'_s，称为近程休止角。

当凸轮继续回转时，从动件又重复上述升—停—降—停的运动循环。上述过程可以用从动件的位移曲线图来描述。以从动件的位移 S 为纵坐标，对应的凸轮转角 φ 为横坐标，将凸轮转角 φ 或时间 t 与对应的从动件位移之间的函数关系用曲线表达出来的图形称为从动件的位移线图，如图 3-7b 所示。

3.2.2 从动件常用运动规律

1. 等速运动规律

从动件上升或下降的速度为常数的运动规律，称为等速运动规律，图 3-8 所示为从动件匀速上升过程。

由图 3-8 可知，从动件在运动开始和终止的瞬间，因速度发生突变，其加速度和惯性力在理论上为无穷大，致使凸轮机构产生强烈的振动、冲击、噪声和磨损，这种冲击为刚性冲击。因此，等速运动规律只适用于低速、轻载的场合。

2. 等加速等减速运动规律

从动件在推程过程中，前半程做等加速运动，后半程作等减速运动，这种运动规律称为等加速等减速运动规律，通常加速度和减速度的绝对值相等，其运动线图如图 3-9 所示。

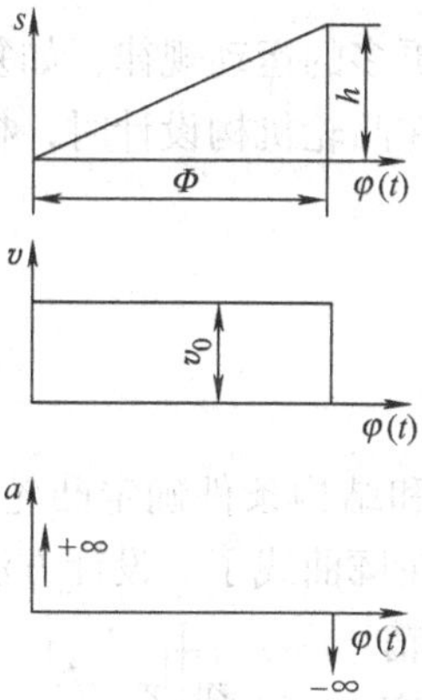

图 3-8 等速运动规律

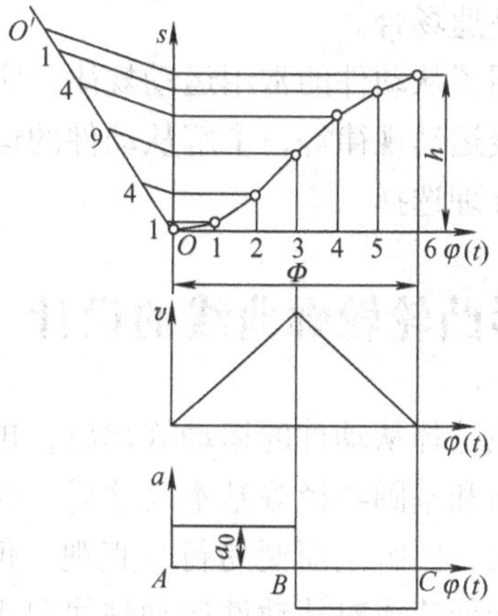

图 3-9 等加速等减速运动规律

由运动线图可知，当采用等加速等减速运动规律时，在起点、中点和终点时，加速度有突变，因而从动件的惯性力也将有突变，不过这一突变为有限值。所以，凸轮机构在这三个时间点引起的冲击称为柔性冲击。与等速运动规律相比，其冲击程度可有效减小。因此，等加速等减速运动规律适用于中速的场合。

3. 余弦加速度运动规律

余弦加速度运动又称为简谐运动。因其加速度运动曲线为余弦曲线，故称为余弦运动规律，其运动规律运动线图如图 3-10 所示。

由加速度线图可知，此运动规律在行程的始末两点加速度存在有限突变，所以存在柔性冲击，故只适用于中速场合。但当从动件做无停歇的升—降—升连续往复运动时，则得到连续的余弦曲线，柔性冲击被消除，这种情况下可用于高速场合。

4. 正弦加速度运动规律

正弦加速度运动规律其加速度运动曲线为正弦曲线，其运动规律运动线图如图 3-11 所示。

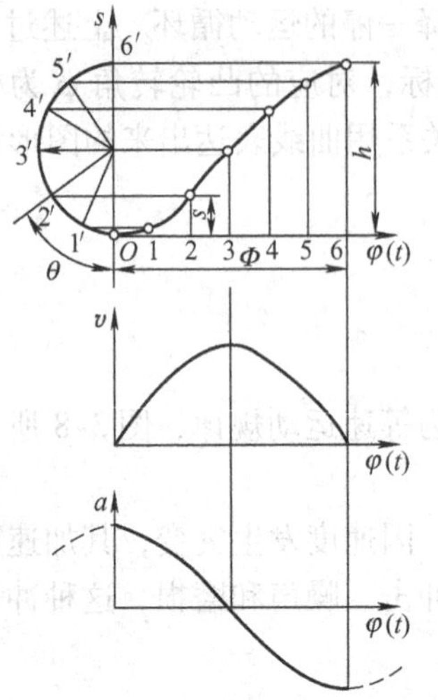

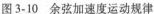

图 3-10　余弦加速度运动规律

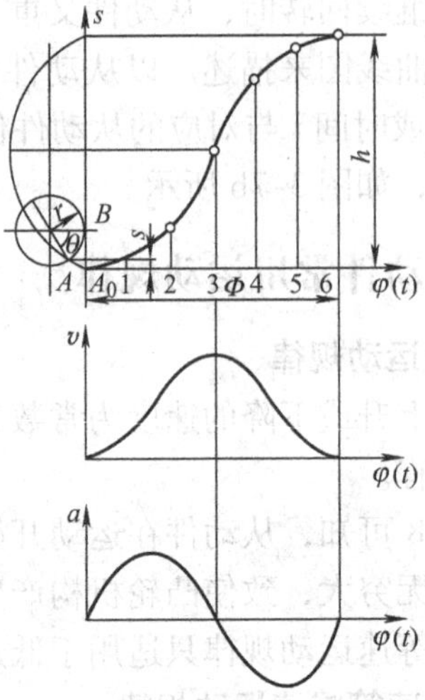

图 3-11　正弦加速度运动规律

从动件按正弦加速度规律运动时，在全行程中无速度和加速度的突变，因此不产生冲击，适用于高速场合。

以上介绍了从动件的常用运动规律，实际生产中还有更多的运动规律，如复杂多项式运动规律、摆线运动规律等，了解从动件的运动规律，便于在凸轮机构设计时，根据机器的工作要求进行合理选择。

3.3　盘形凸轮轮廓曲线的设计

在合理地选择从动件的运动规律后，再根据工作要求和结构条件确定凸轮的结构形式，确定凸轮转向和基圆半径等基本尺寸后，就可设计凸轮的轮廓曲线了。设计方法通常分为图解法和解析法。图解法简便易行、直观，但作图误差大、精度低，适用于低速或对从动件运动规律要求不高的一般精度凸轮设计。对于精度要求高的高速凸轮、靠模凸轮等，则必须用解析法列出凸轮轮廓曲线的方程式，借助于计算机辅助设计精确地设计凸轮轮廓。本节主要介绍图解法。

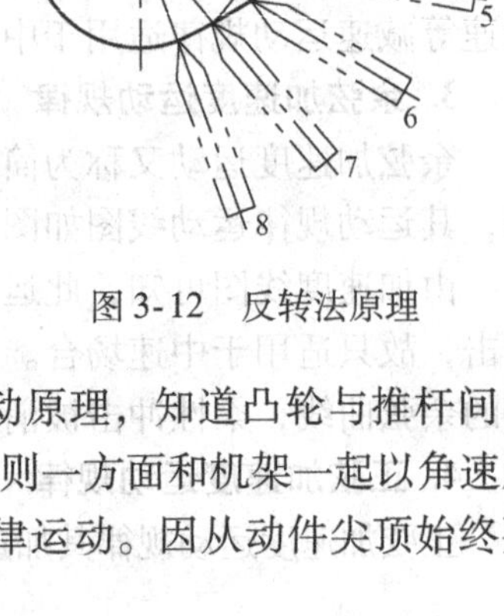

图 3-12　反转法原理

3.3.1　“反转法”原理

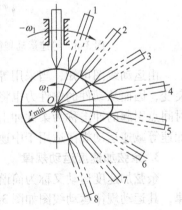

设计凸轮轮廓的原理是“反转法”原理，叙述如下。

图 3-12 所示为对心直动尖顶从动件盘形凸轮机构，其中以 $r_{\min}$ 为半径的圆是凸轮的基圆。当凸轮以一定的角速度 ω_1 绕轴心 O 转动时，从动件以一定的运动规律做上下往复直线运动。现设想，如图 3-12 所示，对整个凸轮机构加上一个公共角速度 $-\omega_1$，使其绕凸轮轴心 O 转动。根据相对运动原理，知道凸轮与推杆间的相对运动关系并不发生改变，但此时凸轮将静止不动，而推杆则一方面和机架一起以角速度 $-\omega_1$ 绕凸轮轴心 O 转动，同时又在其导轨内按预期的运动规律运动。因从动件尖顶始终要

与凸轮轮廓保持接触，所以从动件在反转行程中，其尖顶的运动轨迹就是凸轮的轮廓曲线，这种设计凸轮轮廓的方法称为“反转法”。若从动件是滚子从动件，则滚子的回转中心可看做从动件的尖顶，其运动轨迹就是凸轮的理论轮廓曲线，凸轮的实际轮廓曲线是与理论轮廓曲线相距滚子半径 r_T 的一条等距曲线。

3.3.2 对心尖顶直动从动件盘形凸轮

已知基圆半径 $r_0=40\text{mm}$，凸轮按逆时针方向转动，从动件的行程 $h=20\text{mm}$，运动规律见表3-1。

表3-1 凸轮运动规律 I

凸轮转角 θ	0°~120°	120°~150°	150°~210°	210°~360°
从动件的运动规律	等速上升20mm	停止不动	等速下降至原来位置	停止不动

作图步骤如图3-13所示。

1）选择比例尺 μ_l、μ_θ，作从动件位移曲线。

取长度比例尺 $\mu_l=2\ \text{mm/mm}$，角度尺比例 $\mu_\theta=6°/\text{mm}$。沿横坐标轴在推程角和回程角范围内作一定的等分，并通过各等分点作 θ 轴垂线，与位移曲线相交，即得相应凸轮各转角时从动件的位移 $11'$、$22'$、$33'$、……。

2）用同一长度比例尺绘制基圆。基圆的圆心为 O，半径 $OA_0=r_0/\mu_l=40\text{mm}/2=20\text{mm}$。此基圆与从动件导路中心线的相交点 A_0 即为从动件尖顶的起始位置。

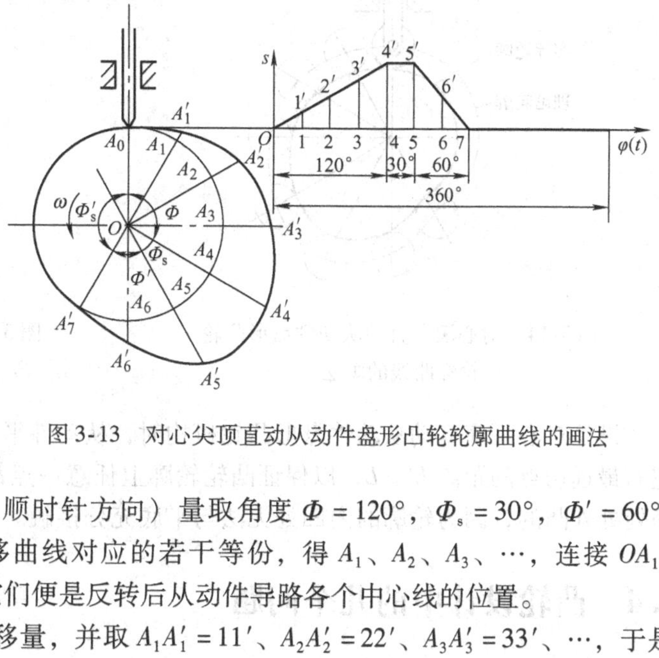

图3-13 对心尖顶直动从动件盘形凸轮轮廓曲线的画法

3）自 OA_0 沿 ω 的相反方向（顺时针方向）量取角度 $\Phi=120°$，$\Phi_s=30°$，$\Phi'=60°$，$\Phi_s'=150°$，并将它们各分成与位移曲线对应的若干等份，得 A_1、A_2、A_3、…，连接 OA_1、OA_2、OA_3、…，延长各径向线，它们便是反转后从动件导路各个中心线的位置。

4）在位移曲线中量取各个位移量，并取 $A_1A_1'=11'$、$A_2A_2'=22'$、$A_3A_3'=33'$、…，于是得反转后从动件尖顶的一系列位置 A_1'、A_2'、A_3'、…。

5）将 A_1'、A_2'、A_3'、…用平滑的曲线连接起来，即为所求的凸轮轮廓曲线。

3.3.3 对心滚子直动从动件盘形凸轮

对心滚子直动从动件盘形凸轮轮廓曲线的绘制可以分为以下两个步骤（图3-14）。

1）将滚子的中心看作尖顶从动件的尖顶，按前述方法绘制尖顶直动从动件的盘形凸轮轮廓曲线，该曲线称为凸轮的理论轮廓曲线。

2）以理论轮廓曲线上的各点为圆心，以滚子半径 r_T 为半径，作一系列的滚子圆，然后作这些滚子圆的内包络线，此包络线即为所求的对心滚子直动从动件盘形凸轮的轮廓曲线，称为凸轮的实际轮廓曲线。

由作图方法可知，滚子从动件凸轮机构工作时，滚子中心位置刚好是尖顶从动件的尖顶位置，因而从动件的运动规律与原动件的运动规律相一致。

用图解法设计凸轮轮廓时应注意：①基圆是指凸轮理论轮廓曲线上的圆。②凸轮理论轮廓曲线与实际轮廓曲线是等距曲线。

3.3.4 对心平底直动从动件盘形凸轮

对心平底直动从动件盘形凸轮轮廓曲线的绘制与对心滚子直动盘形凸轮轮廓曲线绘制类似。如图3-15所示，将平底从动件的轴线与平底的交点A_0看作尖顶从动件的尖端，按尖顶从动件凸轮轮廓曲线的绘制方法求得理论轮廓曲线上的各点A_1、A_2、A_3、…，然后过这些点画出一系列平底线A_1B_1、A_2B_2、A_3B_3、…，这些平底线形成的包络线就是凸轮的实际轮廓曲线。

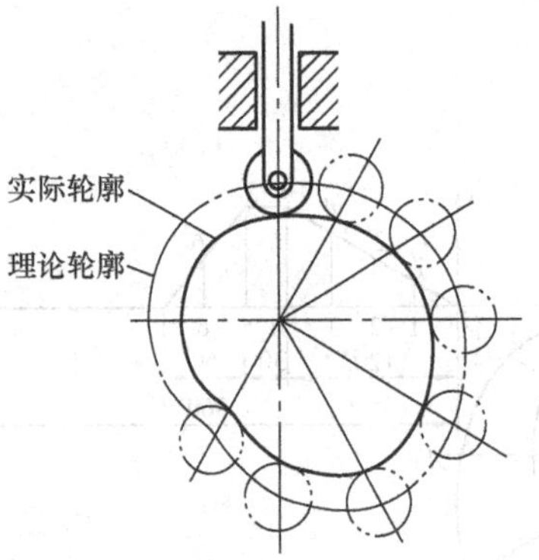

图3-14 对心滚子直动从动件盘形凸轮轮廓曲线的画法

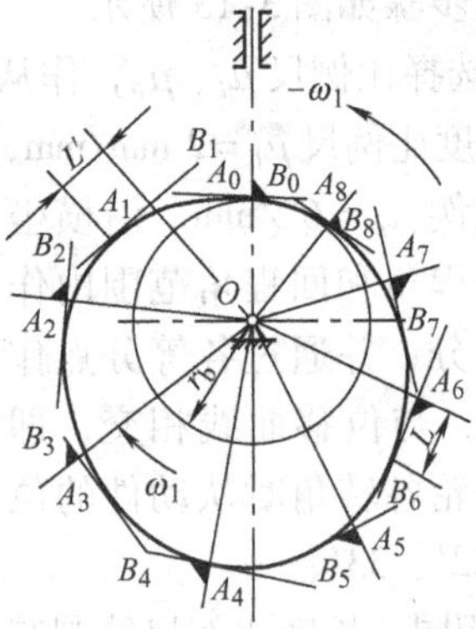

图3-15 对心平底直动从动件盘形凸轮轮廓曲线的画法

设计对心平底直动从动件盘形凸轮机构时，从动件平底的左右两侧尺寸必须大于导路至左右最远切点的距离L'、L，以保证凸轮轮廓上任意一点都能与平底相切；凸轮的轮廓必须是处处外凸的，因为轮廓的内凹处无法与平底充分接触。

3.4 凸轮设计中的几个问题

设计凸轮机构时，不仅要保证从动件能实现预定的运动规律，还要求整个机构传力性能良好、结构紧凑。这些与凸轮机构的压力角、基圆半径、滚子半径等因素相关。

3.4.1 凸轮机构的压力角问题

图3-16所示为凸轮机构在推程中某瞬时位置的情况，F_Q为作用在从动件上的外载荷，在忽略摩擦的情况下，则凸轮作用在从动件上的力F将沿着接触点处的法线方向。此时凸轮机构中凸轮对从动件的作用力（法向力）方向与从动件上受力点速度方向所夹的锐角即为机构在该瞬时的压力角α，如图3-16所示。将F力正交分解为沿从动件轴向和径向两个

分力，即

$$F_1 = F\cos\alpha$$
$$F_2 = F\sin\alpha$$

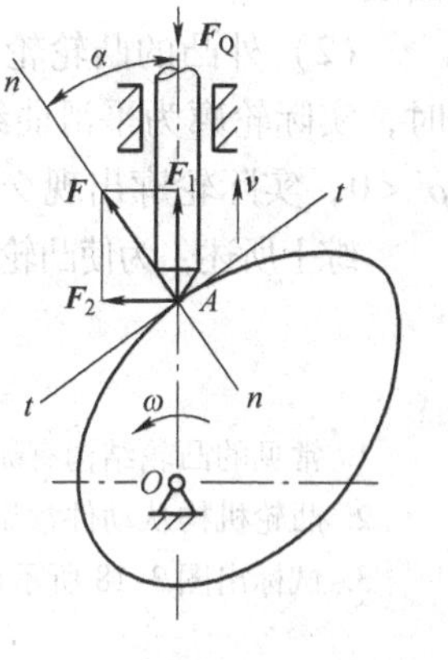

图3-16 凸轮机构的压力角

显然 F_1 是推动从动件移动的有效分力，F_1 随着 α 的增大而减小；F_2 是引起导路中摩擦阻力的有害分力，F_2 随着 α 的增大而增大。当 α 增大到一定数值时，由 F_2 引起的摩擦阻力超过有效分力 F_1，此时凸轮将无法推动从动件运动，机构发生自锁。可见，从传力合理、提高传动效率的方面来看，压力角越小越好。通常设计凸轮机构时，要提出压力角条件，即 $\alpha_{max} \leqslant [\alpha]$。一般情况下，推程时对直动从动件凸轮机构许用压力角 $[\alpha] = 30° \sim 40°$，对摆动从动件凸轮机构许用压力角 $[\alpha] = 40° \sim 50°$；做回程运动时 $[\alpha] = 70° \sim 80°$。

3.4.2 基圆半径的确定

从传动效率来看，压力角越小越好，但压力角减小将导致凸轮尺寸增大。凸轮尺寸的大小取决于基圆半径 r_0。基圆半径一般可以根据经验公式选择，即

$$r_0 \geqslant 0.9d_s + (7 \sim 9)\text{mm} \tag{3-1}$$

式中 d_s——凸轮轴的直径。

需要注意的是，增大基圆半径 r_0，会减小机构的压力角，但凸轮上各点对应的向径也增大，凸轮机构的尺寸也会增大；反之，减小基圆半径 r_0，机构的结构紧凑了，但机构的压力角却增大了，机构效率降低，容易引起自锁。

因此，在实际设计中，为了获得紧凑的结构，一般是在保证凸轮推程轮廓的最大压力角不超过许用值，即 $\alpha_{max} \leqslant [\alpha]$ 的前提下，选取尽可能小的基圆半径，以缩小凸轮的尺寸。

3.4.3 滚子半径的选择

滚子从动件凸轮的实际轮廓曲线，是以理论轮廓上各点为圆心作一系列滚子圆的包络线而形成，滚子选择不当，则无法满足运动规律，如图3-17所示。

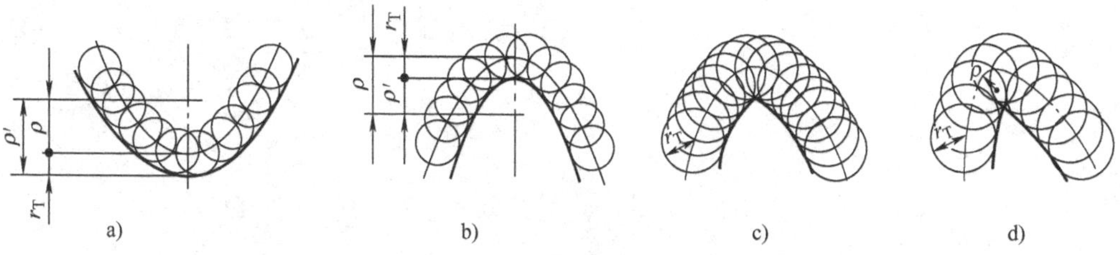

图3-17 滚子半径的选择

a）内凹的凸轮轮廓曲线 b）外凸的凸轮轮廓曲线

c）变尖的凸轮轮廓曲线 d）失真的凸轮轮廓曲线

（1）内凹的凸轮轮廓曲线 如图3-17a所示，若 ρ 为理论轮廓曲率半径；ρ' 为实际轮廓曲率半径，r_T 为滚子半径，则 $\rho' = \rho + r_T$。无论滚子半径大小如何，则总能得出实际轮廓

曲线。

（2）外凸的凸轮轮廓曲线　如图 3-17b、c、d 所示，由于 $\rho' = \rho - r_T$，所以①当 $\rho > r_T$ 时，实际轮廓为平滑曲线。②若 $\rho = r_T$，$\rho' = 0$ 实际轮廓出现尖点，易磨损；③若 $\rho < r_T$，则 $\rho' < 0$，实际轮廓出现交叉，加工时，交叉部分被切除，出现运动失真。

综上所述，为使凸轮机构正常工作，应保证理论轮廓的最小曲率半径 $\rho_{min} > r_T$，即 $\rho_{min} - r_T > 0$。

同步练习

1. 常见的凸轮结构有哪些类型？各有何特点？
2. 凸轮机构从动件常见的运动规律有哪些？各有何特点？
3. 试标出图 3-18 所示位移线图中的行程、推程运动角、远程休止角、回程运动角、近程休止角。

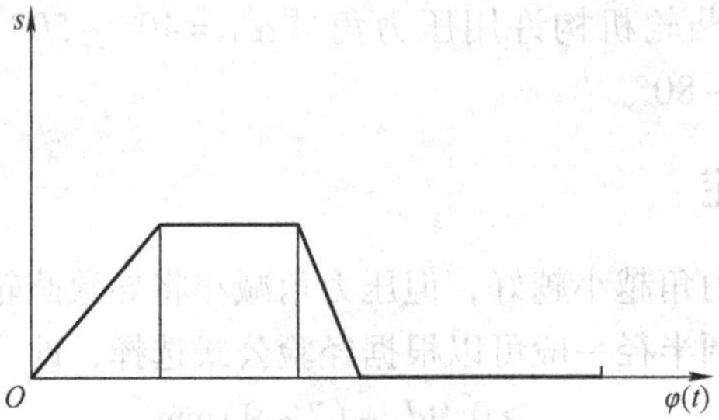

图 3-18　同步练习 3 图

4. 一尖顶对心直动从动件盘形凸轮机构，凸轮顺时针方向转动，其运动规律见表 3-2。

表 3-2　凸轮运动规律Ⅱ

凸轮转角 δ	0°～90°	90°～150°	150°～240°	240°～360°
从动件位移	等速上升 45mm	停止	等加速、等减速下降至原位	停止

要求：画出位移曲线，若基圆半径为 40mm，画出凸轮工作轮廓。

5. 若将题 4 改为滚子从动件，设已知滚子半径为 15mm，试设计其凸轮的轮廓曲线。
6. 基圆半径过大或过小，分别会出现什么问题？

第4章 间歇运动机构

机械设计基础

本章知识导读

1. 主要内容

棘轮机构、槽轮机构和不完全齿轮机构的工作原理、特点、功用及适用场合。

2. 重点、难点提示

棘轮机构、槽轮机构的工作原理、特点和适用场合。

在机械系统的驱动、传动、控制和操作装置中，经常需要某些能将主动件的连续的运动转换为从动件有规律的时停、时动的间歇运动的机构，这类机构统称为间歇运动机构，常见的间歇运动机构有棘轮机构、槽轮机构和不完全齿轮机构等。

4.1 棘轮机构

4.1.1 棘轮机构的工作原理

如图4-1所示，棘轮机构主要由机架、摇杆、棘轮、驱动棘爪和制动棘爪组成。棘轮2固连在轴上，其轮齿分布在轮的外缘（也可分布于内缘或端面），原动件摇杆1空套在轴上。

当原动件摇杆1逆时针方向摆动时，与它相连的驱动棘爪3便借助弹簧片或自重的作用嵌入棘轮的齿槽内推动棘轮转过一定的角度，此时制动棘爪在棘轮的齿背上滑过。

当原动件摇杆1顺时针方向摆动时，驱动棘爪3便在棘轮齿背上滑过，这时，弹簧片6迫使制动棘爪5插入棘轮的齿槽，阻止棘轮顺时针方向回转，故棘轮静止不动。

当摇杆1连续地往复摆动时，棘轮做单向间歇运动。摇杆的摆动可由曲柄摇杆机构、凸轮机构等来实现。

4.1.2 棘轮机构的类型

按工作原理不同，棘轮机构可分为齿式棘轮机构和摩擦式棘轮机构两大类。

齿式棘轮机构如图4-1所示，其优点是结构简单，制造方便，运动可靠准确。缺点是行程只能作有级调节，棘爪在齿背上滑行易引起噪声、冲击和磨损，不适用于高速传动。

摩擦式棘轮机构如图4-2所示，它以扇形楔块来代替齿式棘轮机构的棘爪，以摩擦轮代替棘轮。其优点是运动平稳，无噪声，行程可无级调节。因依靠摩擦力传递运动和动力，易产生打滑，一方面起到过载保护作用，另一方面导致其传动精度不高。因此适用于低速轻载的场合。

按啮合方式不同，棘轮机构可分为外啮合式棘轮机构和内啮合式棘轮机构。

外啮合式棘轮机构的棘爪或楔块均安装在从动轮的外部，因为加工、安装、维修方便，应用较广，如图4-1、图4-2分别为外啮合齿式棘轮机构和外啮合摩擦式棘轮机构。

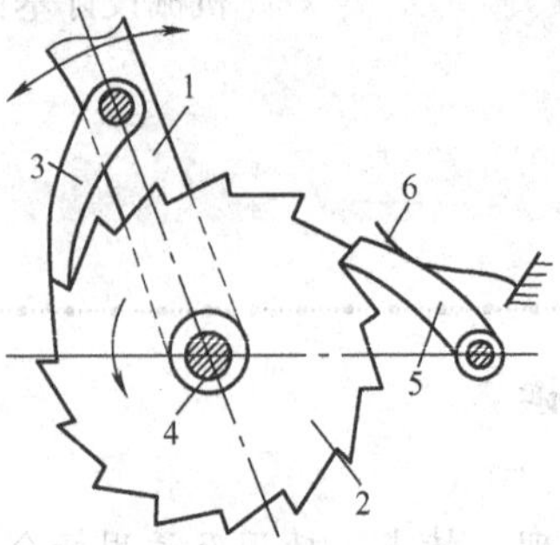

图4-1 齿式棘轮机构

1—摇杆 2—棘轮 3—驱动棘爪 4—机架
5—制动棘爪 6—弹簧片

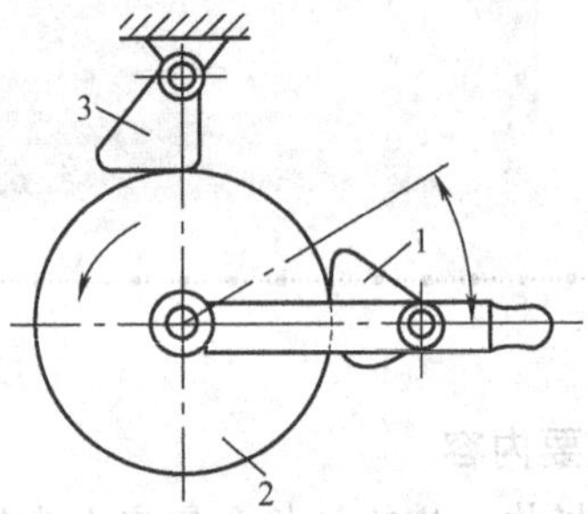

图4-2 摩擦式棘轮机构

1—主动摩擦楔块 2—摩擦轮
3—止回摩擦楔块

内啮合式棘轮机构的棘爪或楔块均安装在从动轮的内部，其结构紧凑，外形尺寸小。图4-3和图4-4分别为内啮合齿式棘轮机构和内啮合摩擦式棘轮机构。

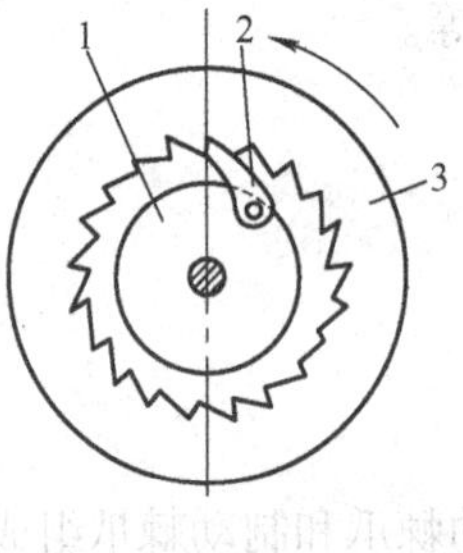

图4-3 内啮合齿式棘轮机构

1—主动件 2—驱动棘爪 3—从动棘轮

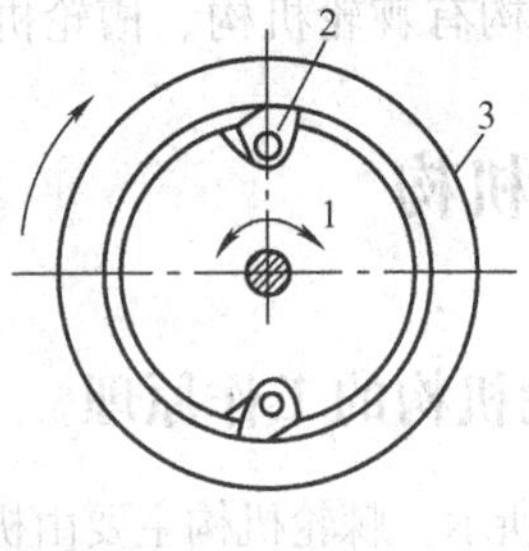

图4-4 内啮合摩擦式棘轮机构

1—主动件 2—摩擦楔块 3—从动摩擦轮

按从动件的运动形式不同，棘轮机构又可分为单动式棘轮机构、双动式棘轮机构和可变向棘轮机构。

单动式棘轮机构的特点是摇杆正向摆动时，棘爪驱动棘轮沿同一方向转过某一角度，摇杆反向摆动时棘轮静止，图4-1～图4-4均为单动式棘轮机构。

双动式棘轮机构的特点是摇杆往复摆动都能使棘轮沿同一方向间歇转动，驱动棘爪可制成平头或者钩头。图4-5a所示为平头双动式棘轮机构，图4-5b所示为钩头双动式棘轮机构。双动式棘轮机构常用于载荷较大，棘轮尺寸受限，齿数较少，主动摇杆的摆角小于棘轮齿距的场合。

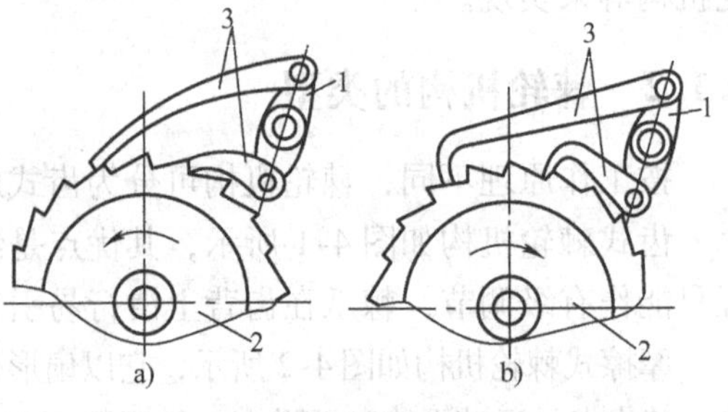

图4-5 双动式棘轮机构

a）平头双动式棘轮机构 b）钩头双动式棘轮机构

1—摇杆 2—棘轮 3—驱动棘爪

以上介绍的棘轮机构，都只能按一个方向做间歇运动，而可变向棘轮机构可以通过改变棘爪的位置，来改变从动件间歇运动的方向。可变向棘轮机构的棘轮采用对称齿形，如矩形齿。如图4-6a所示，当棘爪1处于实线位置时，摇杆往复摆动，棘轮2沿逆时针方向做单向间歇运动，当棘爪翻转到双点画线位置时，棘轮2将沿顺时针做单向间歇运动。

图4-6b所示为另一种可变向棘轮机构，当棘爪1在图示位置时，棘轮2将沿逆时针方向做间歇运动。若将棘爪提起并绕自身轴线旋转180°后再插入棘轮齿中，则可实现顺时针方向的间歇运动。若将棘爪提起并绕自身轴线旋转90°后放下，架在壳体顶部的平台上，使棘爪与棘轮脱开，则棘爪往复摆动时，棘轮静止不动。

上述各种棘轮机构，是在原动件摆角一定的条件下，棘轮每次的转角是不变的，若要调节棘轮的转角，需改变摇杆的摆角或改变拨过棘轮齿数的多少。如图4-7所示，在棘轮上加一遮板，变更遮板的位置，即可使棘爪行程的一部分在遮板上滑过，不与棘轮上的棘齿相接触，从而改变棘轮转角的大小。

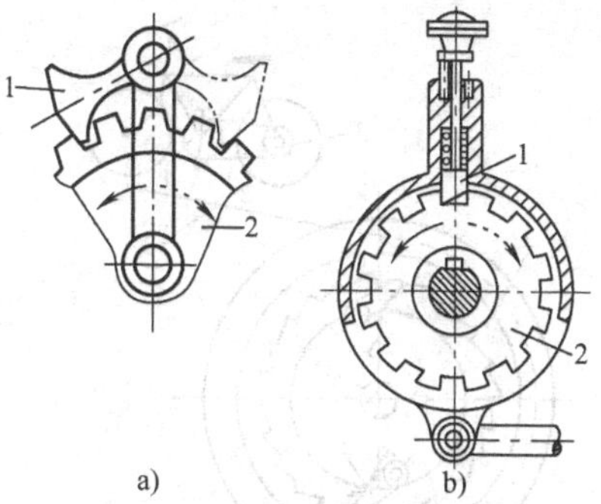

图4-6 可变向式棘轮机构
a）矩形齿棘爪 b）可转向棘爪
1—棘爪 2—棘轮

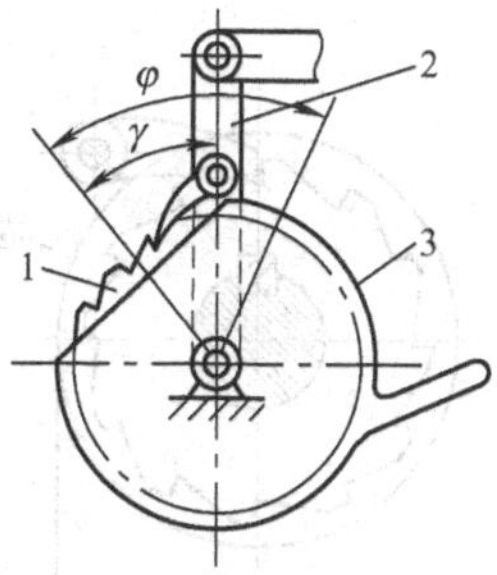

图4-7 可调转角式棘轮机构
1—棘轮 2—摇杆 3—遮板

4.1.3 棘轮机构的应用

棘轮机构结构简单，制造方便，运动可靠，因此常用于速度较低和载荷不大的场合，可实现机械的间歇送料、分度、制动和超越离合等运动，以下是应用实例。

1. 送料及进给

图4-8所示的自动浇注输送装置利用棘轮机构间歇送料；图4-9所示的牛头刨床工作台的横向进给机构就是利用棘轮机构实现正反向间歇转动，然后通过丝杠螺母带动工作台做横向间歇进给运动。

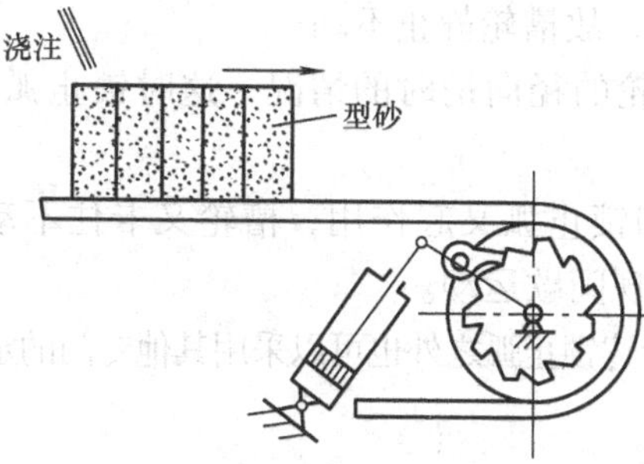

图4-8 自动浇注输送装置

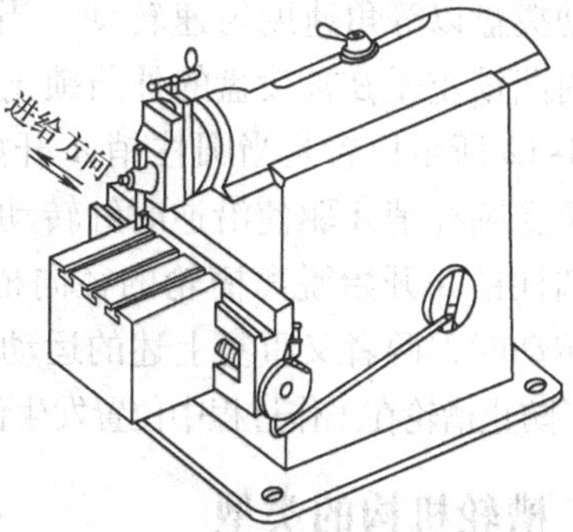

图4-9 牛头刨床横向进给机构

2. 制动

图4-10所示为防止机构逆转的停止器。通过棘爪卡住棘轮，可以防止链条断裂时卷筒出现顺时针回转。这种停止器广泛应用于卷扬机、提升机以及运输机等设备中。

3. 超越运动

内啮合棘轮机构结构紧凑，并具有从动件可超越主动件转动的特性，称为棘轮机构的超越性能，因此广泛应用于超越离合器、机床或其他的机械设备中。图4-11所示为自行车后轮轴的棘轮机构，当脚蹬踏板时，经链轮1和链条2带动内圈具有棘齿的小链轮3顺时针转动，再通过棘爪推动后轮顺时针转动，从而驱动自行车前进。自行车下坡或自由滑行时，踏板不动，后轮轴借助下滑力或惯性力超越小链轮而转动，此时棘爪4在棘轮齿背上划过，产生从动件转速超过主动件的超越运动。

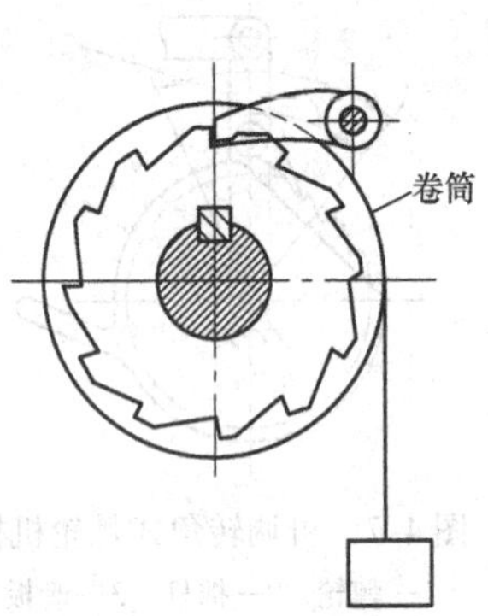

图4-10　卷扬机中的停止器

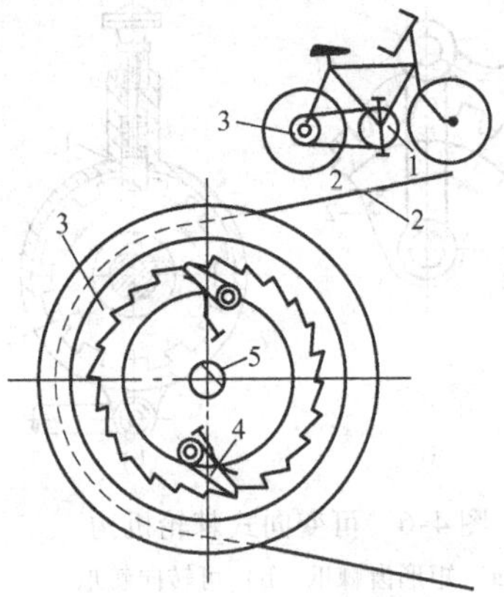

图4-11　自行车后轮轴的棘轮机构

1—链轮　2—链条　3—小链轮　4—棘爪　5—后轮轴

4.2　槽轮机构

4.2.1　槽轮机构的工作原理

槽轮机构由带圆柱销的主动拨盘、具有径向槽的从动槽轮和机架组成，如图4-12所示。

主动拨盘以等角速度匀速转动，当拨盘上的圆柱销A尚未进入槽轮的径向槽时，由于槽轮的内凹锁止弧β被拨盘的外凸锁止弧α卡住，故槽轮静止不动。

图4-12所示位置是当圆柱销A开始进入槽轮的径向槽时的情况。这时锁止弧被松开，因此槽轮受圆柱销A驱使沿逆时针转动。

当圆柱销A开始脱离槽轮的径向槽时，凸凹锁止弧又起作用，槽轮又卡住不动。当拨盘连续转动时，两者又重复上述的运动，从而实现间歇运动。

为了防止槽轮在工作过程中位置发生偏移，除上述锁止弧之外也可以采用其他专门的定位装置。

4.2.2　槽轮机构的类型

按照啮合情况不同，槽轮机构可分为外槽轮机构和内槽轮机构。

外槽轮机构中，拨盘与槽轮异向回转，如图4-12所示。内槽轮机构中的拨盘与槽轮同向回转，如图4-13所示。与外槽轮机构相比，内槽轮机构停、动较为平稳，停歇时间短，所占空间小。

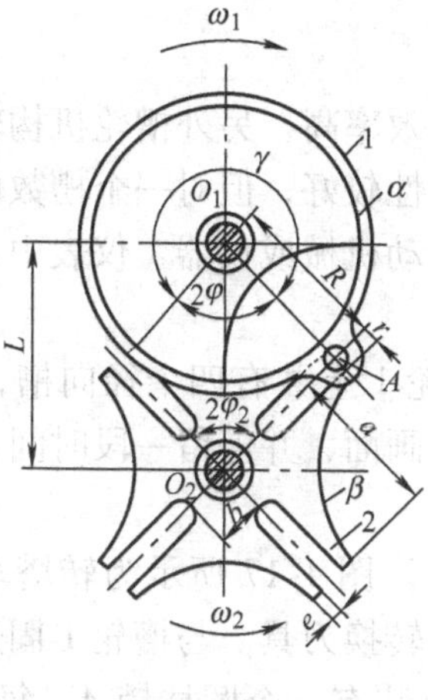

图4-12　外槽轮机构

1—主动拨盘　2—从动槽轮

α—外凸锁止弧　β—内凹锁止弧

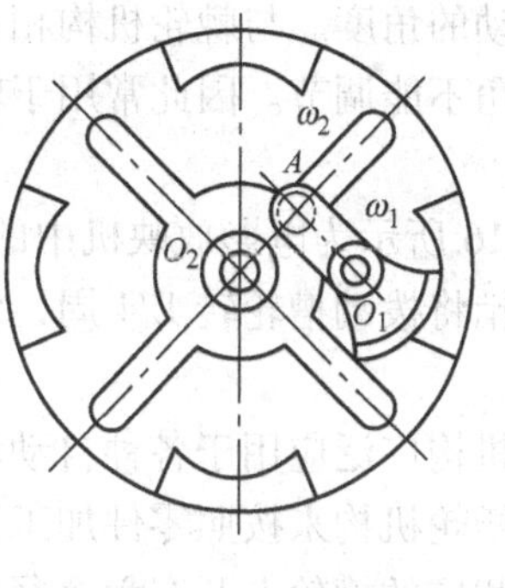

图4-13　内槽轮机构

按照拨盘上的圆柱销数目的不同，槽轮机构可分为单销槽轮机构、双销槽轮机构和多销槽轮机构。

槽轮机构的主要参数是槽轮的径向槽个数z和拨盘的圆柱销数K。在槽轮工作时，在主动拨盘转动1周的过程中，槽轮的运动次数与主动拨盘的圆柱销个数K相同，槽轮每次转动的角度为$360°/z$。

图4-12、图4-13所示均为有4个径向槽的单销槽轮机构，拨盘转动1周，槽轮运动1次，且每次转动角度为90°。

图4-14所示为双销槽轮机构，此时拨盘转动1周，槽轮转动2次。

相比于棘轮机构的运动，槽轮机构在进入和退出啮合时较为平稳，但仍然存在有限的加速度，即存在柔性冲击，槽轮在转动过程中，其加速度有较大变化，槽轮的槽数越少，这种变化越大。影响其动力特性，所以槽轮的槽数不宜选得过少，一般选取$z=4\sim8$。

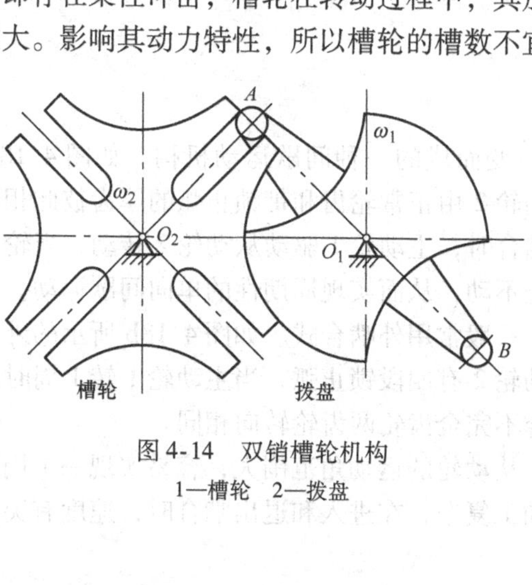

图4-14　双销槽轮机构

1—槽轮　2—拨盘

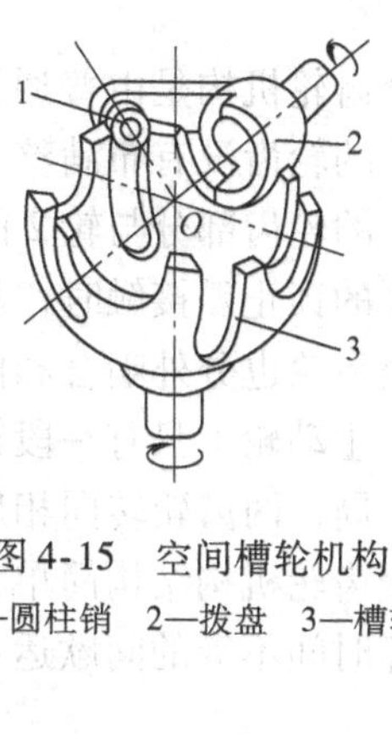

图4-15　空间槽轮机构

1—圆柱销　2—拨盘　3—槽轮

前面所介绍的槽轮机构，如图4-12～图4-14所示，槽轮和拨盘都在同一平面或平行平面中运动，统称为平面槽轮机构。而如图4-15所示的槽轮机构，槽轮和拨盘不在同一平面或平行平面内运动，称为空间槽轮机构，空间槽轮机构可以用来传递两相交轴的运动和动力。

4.2.3 槽轮机构的特点和应用

槽轮机构的特点是结构简单，工作可靠，机械效率高，另外槽轮机构转位迅速，并能准确控制转动的角度。与棘轮机构相比，其工作平稳性较好，但对一个槽数已定的槽轮机构来说，其转角不能调节。因此常用于转速不很高的自动机械或仪器、仪表中，实现间歇进给或转位功能。

图4-16所示为电影放映机中的卷片机构。槽轮1上共有四个径向槽，拨盘2每转动一周，圆柱销将拨动槽轮转1/4周，使胶片移过一副画面，并停留一段时间，适应人的视觉停留需要。

槽轮机构广泛应用于各种自动和半自动机械上。图4-17所示为转塔车床的刀架转位机构。采用槽轮机构来按照零件加工工艺的要求自动转换刀具。与槽轮1固连的刀架上装有六种刀具，相应的槽轮上开有六个径向槽，拨盘3上装有一个圆柱销*A*，每当拨盘转动一周，圆柱销*A*进入槽轮1次，驱动槽轮2转动60°，刀架也随着转动60°，从而将下一工序的刀具转换到工作位置。

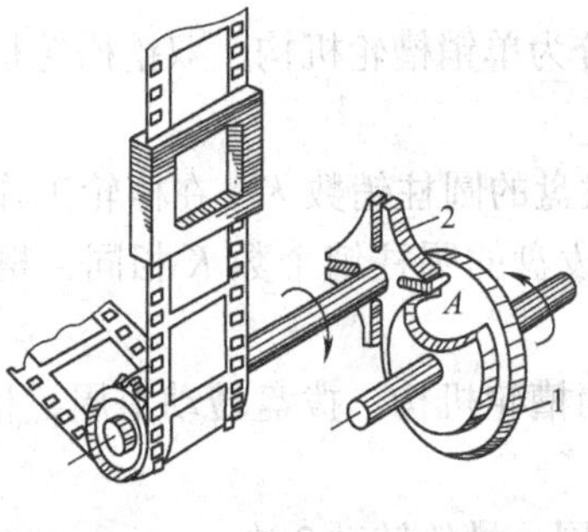

图4-16 电影放映机卷片机构

1—槽轮 2—拨盘

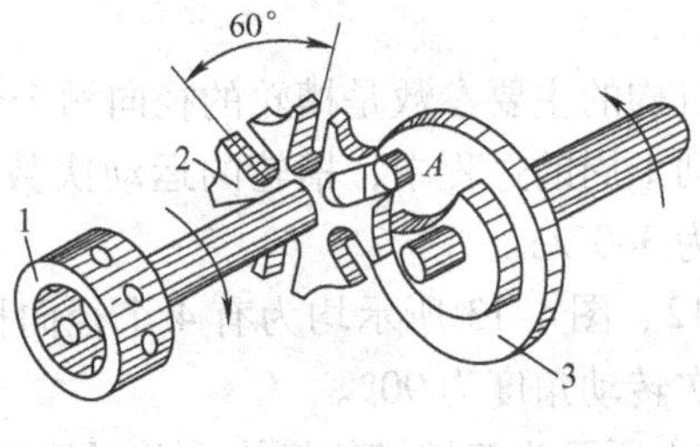

图4-17 转塔车床的刀架转位机构

1—刀架 2—槽轮 3—拨盘

4.3 不完全齿轮机构

不完全齿轮机构是由普通渐开线齿轮演变而成的一种间歇运动机构，如图4-18所示，其主动轮1的轮齿没有布满整个圆周，从动轮2由正常轮齿和带锁止弧的厚齿彼此相间地组成。当轮1的轮齿部分与轮2的正常齿相啮合时，主动轮1驱动从动轮2转动，当轮1的锁止弧与轮2的锁止弧接触时，从动轮2停止不动，从而实现周期性的单向间歇运动。

不完全齿轮也分外啮合和内啮合两种，一般常用外啮合式。如图4-18b所示的外啮合不完全齿轮，主动轮1只有一段锁止弧，从动轮2有四段锁止弧，当主动轮1转1周时，从动轮2转1/4周，两齿轮转向相反。而内啮合不完全齿轮两齿轮转向相同。

不完全齿轮机构结构简单，设计灵活，从动轮的运动角范围大，容易实现一个周期中的多次动、停时间不等的间歇运动。但是其加工复杂，在进入和退出啮合时，速度有突变，会像等速运动规律的凸轮机构那样产生刚性冲击，因此一般只用于低速轻载的场合。

不完全齿轮机构常应用于多工位，多工序的自动机械或者生产线上，实现工作台的间歇转位和进给运动。如图4-19所示的机构，主动轴Ⅰ上装有两个不完全齿轮机构，当主动轴Ⅰ连续回转时，从动轴Ⅱ能周期性地输出正转—停歇—反转运动，为了防止从动轮在停歇期间游动，可在从动轴上加设阻尼装置或定位装置。

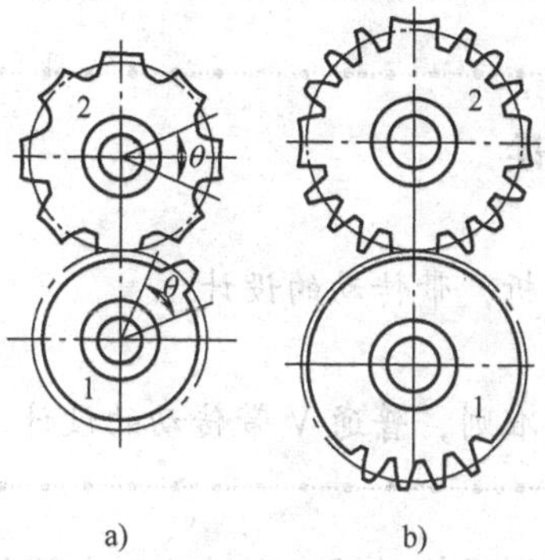

图4-18　不完全齿轮机构

a）主动轮一个齿　b）主动轮多个齿

1—主动轮　2—从动轮

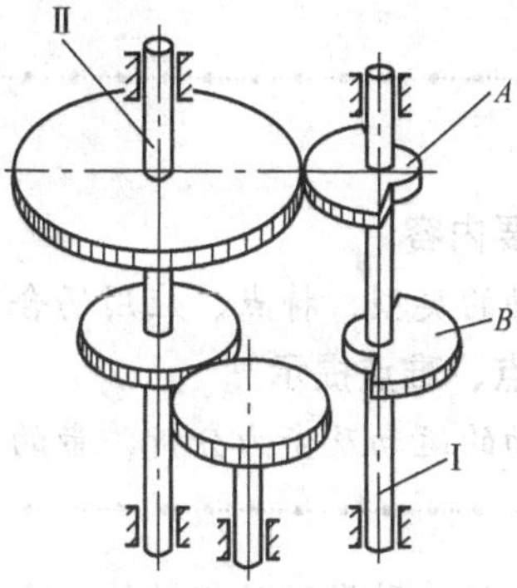

图4-19　不完全齿轮机构的应用

同步练习

1. 摩擦式棘轮机构与啮合式棘轮机构有何差别？
2. 棘轮机构和槽轮机构是怎样实现间歇运动的？分别应用于什么场合？
3. 请你举例列出生活生产中其他的间歇运动机构的运用以及类型。

第5章 带传动

机械设计基础

本章知识导读

1. 主要内容

带传动的类型、特点、应用场合、运动及受力分析，带传动的设计。

2. 重点、难点提示

带传动的运动及受力分析，带的失效形式和设计准则，普通V带传动的设计。

带传动是一种常用的机械传动方式，它的主要作用是传递转矩和转速。大部分带传动是依靠挠性传动带与带轮间的摩擦力来传递运动和动力的。

5.1 概述

在机械传动中，带传动是常见形式之一。带传动主要有主动轮1、从动轮2和紧套在两带轮上的传动带3及机架4组成，如图5-1所示。当主动轮1转动时，由于带与带轮间摩擦力的作用，使从动轮2一起转动，从而实现运动和动力的传递。

5.1.1 带传动的类型及应用

1. 按传动原理分

（1）摩擦型带传动　靠传动带与带轮间的摩擦力实现传动，如V带传动。

（2）啮合型带传动　靠带内侧凸齿与带轮外缘上的齿槽相啮合实现传动，如同步带传动。

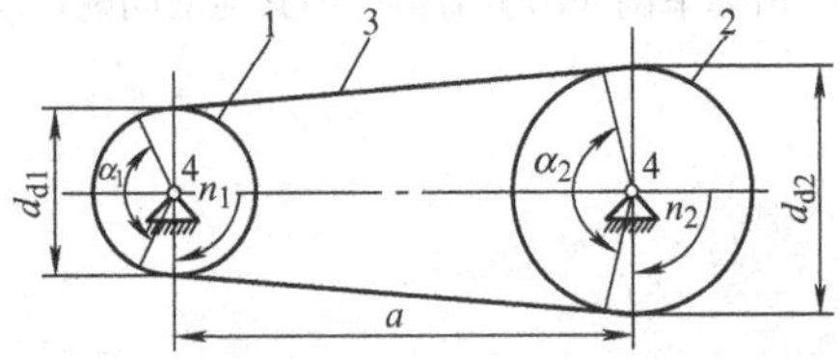

图5-1　带传动

1—主动轮　2—从动轮　3—传动带　4—机架

2. 按传动带的截面形状分

（1）平带　平带的截面形状为矩形，内表面为工作面，如图5-2所示。平带结构简单、加工方便，适用于中心距较大的场合。

（2）V带　V带的截面形状为梯形，两侧面为工作面，如图5-3所示。传动时V带与轮槽两侧面接触，在同样压紧力的作用下，V带的摩擦力较平带大，传递的功率也较大，且结构紧凑，应用最广。

（3）圆形带　其横截面为圆形，如图5-4所示。传递的功率小，常用于仪表和家用机械中。

（4）多楔带　它是在平带的基体上由多根V带组成的传动带，如图5-5所示。具有平带的弯曲应力小和V带的摩擦力大等优点，常用于传递功率大又要求结构紧凑的场合。

（5）同步带　纵截面为齿形，如图5-6所示。具有精确的传动比，主要用于要求传动比准确的中、小功率的传动。

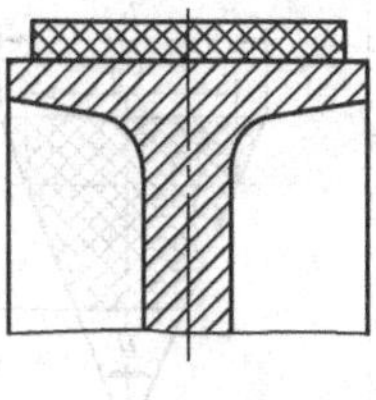

图5-2　平带

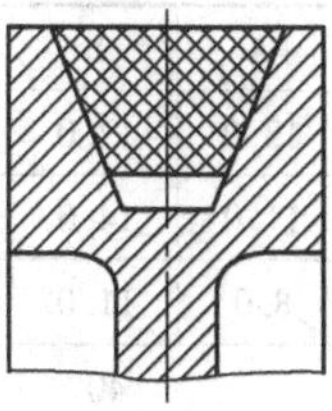

图5-3　V带

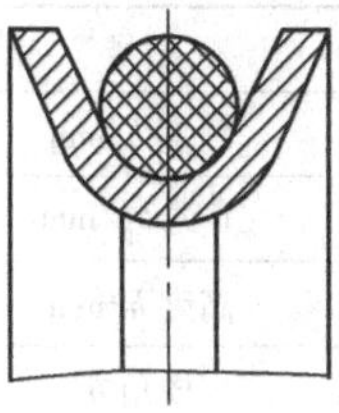

图5-4　圆形带

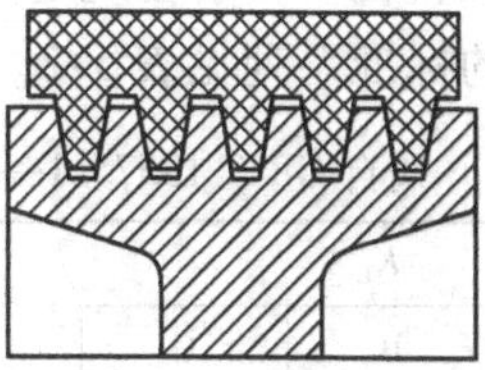

图5-5　多楔带

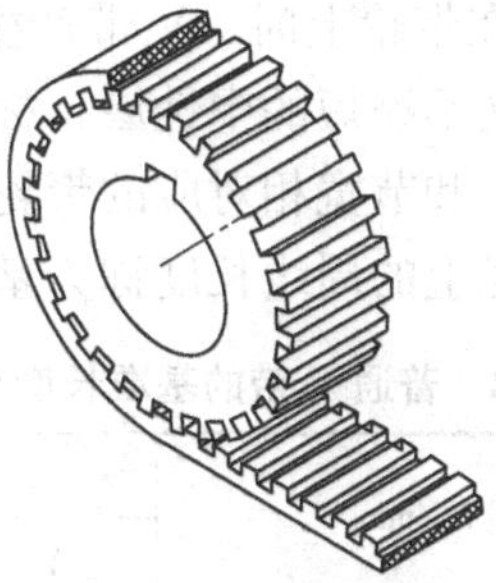

图5-6　同步带

5.1.2　带传动的特点

1）带有良好的弹性，可缓和冲击和振动，且传动平稳、噪声小。

2）过载时，带在带轮上打滑，对其他零件起安全保护作用。

3）结构简单，制造、安装和维护方便，成本较低。

4）能适应两轴中心距较大的场合。

5）工作时有弹性滑动，传动比不准确，传动效率低。

6）外廓尺寸较大，结构不紧凑，带的寿命短，作用在轴上的力大。

7）不宜用于易燃易爆场合。

一般情况下，带传动传动的功率 $P \leqslant$ 100kW，带速5～25m/s，平均传动比 $i \leqslant 5$，传动效率为94%～97%。目前带传动所能传递的最大功率为700kW，高速带的带速可达60m/s。

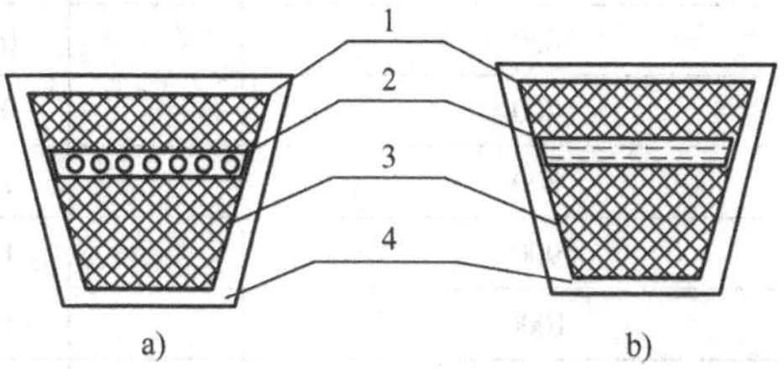

图5-7　普通V带的结构

a）线绳结构　b）帘布芯结构

1—顶胶　2—抗拉体　3—底胶　4—包布层

5.1.3　V带的结构和型号

标准普通V带的横截面如图5-7所示，由顶胶1、抗拉体2、底胶3以及包布层4组成。抗拉体是承受载荷的主体，有如图5-7a所示的线绳结构和图5-7b所示的帘布芯结构两种。帘布芯结构抗拉强度高，线绳结构柔韧性好，抗弯曲强度高。顶胶、底胶的材料为橡胶，包布层材料为橡胶帆布。

普通V带的截面尺寸按由小至大的顺序分Y、Z、A、B、C、D、E等七种型号，各种型号V带的截面尺寸见表5-1。在相同的条件下，截面尺寸越大，传递的功率就越大。

表5-1 普通V带的截面尺寸（摘自GB/T 11544 — 1997）

型号	Y	Z	A	B	C	D	E
顶宽 b/mm	6.0	10.0	13.0	17.0	22.0	32.0	38.0
节宽 b_p/mm	5.3	8.5	11.0	14.0	19.0	27.0	32.0
高度 h/mm	4.0	6.0	8.0	11.0	14.0	19.0	23.0
楔角 θ	40°						
每米质量 q/(kg/m)	0.03	0.06	0.11	0.19	0.33	0.66	1.02

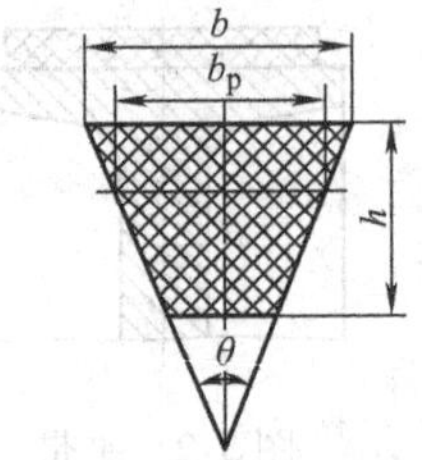

当V带绕在带轮上时，V带产生弯曲变形。外层被拉长，内层被压短，两层之间存在一层既不伸长又不缩短的中性层，称为节面。节面的宽度称为节宽，见表5-1中的插图。V带装在带轮上，和节宽相对应的带轮直径称为带轮的基准直径。V带在规定的张紧力下，位于带轮基准直径上的周线长度称为基准长度。基准长度的标准系列见表5-2。

表5-2 普通V带的基准长度系列和带长修正系数 K_L（摘自GB/T 13575.1—2008）

基准长度 L_d/mm	K_L						
	Y	Z	A	B	C	D	E
200	0.81						
224	0.82						
250	0.84						
280	0.87						
315	0.89						
355	0.92						
400	0.96	0.87					
450	1.00	0.89					
500	1.02	0.91					
560		0.94					
630		0.96	0.81				
700		0.99	0.83				
800		1.00	0.85				
900		1.03	0.87	0.81			
1000		1.06	0.89	0.84			
1120		1.08	0.91	0.86			
1250		1.11	0.93	0.88			
1400		1.14	0.96	0.90			
1600		1.16	0.99	0.92	0.83		
1800		1.18	1.01	0.95	0.86		
2000			1.03	0.98	0.88		

（续）

基准长度 L_d/mm	K_L					
	Y	Z	A	B	C	D	E
2240			1.06	1.00	0.91		
2500			1.09	1.03	0.93		
2800			1.11	1.05	0.95	0.83	
3150			1.13	1.07	0.97	0.86	
3550			1.17	1.09	0.99	0.89	
4000			1.19	1.13	1.02	0.91	
4500				1.15	1.04	0.93	0.90
5000				1.18	1.07	0.96	0.92

普通V带的标记由带型、基准长度和标准号组成。带的标记通常压印在带的外表面上，以便选用时识别。

例如，B型普通V带，基准长度为1800mm。

标记为：B 1800 GB 11544 — 1997

5.2 带传动的工作情况分析

5.2.1 带传动的受力分析

如图5-8a所示，传动带必须以一定的张紧力安装在带轮上。不工作时，带的两边承受相等的拉力，称为初拉力 F_0。当工作时，由于带与带轮面间摩擦力的作用，带两边的拉力不再相等，绕入主动轮的一边被拉紧，拉力由 F_0 增大到 F_1，称为紧边，离开主动轮的一边被放松，拉力由 F_0 减小为 F_2，称为松边，如图5-8b所示。

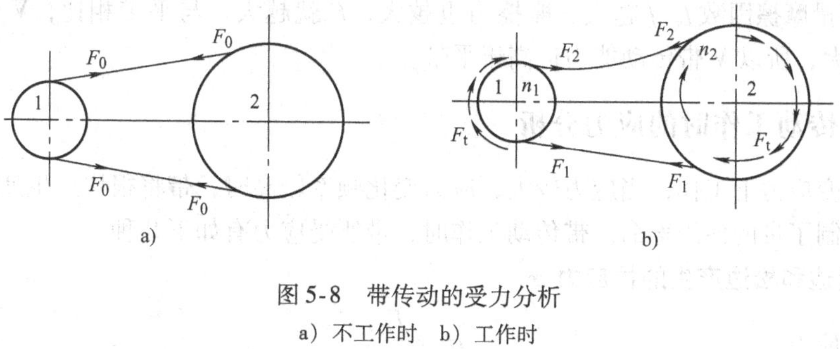

图5-8 带传动的受力分析

a）不工作时 b）工作时

假设在工作时带的总长不变，则紧边拉力的增加量与松边拉力的减少量相等。即

$$F_1 - F_0 = F_0 - F_2$$

得

$$2F_0 = F_1 + F_2 \tag{5-1}$$

紧边与松边的拉力差称为有效拉力 F，也就是带所传递的圆周力

$$F = F_1 - F_2 \tag{5-2}$$

实际上有效拉力 F 是带和带轮接触面上各点摩擦力的总和，而不是一个作用于某一点的集中力。

带传动所传递的功率为

$$P=\frac{Fv}{1000} \tag{5-3}$$

式中 P——传递的功率（kW）；

F——有效圆周力（N）；

v——带速度（m/s）。

当带传动的功率增加时，有效圆周力 F 也相应增大。在一定的条件下，有一个极限值，当传递的有效圆周力 F 超过摩擦力时，带就开始在带轮上全面滑动，即打滑。此时，紧边拉力 F_1 和松边拉力 F_2 之间的关系（忽略离心力）可用欧拉公式表示为

$$\frac{F_1}{F_2}=e^{f\alpha} \tag{5-4}$$

式中 e——自然对数的底（e≈2.718）；

f——带与带轮接触面间的当量摩擦因数；

α——小带轮包角（rad），即带与小带轮接触弧所对的中心角。

由式（5-1）、式（5-2）和式（5-4）可得

$$F=2F_0\frac{e^{f\alpha}-1}{e^{f\alpha}+1} \tag{5-5}$$

由式（5-5）可知，带所传递的圆周力 F 与下列因素有关：

（1）初拉力 F_0　F 与 F_0 成正比，初拉力 F_0 增大，带与带轮间的正压力增大，则传动时产生的摩擦力就越大，故 F 也就越大。但 F_0 过大会加剧带的磨损，致使带过快松弛，缩短其工作时间。

（2）包角 α　包角越大，带传动的圆周力就越大。对于带传动，大带轮的包角 α_2 大于小带轮的包角 α_1，因此打滑首先发生在小带轮上。一般要求 $\alpha_1 \geqslant 120°$（特殊情况下允许 $\alpha_1 \geqslant 90°$）。

（3）当量摩擦因数 f　f 越大，摩擦力也越大，F 就越大。与平带相比，V 带的当量摩擦因数 f 较大，所以 V 带传动能力远高于平带。

5.2.2 带传动工作时的应力分析

带是在变应力下工作，当应力较大，应力变化频率较高时，带将很快产生疲劳断裂而失效，从而限制了带的使用寿命。带传动工作时，带所受应力有如下几种。

1. 由紧边和松边产生的拉应力 σ

紧边拉应力 $$\sigma_1=\frac{F_1}{A}$$

松边拉应力 $$\sigma_2=\frac{F_2}{A}$$

式中 F_1、F_2——带承受的拉力（N）；

A——带的横截面面积（mm^2）。

因为 $F_1>F_2$，所以 $\sigma_1>\sigma_2$。

2. 由离心力产生的拉应力 σ_c

当带在两带轮上做圆周运动时，产生离心力 F_c，从而在带中产生拉应力，该拉应力沿带长均匀分布

$$\sigma_c = \frac{F_c}{A} = \frac{qv^2}{A}$$

式中 q——带的单位长度质量（kg/m），各种V带的 q 值见表5-1；

v——带速（m/s）；

A——带的横截面面积（mm^2）。

3. 由带弯曲产生的弯曲应力 σ_b

$$\sigma_b = \frac{hE}{d_d}$$

式中 E——带材的弹性模量（MPa）；

d_d——带轮的基准直径（mm），表5-3中列举了带轮的基准直径系列；

h——带的高度（mm）。

表5-3 V带轮最小直径及基准直径系列

V带型号	Y	Z	A	B	C	D	E
最小直径 d_{min}/mm	20	50	75	125	200	355	500
基准直径系列/mm	22，22.4，25，28，31.5，35.5，40，45，50，56，63，71，75，80，90，95，100，106，112，118，125，132，140，150，160，170，180，200，212，224，236，250，265，280，300，315，355，375，400，425，450，475，500，530，560，600，630，670，710，750，800，900，1000						

带工作时总应力分布如图5-9所示。由图可见，带上的应力是变化的，最大应力发生在紧边与小带轮的接触处，其值为

$$\sigma_{max} = \sigma_1 + \sigma_c + \sigma_{b1} \quad (5\text{-}6)$$

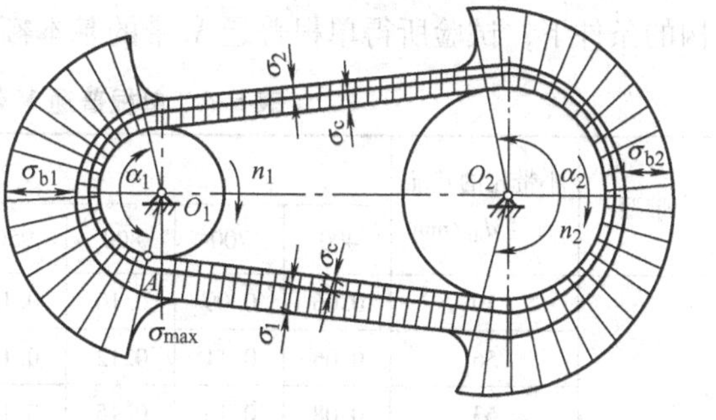

图5-9 带工作时的应力分布情况

5.2.3 带传动的弹性滑动和传动比

由于带是弹性体，工作时会产生弹性变形。当带由紧边绕经主动轮进入松边时，它所受的拉力由 F_1 逐渐减小为 F_2，带因弹性变形变小而回缩，带的运动滞后于带轮，即带与带轮之间产生了局部相对滑动。导致带速低于主动轮的圆周速度。相对滑动同样发生在从动轮上，使带的速度大于从动轮的圆周速度。这种由于带的弹性变形而引起带与带轮之间的局部相对滑动，称为弹性滑动。

弹性滑动和打滑是两个完全不同的概念，打滑是因过载引起的，故可以避免。而弹性滑动是由于带的弹性和拉力差引起的，是不可避免的。

由弹性滑动所引起的从动轮的圆周速度 v_2 小于主动轮的圆周速度 v_1，其速度的降低率用滑动率 ε 表示，即

$$\varepsilon=\frac{v_1-v_2}{v_1}=\frac{d_{d1}n_1-d_{d2}n_2}{d_{d1}n_1} \tag{5-7}$$

式中 d_{d1}、d_{d2}——主动轮、从动轮的基准直径（mm）；

n_1、n_2——主动轮、从动轮的转速（r/min）。

由上式可得带传动的传动比为

$$i=\frac{n_1}{n_2}=\frac{d_{d2}}{d_{d1}(1-\varepsilon)} \tag{5-8}$$

从动轮的转速

$$n_2=\frac{n_1d_{d1}(1-\varepsilon)}{d_{d2}} \tag{5-9}$$

因带传动的滑动率 ε 通常为 0.01 ~ 0.02，在一般计算中可忽略不计，因此可得带传动的传动比为

$$i=\frac{n_1}{n_2}\approx\frac{d_{d2}}{d_{d1}} \tag{5-10}$$

5.3 普通 V 带传动的设计计算

5.3.1 带传动的失效形式和设计准则

由于带传动的主要失效形式是打滑和疲劳破坏，因此带传动的设计准则是在保证带传动不打滑的情况下，使带具有一定的疲劳强度和寿命。

5.3.2 单根普通 V 带所能传递的功率

在传动比 $i=1$，包角 $\alpha_1=180°$、特定带长、载荷平稳、抗拉体材质为化学纤维绳芯结构的条件下，试验所得单根普通 V 带的基本额定功率 P_0 见表 5-4。

表 5-4 单根普通 V 带的基本额定功率 P_0 （单位：kW）

带型	小带轮的基准直径 d_{d1}/mm	小带轮转速 n_1/(r/min)									
		400	700	800	950	1200	1450	1600	2000	2400	2800
Z	50	0.06	0.09	0.10	0.12	0.14	0.16	0.17	0.20	0.22	0.26
	56	0.06	0.11	0.12	0.14	0.17	0.19	0.20	0.25	0.30	0.33
	63	0.08	0.13	0.15	0.18	0.22	0.25	0.27	0.32	0.37	0.41
	71	0.09	0.17	0.20	0.23	0.27	0.30	0.33	0.39	0.46	0.50
	80	0.14	0.20	0.22	0.26	0.30	0.35	0.39	0.44	0.50	0.56
	90	0.14	0.22	0.24	0.28	0.33	0.36	0.40	0.48	0.54	0.60
A	75	0.26	0.40	0.45	0.51	0.60	0.68	0.73	0.84	0.92	1.00
	90	0.39	0.61	0.68	0.77	0.93	1.07	1.15	1.34	1.50	1.64
	100	0.47	0.74	0.83	0.95	1.14	1.32	1.42	1.66	1.87	2.05
	112	0.56	0.90	1.00	1.15	1.39	1.61	1.74	2.04	2.30	2.51

（续）

带型	小带轮的基准直径 d_{d1}/mm	小带轮转速 n_1/(r/min)									
		400	700	800	950	1200	1450	1600	2000	2400	2800
A	125	0.67	1.07	1.19	1.37	1.66	1.92	2.07	2.44	2.74	2.98
	140	0.78	1.26	1.41	1.62	1.96	2.28	2.45	2.87	3.22	3.48
	160	0.94	1.51	1.69	1.95	2.36	2.73	2.54	3.42	3.80	4.06
	180	1.09	1.76	1.97	2.27	2.74	3.16	3.40	3.93	4.32	4.54
B	125	0.84	1.30	1.44	1.64	1.93	2.19	2.33	2.64	2.85	2.96
	140	1.05	1.64	1.82	2.08	2.47	2.82	3.00	3.42	3.70	3.85
	160	1.32	2.09	2.32	2.66	3.17	3.62	3.86	4.40	4.75	4.89
	180	1.59	2.53	2.81	3.22	3.85	4.39	4.68	5.30	5.67	5.76
	200	1.85	2.96	3.30	3.77	4.50	5.13	5.46	6.13	6.47	6.43
	224	2.17	3.47	3.86	4.42	5.26	5.97	6.33	7.02	7.25	6.95
	250	2.50	4.00	4.46	5.10	6.04	6.82	7.20	7.87	7.89	7.14
	280	2.89	4.61	5.13	5.85	6.90	7.76	8.13	8.60	8.22	6.80
C	200	2.41	3.69	4.07	4.58	5.29	5.84	6.07	6.34	6.02	5.01
	224	2.99	4.64	5.12	5.78	6.71	7.45	7.75	8.06	7.57	6.08
	250	3.62	5.64	6.23	7.04	8.21	9.04	9.38	9.62	8.75	6.56
	280	4.32	6.76	7.52	8.49	9.81	10.72	11.06	11.04	9.50	6.13
	315	5.14	8.09	8.92	10.05	11.53	12.46	12.72	12.14	9.43	4.16
	355	6.05	9.50	10.46	11.73	13.31	14.12	14.19	12.59	7.98	—
	400	7.06	11.02	12.10	13.48	15.04	15.53	14.24	11.95	4.34	—
	450	8.20	12.63	13.80	15.23	16.59	16.47	15.57	9.64	—	—
D	355	9.24	13.70	16.15	17.25	16.77	15.63	—	—	—	—
	400	11.45	17.07	20.06	21.20	20.15	18.31	—	—	—	—
	450	13.85	20.63	24.01	24.84	22.02	19.59	—	—	—	—
	500	16.20	23.99	27.50	26.71	23.59	18.88	—	—	—	—
	560	18.95	27.73	31.04	29.67	22.58	15.13	—	—	—	—
	630	22.05	31.68	34.19	30.15	18.06	6.25	—	—	—	—
	710	25.45	35.59	36.35	27.88	7.99	—	—	—	—	—
	800	29.08	39.14	36.76	21.32	—	—	—	—	—	—

当实际情况与上述试验条件不同时，应对 P_0 加以修正，从而得出单根普通 V 带在实际工作情况下所能传递许用功率 $[P_0]$，其计算公式为

$$[P_0]=(P_0+\Delta P_0)K_\alpha K_L \tag{5-11}$$

式中 ΔP_0——功率增量，见表5-5；

K_α——包角修正系数，见表5-6；

K_L——带长修正系数，见表5-2。

表 5-5 单根普通 V 带额定功率的增量 ΔP_0 （单位：kW）

带型	传动比 i	小带轮转速 n_1/(r/min)									
		400	700	800	950	1200	1450	1600	2000	2400	2800
Z	1.00~1.01	0.00	0.00	0.00	0.00	0.00	0.00	0.00	0.00	0.00	0.00
	1.02~1.04	0.00	0.00	0.00	0.00	0.00	0.00	0.01	0.01	0.01	0.01
	1.05~1.08	0.00	0.00	0.00	0.00	0.01	0.01	0.01	0.01	0.02	0.02
	1.09~1.12	0.00	0.00	0.00	0.01	0.01	0.01	0.01	0.02	0.02	0.02
	1.13~1.18	0.00	0.00	0.01	0.01	0.01	0.01	0.01	0.02	0.02	0.03
	1.19~1.24	0.00	0.00	0.01	0.01	0.01	0.02	0.02	0.02	0.03	0.03
	1.25~1.34	0.00	0.01	0.01	0.01	0.02	0.02	0.02	0.02	0.03	0.03
	1.35~1.50	0.00	0.01	0.01	0.02	0.02	0.02	0.02	0.03	0.03	0.04
	1.51~1.99	0.01	0.01	0.02	0.02	0.02	0.02	0.03	0.03	0.04	0.04
	≥2.00	0.01	0.02	0.02	0.02	0.03	0.03	0.03	0.04	0.04	0.04
A	1.00~1.01	0.00	0.00	0.00	0.00	0.00	0.00	0.00	0.00	0.00	0.00
	1.02~1.04	0.01	0.01	0.01	0.01	0.02	0.02	0.02	0.03	0.03	0.04
	1.05~1.08	0.01	0.02	0.02	0.03	0.03	0.04	0.04	0.06	0.07	0.08
	1.09~1.12	0.02	0.03	0.03	0.04	0.05	0.06	0.06	0.08	0.10	0.11
	1.13~1.18	0.02	0.04	0.04	0.05	0.07	0.08	0.09	0.11	0.13	0.15
	1.19~1.24	0.03	0.05	0.05	0.06	0.08	0.09	0.11	0.13	0.16	0.19
	1.25~1.34	0.03	0.06	0.06	0.07	0.10	0.11	0.13	0.16	0.19	0.23
	1.35~1.50	0.04	0.07	0.08	0.08	0.11	0.13	0.15	0.19	0.23	0.26
	1.51~1.99	0.04	0.08	0.09	0.10	0.13	0.15	0.17	0.22	0.26	0.30
	≥2.00	0.05	0.09	0.10	0.11	0.15	0.17	0.19	0.24	0.29	0.34
B	1.00~1.01	0.00	0.00	0.00	0.00	0.00	0.00	0.00	0.00	0.00	0.00
	1.02~1.04	0.01	0.02	0.03	0.03	0.04	0.05	0.06	0.07	0.08	0.10
	1.05~1.08	0.03	0.05	0.06	0.07	0.08	0.10	0.11	0.14	0.17	0.20
	1.09~1.12	0.04	0.07	0.08	0.10	0.13	0.15	0.17	0.21	0.25	0.29
	1.13~1.18	0.06	0.10	0.11	0.13	0.17	0.20	0.23	0.28	0.34	0.39
	1.19~1.24	0.07	0.12	0.14	0.17	0.21	0.25	0.28	0.35	0.42	0.49
	1.25~1.34	0.08	0.15	0.17	0.20	0.25	0.31	0.34	0.42	0.51	0.59
	1.35~1.50	0.10	0.17	0.20	0.23	0.30	0.36	0.39	0.49	0.59	0.69
	1.51~1.99	0.11	0.20	0.23	0.26	0.34	0.40	0.45	0.56	0.68	0.79
	≥2.00	0.13	0.22	0.25	0.30	0.38	0.46	0.51	0.63	0.76	0.89
C	1.00~1.01	0.00	0.00	0.00	0.00	0.00	0.00	0.00	0.00	0.00	0.00
	1.02~1.04	0.04	0.07	0.08	0.09	0.12	0.14	0.16	0.20	0.23	0.27
	1.05~1.08	0.08	0.14	0.16	0.19	0.24	0.28	0.31	0.39	0.47	0.55
	1.09~1.12	0.12	0.21	0.23	0.27	0.35	0.42	0.47	0.59	0.70	0.82
	1.13~1.18	0.16	0.27	0.31	0.37	0.47	0.58	0.63	0.78	0.94	1.10

（续）

带型	传动比 i	小带轮转速 n_1/(r/min)									
		400	700	800	950	1200	1450	1600	2000	2400	2800
C	1.19～1.24	0.20	0.34	0.39	0.47	0.59	0.71	0.78	0.98	1.18	1.37
	1.25～1.34	0.23	0.41	0.47	0.56	0.70	0.85	0.94	1.17	1.41	1.64
	1.35～1.50	0.27	0.48	0.55	0.65	0.82	0.99	1.10	1.37	1.65	1.92
	1.51～1.99	0.31	0.55	0.63	0.74	0.94	1.14	1.25	1.57	1.88	2.19
	≥2.00	0.35	0.62	0.71	0.83	1.06	1.27	1.41	1.76	2.12	2.47
D	1.00～1.01	0.00	0.00	0.00	0.00	0.00	0.00	0.00	—	—	—
	1.02～1.04	0.14	0.24	0.28	0.33	0.42	0.51	0.56	—	—	—
	1.05～1.08	0.28	0.49	0.56	0.66	0.84	1.01	1.11	—	—	—
	1.09～1.12	0.42	0.73	0.83	0.99	1.25	1.51	1.67	—	—	—
	1.13～1.18	0.56	0.97	1.11	1.32	1.67	2.02	2.23	—	—	—
	1.19～1.24	0.70	1.22	1.39	1.60	1.09	2.52	2.78	—	—	—
	1.25～1.34	0.83	1.46	1.67	1.92	2.50	3.02	3.33	—	—	—
	1.35～1.50	0.97	1.70	1.95	2.31	2.92	3.52	3.89	—	—	—
	1.51～1.99	1.11	1.95	2.22	2.64	3.34	4.03	4.45	—	—	—
	≥2.00	1.25	2.19	2.50	2.97	3.75	4.53	5.00	—	—	—

表5-6 带轮的包角修正系数 K_α

小带轮包角	180°	175°	165°	160°	155°	150°	145°	140°	135°	130°	125°	120°
K_α	1.00	0.99	0.96	0.95	0.93	0.92	0.91	0.89	0.88	0.86	0.84	0.82

5.3.3 普通V带传动的设计方法和步骤

普通V带传动设计计算时，通常已知条件是：传动用途和工作情况、传递的功率P、两带轮转速n_1和n_2（或传动比i）以及外廓尺寸要求等。

普通V带传动设计的任务是：确定普通V带的型号，计算或选择带与带轮的各个参数，计算带的根数，计算初拉力和轴上的压力，画出带轮零件图等。

设计步骤如下：

1. 确定计算功率 P_c（kW）

$$P_c = K_A P \tag{5-12}$$

式中 K_A——工作情况系数，见表5-7。

表5-7 工作情况系数 K_A

工况	适用范围	载荷类型					
		空、轻载起动			重载起动		
		每天工作时间/h					
		<10	10～16	>16	<10	10～16	>16
载荷变动微小	液体搅拌机、通风机和鼓风机（$P \leqslant 7.5$kW）、离心机水泵和压缩机、轻型输送机	1.0	1.1	1.2	1.1	1.2	1.3

（续）

工况	适用范围	载荷类型					
		空、轻载起动			重载起动		
		每天工作时间/h					
		<10	10~16	>16	<10	10~16	>16
载荷变动较小	带式输送机（不均匀载荷）、通风机（$P>7.5$kW）、发电机、金属切削机床、印刷机、压力机、旋转筛、木材加工机械	1.1	1.2	1.3	1.2	1.3	1.4
载荷变动较大	制砖机、斗式提升机、往复式水泵、压缩机、起重机、冲剪机床、橡胶机械、振动器、纺织机械、重型输送机、木材加工机械	1.2	1.3	1.4	1.4	1.5	1.6
载荷变动很大	破碎机、卷扬机、橡胶压延机	1.3	1.4	1.5	1.5	1.6	1.6

2. 选定 V 带的型号

根据计算功率和小带轮的转速，按图 5-10 选择普通 V 带的型号。

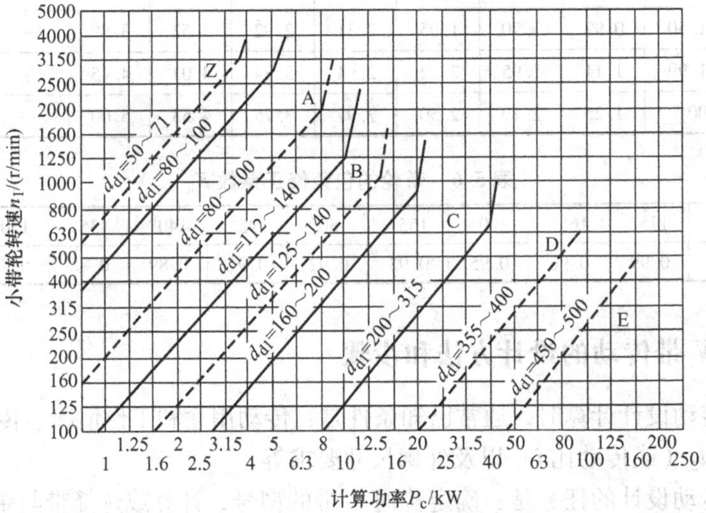

图 5-10 普通 V 带选型图

3. 确定带轮的基准直径 d_{d1}、d_{d2}

小带轮的直径是一个重要的自选参数，较小的小带轮直径 d_{d1}，可使传动结构紧凑，但弯曲应力大，使带的寿命降低。为了避免产生过大的弯曲应力，在 V 带传动的设计中应使 $d_{d1} \geqslant d_{min}$，d_{min}的值见表 5-3。大带轮可按 $d_{d2} \approx \frac{n_1}{n_2} d_{d1}$ 计算，并按表 5-3 的带轮基准直径系列取标准值。

4. 验算带速 v

$$v = \frac{\pi d_{d1} n_1}{60 \times 1000} \tag{5-13}$$

带速升高则离心力增大，使带与带轮间的摩擦力减小，传动容易打滑，并且带的绕转次数增加，降低带的寿命。带速低则带传递的圆周力增大，带的根数增多。一般应使带速在

5 ~25m/s 范围内。如带速超过上述范围，应重选小带轮直径 d_{d1}。

5. 确定中心距 a 和带的基准长度 L_d

带传动的中心距小则结构紧凑，但传动带较短时包角较小，并且带的绕转次数增多，会降低带的寿命，从而使带的传动能力降低。若中心距过大则导致结构外廓尺寸过大。通常可按下式初定中心距 a_0，即

$$0.7(d_{d1}+d_{d2})\leqslant a_0\leqslant 2(d_{d1}+d_{d2}) \tag{5-14}$$

按照下式初步计算带的基准长度 L_0

$$L_0=2a_0+\frac{\pi}{2}(d_{d1}+d_{d2})+\frac{(d_{d2}-d_{d1})^2}{4a_0} \tag{5-15}$$

查表5-2选定与计算值 L_0 相近的带基准长度 L_d 的标准值，再按下式近似计算实际中心距为

$$a\approx a_0+\frac{L_d-L_0}{2} \tag{5-16}$$

考虑到安装调试和张紧的需要，中心距大约有 $\pm 0.03L_d$ 的调整量。

6. 验算小带轮包角 α_1

$$\alpha_1=180°-\frac{d_{d2}-d_{d1}}{a}\times 57.3° \tag{5-17}$$

一般要求 $\alpha_1\geqslant 120°$，若不满足此条件，可采用适当增大中心距或加装张紧轮等措施。

7. 计算 V 带的根数 z

$$z\geqslant\frac{P_c}{[P_0]}=\frac{P_c}{(P_0+\Delta P_0)K_\alpha K_L} \tag{5-18}$$

带的根数应圆整为整数，通常 $z=2\sim5$ 为宜，使各带受力均匀。

8. 计算单根 V 带的初拉力 F_0

$$F_0=\frac{500P_c}{zv}\left(\frac{2.5}{K_a}-1\right)+qv^2 \tag{5-19}$$

由于新带容易松弛，安装新带时初拉力应为计算值的1.5倍。

9. 计算作用在轴上的压力 F_Q

作用在带轮轴上的 F_Q 一般按静止状态下带轮两边的初拉力 F_0 的合力来计算，如图5-11所示

$$F_Q=2zF_0\sin\frac{\alpha_1}{2} \tag{5-20}$$

F_Q 的大小会影响轴、轴承的强度和寿命。

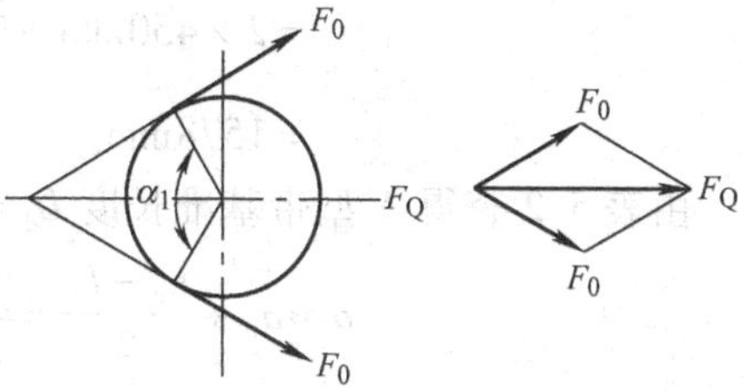

图5-11 作用在带轮轴上的压力 F_Q

10. 带轮结构的设计

带轮结构的设计根据带轮槽型、槽数、基准直径和轴的尺寸确定。参见本章5.4节部分或有关机械设计手册。

【例5-1】 设计一带式输送机的普通 V 带传动。原动机为 Y112M-4 异步电动机，其额定功率 $P=4$kW，满载转速 $n_1=1440$r/min，从动轮转速 $n_2=470$r/min，单班制工作，载荷变动较小，要求中心距 $a\leqslant 550$mm。

解 （1）确定计算功率 P_c

由表5-7查得 $K_A=1.1$，故

$$P_c = K_A P = 1.1 \times 4\text{kW} = 4.4\text{kW}$$

（2）选择带型

根据 $P_c = 4.4\text{kW}$ 和 $n_1 = 1440\text{r/min}$，由图 5-10 初步选定 A 型 V 带。

（3）选取带轮基准直径 d_{d1} 和 d_{d2}

由表 5-3 取 $d_{d1} = 100\text{mm}$，按公式计算大带轮基准直径 d_{d2}

$$d_{d2} = \frac{n_1}{n_2} d_{d1} = \frac{1440}{470} \times 100\text{mm} = 306\text{mm}$$

由表 5-3 取直径系列值，$d_{d2} = 315\text{mm}$，则实际传动比 i、从动轮的实际转速分别为

$$i = \frac{d_{d2}}{d_{d1}} = \frac{315}{100} = 3.15$$

$$n_2' = \frac{n_1}{i} = \frac{1440}{3.15}\text{r/min} \approx 457\text{r/min}$$

从动轮的转速误差率为

$$\frac{457 - 470}{470} \times 100\% \approx -2.8\%$$

在 ±5% 以内，符合要求。

（4）验算带速 v

$$v = \frac{\pi d_{d1} n_1}{60 \times 1000} \approx \frac{3.14 \times 100 \times 1440}{60 \times 1000}\text{m/s} = 7.54\text{m/s}$$

带速 v 在 5～25m/s 范围内，故合适。

（5）确定中心距 a 和带的基准长度 L_d

由式（5-14）初定中心距 $a_0 = 450\text{mm}$，符合下式

$$0.7(d_{d1} + d_{d2}) < a_0 < 2(d_{d1} + d_{d2}) = 0.7 \times (100 + 315)\text{mm} < a_0 < 2 \times (100 + 315)\text{mm}$$

由式（5-15）得带长为

$$\begin{aligned} L_0 &= 2a_0 + \frac{\pi}{2}(d_{d1} + d_{d2}) + \frac{(d_{d2} - d_{d1})^2}{4a_0} \\ &= 2 \times 450\text{mm} + \frac{3.14}{2} \times (100 + 315)\text{mm} + \frac{(315 - 100)^2}{4 \times 450}\text{mm} \\ &= 1578\text{mm} \end{aligned}$$

由表 5-2 查得 A 型带基准长度 $L_d = 1600\text{mm}$，计算实际中心距

$$a \approx a_0 + \frac{L_d - L_0}{2} = 450\text{mm} + \frac{1600 - 1578}{2}\text{mm} = 461\text{mm}$$

取 $a = 460\text{mm}$

（6）验算小带轮包角 α_1

$$\alpha_1 = 180° - \frac{d_{d2} - d_{d1}}{a} \times 57.3° = 180° - \frac{315 - 100}{460} \times 57.3° \approx 153.2° > 120°$$

故包角合适。

（7）确定带的根数 z

由表 5-4、表 5-5 查得，$P_0 = 1.31\text{kW}$，$\Delta P_0 = 0.17\text{kW}$。

由表 5-6 查得，$K_\alpha = 0.926$。

由表 5-2 查得，$K_L=0.99$。

由式（5-18）得

$$z\geqslant\frac{P_c}{[P_0]}=\frac{P_c}{(P_0+\Delta P_0)K_\alpha K_L}=\frac{4.4}{(1.31+0.17)\times0.926\times0.99}=3.25$$

取 $z=4$ 根。

（8）确定初拉力 F_0

由式（5-19）计算单根普通 V 带的初拉力

$$\begin{aligned}F_0&=\frac{500P_c}{zv}\left(\frac{2.5}{K_\alpha}-1\right)+qv^2\\&=\frac{500\times4.4}{4\times7.54}\left(\frac{2.5}{0.926}-1\right)\mathrm{N}+0.1\times7.54^2\mathrm{N}\\&\approx129.7\mathrm{N}\end{aligned}$$

（9）计算作用在轴上的压力 F_Q

由式（5-20）得

$$F_Q=2zF_0\sin\frac{\alpha_1}{2}=2\times4\times129.7\times\sin\frac{153.2^\circ}{2}\mathrm{N}\approx1009\mathrm{N}$$

（10）带轮的结构设计

按本章 5.4 节内容进行设计（设计过程及带轮零件图略）。

5.4 V 带轮的设计

5.4.1 V 带轮的要求

对于 V 带轮设计的主要要求是：

1）重量轻、结构工艺性好。

2）无过大的铸造内应力。

3）质量分布较均匀，转速高时要进行动平衡试验。

4）轮槽工作面表面粗糙度要合适，以减少带的磨损。

5）轮槽尺寸和槽面角保持一定的配合精度，以使载荷沿高度方向分布较均匀等。

5.4.2 V 带轮的材料

带轮的材料以铸铁为主，常用牌号为 HT150、HT200。铸铁带轮允许的最大圆周速度为 25m/s，速度高于 25m/s 时，可采用铸钢或钢板冲压后焊接制造，小转速时可用铝合金或工程塑料。

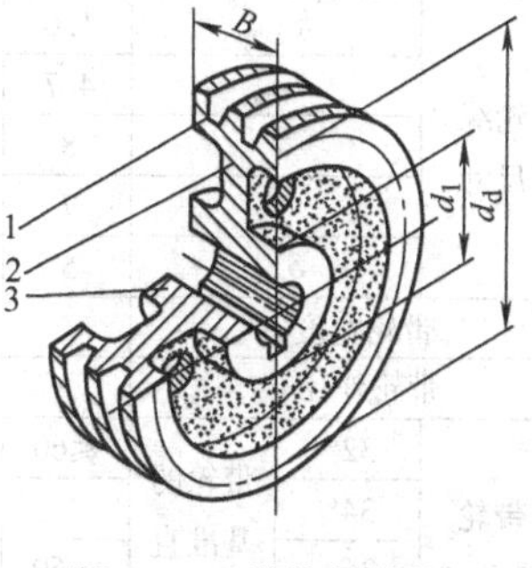

图 5-12 带轮的结构
1—轮缘 2—轮辐 3—轮毂

5.4.3 V 带轮的结构

如图 5-12 所示，V 带轮由轮缘 1、轮辐 2、轮毂 3 三部分组成。轮缘是安装传动带的部分，轮毂是与轴配合的部分，轮辐是连接轮缘和轮毂的部分。V 带轮的典型结构有四种：实心式、腹板式、孔板式、轮辐式，如图 5-13 所示。其结构形式可根据带轮基准直径的大小来选择。一般，当基准直径$d_d \leqslant (2.5 \sim 3) d_s$ 时（d_s 为安装带轮处轴的直径），可采用实心式；当基准直径 $d_d \leqslant 300$mm 时，可采用腹板式；当$D_1 - d_1 \geqslant 100$mm（$D_1 = d_d - 2h_f - 2\delta$）时，为了减轻重量采用孔板；当基准直径 $d_d > 300$mm 时，可采用轮辐式，以便减轻重量。

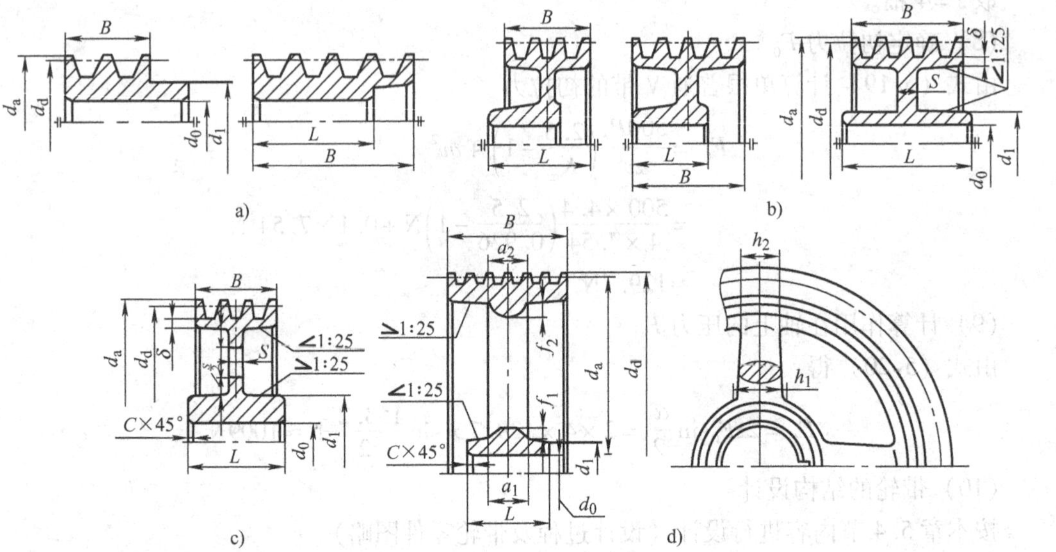

图 5-13 V 带轮的典型结构

a）实心带轮 b）腹板带轮 c）孔板带轮 d）椭圆轮辐带轮

$d_1 = (0.8 \sim 2) d_0$ $L = (1.5 \sim 2) d_0$ $S = (0.2 \sim 0.3) B$ $h_1 = 290 \sqrt[3]{\frac{P}{nA}}$ $h_2 = 0.8 h_1$ $a_1 = 0.4 h_1$ $a_2 = 0.8 a_1$

$f_1 = 0.2 h_1$ $f_2 = 0.2 h_2$ P—传递的功率（kW） n—带轮的转速（r/min） A—轮辐数

V 带轮的轮缘截面尺寸见表 5-8；需要注意的是，由于按安装前 V 带的楔角为 40°，带安装在带轮上后，V 带在带轮槽中会产生横向弯曲，截面形状发生变化，顶胶层受拉伸而变窄，底胶层受压缩而变宽，因此带的楔角变小，使带楔紧在带轮槽中，且带轮基准直径越小，这种变化越显著。所以，为保证变形后 V 带仍能够与带轮的两侧面很好的接触，带轮的槽角一般小于带的楔角，一般为 32°、34°、36°和 38°，带轮的轮槽尺寸见表 5-8。

表 5-8 普通 V 带轮的轮槽尺寸

带的型号			Y	Z	A	B	C	D	E
轮缘尺寸	h_{amin}		1.6	2	2.75	3.5	4.8	8.1	9.6
	h_{fmin}		4.7	7	8.7	10.8	14.3	19.9	23.4
	e		8	12	45	19	25.5	37	44.5
	f		7	8	10	12.5	17	24	29
	δ_{min}		5	5.5	6	7.5	10	12	15
带轮宽度 B			$B = (z-1)e + 2f$						
带轮外径 d_a			$d_a = d_d + 2h_a$						
带轮槽角 ϕ	32°	带轮的基准直径 d_d	≤60	—	—	—	—	—	—
	34°		—	≤80	≤118	≤180	≤315	—	—
	36°		>60	—	—	—	—	≤475	≤630
	38°		—	>80	>118	>180	>315	>475	>630

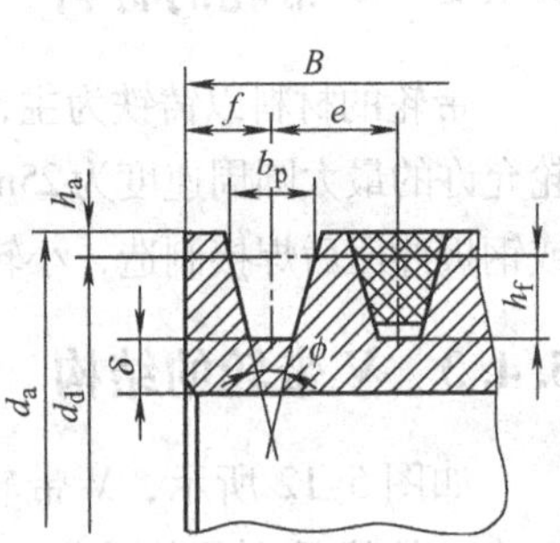

带轮的技术要求有：轮槽工作面不应有砂眼、气孔，轮辐及轮毂不应有缩孔及较大凹陷，轮槽棱边要倒圆或倒钝。带轮轮槽工作面的表面粗糙度值 Ra 一般为 3.2μm，轮毂两端面的表面粗糙度值 Ra 为 6.3μm。轮缘两侧端面、轮槽底面的表面粗糙度值 Ra 一般为 12.5μm。带轮顶圆的径向圆跳动和轮缘两侧面的端面圆跳动按标准公差等级 IT11 选取。

5.5 带传动的张紧、安装和维护

5.5.1 带传动的张紧装置

传动带在工作一段时间以后，因为发生塑性变形和磨损导致传动带变松弛，张紧力降低，从而使带传动的工作能力下降，影响正常传动。为了使带产生并保持一定的初拉力，带传动应设置张紧装置，常见的张紧方法有调整中心距方式和加装张紧轮方式。

1. 调整中心距方式

（1）定期张紧装置　定期调整中心距以恢复张紧力。常见的有滑道式（图5-14a）和摆架式（图5-14b）两种，通过调整螺钉从而调节中心距使带得到张紧，其中滑道式适用于水平或接近水平布置的传动；摆架式适用于垂直或接近垂直布置的传动。

（2）自动张紧装置　自动张紧装置（图5-14c）是将装有带轮的电动机安装在浮动的摆架上，利用电动机的自重张紧传动带，并通过载荷的大小自动调节张紧力。此装置适用于小功率的带传动。

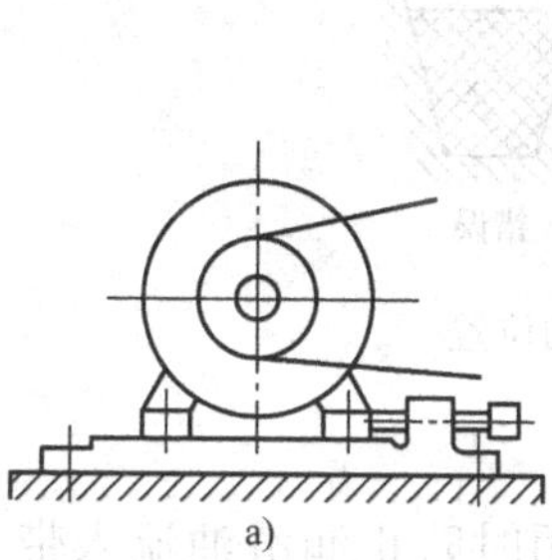

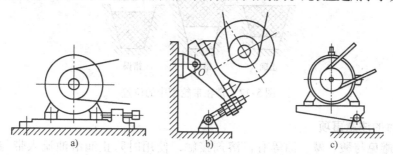

图5-14　调整中心距方式的张紧装置

a）滑道式　b）摆架式　c）自动张紧装置

2. 加装张紧轮方式

当中心距不能调节时，可采用加装张紧轮将带张紧，张紧轮一般应装在松边内侧靠近大带轮处，如图5-15所示。

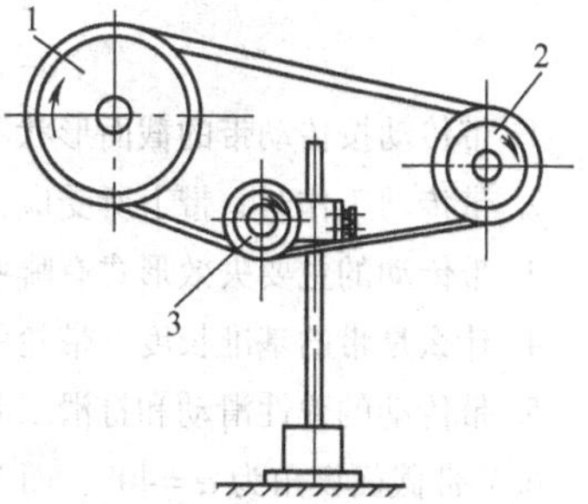

图5-15　张紧轮装置

1—从动轮　2—主动轮　3—张紧轮

5.5.2 带传动的安装与维护

为了延长带使用寿命，保证传动的正常工作，必须重视带的正确使用和维护保养。

1. 安装时的注意事项

1）安装时，两轴线应平行，一般要求两带轮轴线的平行度误差小于 $0.006a$（a 为中心距），两带轮相对应轮槽的中心线应重合，以防带侧面磨损加剧。

2）拆装时不能硬撬，以免损伤带。应先缩短中心距，将 V 带装入轮槽，然后再调整中心距并张紧带。

3）安装时，带的松紧应适当。一般应按规定的初拉力张紧，可用测量力装置检测，也可用经验法估算。经验法又称为大拇指下压法。即用大拇指压带的中部，张紧程度以大拇指能按下 10～15mm 为宜，如图 5-16 所示。

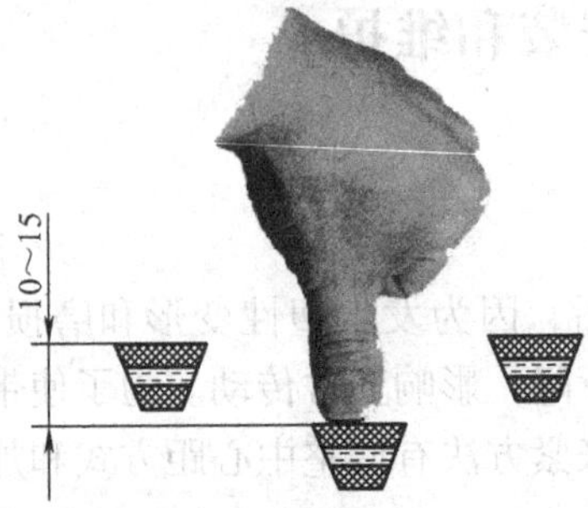

图 5-16　大拇指下压法检测带的张紧程度

4）水平布置时应使带的松边在上，紧边在下。

5）V 带在带轮槽中应处于正确位置，如图 5-17 所示，过高或过低都不利于带的正常工作。

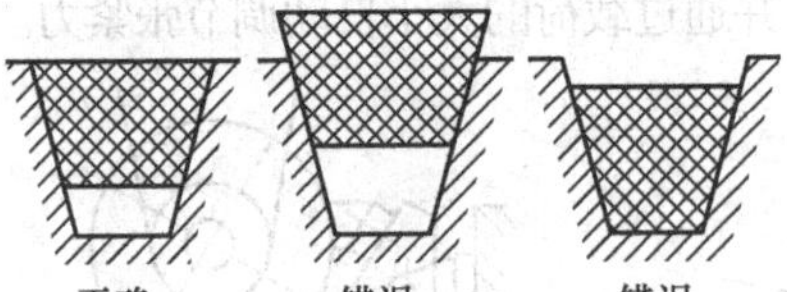

图 5-17　带在带轮槽中的位置

2. 使用时的注意事项

1）带应避免与酸、碱、油等有机溶剂接触，使用时防止润滑油流入带与带轮的工作面，工作温度一般不超过 60℃。

2）为了确保安全，应加装防护罩。

3）定期检查带的松紧，检查带是否出现疲劳现象，如发现 V 带有疲劳撕裂现象，应及时更换全部 V 带，切忌新旧 V 带混合使用。

同步练习

1. 带传动按传动带的截面形状不同分为哪些类型？各有什么特点？
2. 带传动工作时，带上所受应力有哪几种？如何分布？最大应力在何处？
3. 带传动的主要失效形式有哪些？带传动的设计准则是什么？
4. 什么是带的基准长度、带轮的基准直径？
5. 带传动的弹性滑动和打滑二者有何区别？
6. V 带截面楔角为 $\alpha=40°$，而 V 带轮的槽角却为 32°、34°、36°、38°四个值，为什么？
7. 带传动为什么要设置张紧装置？张紧带的常用方法有哪些？
8. 在机械传动系统中，为什么将带传动布置在高速级？

9. 普通 V 带传动设计的主要任务是什么？

10. 正常情况下影响带疲劳寿命的最主要应力是什么？

11. 现有一对 V 带轮，已知带的型号为 A 型，两个带轮的基准直径分别为 $d_{d1}=125\text{mm}$、$d_{d2}=250\text{mm}$，中心距 $a\approx 450\text{mm}$，可调。试选择带的基准长度和确定实际的中心距。

12. 已知某普通 V 带传动由电动机驱动，电动机转速 $n_1=1450\text{r/min}$，小带轮基准直径 $d_{d1}=100\text{mm}$，大带轮基准直径为 $d_{d2}=280\text{mm}$，中心距 $a\approx 350\text{mm}$，用 2 根 A 型 V 带传动，载荷平稳，两班制工作，试求此传动所能传递的最大功率。

13. 某车床变速箱与 Y 系列异步交流电动机之间采用 V 带传动减速，已知电动机功率 $P=5.5\text{kW}$，转速 $n_1=1440\text{r/min}$，传动比 $i=2.1$，两班制工作，中心距约为 800mm，试设计此 V 带传动。

14. 试设计搅拌机的普通 V 带传动。已知电动机的额定功率为 4kW，转速 $n_1=1440\text{r/min}$，要求从动轮转速 $n_2=575\text{r/min}$，工作情况系数 $K_A=1.1$。

第6章 链　传　动

本章知识导读

1. 主要内容

链传动的类型、特点、应用、运动特性、受力分析和维护。

2. 重点、难点提示

链传动运动特性和参数选择，轮传动的维护。

链传动是一种常见的机械传动形式，它是借助中间挠性体（链条）来传递运动和动力的一种挠性传动，兼有带传动和齿轮传动的特点。

6.1　概述

6.1.1　链传动的组成、特点和应用

链传动是一种具有中间挠性体（链条）的啮合传动，它同时具有刚、柔的特点，是一种应用十分广泛的机械传动形式。如图6-1所示，链传动由主动链轮1、从动链轮3和绕在链轮上的环形链条2组成，通过链条的链节与链轮上的轮齿相啮合来传递运动和动力。

与带传动相比，链传动无弹性滑动和打滑现象，因而能保持准确的平均传动比；传动效率高，可达0.98；链传动不需要像带传动那样带很紧地张紧在带轮上，故作用在轴上的压力较小；能在恶劣的环境下（如高温、灰尘、有油污等）工作；但链传动不能保持恒定的瞬时传动比，因此传动平稳性差，工作中有一定的冲击和噪声。

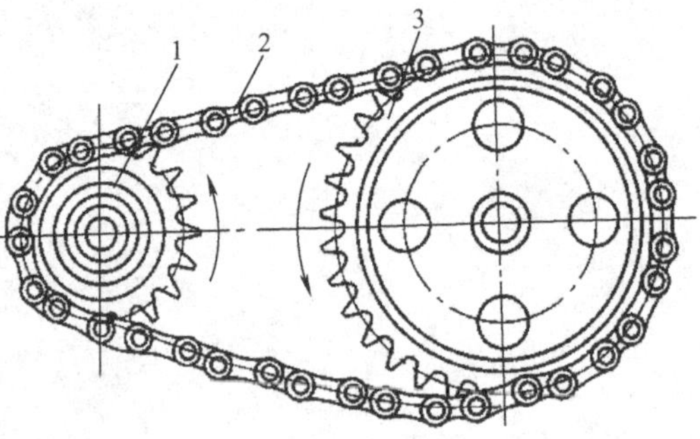

图6-1　链传动

1—主动链轮　2—链条　3—从动链轮

链传动主要用于要求工作可靠、两轴相距较远、工作条件恶劣的场合。例如农业机械、矿山机械、冶金机械、石油机械、机床及摩托车和自行车中。

链传动在传递功率、速度、中心距等方面范围较宽。目前，最大传递功率 P 达到5000kW，最高速度 v 达40m/s，最大传动比 i 达15，最大中心距 a 达8m，但由于经济性和其他原因，链传动一般用于传递功率 $P \leqslant 100$kW，链速 $v \leqslant 15$m/s，传动比 $i \leqslant 8$ 的传动，且

一般布置在低速级。

6.1.2 链传动的类型

（1）按用途不同 链条可分为传动链、起重链和牵引链三种。传动链主要用来传递运动和动力，通常在 $v \leqslant 20\text{m/s}$ 的情况下工作；起重链主要用来提升重物，一般链速很低，$v \leqslant 0.25\text{m/s}$；牵引链主要用于在运输机械中移动重物，一般速度为 2～4m/s。

（2）按结构不同 链条可分为套筒滚子链（简称滚子链，图 6-2）、齿形链（图 6-3）两种。齿形链运动较平稳，噪声小，又称为无声链。它适用于速度和运动精度较高的传动中，但缺点是制造成本高，重量大。本章主要讨论滚子链传动。

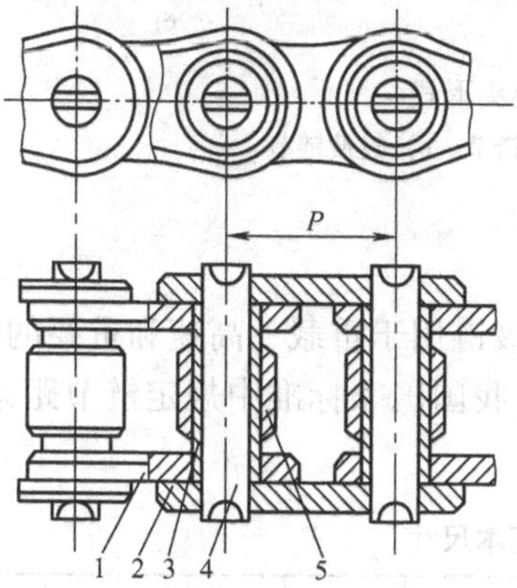

图 6-2 滚子链

1—内链板 2—外链板 3—套筒 4—销轴 5—滚子

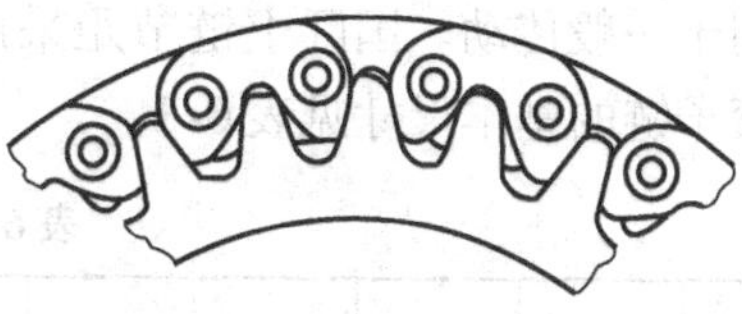

图 6-3 齿形链

6.2 滚子链和链轮

6.2.1 滚子链的结构

如图 6-2 所示，滚子链由内链板、外链板、套筒、销轴和滚子组成。内链板与套筒、外链板与销轴间均为过盈配合；套筒与销轴、滚子与套筒间均为间隙配合。内外链板交错连接构成铰链。当链条啮入和啮出时，内外链板做相对转动，同时滚子沿链轮轮齿滚动，可减少链条与轮齿的磨损。内外链板常做成“∞”字形，以减轻重量并保持各横截面的强度大致相等。

链条中的各个零件由碳素钢或合金钢制成，并经过热处理，以提高强度和耐磨性。

相邻两滚子轴线之间的距离称为链条的节距，用 p 表示。链节距 p 是传动链的主要参数，链节距越大，链条各零件的尺寸也越大。

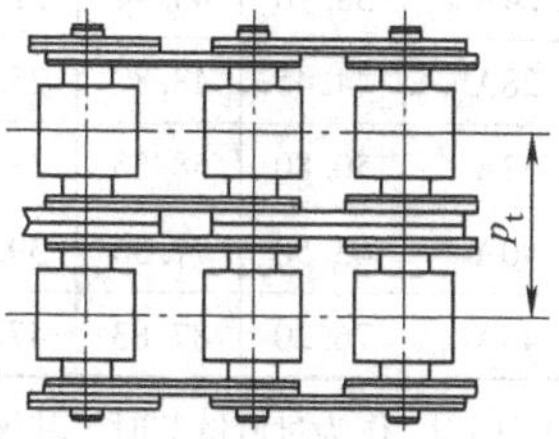

图 6-4 多排链

滚子链可制成单排或多排链，如图 6-4 所示。当传动功率较大时，可采用多排链，为避免各排链受载不均，排数不宜过多，常用双排链或三排链。

链条在使用时封闭为环形，当链节数为偶数时，正好是外链板与内链板相接，可用开口销或弹簧卡固定销轴，如图6-5a、b所示。若链节数为奇数，则需要采用过渡链节，如图6-5c所示。由于过渡链节的链板要受附加的弯矩作用，一般应避免使用，最好采用偶数链节。

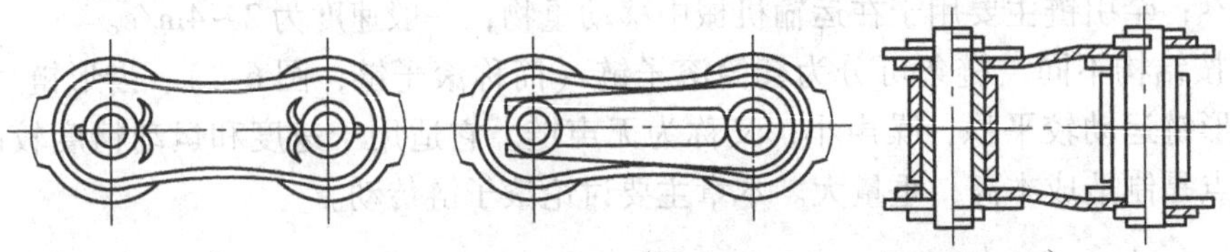

a) b) c)

图6-5 滚子链的接头形式

a）开口销式链节 b）弹簧卡式链节 c）过渡链节

6.2.2 滚子链的标准

滚子链已经标准化，分为A、B两种系列。A级链用于重载、高速和重要的链传动；B级链用于一般传动。国际上链节距采用英制单位，我国国家标准中规定链节距采用米制单位。滚子链的基本尺寸见表6-1。

表6-1 滚子链的基本尺寸

链号	节距	排距	滚子外径	内链节内宽	销轴直径	内链节外宽	外链节内宽	销轴长度	止锁端加长量	内链板高度	单排极限拉伸载荷	单排每米质量
	p	p_t	d_{1max}	b_{1min}	d_{2max}	b_{2max}	b_{3min}	b_{4max}	b_{7max}	h_{2max}	Q_{min}	q
	mm	mm	mm	mm	mm	mm	mm	mm	mm	mm	N	kg/m
05B	8.00	5.64	5.00	3.00	2.31	4.77	4.90	5.60	3.10	7.11	4400	0.18
06B	9.53	10.24	6.35	5.72	3.28	8.53	8.66	13.50	3.30	8.26	8900	0.40
08B	12.70	13.92	8.51	7.75	4.45	11.30	11.43	17.00	3.90	11.81	17800	0.70
08A	12.70	14.38	7.95	7.85	3.96	11.18	11.23	17.80	3.90	12.07	13800	0.80
10A	15.88	18.11	10.16	9.40	5.08	13.84	13.89	21.80	4.10	15.09	21800	1.00
12A	19.05	22.78	11.91	12.57	5.94	17.75	17.81	26.90	4.60	18.08	31100	1.50
16A	25.40	29.29	15.88	15.75	7.92	22.61	22.66	33.50	5.40	24.13	55600	2.60
20A	31.75	35.76	19.05	18.90	9.53	27.46	27.51	41.10	6.10	30.18	86700	3.80
24A	38.10	45.44	22.23	25.22	11.10	35.46	35.51	50.80	6.60	36.20	124600	5.60
28A	44.45	48.87	25.40	25.22	12.70	37.19	37.24	54.90	7.40	42.24	169000	7.50
32A	50.80	58.55	28.58	31.55	14.27	45.21	45.26	65.50	7.90	48.26	222400	10.10
40A	63.50	71.55	39.68	37.85	19.84	54.89	54.94	80.30	10.20	60.33	347000	16.10
48A	76.20	87.83	47.63	47.85	23.80	67.82	67.87	95.50	10.50	72.39	500400	22.60

注：1. 作为过渡链节时，其极限拉伸载荷按表值的80%计算。

2. 对于多排链节，除05B、06B、08B外，其拉伸载荷按表值乘以排数 m 计算。

国标规定滚子链的标记方法为：

链号—排数×链节数 国家标准代号。例如：A系列滚子链，节距为19.05mm，双排，链节数为100，其标记为

12A—2×100 GB/T 1243—2006

6.2.3 链轮

链轮的齿形如图6-6所示，按国家标准规定，用标准刀具加工，只需给出链轮的节距p、齿数z和链轮的分度圆直径d。分度圆是指链轮上销轴中心所处的被链条节距等分的圆，其直径为

$$d=\frac{p}{\sin\frac{180°}{z}}$$

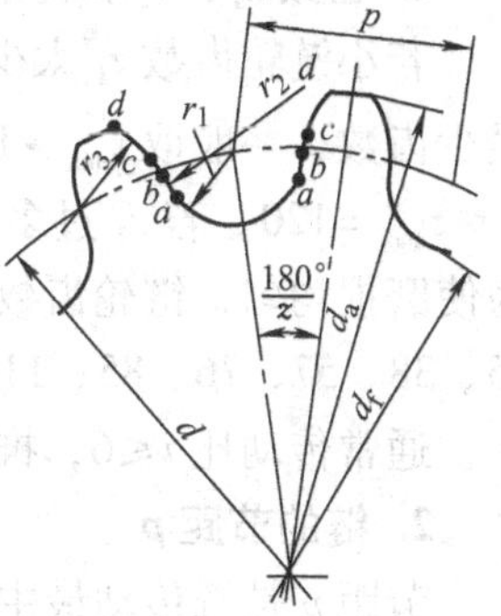

图6-6 链轮的端面齿形

链轮的结构如图6-7所示，小直径链轮可采用实心式（图6-7a），中等直径的链轮可采用孔板式（图6-7b），直径较大的链轮可采用组合式，可采用螺栓连接（图6-7c）或将轮毂和齿圈焊接在一起（图6-7d）。

链轮齿应具有足够的强度和耐磨性，故齿面多经过热处理。小链轮的啮合次数比大链轮的啮合次数多，所受冲击力也大，所以材料一般优于大链轮。常用的链轮材料为中碳钢（35钢或45钢），不重要的场合则用Q235A、Q275A，重要的链轮可采用合金钢。

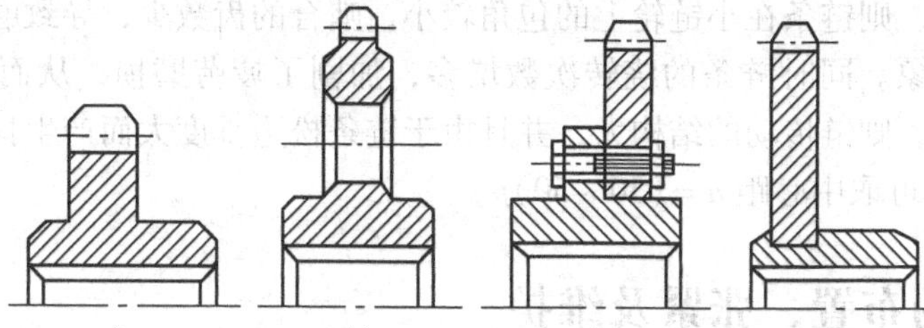

图6-7 链轮的结构

a）实心式 b）孔板式 c）螺栓连接组合式 d）轮毂和齿圈焊接组合式

6.3 链传动的运动特性和主要参数

6.3.1 链传动的运动特性

设n_1、n_2分别为两链轮的转速，z_1、z_2分别为主、从动轮链轮的齿数，p为链节距，则链条的平均速度为

$$v=\frac{z_1pn_1}{60\times1000}=\frac{z_2pn_2}{60\times1000} \tag{6-1}$$

由上式可得链传动的平均传动比为

$$i_{12}=\frac{n_1}{n_2}=\frac{z_2}{z_1}=\text{常数} \tag{6-2}$$

实际上，平均传动比的瞬时值是按每一链节的啮合过程做周期性变化的。链传动工作时不可避免地会产生振动、冲击及附加动载荷，使传动不平稳，因此链传动不适用于高速传动。

6.3.2 链传动主要参数的选择

1. 齿数 z_1、z_2 和传动比 i

若小链轮齿数 z_1 太少，则动载荷增大，传动平稳性差，链易磨损，故应限制小链轮的最少齿数，一般取 $z_{min}>17$。低速时，可少至9。大链轮的齿数按传动比确定，$z_2=iz_1$，应使 $z_2 \leqslant z_{max}=120$。若 z_2 过多，那么磨损后的链就容易从链轮上脱落。由于链节数通常为偶数，为使磨损均匀，链轮齿数一般应取与链节数互为质数的奇数，并优先选用数列17、19、23、25、38、57、76、85、114中的数。

通常传动比 $i \leqslant 6$，推荐用 $i=2\sim3.5$。

2. 链的节距 p

节距 p 是链传动最主要的参数，决定链传动的承载能力。在一定条件下，p 越大，承载能力就越高，但传动中附加动载荷，冲击和噪声也越大。因此，在满足传递功率的前提下，应尽量选取小节距的单排链；若传动速度高、功率大，则可选用小节距多排链。这样可在不加大节距 p 的条件下，增加链传动所能传递的功率。

3. 中心距 a

若中心距过小，则链条在小链轮上的包角较小，啮合的齿数少，导致磨损加剧，且易产生跳齿、脱链等现象。同时链条的绕转次数增多，加剧了疲劳磨损，从而影响了链条的寿命。若中心距过大，则链传动的结构大，并且由于链条松边垂度大而产生抖动。最大中心距取 $a_{max}<80p$，一般可取中心距 $a=(30\sim50)p$。

6.4 链传动的布置、张紧及维护

6.4.1 链传动的布置

链传动布置的注意事项：

1）为保证链条与链轮正确啮合，要保持两链轮轴线平行及两链轮的运动平面处在同一铅垂平面内，运动平面一般不允许布置在水平面或倾斜面内，否则容易引起脱链和非正常磨损。

2）尽量使两链轮中心连线水平或接近水平，中心连线与水平线夹角最好不要大于45°，并使松边在下，以免松边垂度过大时链与轮齿相干涉或紧、松边相碰。

6.4.2 链传动的张紧

链条张紧的目的是为了避免垂度过大时产生啮合不良、松边颤抖和跳齿等现象。同时也是为了增加链条和链轮的啮合包角。通常采用的张紧方法有：

1）调整中心距。

2）采用张紧轮。张紧轮一般安装在靠近小带轮松边的外侧，张紧轮可采用链轮，也可采用滚轮（图6-8a、b），此外还可用压板或托板张紧（图6-8c）。当双向传动时，应在两边设置张紧装置（图6-8d）。

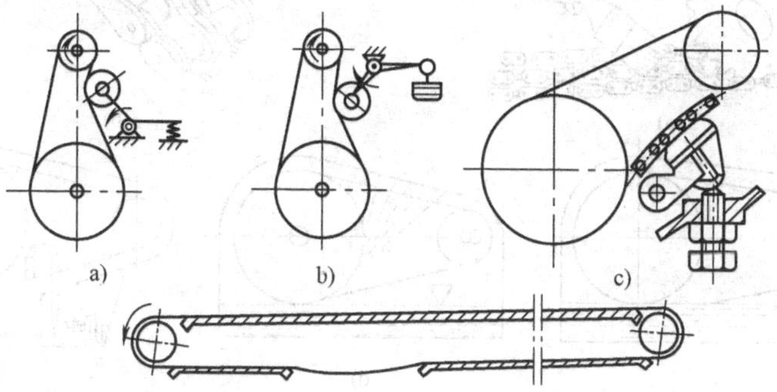

图6-8 链传动的张紧装置

a)、b）滚轮张紧 c）压板或托板张紧 d）两边设置张紧装置

6.4.3 链传动的润滑

链传动的润滑十分重要，尤其对于高速、重载的链传动。良好的润滑可以缓和冲击、减轻磨损，延长链条的使用寿命。常用的润滑方法见表6-2。润滑方式简图如图6-9所示。

表6-2 滚子链传动常用的润滑方法

润滑方式	润滑方法	供油量
人工润滑	用刷子或油壶定期在链条松边内外链板间隙中注油	每班注油一次
滴油润滑	外壳简单，由油杯滴油	单排链每分钟供油5～20滴，速度高时取大值
油浴润滑	采用密封外壳，链条从油池中通过	链条浸油深度6～12mm，视链速而定
飞溅润滑	采用密封外壳，在链轮侧边安装甩油盘飞溅润滑。甩油盘圆周速度 $v>3m/s$。当链条宽度大于125mm时，链轮两侧各装一个甩油盘	链条不得浸入油池，甩油盘浸油深度12～15mm
压力喷油润滑	采用密封外壳，油泵供油，循环油可起润滑和冷却作用，喷油口设在链条啮入处	每个喷油口供油量可根据链节距及链速的大小查阅有关机械设计手册确定

润滑时，应将润滑油注入链条铰链处的缝隙中，并均匀分布在链宽上。润滑油应在松边加入，因为松边链节处于松弛状态，润滑油容易进入各摩擦表面。

润滑油推荐采用牌号为L-AN32、L-AN46、L-AN68的全损耗系统用油，温度低时选用前者。对于开式及重载低速的链传动，可在润滑油中加入 MoS_2、WS_2 等添加剂。对于不便用润滑油的场合，允许涂抹润滑脂，但应定期清洗与涂抹。采用喷镀塑料的套筒或粉末冶金制作的含油筒，因有自润滑作用，允许不加润滑油。

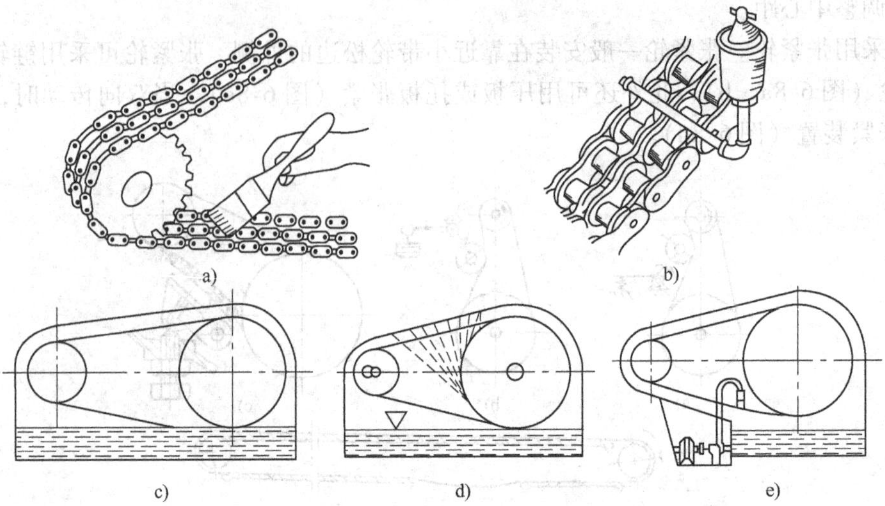

图 6-9 常用润滑方式简图

a）人工润滑 b）滴油润滑 c）油浴润滑 d）飞溅润滑 e）压力喷油润滑

同 步 练 习

1. 链传动和带传动相比有哪些优缺点？
2. 为什么链传动中平均传动比是常数，而瞬时传动比不是常数？
3. 链节距的大小对链传动能力有何影响？
4. 为什么链节数多取偶数，链轮齿数多取奇数？
5. 水平安装的链传动中，紧边宜放在上面还是下面？为什么？
6. 链传动的合理布置有哪些要求？
7. 链传动为何要适当张紧？常用的张紧方法有哪些？
8. 链传动的与带传动的张紧目的有何区别？
9. 链的标记 16A-2×50 GB/T 1243—2006 的含义是什么？
10. 链传动维护中，常用的润滑方法有哪些？

第7章 齿轮传动

本章知识导读

1. 主要内容

渐开线圆柱直齿轮、斜齿轮以及直齿锥齿轮传动的啮合原理、几何尺寸计算和直齿轮、斜齿轮传动设计计算。

2. 重点、难点提示

直齿圆柱齿轮的啮合原理、基本参数、几何尺寸的计算以及设计计算方法。

齿轮传动是机械传动中最重要、应用最广泛的一种传动。它主要用来传递两轴间的回转运动和动力。

7.1 概述

7.1.1 齿轮传动的特点

齿轮传动是一种应用十分广泛的传动机构，常用于传递两轴间的动力及运动。与其他传动机构相比，齿轮传动能实现任意位置的两轴传动，具有工作可靠、使用寿命长、传动比准确、效率高、结构紧凑和适用范围广等优点。其主要缺点是对制造和安装精度要求较高，制造成本较高，且不适用于轴间距过大的传动。

7.1.2 齿轮传动的基本类型

齿轮传动的类型可根据两齿轮轴线的相对位置、啮合方式和齿向的不同分为如下几类：

- 齿轮传动
  - 平行轴
    - 按啮合方式分
      - 外啮合齿轮传动（图7-1a）
      - 内啮合齿轮传动（图7-1b）
      - 齿轮齿条啮合传动（图7-1c）
    - 按轮齿方向分
      - 直齿圆柱齿轮传动（图7-1a）
      - 斜齿圆柱齿轮传动（图7-1d）
      - 人字齿轮传动（图7-1e）
  - 相交轴—锥齿轮传动（图7-1f、g、h）
  - 交错轴
    - 交错轴斜齿轮传动（图7-1i）
    - 蜗杆传动（图7-1j）

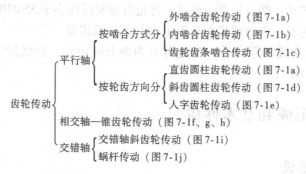

（1）按齿轮传动的工作条件分

1）开式齿轮传动。齿轮结构外露，结构简单，但由于易落入灰尘和不能保证良好的润

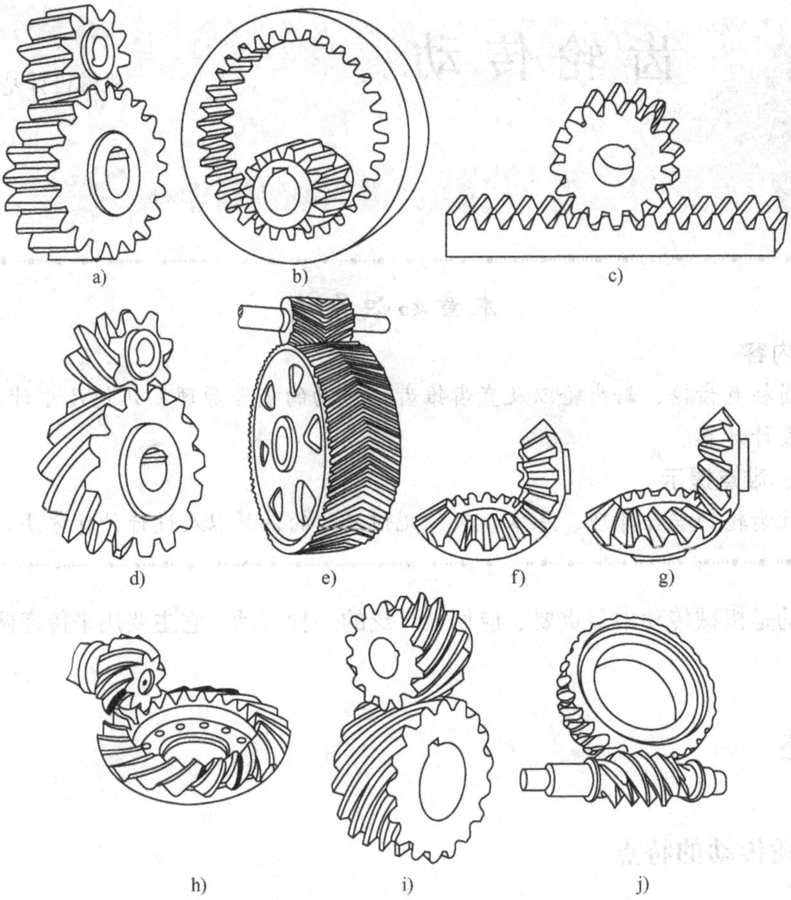

图 7-1　齿轮传动的分类

滑，轮齿极易磨损，为克服此缺点，常加设防护罩。多用于农业机械、建筑机械及简易机械设备中的低速齿轮传动。

2）闭式齿轮传动：齿轮密闭于刚性较大的箱壳内，润滑条件好，安装精确，可保证良好的工作，应用较广。如机床主轴箱中的齿轮、齿轮减速器等。

（2）按齿轮齿面硬度分

1）软齿面齿轮传动：两齿轮之一或两个齿轮齿面硬度均小于 350HBW 的齿轮传动。

2）硬齿面齿轮传动：齿面硬度大于 350HBW 的齿轮传动。

（3）按齿轮齿廓曲线的形状分　齿轮可分为渐开线齿轮、摆线齿轮和圆弧齿轮三种，其中渐开线齿轮应用最广泛。

7.2　渐开线的形成和基本性质

7.2.1　渐开线的形成

如图 7-2 所示，一直线 n—n 沿半径为 r_b 的圆周做纯滚动，该直线上任一点 K 的轨迹 $\widehat{AK}$

称为该圆的渐开线，这个圆称为渐开线的基圆，直线 n—n 称为渐开线的发生线。渐开线上任一点 K 的向径 r_K 与起始点 A 的向径间的夹角 θ_K 称为渐开线在 K 点的展角。

7.2.2 渐开线的性质

根据渐开线的形成可知，渐开线具有如下性质：

1）发生线在基圆上滚过的长度等于基圆上被滚过的弧长，即$\overline{NK}=\widehat{NA}$。

2）因为发生线在基圆上做纯滚动，所以切点 N 就是渐开线上 K 点的瞬时速度中心，发生线 NK 就是渐开线在 K 点的法线，同时它也是基圆在 N 点的切线。

3）切点 N 是渐开线上 K 点的曲率中心，NK 是渐开线上 K 点的曲率半径。离基圆越近，曲率半径越小，在基圆上（即 A 点处）其曲率半径为零。

4）渐开线的形状取决于基圆的大小。如图 7-3 所示，基圆越大，渐开线越平直，当基圆半径为无穷大时，渐开线为直线。

5）基圆内无渐开线。

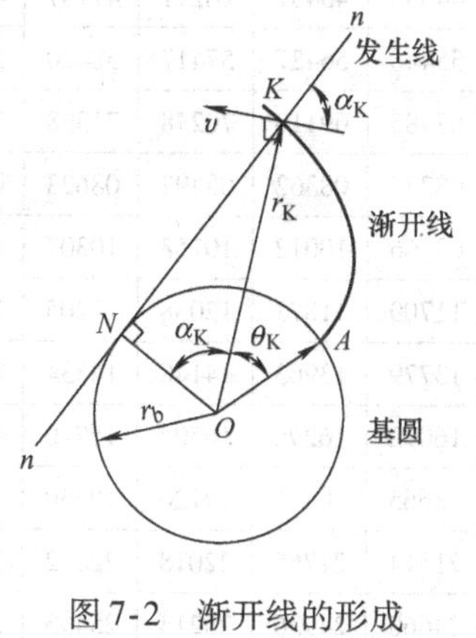

图 7-2 渐开线的形成

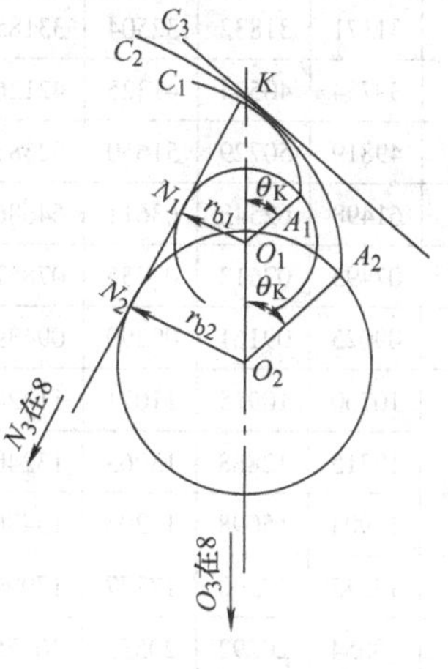

图 7-3 不同基圆的渐开线比较

7.2.3 渐开线方程

如图 7-2 所示，渐开线上任一点 K 的位置可用向径 r_K 和展角 θ_K 表示。当以此渐开线作为齿轮的齿廓在 K 点啮合时，齿廓上 K 点所受的正压力方向（即 NK 的方向）与 K 点速度方向之间所夹的锐角称为渐开线在 K 点的压力角，用 α_K 表示。

由图 7-2 可知 $\alpha_K=\angle NOK$。由$\triangle NOK$ 可得出

$$r_K=\frac{r_b}{\cos\alpha_K}$$

$$\tan\alpha_K=\frac{NK}{NO}=\frac{\widehat{NA}}{NO}=\frac{r_b(\alpha_K+\theta_K)}{r_b}=\alpha_K+\theta_K$$

即

$$\theta_K=\tan\alpha_K-\alpha_K$$

此式表明 θ_K 随 α_K 的变化而变化，故称展角 θ_K 为压力角 α_K 的渐开线函数，用 $\mathrm{inv}\alpha_K$

表示。

渐开线的极坐标方程为

$$\begin{cases} r_K = \dfrac{r_b}{\cos\alpha_K} \\ \theta_K = \tan\alpha_K - \alpha_K \end{cases} \tag{7-1}$$

式中 θ_K——展角（rad）；

α_K——压力角（rad）。

为了计算方便，工程中已将不同压力角的渐开线函数 $\mathrm{inv}\alpha_K$ 的值列成表（表 7-1），以备查用。

表 7-1 渐开线函数 $\mathrm{inv}\alpha_K$ 的值

α_K (°)		0′	5′	10′	15′	20′	25′	30′	35′	40′	45′	50′	55′
10	0.00	17941	18397	18860	19332	19812	20299	20795	21299	21810	22330	22859	23396
11	0.00	23941	24495	25057	25628	26208	26797	27394	28001	28616	29241	29875	30518
12	0.00	31171	31832	32504	33185	33875	34575	35285	36005	36735	37474	38224	38984
13	0.00	39754	40534	41325	42126	42938	43760	44593	45437	46291	47157	48033	48921
14	0.00	49819	50729	51650	52582	53526	54482	55448	56427	57417	58420	59434	60460
15	0.00	61498	62548	63611	64686	65773	66873	67985	69110	70248	71398	72561	73738
16	0.0	07493	07613	07735	07857	07982	08107	08234	08362	08492	08623	08756	08889
17	0.0	09025	09161	09299	09439	09580	09722	09866	10012	10158	10307	10456	10608
18	0.0	10760	10915	11071	11228	11387	11547	11709	11873	12038	12205	12373	12543
19	0.0	12715	12888	13063	13240	13418	13598	13779	13963	14148	14334	14523	14713
20	0.0	14904	15098	15293	15490	15689	15890	16092	16296	16502	16710	16920	17132
21	0.0	17345	17560	17777	17996	18217	18440	18665	18891	19120	19350	19583	19817
22	0.0	20054	20292	20533	20775	21019	21266	21514	21765	22018	22272	22529	22788
23	0.0	23049	23312	23577	23845	24114	24386	24660	24936	25214	25495	25778	26062
24	0.0	26350	26639	26931	27225	27521	27820	28121	28424	28729	29037	29348	29660
25	0.0	29975	30293	30613	30935	31260	31587	31917	32249	32583	32920	33260	33602
26	0.0	33947	34294	34644	34997	35352	35709	36069	36432	36798	37166	37537	37910
27	0.0	38287	28666	39047	39432	39819	40209	40602	40997	41395	41797	42201	42607
28	0.0	43017	43430	43845	44264	44685	45110	45537	45967	46400	46837	47276	47718
29	0.0	48164	48612	49064	49518	49976	50437	50901	51368	51838	52312	52788	53268
30	0.0	53751	54238	54728	55221	55717	56217	56702	57226	57736	58249	58675	59285

7.2.4 渐开线齿廓啮合基本定律

图 7-4 所示为一对互相啮合的渐开线齿廓在任意位置 K 点处的啮合情况。r_{b1}、r_{b2} 为两齿轮齿廓的基圆半径。过 K 点作两齿轮齿廓的公法线 N_1N_2，根据渐开线的性质可知，该公法线必与两基圆相切，即为两基圆的内公切线，N_1、N_2 分别为切点。又因两齿轮中心连线

和两齿轮基圆半径为定值，所以两齿廓无论在任何位置接触，过接触点所作的两齿廓的公法线 N_1N_2 必与中心连线 O_1O_2 相交于固定一点 P，这一规律称为齿廓啮合基本定律。

如图7-4所示，$\triangle O_1PN_1 \backsim \triangle O_2PN_2$，因此传动比可写成

$$i=\frac{\omega_1}{\omega_2}=\frac{\overline{O_2P}}{\overline{O_1P}}=\frac{r_2'}{r_1'}=\frac{r_{b2}}{r_{b1}} \tag{7-2}$$

式（7-2）表明一对渐开线齿轮的传动比为一定值，且与两齿轮的基圆半径成反比。

过两啮合齿廓接触点所作的两齿廓公法线与两齿轮连心线 O_1O_2 的交点 P 称为两齿轮的啮合节点（简称为节点）。分别以 O_1、O_2 为圆心，以 O_1P、O_2P 为半径所作的两个相切的圆称为节圆，节圆半径分别用 r_1' 和 r_2' 表示。由于 $v_{P_1}=v_{P_2}$，因此齿轮传动时，可以看成是这对齿轮的节圆在做纯滚动。

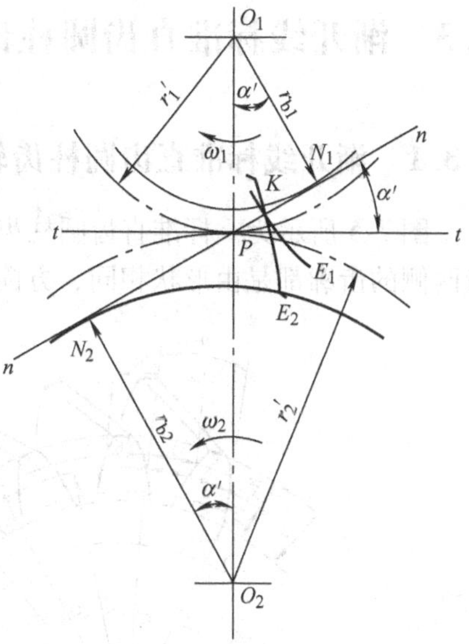

图7-4　渐开线齿廓的啮合传动

注意：节圆是一对齿轮啮合传动时产生的，所以单个齿轮没有节圆，也不存在节点。

7.2.5　渐开线齿廓啮合的特点

渐开线齿廓的啮合特点如下：

（1）啮合线为一条不变的直线　一对齿轮啮合传动时，两齿轮齿廓接触点的轨迹称为啮合线。由于啮合点都在公法线上，而公法线为一条固定的直线，并且与两齿轮基圆的内公切线重合，所以渐开线齿廓的啮合线也为一条固定直线，即渐开线齿廓的啮合线、公法线、两基圆内公切线为同一条固定直线。

（2）传力方向不变　如图7-4所示，啮合线 N_1N_2 与两齿轮节圆的内公切线 t—t 所夹的锐角 α' 称为啮合角。由于啮合线与两齿廓接触点的公法线重合，所以啮合角等于齿廓在节圆上的压力角。

若不计齿廓间的摩擦力的影响，齿廓间的压力总是沿接触点的公法线方向作用。由于渐开线齿廓各接触点的公法线为固定直线 N_1N_2，所以齿廓间的压力作用线方向恒定不变。当齿轮传递一定转矩时，齿廓之间的作用力也为一定值。

（3）渐开线齿轮中心距的可变性　由式（7-2）可知，渐开线齿轮的传动比等于两齿轮基圆半径的反比。当一对齿轮加工完成后，两齿轮的基圆半径就完全确定了，其传动比也随之确定。若因制造和安装误差等引起中心距变化，由于基圆不变，故传动比不变。渐开线齿轮中心距变化而传动比保持不变的特性称为中心距的可变性。这一特性对渐开线齿轮的加工和装配都是十分有利的。

分度圆与节圆、压力角与啮合角的区别：①就单独一个齿轮而言，只有分度圆和压力角，而无节圆和啮合角；只有当一对齿轮互相啮合时，才有节圆和啮合角；②当一对标准齿轮啮合时，分度圆是否与节圆重合，压力角与啮合角是否相等，取决于两齿轮是否为标准安装。如果为标准安装，则两圆重合、两角相等；否则均不相等。

7.3 渐开线标准直齿圆柱齿轮的主要参数及几何尺寸计算

7.3.1 渐开线标准直齿圆柱齿轮各部分的名称和符号

图7-5所示为一标准直齿圆柱齿轮的一部分，齿轮的轮齿均匀分布在圆柱面上。每个轮齿两侧的齿廓都是由形状相同、方向相反的渐开线曲面组成，其各部分的名称和符号如下：

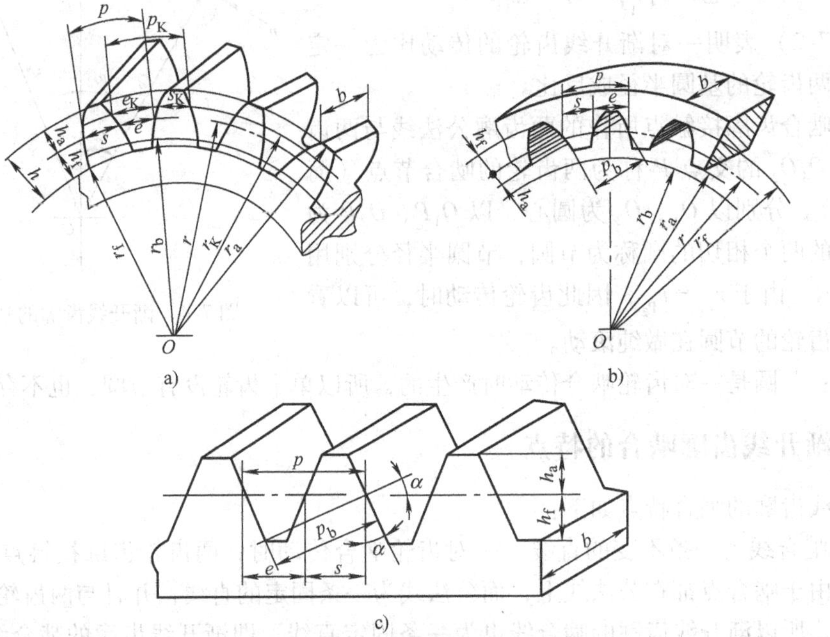

图7-5 直齿圆柱齿轮各部分名称和符号

a）外齿轮 b）内齿轮 c）齿条

（1）齿数 圆周上均匀分布的齿轮总数，用z表示。

（2）齿顶圆 过齿轮各齿顶的圆，分别用d_a和r_a表示其直径和半径。

（3）齿根圆 过齿轮各齿槽底部的圆，分别用d_f和r_f表示其直径和半径。

（4）基圆 发生渐开线的圆，分别用d_b和r_b表示其直径和半径。

（5）齿宽 轮齿的轴向长度，用b表示。

（6）齿距、齿厚、齿槽宽 在直径为d_K任意圆周上相邻两齿同侧齿廓之间的弧长称为该圆周上的齿距，用p_K表示；在该圆周上一个轮齿两侧齿廓之间的弧长称为该圆的齿厚，用s_K表示；在该圆周上齿槽两侧齿廓之间的弧长称为齿槽宽，用e_K表示；显然$p_K = s_K + e_K$。

（7）分度圆、模数和压力角 为了计算齿轮各部分尺寸，在齿顶圆与齿根圆之间选定一个圆作为计算基准，这个圆称为齿轮的分度圆，用d和r表示其直径和半径。分度圆是齿轮所固有的一个圆，其他一些圆如齿顶圆、齿根圆、基圆的尺寸等均由分度圆导出。“分度”二字含有分齿和度量之意。分度圆上的所有参数和尺寸均不带下标。

由齿距的定义可知，任意直径d_K的圆周长为$p_K z = \pi d_K$，则$d_K = \frac{p_K}{\pi} z$，那么分度圆的大

小就为

$$d=\frac{p}{\pi}z$$

由于式中包含了无理数 π，为了便于计算、制造和检验，特规定$\frac{p}{\pi}$为一简单的有理数值，并把它称为模数，用 m 表示（mm）。即

$$m=\frac{p}{\pi} \quad (7\text{-}3)$$

于是得到

$$d=mz$$

模数是决定齿轮尺寸的一个基本参数，我国已规定了标准模数系列。设计齿轮时，应采用我国规定的标准模数系列，见表7-2。

表7-2 渐开线圆柱齿轮标准模数（摘自 GB/T 1357—2008） （单位：mm）

第一系列	1，1.25，1.5，2，2.5，3，4，5，6，8，10，12，16，20，25，32，40，50
第二系列	1.125，1.375，1.75，2.25，2.75，3.5，4.5，5.5，(6.5)，7，9，11，14，18，22，28，36，45

由模数的定义$\left(m=\frac{p}{\pi}\right)$可知，模数越大，齿轮尺寸也越大，承载能力也就越高；反之则齿轮尺寸越小，承载能力也就越低。

齿轮齿廓上各点的压力角不同。为了便于设计、制造和互换使用，将分度圆上的压力角规定为标准值。我国规定 $\alpha=20°$，有些国家和场合也采用145°、15°、22.5°、25°。

综上所述，分度圆是齿轮上具有标准模数和标准压力角的圆。

（8）全齿高、齿顶高、齿根高　轮齿的齿顶圆和齿根圆之间的径向尺寸称为全齿高，用 h 表示；分度圆与齿顶圆之间的径向距离称为齿顶高，用 h_a 表示；分度圆与齿根圆之间的径向距离称为齿根高，用 h_f 表示。则有 $h=h_a+h_f$。

（9）齿顶高系数和顶隙系数　对于标准齿轮，各部分尺寸都与模数有关，并且都与模数成正比。即

$$h_a=h_a^*m$$

$$h_f=(h_a^*+c^*)m$$

$$h=(2h_a^*+c^*)m$$

式中　h_a^*——齿顶高系数；

c^*——顶隙系数。

国家标准规定，对于正常齿制齿轮，$h_a^*=1$，$c^*=0.25$；对于短齿制齿轮，$h_a^*=0.8$，$c^*=0.3$。

7.3.2 标准直齿圆柱齿轮的基本参数及几何尺寸计算

标准直齿圆柱齿轮的基本参数有五个：z、m、α、h_a^*、c^*，标准直齿圆柱齿轮的所有尺寸均可用这五个参数来表示或计算，其几何尺寸的计算公式见表7-3。

【例7-1】 为修配一残损的正常齿制标准直齿圆柱外齿轮，实测齿高为8.96mm，齿顶圆直径为135.90mm。试确定该齿轮的主要尺寸。

解 由表7-3可知，$h=h_a+h_f=(2h_a^*+c^*)m$

设$h_a^*=1$，$c^*=0.25$，则

$$m=\frac{h}{(2h_a^*+c^*)}=\frac{8.96}{(2\times1+0.25)}\text{mm}=3.982\text{mm}$$

由表7-2查得$m=4$mm，则

$$z=\frac{(d_a-2h_a^*m)}{m}=\frac{(135.90-2\times1\times4)}{4}=31.975$$

取齿数为$z=32$。

分度圆直径 $d=mz=4\times32\text{mm}=128\text{mm}$

齿顶圆直径 $d_a=d+2h_a^*m=128\text{mm}+2\times1\times4\text{mm}=136\text{mm}$

齿根圆直径 $d_f=d-2(h_a^*+c^*)m=128\text{mm}-2\times(1+0.25)\times4\text{mm}=118\text{mm}$

基圆直径 $d_b=d\cos\alpha=128\text{mm}\times\cos20°=120.281\text{mm}$

表7-3 标准直齿圆柱齿轮几何尺寸的计算公式

序号	名称	符号	计算公式
1	齿顶高	h_a	$h_a=h_a^*m$
2	齿根高	h_f	$h_f=(h_a^*+c^*)m$
3	全齿高	h	$h=h_a+h_f=(2h_a^*+c^*)m$
4	顶隙	c	$c=c^*m$
5	分度圆直径	d	$d=mz$
6	基圆直径	d_b	$d_b=d\cos\alpha=mz\cos\alpha$
7	齿顶圆直径	d_a	$d_a=d\pm2h_a=(z\pm2h_a^*)m$
8	齿根圆直径	d_f	$d_f=d\mp2h_f=(z\mp2h_a^*\mp2c^*)m$
9	齿距	p	$p=\pi m$
10	齿厚	s	$s=\frac{p}{2}=\frac{\pi m}{2}$
11	齿槽宽	e	$e=\frac{p}{2}=\frac{\pi m}{2}$
12	标准中心距	a	$a=\frac{(d_2\pm d_1)}{2}=\frac{m(z_2\pm z_1)}{2}$

注：表中正负号处，上面符号用于外齿轮，下面符号用于内齿轮。

7.4 渐开线标准直齿圆柱齿轮的啮合传动

7.4.1 渐开线标准直齿圆柱齿轮的正确啮合条件

如图7-6所示，设相邻两齿同侧齿廓与啮合线N_1N_2的交点分别为K_1和K_2，线段K_1K_2的长度称为齿轮的法向齿距。显然，要使两齿轮正确啮合，它们的法向齿距必须相等。根据渐开线的性质可知，法向齿距等于两齿轮基圆上的齿距，因此要使两齿轮正确啮合，必须满足$p_{b1}=p_{b2}$，而$p_b=\pi m\cos\alpha$，故可得

$$\pi m_1\cos\alpha_1=\pi m_2\cos\alpha_2$$

由于渐开线齿轮的模数 m 和压力角 α 均为标准值，因此两齿轮的正确啮合条件为

$$\left.\begin{aligned} m_1 = m_2 = m \\ \alpha_1 = \alpha_2 = \alpha \end{aligned}\right\} \tag{7-4}$$

即两齿轮模数和压力角分别相等。

因此一对渐开线直齿圆柱齿轮的传动比又可以表达为

$$i_{12} = \frac{\omega_1}{\omega_2} = \frac{r_2'}{r_1'} = \frac{r_{b2}}{r_{b1}} = \frac{r_2 \cos\alpha}{r_1 \cos\alpha} = \frac{r_2}{r_1} = \frac{z_2}{z_1}$$

7.4.2 渐开线齿轮的标准中心距

一对渐开线外啮合标准齿轮，如果安装正确，在理论上是没有齿侧间隙（简称侧隙）的。否则，两齿轮在啮合过程中就会出现冲击和噪声，正反转转换时还会出现空程。

标准齿轮正确安装，实现无侧隙啮合的条件是

$$s_1 = e_2 = \frac{\pi m}{2} = s_2 = e_1$$

因此正确安装的两标准齿轮，两分度圆正好相切，节圆和分度圆重合，这时的中心距称为标准中心距（简称中心距），用 a 表示，如图 7-7 所示，即

$$a = r_1' + r_2' = r_1 + r_2 = \frac{m}{2}(z_1 + z_2) \tag{7-5}$$

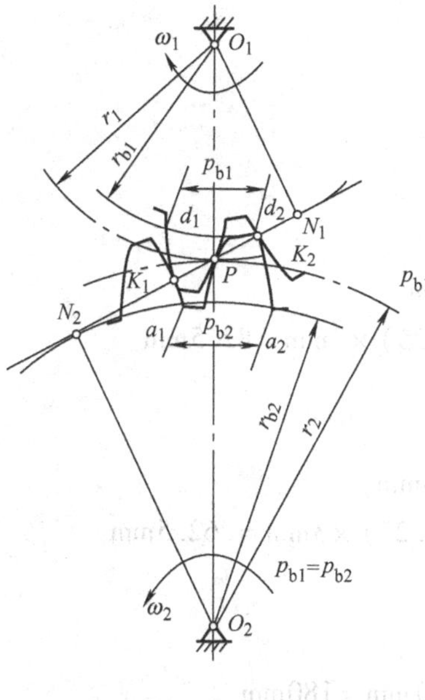

图 7-6 正确啮合的条件

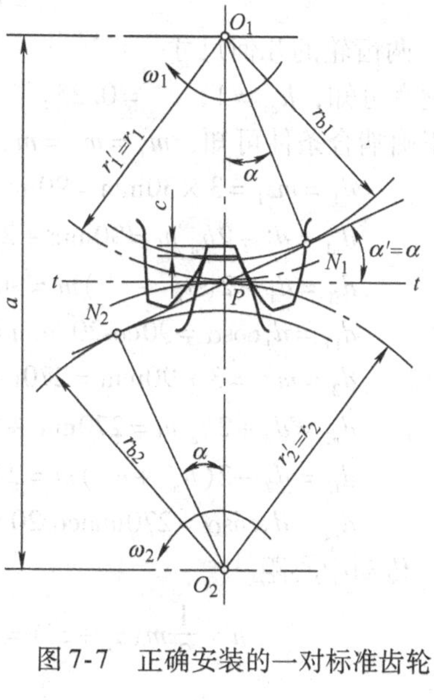

图 7-7 正确安装的一对标准齿轮

7.4.3 渐开线齿轮连续传动的条件

如图 7-8 所示，一对齿廓开始啮合时，主动轮的齿根推动从动轮的齿顶，故啮合始点是从动轮齿顶圆与啮合线的交点 B_2，两齿轮分开时是在主动轮的齿顶圆与啮合线的交点 B_1，$\overline{B_1B_2}$ 为实际啮合线。

根据以上分析可知，在两齿轮啮合过程中，其齿廓上只有从齿顶到齿根的一段参与啮合，实际参与啮合的这段齿廓称为齿廓工作段，即图 7-8 中的阴影部分。

若想齿轮连续传动，必须保证在前一对轮齿啮合点尚未移到 B_1 点脱离前，第二对轮齿能及时到达 B_2 点进入啮合，那么两齿轮连续传动的条件为

$$\overline{B_1B_2} \geqslant p_b$$

通常把实际啮合线长度与基圆齿距的比称为重合度，用 ε 表示，即

$$\varepsilon = \frac{\overline{B_1B_2}}{p_b} \geqslant 1 \tag{7-6}$$

理论上，$\varepsilon=1$ 就能保证连续传动，但是由于齿轮的制造和安装误差以及传动中轮齿的变形等因素，必须使 $\varepsilon>1$。机械制造中，一般取 $\varepsilon=1.1\sim1.4$。重合度的大小表明同时参与啮合的轮齿的对数的多少，其值大则传动平稳，每对轮齿承受的载荷也小，也相对提高了齿轮的承载能力。故 ε 是衡量齿轮传动质量的指标之一。

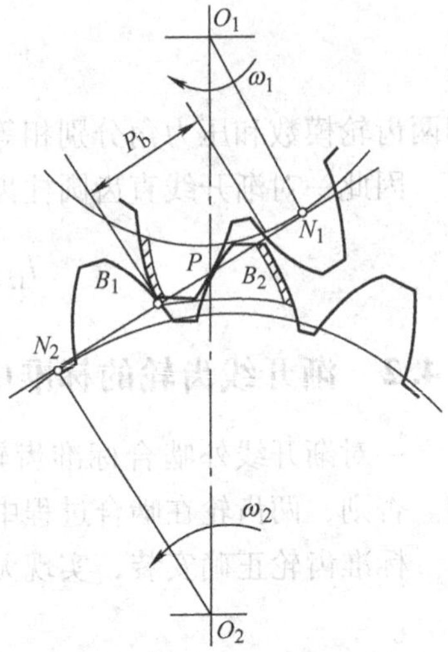

图 7-8　轮齿啮合过程

【例 7-2】 一对渐开线标准直齿圆柱齿轮（正常齿）传动，已知传动比 $i_{12}=3$，小齿轮齿数 $z_1=30$，模数 $m=3\text{mm}$，求两齿轮的几何尺寸及传动中心距。

解　（1）大齿轮的齿数

$$z_2=i_{12}z_1=3\times30=90$$

（2）两齿轮的几何尺寸

由题意可知，$h_a^*=1$，$c^*=0.25$。

由正确啮合条件可知，$m_1=m_2=m$，$\alpha_1=\alpha_2=\alpha=20°$

$$d_1=mz_1=3\times30\text{mm}=90\text{mm}$$

$$d_{a1}=d_1+2h_a^*m=90\text{mm}+2\times1\times3\text{mm}=96\text{mm}$$

$$d_{f1}=d_1-2(h_a^*+c^*)m=90\text{mm}-2\times(1+0.25)\times3\text{mm}=82.5\text{mm}$$

$$d_{b1}=d_1\cos\alpha=90\cos20°\text{mm}=84.56\text{mm}$$

$$d_2=mz_2=3\times90\text{mm}=270\text{mm}$$

$$d_{a2}=d_2+2h_a^*m=270\text{mm}+2\times1\times3\text{mm}=276\text{mm}$$

$$d_{f2}=d_2-2(h_a^*+c^*)m=270\text{mm}-2\times(1+0.25)\times3\text{mm}=262.5\text{mm}$$

$$d_{b2}=d_2\cos\alpha=270\text{mm}\cos20°=253.69\text{mm}$$

（3）传动中心距

$$a=\frac{1}{2}m(z_1+z_2)=\frac{1}{2}\times3\times(30+90)\text{mm}=180\text{mm}$$

7.5　渐开线齿轮的加工原理与根切现象

7.5.1　渐开线齿轮的加工原理

齿轮可通过铸造、冲压、锻造、热轧和切削等方法加工而成，其中切削加工方法使用最

为普遍。切削加工方法按其加工原理可分为仿形法和展成法两种。

1. 仿形法

仿形法是利用成形刀具的轴向剖面形状与齿轮齿槽形状一致的特点，在普通铣床上用铣刀直接在齿轮毛坯上加工出齿形的方法，如图7-9所示。加工时，先切出一个齿槽，然后用分度头将轮坯转过$\frac{360°}{z}$，然后再加工第二个齿槽，依次进行，直到加工出全部齿槽。

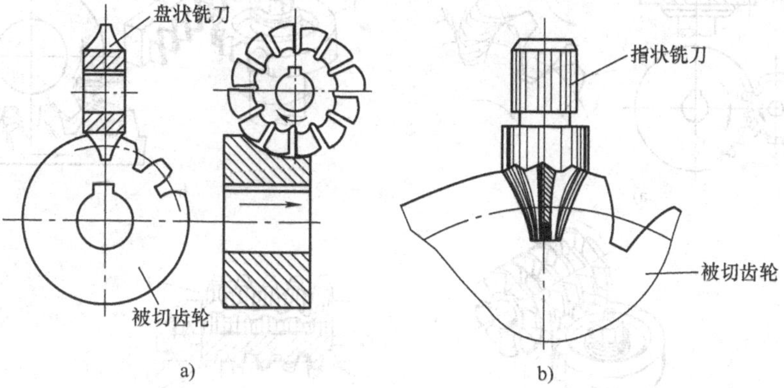

图7-9 仿形法加工齿轮

a）盘状铣刀加工 b）指状铣刀加工

常用的刀具有盘状铣刀（图7-9a）和指状铣刀（图7-9b）两种。

由于渐开线齿廓的形状取决于基圆的大小，而基圆的半径$r_b = (mz\cos 20°)/2$，所以齿廓形状与m、z、α有关。在模数和压力角相同的情况下，齿数不同，基圆半径则不同，齿形也不同。这样，加工同模数而不同齿数的齿轮，要得到正确的齿形，就需要用不同的铣刀，这显然是不实际的。为了减少刀具的数量，对同一模数的铣刀只备有8把或15把一套，每把铣刀可铣一定齿数范围的齿轮，表7-4是8把一套铣刀的铣削齿数范围。

表7-4 齿轮铣刀的刀号及加工的齿数范围

刀 号	1	2	3	4	5	6	7	8
加工齿数范围	12~13	14~16	17~20	21~25	26~34	35~54	55~134	>135

仿形法的优点是不需要专用机床，但生产率低、精度低，故仅适用于单件、小批量生产，或精度要求不高的齿轮。

2. 展成法

展成法是利用一对齿轮（齿轮与齿条）啮合时，两齿轮齿廓互为包络线的原理来切制齿轮的加工方法。将其中一个齿轮（或齿条）制成刀具，当它的节圆（或齿条的刀具节线）与被加工轮坯的节圆做纯滚动时，刀具在与轮坯相对运动的各个位置，切去轮坯上的材料，留下刀具的渐开线齿廓外形，轮坯上刀具的各个渐开线齿廓外形的包络线，就是被加工齿轮的齿廓。

展成法是目前齿轮加工中最常用的一种方法。在切制齿轮时，常用的刀具有齿轮插刀、齿条插刀和齿轮滚刀，如图7-10所示。用展成法加工齿轮，只要刀具和被加工齿轮的模数m、压力角α相等，不管被加工齿轮的齿数多少，都可以用同一把刀具来加工，而且加工效率高，所以在大批量生产中广泛采用这种方法。

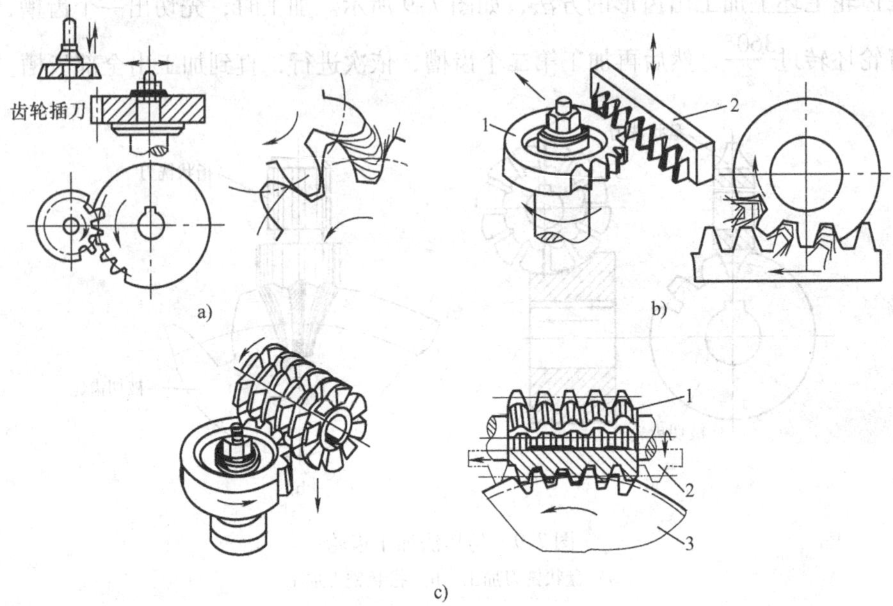

图7-10 展成法加工齿轮

a）齿轮插刀 b）齿条插刀 c）齿轮滚刀

b）1—齿坯 2—齿条插刀

c）1—齿轮滚刀 2—假想齿条 3—轮坯

7.5.2 渐开线齿轮的根切现象及最少齿数

1. 根切现象

用展成法加工齿轮时，若刀具的齿顶线（或齿顶圆）超过理论啮合极限点时，切削刃会把齿轮齿根附近的渐开线齿廓切去一部分，这种现象称为根切，如图7-11所示。轮齿发生根切后，齿根厚度减小，轮齿的抗弯能力下降，重合度减少，影响传动的平稳性，故必须设法避免。

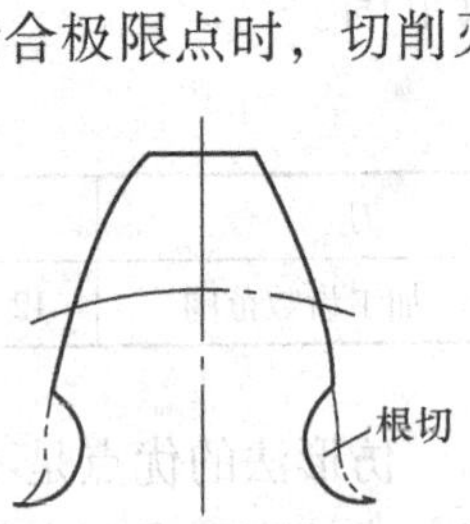

图7-11 根切现象

2. 最少齿数

图7-12所示为齿条插刀加工标准外齿轮的情况，齿条插刀的分度线与齿轮的分度圆相切。要使被加工齿轮不产生根切，刀具的齿顶线不得超过N点，即

$$h_a^* m \leqslant NM$$

而

$$NM = PN \cdot \sin\alpha = r\sin^2\alpha = \frac{mz}{2}\sin^2\alpha$$

整理后得

$$z \geqslant \frac{2h_a^*}{\sin^2\alpha}$$

即
$$z_{min} = \frac{2h_a^*}{\sin^2\alpha} \tag{7-7}$$

因此，当 $\alpha = 20°$、$h_a^* = 1$ 时，标准直齿圆柱齿轮不根切的最少齿数 $z_{min} = 17$。

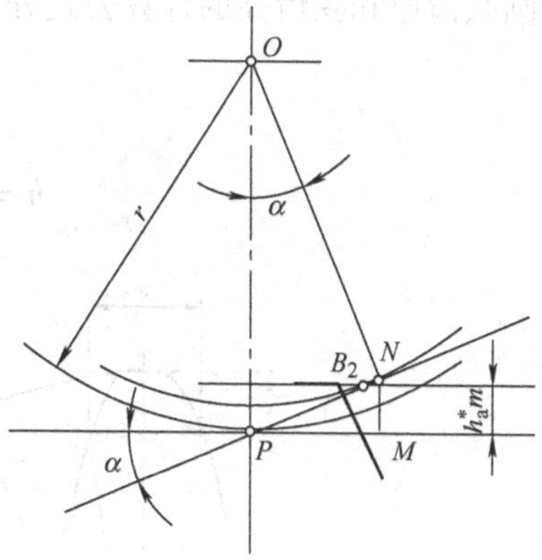

图 7-12 避免根切的条件

7.5.3 公法线长度和固定弦齿厚

齿轮在加工、检验时，常用测量公法线长度或分度圆弦齿厚的方法来保证齿轮加工的尺寸公差等级。

1. 公法线长度

用卡尺在齿轮上跨过若干齿数 k 所量得的齿廓法向距离称为公法线长度，用 W_K 表示。如图 7-13 所示，卡尺跨测三个轮齿时，与齿轮轮齿相切于 A、B 两点，则线段$\overline{AB}$的长度就是跨过三个轮齿的公法线长度。根据渐开线的性质可得出

$$W_K = (k-1)p_b + s_b$$

式中 p_b——基圆齿距（mm）；

s_b——基圆齿厚（mm）；

k——跨齿数。

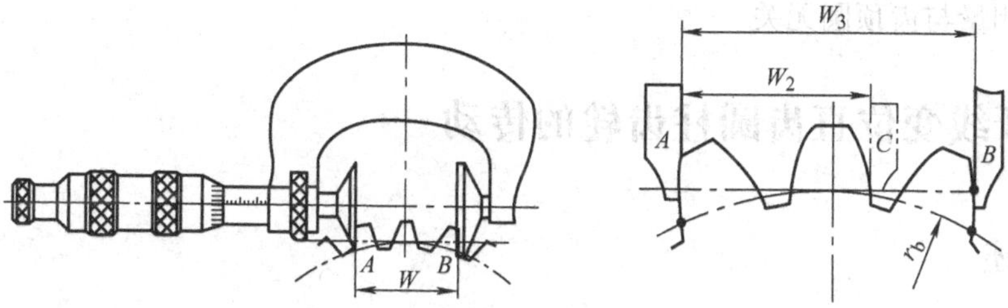

图 7-13 齿轮的公法线长度及测量

测量公法线长度只需要普通的卡尺或专用的公法线千分尺，测量方法简便，结果准确，在齿轮加工中应用比较广泛。标准齿轮的公法线长度计算公式为

$$W = m[2.9521(k-0.5) + 0.014z] \tag{7-8}$$

式中 W——公法线长度（mm）；

m——模数（mm）；

z——所测齿轮的轮齿数；

k——跨齿数。

当 $\alpha = 20°$时，$k = 0.111z + 0.5$，计算出的跨齿数 k 应四舍五入取整数。

2. 分度圆弦齿厚

测量公法线长度，对于某些齿宽较小的斜齿圆柱齿轮将无法测量；对于大模数齿轮，测量也有困难；此外，还不能用于检测锥齿轮和蜗轮。在这种情况下，通常改测齿轮的分度圆弦齿厚。

分度圆上的齿厚对应的弦长$\overline{AB}$称为分度圆弦齿厚，用 $\bar{s}$ 表示，如图 7-14 所示。为了确定测量位置，把齿顶到分度圆弦齿厚的径向距离称为分度圆弦齿高，用 $\bar{h}$ 表示。标准齿轮分

度圆弦齿厚和弦齿高的计算公式分别为

$$\bar{s} = mz\sin\frac{90^\circ}{z} \tag{7-9}$$

$$\bar{h} = m\left[h_a^* + \frac{z}{2}\left(1 - \cos\frac{90^\circ}{z}\right)\right] \tag{7-10}$$

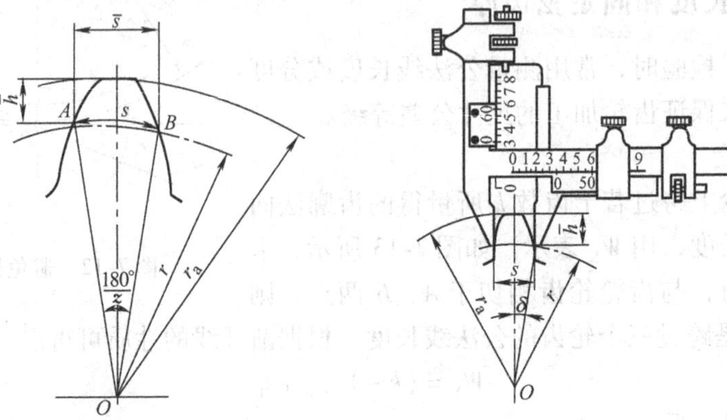

图 7-14 齿轮的分度圆弦齿厚及测量

测量分度圆弦齿厚是以齿顶圆为基准的，测量的结果必然会受到齿顶圆误差的影响，而公法线长度测量与齿顶圆无关。

7.6 渐开线变位直齿圆柱齿轮的传动

7.6.1 概述

标准齿轮虽有设计计算比较简单和互换性较好等优点，但也存在下列缺点：

1）为了避免加工时发生根切，标准齿轮的齿数必须大于或等于最少齿数 z_{min}。

2）标准齿轮不适用于实际中心距 a' 不等于标准中心距 a 的场合。

3）一对互相啮合的标准齿轮，小齿轮的抗弯能力不如大齿轮。

为了弥补这些缺点，在齿轮传动中出现了变位齿轮。

用齿条型刀具加工齿轮，若对刀时齿条刀具的中线与被加工齿轮分度圆相切，加工出来的齿轮即为标准齿轮（$s = e$）（图 7-15a），否则，加工出来的齿轮称为变位齿轮（$s \neq e$）（图 7-15b、c）。以切削标准齿轮的位置为基准，刀具所移动的距离称为变位量，用 xm 表示，x 称为变位系数，m 为齿轮模数。规定刀具远离轮坯的变位为正变位（$x>0$），切出的齿轮称为正变位齿轮；刀具移近轮坯的变位为负变位（$x<0$），相应切出的齿轮称为负变位齿轮。

由于齿条在不同高度上的齿距 p、压力角 α 都是相同的，所以无论齿条位置如何变化，切出的变位齿轮模数、压力角都与在齿条中线上切出的相同，为标准值。它的分度圆直径、基圆直径与标准齿轮也相同，其齿廓曲线和标准齿轮的齿廓曲线为同一基圆形成的渐开线，如图 7-16 所示，但是变位齿轮的某些尺寸是非标准的，如正变位齿轮的齿厚和齿顶高变大，齿槽宽和齿根高变小等。

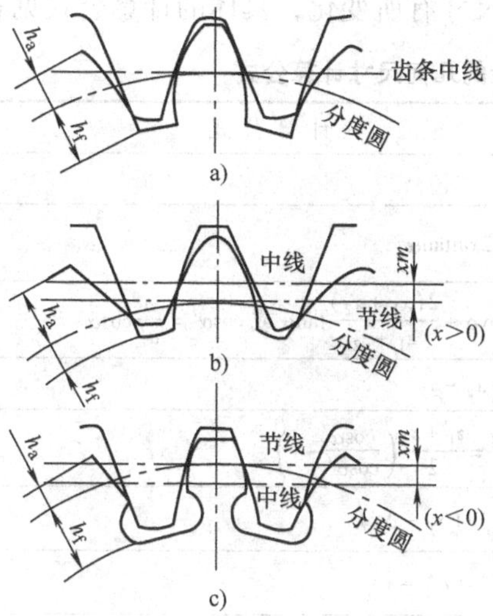

图 7-15 标准齿轮与变位齿轮
a）标准齿轮 b）、c）变位齿轮

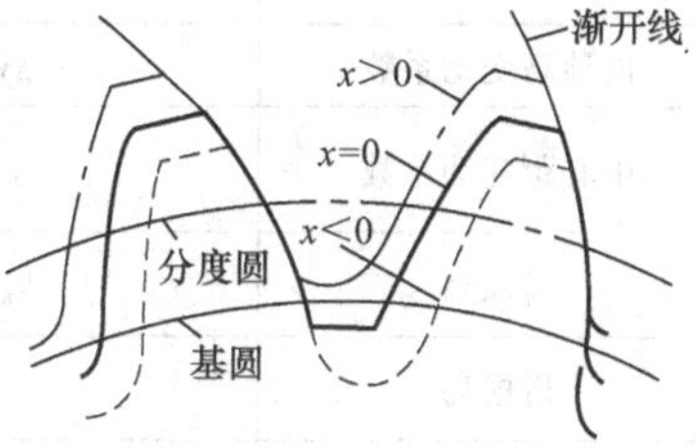

图 7-16 齿廓曲线的比较

7.6.2 变位齿轮传动的类型和特点

按照一对齿轮的变位系数之和的取值情况的不同，可将变位齿轮传动分为三种基本类型，变位齿轮传动类型及特点见表 7-5。

表 7-5 变位齿轮传动类型及特点

传动类型 / 比较项目	标准齿轮传动 $x_\Sigma=x_1=x_2=0$	高度变位齿轮传动 $x_\Sigma=x_1+x_2=0$	角变位齿轮传动：正传动 $x_\Sigma=x_1+x_2>0$	角变位齿轮传动：负传动 $x_\Sigma=x_1+x_2<0$
啮合角	$\alpha'=\alpha$	$\alpha'=\alpha$	$\alpha'>\alpha$	$\alpha'<\alpha$
中心距	$a'=a$	$a'=a$	$a'>a$	$a'<a$
中心距变动系数	$y=0$	$y=0$	$y>0$	$y<0$
齿顶高变动系数	$\Delta y=0$	$\Delta y=0$	$\Delta y>0$	$\Delta y<0$
齿数限制	$z_1\geqslant z_{min}$，$z_2\geqslant z_{min}$	$z_1+z_2\geqslant 2z_{min}$	无限制	$z_1+z_2>2z_{min}$
传动特点	互换性好，设计简单，齿数受最小齿数限制。适用于无特殊要求的场合	小齿轮采用正变位，其齿数可小于 z_{min} 而不产生根切，使两齿轮的抗弯强度大致相等。没有互换性，必须成对设计、制造和使用	提高齿面接触强度和抗弯强度，改善齿面磨损条件，便于凑中心距。没有互换性，必须成对设计、制造和使用，重合度减少	齿面接触强度和抗弯强度都会降低，齿面磨损严重，没有互换性。一般不宜采用，通常只用于凑中心距的场合

7.6.3 变位齿轮的几何尺寸计算

由变位齿轮的切制原理可知，变位齿轮的模数、压力角仍与刀具相同，所以分度圆直径、基圆直径和齿距也都与标准齿轮相同。但轮齿尺寸有所变化，具体的计算公式见表7-6。

表7-6 外啮合变位直齿圆柱齿轮的几何尺寸计算公式

名称	符号	计算公式
分度圆直径	d	$d=mz$
齿厚	s	$s=\frac{\pi m}{2}+2xm\tan\alpha$
啮合角	α'	$\mathrm{inv}\alpha'=\mathrm{inv}\alpha+\frac{2(x_1+x_2)}{z_1+z_2}\tan\alpha$ 或 $\cos\alpha'=\frac{a}{a'}\cos\alpha$
齿顶高变动系数	Δy	$\Delta y=x_1+x_2-y$
中心距变动系数	y	$y=\frac{a'-a}{m}=\frac{z_1+z_2}{2}\left(\frac{\cos\alpha}{\cos\alpha'}-1\right)$
齿顶高	h_a	$h_a=m(h_a^*+x_1-\Delta y)$
齿根高	h_f	$h_f=m(h_a^*+c^*-x)$
齿全高	h	$h=m(2h_a^*+c^*-\Delta y)$
齿顶圆直径	d_a	$d_a=d+2h_a$
齿根圆直径	d_f	$d_f=d-2h_f$
中心距	a'	$a'=a\frac{\cos\alpha}{\cos\alpha'}$
公法线长度	W_K	$W_K=m\cos\alpha[(k-0.5)\pi+z\mathrm{inv}\alpha]+2xm\sin\alpha$

7.7 轮齿的失效形式和设计准则

7.7.1 轮齿的失效形式

齿轮在传动过程中，会发生轮齿折断、齿面损坏等现象，从而失去其正常工作的能力，这种现象称为齿轮轮齿的失效。

由于齿轮传动的工作条件和应用范围各不相同，影响失效的原因很多，就齿轮工作条件来说，有闭式、开式之分；就齿轮使用情况来说，有低速、高速及轻载和重载之分。此外，齿轮的材料性能、热处理工艺的不同，以及齿轮结构的尺寸大小和加工公差等级的差别，均使齿轮传动出现各种不同形式的失效。常见的轮齿失效形式有轮齿折断和齿面损伤，后者又分为齿面点蚀、齿面胶合、齿面磨损和塑性变形等。

（1）轮齿折断　齿轮工作时，若轮齿危险截面的弯曲应力超过极限应力值，轮齿将发生折断，轮齿折断一般发生在齿根部分。

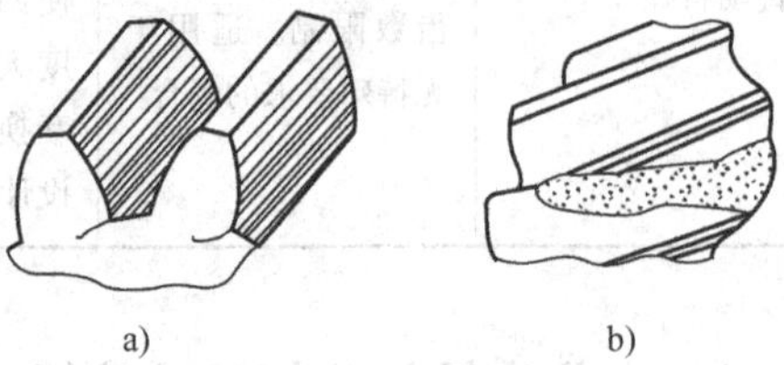

图7-17　轮齿折断
a）整齿折断　b）局部折断

轮齿折断有两种情况：一种是由于短时间内过载或冲击载荷而产生的过载折断；另一种是当齿根处的交变应力超过了材料的疲劳极限时，齿根圆角过渡部分存在应力集中，会产生疲劳裂纹并不断扩展，最终导致齿根弯曲疲劳折断，如图7-17a所示。斜齿圆柱齿轮和人字齿轮（接触线倾斜），其齿根裂纹往往沿倾斜方向扩展，发生轮齿的局部折断，如图7-17b所示。

轮齿折断是开式齿轮传动和硬齿面闭式齿轮传动中轮齿失效的主要形式之一。轮齿折断常常是突然发生的，不仅使机器不能正常工作，甚至会造成重大事故，因此应特别引起注意。

为防止过载折断，应当避免过载和冲击；为防止齿根弯曲疲劳折断，应对轮齿进行弯曲疲劳强度计算。

提高齿轮抗折断能力的措施很多，如增大齿根圆角半径，消除该处的加工刀痕以降低齿根的应力集中；增大轴及支承物的刚度以减轻齿面局部过载的程度；对轮齿进行喷丸、碾压等冷作处理以提高齿面硬度、保持心部的韧性等。

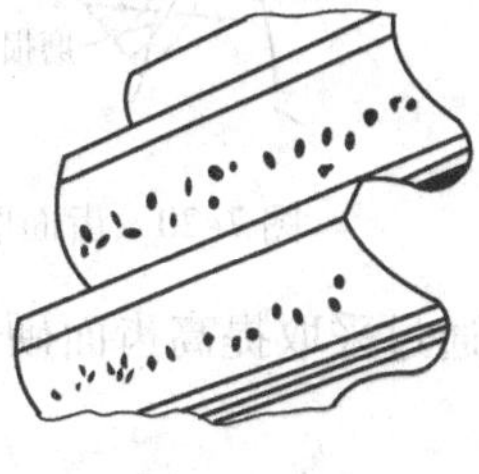

图7-18 齿面点蚀

（2）齿面点蚀 齿轮工作时，齿面接触应力是按脉动循环变化的。当这种交变的接触应力重复次数超过一定限度后，轮齿表层或次表层就会产生不规则的细微的疲劳裂纹，疲劳裂纹蔓延扩展使表面金属脱落而在齿面形成的麻点状凹坑称为齿面点蚀，如图7-18所示。

实践表明，齿轮在啮合过程中，由于在节线处同时啮合的齿对数少，接触应力大，且在节点处齿廓相对滑动速度小，润滑油膜不易形成，摩擦力大，所以点蚀大多出现在靠近节线的齿根表面上。

对于软齿面（齿面硬度≤350HBW）的闭式齿轮传动，常因齿面疲劳点蚀而失效。在开式齿轮传动中，因齿面磨损较快，点蚀还来不及出现或扩展就被磨掉，所以一般看不到点蚀现象。

为防止过早出现疲劳点蚀，可采用提高齿面硬度、降低表面粗糙度值、增加润滑油粘度等措施，提高齿面抗点蚀能力。

图7-19 齿面胶合

（3）齿面胶合 对于重载、高速齿轮传动，因啮合齿面间的高温、高压使齿面润滑油膜破裂，进而产生两接触齿面金属互相粘连而又相对滑动，金属从齿面上被撕落下来而在齿面上沿滑动方向出现条状伤痕，这种现象称为齿面胶合，如图7-19所示。此外，在重载、低速齿轮传动中，由于局部齿面啮合处压力很高，且速度低，不易形成油膜，使接触表面油膜被刺破而粘着，也易产生胶合破坏，称之为冷胶合。

在实际中通过采取提高齿面硬度，降低齿面的表面粗糙度，降低齿面间的相对滑动，限制油温，增加油的粘度，采用抗胶合能力强的润滑油（如硫化钠）等措施，可减缓或防止齿面胶合。

（4）齿面磨损 当轮齿工作面间落入灰尘、硬屑等硬质磨料物质时，会引起齿面磨损。磨损后，正常的齿廓形状遭到破坏，从而引起冲击、振动和噪声，且齿厚减薄，最后导致轮齿因强度不足而折断。齿面磨损是开式齿轮传动的主要失效形式，如图7-20所示。

通过采取提高齿面硬度，采用闭式传动改善密封和润滑条件，在油中加入减摩添加剂，保持油的清洁等措施，能显著提高齿面抗磨损能力。

(5) 齿面塑性变形　齿面较软的轮齿，载荷及摩擦力又很大时，轮齿在啮合过程中，齿面表层的材料就会沿摩擦力的方向产生局部塑性变形，使齿廓失去正确的形状，导致失效，如图 7-21 所示。

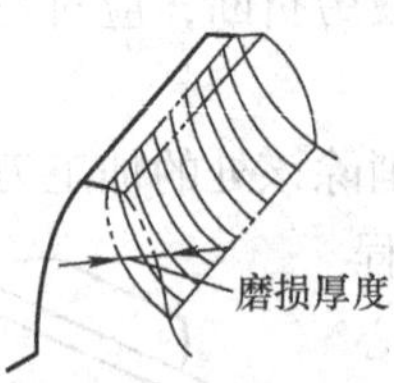

图 7-20　齿面磨损

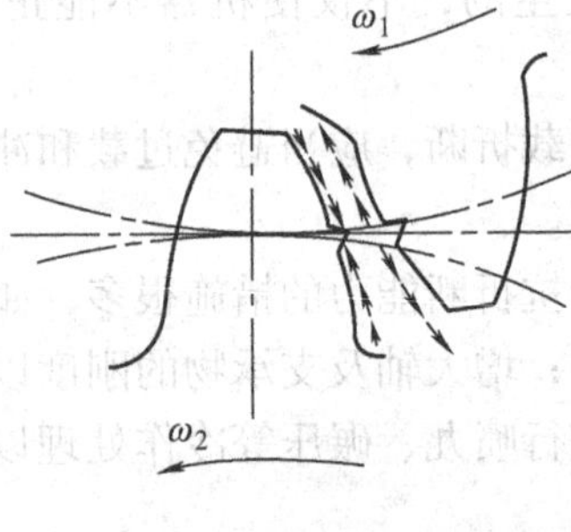

图 7-21　齿面塑性变形

通过采取提高齿面硬度，采用粘度较大的润滑油等措施，可减轻或防止齿面产生塑性变形。

7.7.2　齿轮传动的设计准则

设计齿轮传动时，应根据齿轮传动的工作条件、失效情况等，合理地确定设计准则，以保证齿轮传动有足够的承载能力。

轮齿的失效形式很多，它们虽不大可能同时发生，却又相互联系，相互影响。例如轮齿表面产生点蚀后，实际接触面积减少将导致磨损的加剧，而过度的磨损又会导致轮齿的齿厚变薄，易于折断。但在一定条件下必有一种为其主要失效形式。

在进行齿轮传动的设计计算时，应分析具体的工作条件，判断可能发生的主要失效形式，以确定相应的设计准则。

1）对于软齿面（硬度不大于 350HBW）的闭式齿轮传动，齿面点蚀是其主要的失效形式，其次是轮齿折断。在设计计算时，通常按齿面接触疲劳强度进行设计，然后按齿根弯曲疲劳强度进行校核。

2）对于硬齿面（硬度大于 350HBW）的闭式齿轮传动，齿根弯曲疲劳折断是其主要失效形式，其次是齿面点蚀。在设计计算时，通常按齿根弯曲疲劳强度进行设计，然后再按齿面接触疲劳强度进行校核。

3）对于开式齿轮传动，其主要失效形式是齿面磨损。但由于磨损的机理比较复杂，到目前为止尚无成熟的计算方法，通常只能按齿根弯曲疲劳强度进行设计，再考虑磨损，将其所求得的模数增大 10%~20%，而无需校核其接触强度。

齿轮的轮缘、轮辐、轮毂等部位的尺寸，通常只作结构设计，不进行强度计算。

7.8　齿轮常用材料及齿轮传动精度简介

7.8.1　齿轮对材料的基本要求

由轮齿的失效分析可知，设计齿轮传动时应使轮齿的齿面具有较高的抗磨损、抗点蚀、抗胶合及抗塑性变形的能力，而齿根则要求有较高的抗折断、抗冲击载荷能力。因此，对轮齿材料性能的基本要求为：

1）齿面要有足够的硬度。

2）齿芯要有足够的强度和较好的韧性。

3）材料应具有良好的加工工艺性能以及热处理性能。

7.8.2 常用材料及热处理选择

常用的齿轮材料有钢、铸铁及非金属材料。

1. 钢

齿轮常用钢材为优质碳素钢、合金钢和铸钢。锻钢因具有强度高、韧性好、便于制造、便于热处理等优点，大多数齿轮都采用锻钢制造。对于较大直径（$d>400\sim600$mm）的齿轮，不宜锻造时，可采用铸造方法制成铸钢齿坯，使用的材料诸如ZG310-570、ZG340-640、ZG40Cr1等。因铸钢收缩率较大，内应力也较大，故加工前应进行正火或回火处理。齿轮按不同的热处理方法所获得的齿面硬度不同，分为软齿面和硬齿面两类。

（1）软齿面齿轮　软齿面齿轮齿面硬度不大于350HBW，常用材料有45钢、50钢、40Cr、35SiMn等，正火或调质处理。齿轮经热处理后切齿精度可达8级，精切时可达7级，这类齿轮常用于对强度与精度要求不高的齿轮传动中。

（2）硬齿面齿轮　硬齿面齿轮齿面硬度大于350HBW，一般用锻钢经正火或调质后切齿，再做表面硬化处理，最后进行磨齿等精加工，精度可达5级或4级。增加表面硬度可采用表面淬火、渗碳淬火以及渗氮等方法。硬齿面齿轮常用的材料有40Cr、20Cr、20CrMnTi、38CrMoAlA等。这类齿轮由于齿面硬度高，承载能力高于软齿面齿轮，故常用于高速、重载、精密的传动中。

2. 铸铁

铸铁的抗弯曲和耐冲击性能较差，但价格低廉、浇铸简单、加工方便、抗点蚀、抗胶合性能均较好，主要用于制造低速、工作平稳、传递功率不大和对尺寸与质量无严格要求的开式齿轮。为了避免局部折断，其齿宽应取得小一些。常用材料有HT300、HT350、HT400和QT500-7等。

3. 非金属材料

非金属材料的弹性模量小，传动中轮齿的变形可减轻动载荷和噪声，对高速、小功率、精度不高及要求低噪声的齿轮传动，常用非金属材料（如夹布胶木、尼龙等）制造小齿轮，大齿轮仍用钢或铸铁等材料制造。

齿轮部分常用材料及其力学性能见表7-7。常用齿轮材料配对示例见表7-8。

7.8.3 齿面硬度差

热处理后的齿轮表面可分为软齿面（齿面硬度≤350HBW）和硬齿面（齿面硬度>350HBW）两种。调质和正火后的齿面一般为软齿面，表面淬火后的齿面为硬齿面。当大、小齿轮均为软齿面时，由于单位时间内小齿轮应力循环次数多，为了使大、小齿轮的寿命接近相等，推荐小齿轮的齿面硬度比大齿轮高30~50HBW，或更高一些。传动比越大，齿面硬度差就应该越大。当大、小齿轮均为硬齿面时，硬度差宜小不宜大。

表 7-7 齿轮常用材料及其力学性能

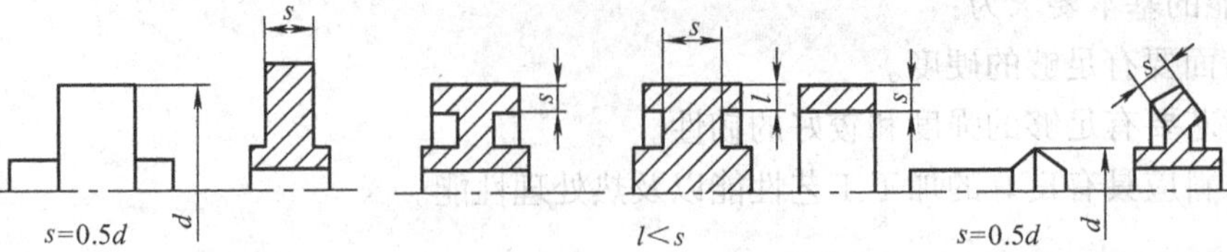

材料	热处理	剖面尺寸/mm		力学性能/MPa		硬度	
		直径 d	壁厚 s	R_m	R_{eL}	HBW	HRC（表面淬火）
45	正火	≤100	≤50	590	300	169～217	40～50
		101～300	51～150	570	290	162～217	
	调质	≤100	≤50	650	380	229～286	
		101～300	51～150	630	350	217～255	
42SiMn	调质	≤100	≤50	790	510	229～286	45～55
		101～200	51～100	740	460	217～269	
		201～300	101～150	690	440	217～255	
40MnB	调质	≤200	≤100	740	490	241～286	45～55
		201～300	101～150	690	540	241～286	
38SiMnMo	调质	≤100	≤50	740	590	229～286	45～55
		101～300	51～150	690	540	217～269	
35CrMo	调质	≤100	≤50	740	540	207～269	40～45
		101～300	51～150	690	490	207～269	
40Cr	调质	≤100	≤50	740	540	241～286	48～55
		101～300	51～150	690	490	241～286	
20Cr	渗碳淬火、渗氮	≤60		640	400		56～62 53～60
20CrMnTi	渗碳淬火、渗氮	15		1080	840		56～62 57～63
38CrMoAlA	调质、渗氮	30		980	840	229	HV＞850
ZG310-570	正火			570	320	163～207	
ZG340-640	正火			640	350	179～207	
HT300				300		187～255	
HT350				350			197～269
HT400				400		207～269	
QT450-10				490	350	147～241	
QT500-7				590	420	229～302	
夹布胶木				100		25～35	

表7-8　常用齿轮材料配对示例

工作情况		小齿轮	大齿轮
闭式齿轮	软齿面	45 调质 220～250HBW	45 正火 170～210HBW
	中硬齿面	38SiMnMo 调质 332～360HBW	38SiMnMo 调质 298～332HBW
	硬齿面	40Cr 表面淬火 50～55HRC	45 表面淬火 40～50HRC
		20CrMnTi 渗碳淬火 56～62HRC	20CrMnTi 渗碳淬火 56～62HRC

注：1. 对于用滚刀和插齿刀切制即为成品的齿轮，齿面硬度一般不应超过 300HBW（个别情况下允许尺寸较小齿轮的硬度提高到 320～350HBW）。
2. 重要齿轮的表面淬火，应采用高频感应淬火，模数较大时，应沿齿沟加热和淬火。
3. 渗碳淬火后的齿轮要进行磨齿。
4. 为提高抗胶合性能，建议小齿轮和大齿轮采用不同牌号的钢制造。

7.8.4　齿轮传动的精度简介

1. 齿轮传动的精度分类

《圆柱齿轮 精度制　第1部分：轮齿同侧齿面偏差的定义和允许值》(GB/T 10095.1—2008）和《锥齿轮和准双曲面齿轮精度》(GB/T 11365—1989）中，分别对圆柱齿轮和锥齿轮规定了12个精度等级，其中1级最高，12级最低，常用的是9～6级。齿轮副中两个齿轮的精度等级一般取成相同，也允许取成不同。按照误差特性及它们对传动性能的影响，将齿轮的各项公差分成三个组，分别反映下列三种精度。

（1）传动准确性精度　指传递运动的准确程度，要求齿轮在一转范围内最大转角误差不超过允许的限度，其相应公差定为第Ⅰ组。

（2）传动平稳性精度　指齿轮传动的平稳程度、冲击、振动及噪声的大小，要求齿轮在一转内瞬时传动比的变化不超过工作要求的允许的范围，其相应的公差定为第Ⅱ组。

（3）载荷分布均匀性精度　指啮合齿面沿齿宽和齿高的实际接触程度，要求齿轮在啮合时齿面接触良好，以免引起载荷集中，造成齿面局部磨损，影响齿轮寿命，其相应公差定为第Ⅲ组。

由于齿轮传动应用的场合不同，对上述三种精度的要求也有主次之分。例如，对于仪表及机床分度中的齿轮传动，主要要求传递运动的准确性；汽车、机床进给箱中的齿轮传动，主要要求传动的平稳性；而轧钢机、起重机中的低速、重载齿轮传动，则主要要求齿面载荷分布的均匀性。所要求的主要精度可选取比其他精度更高的精度等级。

2. 圆柱齿轮传动的精度等级选择

齿轮精度等级，应根据齿轮传动的用途、工作条件、传递功率和圆周速度的大小及其他技术要求等来选择。在传动功率大、圆周速度高、要求传动平稳和噪声低等场合，应选较高的精度等级。反之，为了降低制造成本，可选较低的精度等级。表7-9列出了精度等级适用的圆周速度范围及应用举例，可供设计时参考。

表 7-9 齿轮传动精度等级及其应用

精度等级	圆周速度			应用举例
	直齿圆柱齿轮	斜齿圆柱齿轮	直齿锥齿轮	
6（高精度）	≤15	≤30	≤9	在高速、重载下工作的齿轮传动，如机床、汽车、和飞机中的重要齿轮、分度机构的齿轮、高速减速器的齿轮
7（精密）	≤10	≤20	≤6	在高速、中载或中速、重载下工作的齿轮传动，如标准减速器的齿轮、机床和汽车变速器中的齿轮
8（中等精度）	≤5	≤9	≤3	一般机械中的齿轮传动，如机床、汽车和拖拉机中一般的齿轮、起重机中的齿轮、农业机械中的重要齿轮
9（低精度）	≤3	≤6	≤2.5	在低速、重载下工作的齿轮，粗糙工作机械中的齿轮

7.9 直齿圆柱齿轮传动的受力分析和强度计算

7.9.1 齿轮受力分析

为了计算齿轮的计算强度以及设计轴和轴承，首先应分析齿轮上所受的作用力。

图 7-22 所示为一对标准直齿圆柱齿轮传动，当忽略齿面间的摩擦力时，齿轮上的法向力 F_n 应沿啮合线 N_1N_2 方向且垂直于齿面。图 7-22 所示的法向力为作用于主动轮上的力，可用 F_{n1} 表示，在分度圆上，F_{n1} 可正交分解为两个互相垂直的分力，即切于分度圆的圆周力 F_{t1} 和沿半径方向的径向力 F_{r1}。根据力平衡条件可得主动轮上所受力的大小分别为

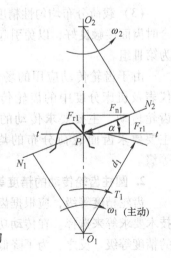

$$\left.\begin{aligned}&\text{圆周力}\quad F_{t1}=\frac{2T_1}{d_1}\\&\text{径向力}\quad F_{r1}=F_{t1}\tan\alpha\\&\text{法向力}\quad F_{n1}=\frac{F_{t1}}{\cos\alpha}=\frac{2T_1}{d_1\cos\alpha}\end{aligned}\right\}\tag{7-11}$$

式中 T_1——主动齿轮传递的名义转矩（N·mm），$T_1=9.55\times10^6\dfrac{P_1}{n_1}$；

P_1——主动齿轮传递的功率（kW）；

n_1——主动齿轮的转速（r/min）；

d_1——主动齿轮的分度圆直径（mm）；

α——分度圆压力角（°）。

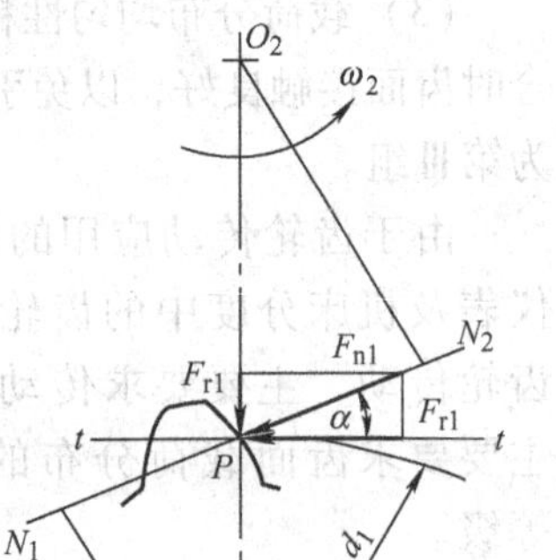

图 7-22 齿轮受力分析

作用在主动轮和从动轮上的各对分力等值反向。各分力的方向可用下列方法来判断：

1. 圆周力 F_t

主动轮上的圆周力 F_{t1} 是阻力，其方向与主动轮回转方向相反；从动轮上的圆周力 F_{t2} 是驱动力，其方向与从动轮的回转方向相同。

2. 径向力 F_r

两齿轮的径向力 F_{r1} 和 F_{r2} 的方向分别指向各自的轮心。即

$$F_{t1} = -F_{t2} \quad F_{r1} = -F_{r2}$$

式中负号表示作用力方向相反，如图 7-23 所示。

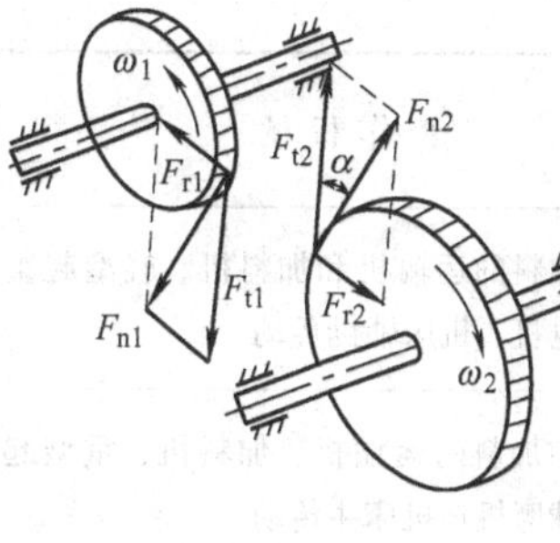

图 7-23 齿轮传动各分力方向图

7.9.2 计算载荷

按式（7-11）计算的 F_n 是作用在轮齿上的名义载荷，在实际传动中会受到齿轮、轴、轴承等的加工误差、安装误差及弹性变形等很多因素的影响，引起载荷集中，使实际载荷增加，故应将名义载荷修正为计算载荷 F_{nc}。进行齿轮的强度设计或核算时，应按计算载荷 F_{nc} 进行。

$$F_{nc} = KF_n \tag{7-12}$$

式中 K——载荷系数。

选择载荷系数通常考虑以下几个因素：

1）考虑原动机和工作机的工作特性、轴和联轴器系统的质量与刚度以及运行状态等外部因素引起的附加动载荷。

2）考虑齿轮副在啮合过程中因制造及啮合误差（基圆齿距误差、齿形误差和轮齿变形等）和运转速度而引起的内部附加载荷。

3）考虑由于轴的变形和齿轮制造误差等引起载荷沿齿宽方向分布不均匀的影响。如图 7-24 所示，当齿轮相对轴承布置不对称时，齿轮受载前，轴无弯曲变形，轮齿啮合正常；当齿轮受载后，如图 7-25 所示，轴产生弯曲变形，两齿轮随之倾斜，使得作用在齿面上的载荷沿接触线分布不均匀。当齿宽系数 $\frac{b}{d_1}$ 较小，齿轮在两支承中间对称布置或轴的刚性大时，K 取小值；反之，K 取大值。

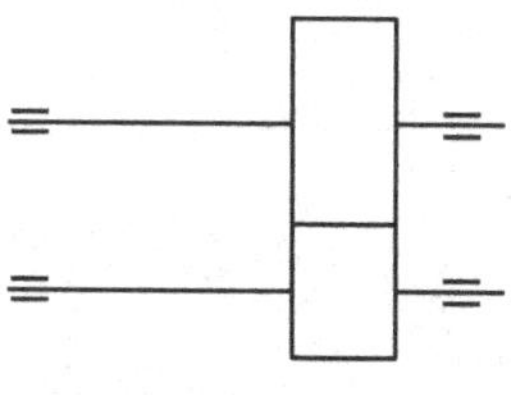

图 7-24 齿轮相对轴承布置不对称

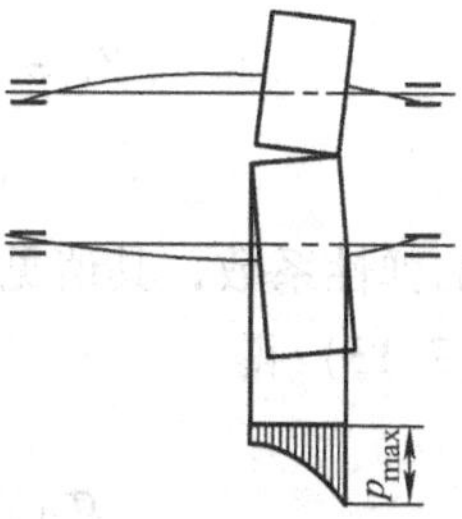

图 7-25 轴产生弯曲变形引起载荷沿接触线分布不均匀

4）考虑同时参与啮合的各对轮齿间载荷分配不均匀的影响。载荷系数 K 可由表 7-10 查取。

表 7-10 载荷系数

工作机械	载荷特性	原动机		
		电动机	多缸内燃机	单缸内燃机
均匀加料的运输机和加料机、轻型起重机、发电机、机床辅助传动	均匀、轻微冲击	1~1.2	1.2~1.6	1.6~1.8
不均匀加料的运输机、加料机、重型起重机、球磨机、机床主传动	中等冲击	1.2~1.6	1.6~1.8	1.8~2.0
冲床、钻床、轧机、破碎机、挖掘机	较大的冲击	1.6~1.8	1.9~2.1	2.2~2.4

注：斜齿、圆周速度低、精度高、齿宽系数小、齿轮在两轴承间对称布置时取小值。直齿、圆周速度高、精度低、齿宽系数大、齿轮在两轴承间不对称布置时取大值。

7.9.3 齿面接触疲劳强度计算

齿面接触疲劳强度计算主要是针对于齿面点蚀失效而进行的。一对渐开线齿轮啮合时，其齿面接触状况可近似看做分别以接触处的曲率半径 ρ_1、ρ_2 为半径的两个圆柱体的接触，其齿面最大接触应力 σ_H 可近似地用赫兹公式计算，即

$$\sigma_H = \sqrt{\frac{F_n}{\pi b}\frac{\left(\frac{1}{\rho_1} \pm \frac{1}{\rho_2}\right)}{\left(\frac{1-\mu_1^2}{E_1} + \frac{1-\mu_2^2}{E_2}\right)}} \tag{7-13}$$

式中 σ_H——最大接触应力或赫兹应力；

F_n——作用在轮齿上的法向力；

E_1、E_2——两圆柱体材料的弹性模量；

b——两圆柱体接触线的长度；

ρ_1、ρ_2——齿廓接触处的曲率半径；

μ_1、μ_2——两齿轮材料的泊松比。

因泊松比 μ 和弹性模量 E 都与材料有关，为简化计算，令

$$Z_E = \sqrt{\frac{1}{\pi\left(\frac{1-\mu_1^2}{E_1} + \frac{1-\mu_2^2}{E_2}\right)}} \tag{7-14}$$

式中 Z_E——材料的弹性系数，其值见表 7-11。

将 Z_E 代入式（7-13）得

$$\sigma_H = Z_E\sqrt{\frac{F_n}{b}\left(\frac{1}{\rho_1} \pm \frac{1}{\rho_2}\right)} \tag{7-15}$$

齿轮在啮合过程中，齿廓接触线是不断变化的。实际情况表明，齿面点蚀往往先在节线附近的齿根表面出现，所以接触疲劳强度计算通常以节点为计算点。

图 7-26 所示为一对外啮合渐开线标准齿轮，对于标准齿轮传动，节点 P 处的齿廓曲率半径为

表 7-11 弹性系数 （单位：$\sqrt{\text{MPa}}$）

齿轮1材料 \ 齿轮2材料	锻钢	铸钢	球墨铸铁	灰铸铁
锻钢	189.8	188.9	181.4	162.0
铸钢	—	188.0	180.5	161.4
球墨铸铁	—	—	173.9	156.6
灰铸铁	—	—	—	143.7

$$\rho_1 = N_1P = \frac{d_1}{2}\sin\alpha$$

$$\rho_2 = N_2P = \frac{d_2}{2}\sin\alpha$$

两齿轮齿数比 $\mu = \frac{z_2}{z_1} = \frac{d_2}{d_1}$，则

$$\frac{1}{\rho_1} \pm \frac{1}{\rho_2} = \frac{2(d_2 \pm d_1)}{d_2 d_1 \sin\alpha} = \frac{2}{d_1 \sin\alpha} \cdot \frac{(\mu \pm 1)}{\mu} \quad (7\text{-}16)$$

将式（7-16）和式（7-11）中的 F_n 代入式(7-15)，并引入载荷系数 K，整理后得

$$\sigma_H = 3.52 Z_E \sqrt{\frac{KT_1(\mu \pm 1)}{\mu b d_1^2}} \quad (7\text{-}17)$$

对于一对钢制的标准齿轮，$Z_E = 189.8\sqrt{\text{MPa}}$，代入上式后可得齿面接触强度的校核公式

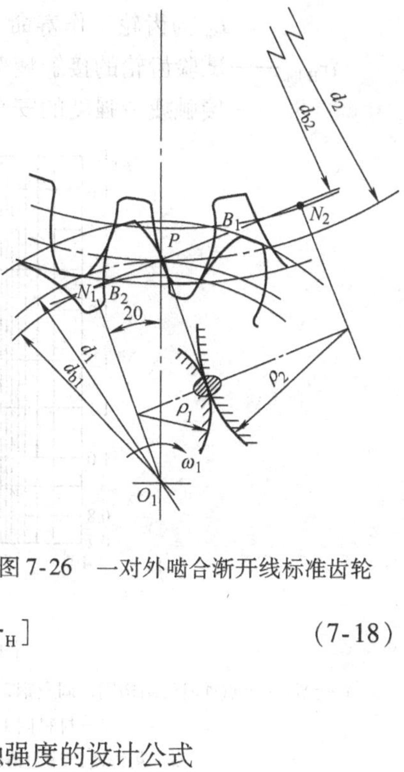

图 7-26 一对外啮合渐开线标准齿轮

$$\sigma_H = 668 \sqrt{\frac{KT_1(\mu \pm 1)}{\mu b d_1^2}} \leqslant [\sigma_H] \quad (7\text{-}18)$$

式中 $[\sigma_H]$——许用接触应力。

如取齿宽系数 $\psi_d = \frac{b}{d_1}$，由式（7-18）可导出齿面接触强度的设计公式

$$d_1 \geqslant 76.43 \sqrt[3]{\frac{KT_1(\mu \pm 1)}{\psi_d \, \mu [\sigma_H]^2}} \quad (7\text{-}19)$$

式中，"+"号用于外啮合；"-"号用于内啮合。

参数选择和公式说明以下几点。

1. 齿数比 μ

齿数比恒大于1，对减速运动 $\mu = i$，对于增速传动 $\mu = \frac{1}{i}$；对于一般单级减速传动，$i \leqslant 8$，常用范围为3～5，过大时，一般采用多级传动，以避免传动的外廓尺寸过大。

2. 齿宽系数 ψ_d

由式（7-19）可知，增加齿宽系数，齿轮分度圆直径减小，中心距减小，传动结构紧凑，但随着齿宽系数的增加，齿轮宽度增加，轮齿上载荷分布不均、载荷集中现象也更严重。实践中推荐：对于闭式传动，①软齿面，齿轮对称轴承布置并靠近轴承时，取 $\psi_d = 0.8 \sim 1.4$；齿轮

不对称轴承布置或悬臂布置且轴刚性较大时，取$\psi_d=0.6\sim1.2$；轴刚性较小时，取$\psi_d=0.4\sim0.9$。②硬齿面，ψ_d的值应降低一倍。对于开式传动，取$\psi_d=0.3\sim0.5$。

3. 许用接触应力［σ_H］

大小齿轮的许用接触应力［σ_H］$_1$、［σ_H］$_2$可按下式计算

$$[\sigma_H]=\frac{Z_{NT}\sigma_{H\lim}}{S_H} \tag{7-20}$$

式中 Z_{NT}——接触疲劳寿命系数，按图7-27查取，图中N为应力循环次数，由$N=60njL_h$算得，其中n为齿轮转速（r/min）；j为齿轮转一转时同侧齿面的啮合次数；L_h为齿轮工作寿命（h）；

$\sigma_{H\lim}$——试验齿轮的接触疲劳极限，该数值由试验获得，按图7-28查取；

S_H——接触疲劳强度的安全系数，按表7-12选取。

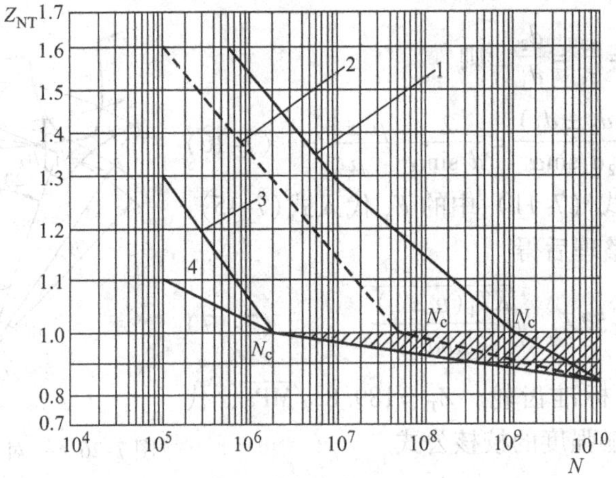

图7-27 接触疲劳寿命系数Z_{NT}

1—允许一定点蚀时的结构钢，调质钢，球墨铸铁（珠光体、贝氏体），珠光体可锻铸铁，渗碳淬火钢，渗碳钢

2—材料同1，不允许出现点蚀，经火焰或感应淬火的钢

3—灰铸铁，球墨铸铁（铁素体），渗氮处理的渗氮钢，调质钢，渗碳钢

4—碳氮共渗的调质钢、渗碳钢

表7-12 安全系数S_H和S_F

安全系数	软齿面（≤350HBW）	硬齿面（>350HBW）	重要的传动、渗碳淬火齿轮或铸铁齿轮
S_H	1.0～1.1	1.1～1.2	1.3
S_F	1.3～1.4	1.4～1.6	1.6～2.2

一对齿轮相啮合时，齿面间的接触应力相等，即$\sigma_{H1}=\sigma_{H2}$。由于大、小齿轮的材料有可能不同，因此许用接触应力［σ_H］$_1$、［σ_H］$_2$也不一定相等。在计算时，应取二者中较小的一个值代入式（7-19）计算。

7.9.4 齿根弯曲疲劳强度计算

齿根弯曲疲劳强度计算主要是针对齿根弯曲疲劳折断进行的。齿根弯曲疲劳折断，主要

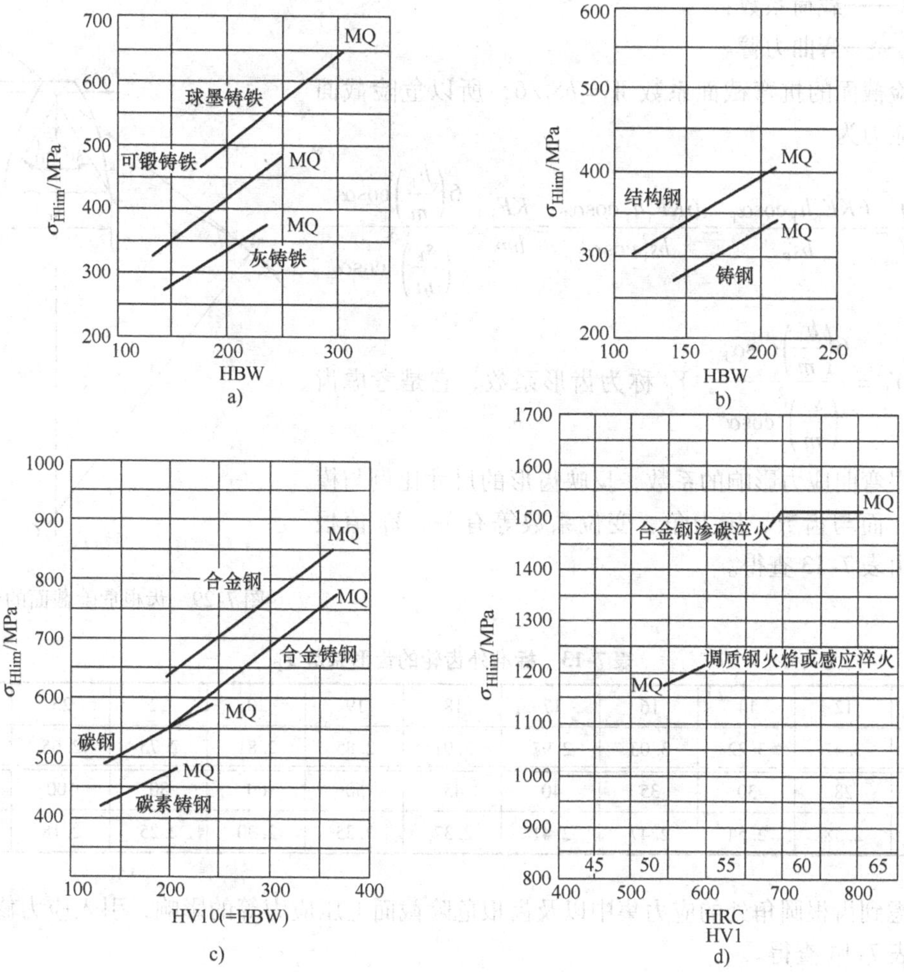

图 7-28 齿轮的接触疲劳极限 $\sigma_{H\,lim}$

a）铸铁 b）正火结构钢和铸钢 c）调质钢和铸钢 d）渗碳淬火及表面淬火钢

与齿根的弯曲应力大小有关。为简化计算，假定全部载荷由一对轮齿承受，且载荷作用于齿顶时齿根部分产生的弯曲应力最大。从偏于安全考虑，假设法向力 F_n 全部作用在一个齿轮的齿顶上，并近似地将轮齿看做宽度为 b 的悬臂梁，如图 7-29 所示。

将作用于齿顶的法向力 F_n 正交分解成互相垂直的两个分力 F_1、F_2（F_n 与 F_1 成 α_F 夹角），即

$$F_1 = F_n \cos\alpha_F$$

F_1 在齿根危险截面上引起弯曲应力和切应力，F_2 引起压应力。由于切应力与压应力仅为弯曲应力的百分之几，故可略去不计。危险截面的位置可用 30°切线确定：作与轮齿对称线成 30°角并与齿根圆弧相切的两根直线，圆弧上所得两切点的连线所确定的截面即齿根危险截面。该处的齿厚为 s_F，其最大弯曲力矩为

$$M = KF_n h_F \cos\alpha_F = \frac{KF_t h_F}{\cos\alpha}\cos\alpha_F$$

式中 K——载荷系数；

h_F——弯曲力臂。

危险截面的抗弯截面系数 $W=bS_F^2/6$，所以危险截面的弯曲应力为

$$\sigma_F=\frac{M}{W}=\frac{6KF_nh_F\cos\alpha_F}{bs_F^2}=\frac{6KF_th_F\cos\alpha_F}{bs_F^2\cos\alpha}=\frac{KF_t}{bm}\cdot\frac{6\left(\frac{h_F}{m}\right)\cos\alpha_F}{\left(\frac{s_F}{m}\right)^2\cos\alpha}$$

令 $Y_F=\frac{6\left(\frac{h_F}{m}\right)\cos\alpha_F}{\left(\frac{s_F}{m}\right)^2\cos\alpha}$，$Y_F$ 称为齿形系数，它是考虑齿形对齿根弯曲应力影响的系数，反映齿形的尺寸比例与模数无关，而与齿数、压力角、变位系数等有关。Y_F 值根据齿数由表7-13查得。

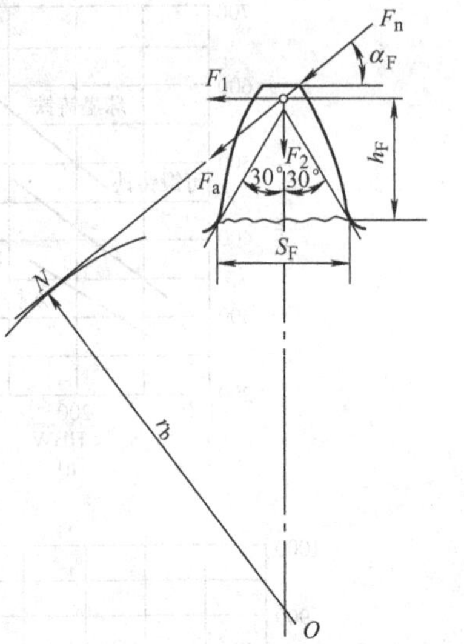

图7-29 齿根危险截面的确定

表7-13 标准外齿轮的齿形系数 Y_F

Z	12	14	16	17	18	19	20	22	25	
Y_F	3.47	3.22	3.03	2.97	2.91	2.85	2.81	2.75	2.65	
Z	28	30	35	40	45	50	60	80	100	≥200
Y_F	2.58	2.54	2.47	2.41	2.37	2.35	2.30	2.25	2.18	2.14

考虑到齿根圆角处的应力集中以及齿根危险截面上压应力等的影响，引入应力修正系数 Y_S，由表7-14查得。

由此得齿根弯曲疲劳强度的校核公式

$$\sigma_F=\frac{KF_tY_FY_S}{bm}=\frac{2KT_1Y_FY_S}{bd_1m}=\frac{2KT_1Y_FY_S}{bm^2z_1}\leqslant[\sigma_F] \tag{7-21}$$

表7-14 标准外齿轮的应力修正系数 Y_S

Z	12	14	16	17	18	19	20	22	25	
Y_S	1.44	1.47	1.51	1.53	1.54	1.55	1.56	1.58	1.59	
Z	28	30	35	40	45	50	60	80	100	≥200
Y_S	1.61	1.63	1.65	1.67	1.69	1.71	1.73	1.77	1.80	1.88

引入齿宽系数 $\psi_d=\frac{b}{d}$，代入式（7-21）得齿根弯曲疲劳强度的设计公式

$$m\geqslant 1.26\sqrt[3]{\frac{KT_1Y_FY_S}{\psi_dz_1^2[\sigma_F]}} \tag{7-22}$$

模数 m 计算后应按表7-2取标准值。

参数的选择和公式的说明如下。

1. 齿数 z_1

对于软齿面（≤350HBW）的闭式传动，容易产生齿面点蚀，在满足弯曲强度的条件下，中心距不变，适当增加齿数，减小模数，能增大传动重合度，对传动的平稳有利，并减小了轮坯直径和齿高，减少加工量和提高加工精度。一般推荐 $z_1=24\sim40$。

对于开式传动及硬齿面（>350HBW）或铸铁齿轮的闭式传动，容易发生轮齿折断，应适当减小齿数，以增大模数。为了避免发生根切，对于标准齿轮一般不少于17齿。

2. 模数 m

设计求出的模数应圆整为标准值。模数影响轮齿的齿根弯曲疲劳强度，一般在满足轮齿抗弯疲劳强度的条件下，宜取较小的模数，以利于增多齿数。对于传递动力的齿轮，模数不宜小于1.5～2mm。

3. 许用弯曲应力 $[\sigma_F]$

大、小齿轮的许用弯曲应力 $[\sigma_F]_1$、$[\sigma_F]_2$ 可按下式计算

$$[\sigma_F]=\frac{Y_{NT}\sigma_{F\,lim}}{S_F} \tag{7-23}$$

式中　$\sigma_{F\,lim}$——实验齿轮的齿根弯曲疲劳极限，该数值由实验获得，按图7-30查取；

Y_{NT}——弯曲疲劳寿命系数，按图7-31查取，图中 N 为应力循环次数，N 值计算同前；

S_F——弯曲疲劳强度的安全系数，按表7-12选取。

图7-30中的数据适合于齿轮单向传动情况，对于长期双侧工作的齿轮传动，其齿根弯

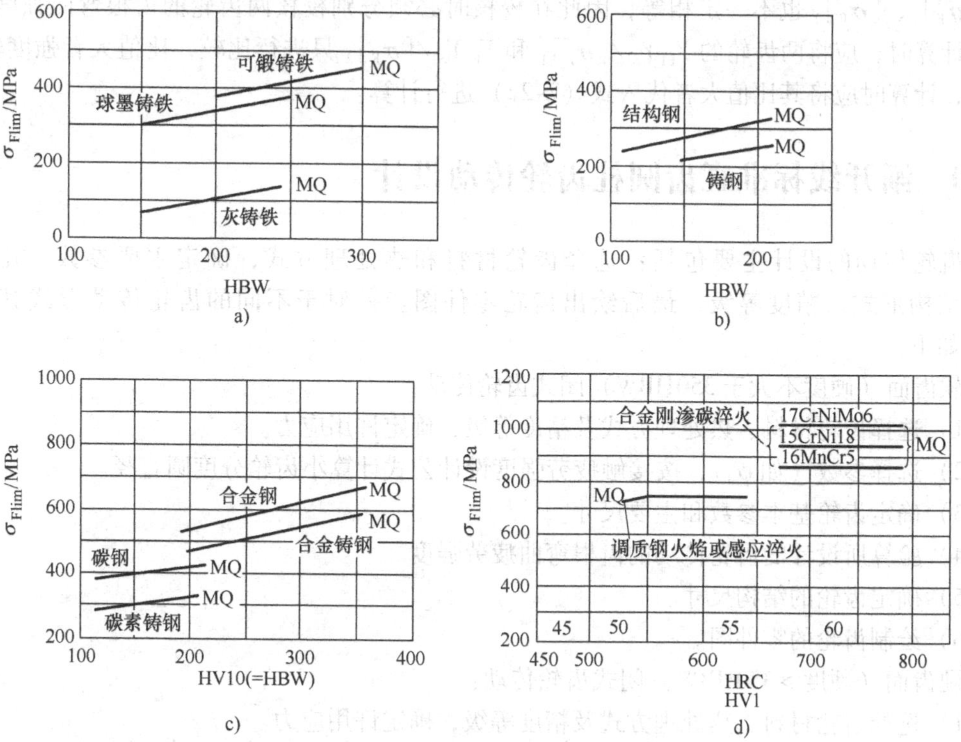

图7-30　齿根弯曲疲劳极限 $\sigma_{F\,lim}$

a）铸铁　b）正火结构钢和铸钢　c）调质钢和铸钢　d）表面硬化钢

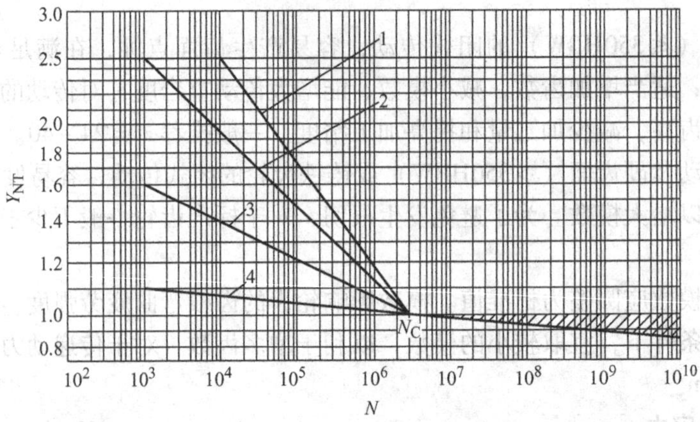

图 7-31 弯曲疲劳寿命系数 Y_{NT}

1—调质钢，球墨铸铁（珠光体、贝氏体），珠光体可锻铸铁

2—渗碳淬火的渗碳钢，火焰或感应表面淬火的钢，球墨铸铁

3—渗氮的渗氮钢，球墨铸铁（铁素体），结构钢，灰铸铁

4—碳氮共渗的调质钢，渗碳钢

曲应力为对称循环变应力，故应将由图 7-30 所得数据乘以系数 0.7。

4. 系数

通常两齿轮的齿形系数 Y_{F1}、Y_{F2} 以及应力修正系数 Y_{S1}、Y_{S2} 不等，两齿轮的许用弯曲应力 $[\sigma_F]_1$、$[\sigma_F]_2$ 也不一定相等，因此在校核时必须分别校核两齿轮的齿根弯曲强度；在设计计算时，应将两齿轮的 $Y_{F1}Y_{S1}/[\sigma_F]_1$ 和 $Y_{F2}Y_{S2}/[\sigma_F]_2$ 只进行比较，比值大者强度较弱，因此，计算时应将其比值大者代入式（7-22）进行计算。

7.10 渐开线标准直齿圆柱齿轮传动设计

齿轮传动的设计主要包括：选择齿轮材料和热处理方式，确定主要参数、几何尺寸、结构形式、精度等级，最后绘出齿轮零件图。针对于不同的齿轮传动形式其设计步骤如下。

软齿面（硬度不大于 350HBW）闭式齿轮传动：

1）选择齿轮材料、热处理方式及精度等级，确定许用应力。

2）选择参数（如 ψ_d），按接触疲劳强度设计公式计算小齿轮分度圆直径。

3）确定齿轮基本参数和主要尺寸。

4）验算所设计的齿轮传动的齿根弯曲疲劳强度。

5）确定齿轮的结构尺寸。

6）绘制齿轮的零件图。

硬齿面（硬度 >350HBW）闭式齿轮传动：

1）选择齿轮材料、热处理方式及精度等级，确定许用应力。

2）选择参数（如 z_1、ψ_d 等），按弯曲疲劳强度设计公式计算模数，并取为标准值。

3）确定基本参数 m、z_1、z_2，计算中心距 a、齿宽（$b=\psi_d \cdot d_1$）及齿轮的主要尺寸。

4）验算所设计的齿轮传动的齿面接触疲劳强度。

5）确定齿轮的结构尺寸。

6）绘制齿轮的零件图。

开式齿轮传动：

1）选择齿轮材料、热处理方式及精度等级，确定许用应力。

2）选择参数（如 z_1、ψ_d 等），按弯曲疲劳强度设计公式计算模数，并将其加大10%~20%，再取成标准模数。

3）确定基本参数 m、z_1、z_2，计算中心距 a、齿宽（$b=\psi_d d_1$）及齿轮的主要尺寸。

4）确定齿轮的结构尺寸。

5）绘制齿轮的零件图。

【例7-3】 设计单级标准直齿圆柱齿轮减速器的齿轮传动。已知传递的功率 $P=6\text{kW}$，主动轮转速 $n_1=960\text{r/min}$，齿数比 $\mu=2.5$，单向运转，载荷平稳，单班制工作，原动机为电动机。

解 （1）选择齿轮材料、热处理方式及精度等级，确定许用应力

1）选择齿轮材料、热处理方式

该齿轮无特殊要求，可选用一般齿轮材料，由表7-7和表7-8并考虑 $\text{HBW}_1=\text{HBW}_2+(30\sim50)$ 的要求，小齿轮选用45钢，调质处理，齿面硬度取230HBW，大齿轮选用45钢，正火处理，齿面硬度取190HBW。

2）确定精度等级

减速器为一般齿轮传动，估计圆周速度不大于5m/s，根据表7-9，初选8级精度。

3）确定许用应力

由图7-28、图7-30分别查得

$\sigma_{\text{Hlim1}}=590\text{MPa}$　$\sigma_{\text{Hlim2}}=540\text{MPa}$　$\sigma_{\text{Flim1}}=195\text{MPa}$　$\sigma_{\text{Flim2}}=180\text{MPa}$

由表7-12查得　取 $S_H=1.1$，$S_F=1.4$；查图7-27，取 $Z_{NT_1}=1$，$Z_{NT_2}=1$；查图7-31，取 $Y_{NT_1}=1$，$Y_{NT_2}=1$。

$$[\sigma_H]_1=Z_{NT_1}\frac{\sigma_{\text{Hlim1}}}{S_H}=1\times\frac{590}{1.1}\text{MPa}=536.4\text{MPa}$$

$$[\sigma_H]_2=Z_{NT_2}\frac{\sigma_{\text{Hlim2}}}{S_H}=1\times\frac{540}{1.1}\text{MPa}=490.9\text{MPa}$$

$$[\sigma_F]_1=Y_{NT_1}\frac{\sigma_{\text{Flim1}}}{S_F}=1\times\frac{195}{1.4}\text{MPa}=139.3\text{MPa}$$

$$[\sigma_F]_2=Y_{NT_2}\frac{\sigma_{\text{Flim2}}}{S_F}=1\times\frac{180}{1.4}\text{MPa}=128.6\text{MPa}$$

因齿面硬度小于350HBW，属软齿面，所以按齿面接触疲劳强度进行设计。

（2）按齿面接触疲劳强度设计

由式（7-19）计算分度圆直径

$$d_1\geqslant76.43\sqrt[3]{\frac{KT_1(\mu\pm1)}{\psi_d\mu[\sigma_H]^2}}$$

1）取 $[\sigma_H]=[\sigma_H]_2=490.9\text{MPa}$。

2）小齿轮转矩 $T_1=9.55\times10^6\dfrac{P}{n_1}=9.55\times10^6\times\dfrac{6}{960}\text{N}\cdot\text{mm}=59687.5\text{N}\cdot\text{mm}$。

3）取齿宽系数 $\psi_d=0.8$，$\mu=2.5$。

4）由于原动机为电动机，载荷平稳，支承为对称布置，查表7-10，选 $K=1.15$。

将上述数据代入，得初算小齿轮分度圆直径为

$$d_1=76.43\sqrt[3]{\frac{1.15\times59687.5\times(2.5+1)}{0.8\times2.5\times490.9^2}}\text{mm}=60.60\text{mm}$$

（3）确定基本参数计算齿轮的主要尺寸

1）选择齿数

取 $z_1=26$，则 $z_2=iz_1=65$。

2）确定模数

$$m=\frac{d_1}{z_1}=\frac{60.60}{26}\text{mm}=2.33\text{mm}$$

由表7-2，取 $m=2.5\text{mm}$。

3）确定中心距

$$a=\frac{m(z_1+z_2)}{2}=\frac{2.5\times(26+65)}{2}\text{mm}=113.75\text{mm}$$

4）确定齿宽

$$b=\psi_d\cdot d_1=0.8\times60.60\text{mm}=48.48\text{mm}$$

为了补偿两齿轮轴向尺寸的误差，使小轮宽度略大于大轮，故取 $b_2=50\text{mm}$，$b_1=55\text{mm}$。

5）分度圆直径

$$d_1=mz_1=2.5\times26\text{mm}=65\text{mm}$$

$$d_2=mz_2=2.5\times65\text{mm}=162.5\text{mm}$$

确定主要参数 m、z 后，其余尺寸可按表7-3计算，此处从略。

（4）校核齿根弯曲疲劳强度

1）由式（7-21）校验算齿根弯曲疲劳强度

$$\sigma_{F1}=\frac{2KT_1Y_{F1}Y_{S1}}{bm^2z_1}$$

$$\sigma_{F2}=\frac{2KT_1Y_{F2}Y_{S2}}{bm^2z_1}=\sigma_{F1}\frac{Y_{F2}Y_{S2}}{Y_{F1}Y_{S1}}$$

按 $z_1=26$，$z_2=65$，由表7-13查得 $Y_{F1}=2.62$，$Y_{F2}=2.29$，由表7-14查得 $Y_{S1}=1.60$、$Y_{S2}=1.74$，代入上式得

$$\sigma_{F1}=\frac{2\times1.15\times59687.5\times2.62\times1.6}{50\times2.5^2\times26}\text{MPa}=70.83\text{MPa}<[\sigma_F]_1$$

故安全。

$$\sigma_{F2}=70.83\times\frac{2.29\times1.74}{2.62\times1.60}\text{MPa}=67.33\text{MPa}<[\sigma_F]_2$$

故安全。

2）验算圆周速度

$$v=\frac{\pi d_1n_1}{60\times1000}=\frac{\pi\times65\times960}{60\times1000}\text{m/s}=3.27\text{m/s}\leqslant5\text{m/s}$$

由表7-9知，选8级精度合适。

(5) 确定齿轮的结构尺寸及绘制齿轮的零件图(略)。

7.11 平行轴斜齿圆柱齿轮传动

7.11.1 齿廓曲面的形成及啮合特点

1. 齿廓曲面的形成

由于圆柱齿轮是有一定宽度的，所以齿轮的齿廓沿轴线方向形成一曲面。图7-32a为直齿圆柱齿轮渐开线齿廓曲面的形成。当发生面 S 在基圆柱上做纯滚动时，其上与母线平行的直线 KK' 在空间所走过的轨迹即为直齿圆柱齿轮渐开线曲面。

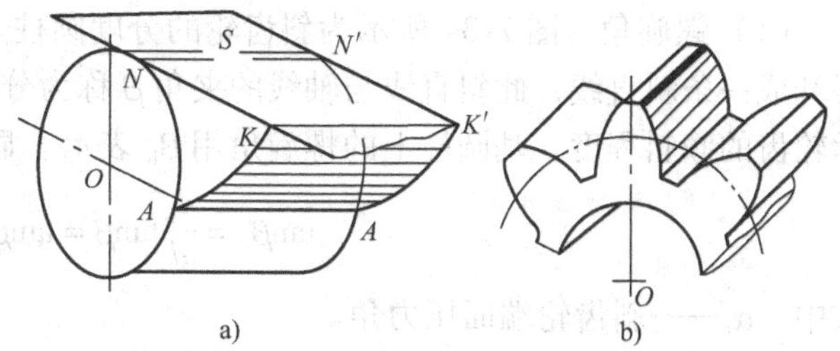

图7-32 直齿圆柱齿轮渐开线齿廓曲面的形成与接触线
a) 直齿圆柱齿轮渐开线齿廓曲面的形成 b) 直齿轮

斜齿圆柱齿轮齿廓曲面的形成原理和直齿轮相似，如图7-33a所示。形成渐开线齿面的直线 KK' 不再与轴线平行，而是与其成 β_b 角。当发生面 S 在基圆柱上做纯滚动时，其上与母线 NN' 成一倾斜角 β_b 的斜直线 KK' 在空间所走过的轨迹，即为斜齿轮的渐开线齿廓曲面。β_b 称为基圆柱上的螺旋角。

2. 啮合特点

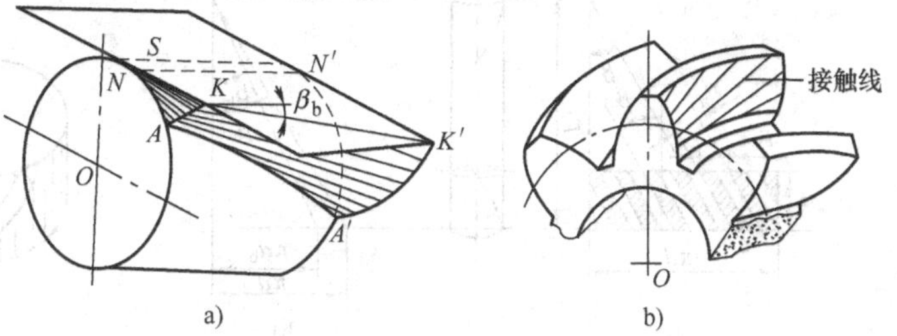

图7-33 斜齿圆柱齿轮渐开线齿廓曲面的形成与接触线
a) 斜齿圆柱齿轮渐开线齿廓曲面的形成 b) 斜齿轮

与直齿轮传动相比较，斜齿轮传动有以下特点：

(1) 传动平稳 直齿圆柱齿轮啮合时，齿面的接触线均平行于齿轮轴线，如图7-32b所示。齿轮传动时，轮齿是沿整个齿宽同时进入啮合或脱离啮合的，故载荷是沿齿宽突然加上或卸掉的。因此，这种传动的平稳性较差，容易产生冲击、振动和噪声。而斜齿圆柱齿轮啮合传动时，无论两齿廓在何位置接触，其接触线都是与轴线倾斜的直线，如图7-33b所示。轮齿沿齿宽是逐渐进入啮合又逐渐脱离啮合的。齿面接触线的长度也是由零逐渐增加，又逐渐缩短，直至脱离接触。因此，斜齿轮传动的平稳性较直齿轮好。

(2) 承载能力大 斜齿轮的轮齿相当于螺旋曲面梁，其强度高；斜齿轮同时参加啮合的齿数多，而单齿受力较小，所以斜齿轮的承载能力大。

(3) 在传动中产生轴向力 由于斜齿轮轮齿倾斜，工作时要产生轴向力，对工作不利，通常可采用人字齿齿轮使轴向力抵消。

(4) 斜齿轮不能当作滑移齿轮使用 根据斜齿的传动特点，斜齿轮一般多应用于高速或传递大转矩的场合。

7.11.2 斜齿圆柱齿轮的基本参数及几何尺寸计算

由于斜齿圆柱齿轮的齿廓曲面的渐开线螺旋面，在垂直于齿轮轴线的端面（下标用 t 表示）和垂直于齿廓螺旋面的法面（下标用 n 表示）齿形不同，所以参数有端面和法面之分。加工斜齿轮时，刀具通常是沿着螺旋线方向进给切割的，故斜齿轮的法面参数为标准值。计算斜齿轮的几何尺寸一般是按端面参数进行的。

1. 基本参数

渐开线斜齿圆柱齿轮的基本参数有六个：螺旋角 β、齿数 z、模数 m、压力角 α、齿顶高系数 h_a^* 和顶隙系数 c^*。

（1）螺旋角　图 7-34 所示为斜齿轮的分度圆柱及其展开图。分度圆柱上轮齿的螺旋线展开成一条斜直线，此斜直线与轴线的夹角 β 称为分度圆柱上的螺旋角，简称螺旋角。它表示轮齿的倾斜程度。基圆柱上的螺旋角用 β_b 表示。显然 β 与 β_b 大小不一样，其关系为

$$\tan\beta_b = \frac{d_b}{d}\tan\beta = \tan\beta\cos\alpha_t \tag{7-24}$$

式中　α_t——斜齿轮端面压力角。

一般斜齿轮取 $\beta = 8° \sim 20°$，人字齿齿轮取 $\beta = 25° \sim 45°$。

斜齿轮按其齿廓螺旋线的旋向不同，分为左旋齿轮和右旋齿轮，其旋向的判定与螺旋相同：当外齿轮轴线竖直放置时，螺旋线向左上升为左旋齿轮，向右上升为右旋齿轮，如图 7-35 所示。

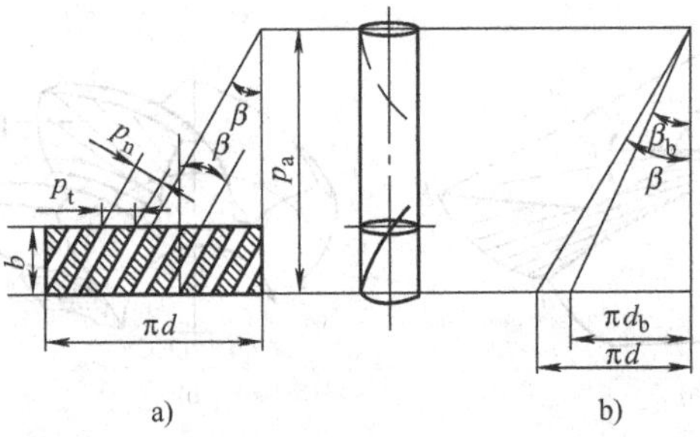

图 7-34　斜齿轮的分度圆柱及展开图
a）斜齿轮分度圆柱　b）展开图

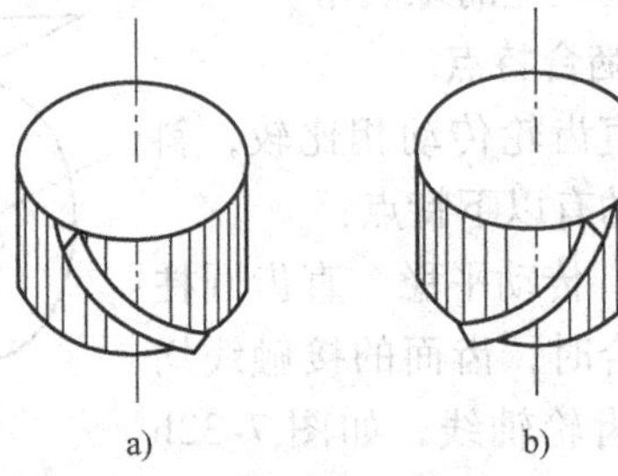

图 7-35　斜齿轮轮齿的旋向
a）左旋　b）右旋

（2）模数　由图 7-34 可知，法面齿距 p_n 与断面齿距 p_t 的几何关系为 $p_n = p_t\cos\beta$，而 $p_n = \pi m_n$，$p_t = \pi m_t$。所以

$$m_n = m_t\cos\beta \tag{7-25}$$

（3）压力角　因斜齿圆柱齿轮和斜齿条啮合时，它们的法面压力角和端面压力角应分别相等，所以斜齿轮法面压力角 α_n 和端面压力角 α_t 的关系可通过斜齿条来得到，如图 7-36 所示，其关系为

$$\tan\alpha_n = \tan\alpha_t\cos\beta \tag{7-26}$$

（4）齿顶高系数及顶隙系数　斜齿轮的齿顶高和齿根高，不论从端面还是法面看都是相等的。即

$$h_{an}^* m_n = h_{at}^* m_t \quad c_n^* m_n = c_t^* m_t$$

将式（7-25）代入以上两式得

$$\begin{cases} h_{\mathrm{at}}^{*} = h_{\mathrm{an}}^{*}\cos\beta \\ c_{\mathrm{t}}^{*} = c_{\mathrm{n}}^{*}\cos\beta \end{cases} \tag{7-27}$$

式中 h_{an}^{*}——法面齿顶高系数（标准值）；
c_{n}^{*}——法面顶隙系数（标准值）；
h_{at}^{*}——端面齿顶高系数（非标准值）；
c_{t}^{*}——端面顶隙系数（非标准值）。

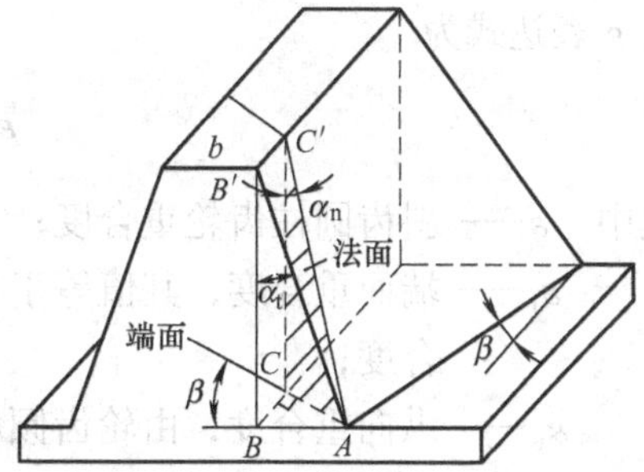

图 7-36　斜齿条的压力角

2. 斜齿轮的几何尺寸计算

斜齿轮传动在端面上相当于直齿轮传动，其几何尺寸计算公式见表 7-15。

表 7-15　外啮合标准斜齿圆柱齿轮传动的几何尺寸计算公式

名　称	符　号	计算公式
端面模数	m_{t}	$m_{\mathrm{t}} = \dfrac{m_{\mathrm{n}}}{\cos\beta}$，$m_{\mathrm{n}}$ 为标准值
端面压力角	α_{t}	$\alpha_{\mathrm{t}} = \arctan\dfrac{\tan\alpha_{\mathrm{n}}}{\cos\beta}$
分度圆直径	d	$d = m_{\mathrm{t}}z = \dfrac{m_{\mathrm{n}}}{\cos\beta}z$
齿顶高	h_{a}	$h_{\mathrm{a}} = m_{\mathrm{n}}h_{\mathrm{an}}^{*}$
齿根高	h_{f}	$h_{\mathrm{f}} = (h_{\mathrm{an}}^{*} + c_{\mathrm{n}}^{*})m_{\mathrm{n}}$
全齿高	h	$h = h_{\mathrm{a}} + h_{\mathrm{f}} = (2h_{\mathrm{an}}^{*} + c_{\mathrm{n}}^{*})m_{\mathrm{n}}$
齿顶圆直径	d_{a}	$d_{\mathrm{a}} = d + 2h_{\mathrm{a}}$
齿根圆直径	d_{f}	$d_{\mathrm{f}} = d - 2h_{\mathrm{f}}$
中心距	a	$a = \dfrac{1}{2}(d_1 + d_2) = \dfrac{1}{2}m_{\mathrm{t}}(z_1 + z_2) = \dfrac{m_{\mathrm{n}}}{2\cos\beta}(z_1 + z_2)$

7.11.3　斜齿轮传动正确啮合的条件和重合度

1. 正确啮合的条件

一对啮合斜齿圆柱齿轮的正确啮合条件为两斜齿轮的法面模数和法面压力角分别相等，螺旋角大小相等，旋向相反。即

$$\begin{cases} m_{\mathrm{n1}} = m_{\mathrm{n2}} = m_{\mathrm{n}} \\ a_{\mathrm{n1}} = a_{\mathrm{n2}} = a_{\mathrm{n}} \\ \beta_1 = \pm\beta_2 \text{（内啮合时取“+”，外啮合时取“-”）} \end{cases}$$

2. 斜齿轮传动的重合度

图 7-37a、b 所示分别为端面尺寸相同的直齿圆柱齿轮和斜齿圆柱齿轮在分度圆柱啮合面上的展开图。由于斜齿轮轮齿的方向与齿轮的轴线成一螺旋角 β，从而使斜齿轮传动的啮合线段增长 $\Delta L = b\tan\beta$。若相应的直齿圆柱齿轮传动的重合度为 ε_{t}，则斜齿圆柱齿轮的重合

度 ε 表达式为

$$\varepsilon=\varepsilon_{t}+\varepsilon_{\beta}=\varepsilon_{t}+\frac{b\tan\beta}{P_{t}} \tag{7-28}$$

式中 ε——斜齿圆柱齿轮重合度；

ε_t——端面重合度，其值等于与斜齿轮端面齿廓及尺寸相同的直齿圆柱齿轮传动的重合度；

ε_β——纵向重合度，由轮齿倾斜而产生的附加重合度，其值随齿宽 b 和螺旋角 β 的增大而增大。

7.11.4 斜齿轮的当量齿轮和当量齿数

在用仿形法加工斜齿轮时，必须按齿轮的法面齿形选择刀具，进行强度计算时也需知道法面齿形。通常采用下述近似方法分析斜齿轮的法面齿形。

如图 7-38 所示，过分度圆柱上齿廓的任意一点 C 作垂直于分度圆柱螺旋线的法面 n—n，该法面与分度圆柱的交线为一椭圆，其长半轴 $a=\dfrac{d}{2\cos\beta}$，短半轴 $b=\dfrac{d}{2}$。由数学计算可知，椭圆在 C 点的曲率半径为

$$\rho=\frac{a^2}{b}=\frac{d}{2\cos^2\beta}$$

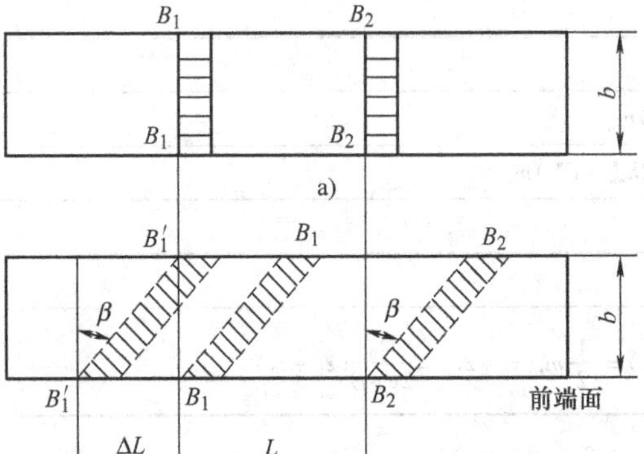

图 7-37 斜齿轮传动的重合度

a）直齿圆柱齿轮在分度圆柱啮合面上的展开图

b）斜齿圆柱齿轮在分度圆柱啮合面上的展开图

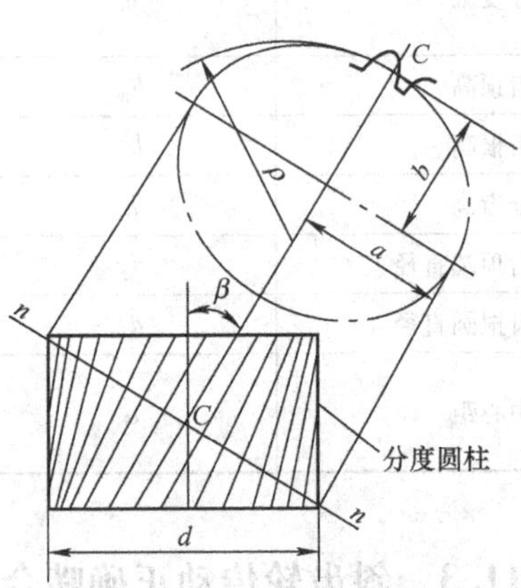

图 7-38 斜齿轮的当量齿轮

该椭圆形平面上 C 点附近的齿形与斜齿轮的法面齿形最为接近，可以近似地看成是斜齿轮的法面齿形。以该齿形为基准，虚拟出一个直齿圆柱齿轮，这个假想的与斜齿轮的法面齿形非常接近的直齿圆柱齿轮就称为该斜齿轮的当量齿轮，其齿数称为当量齿数。

过 C 点以 ρ 为半径作出当量齿轮的分度圆，其上的模数及压力角分别为斜齿轮的法面模数 m_n 及法面压力角 α_n，当量齿数 z_v 为

$$z_v=\frac{2\rho}{m_n}=\frac{d}{m_n\cos^2\beta}=\frac{m_n z}{m_n\cos^3\beta}=\frac{z}{\cos^3\beta} \tag{7-29}$$

由上式可知，斜齿圆柱齿轮的当量齿数总是大于实际齿数。

另外，在选择铣刀号码或进行强度计算时要用到当量齿数 z_v，用式（7-29）求出的当量齿数往往不是整数，但使用时不需要圆整。

标准齿轮不发生根切的最少齿数可由其当量直齿轮的最少齿数 z_{vmin} 计算出来

$$z_{min} = z_{vmin}\cos^3\beta = 17\cos^3\beta \tag{7-30}$$

7.11.5 斜齿圆柱齿轮轮齿受力分析

图 7-39 所示为斜齿圆柱齿轮中主动轮上的受力分析图。忽略齿面间的摩擦力，作用在与齿面垂直的法向平面内的法向力 F_{n1} 可分解为三个互相垂直的分力，即圆周力 F_{t1}、径向力 F_{r1} 和轴向力 F_{a1}。由图 7-39 可知主动轮各力的大小为

$$\left.\begin{aligned} &\text{圆周力} \quad F_{t1} = \frac{2T_1}{d_1} \\ &\text{径向力} \quad F_{r1} = \frac{F_{t1}\tan\alpha_n}{\cos\beta} \\ &\text{轴向力} \quad F_{a1} = F_{t1}\tan\beta \end{aligned}\right\} \tag{7-31}$$

式中 α_n——法向压力角，对标准斜齿轮 $\alpha_n = 20°$；

β——分度圆柱上的螺旋角。

T_1——主动轮传递的转矩（N·mm）；

d_1——主动轮分度圆直径（mm）。

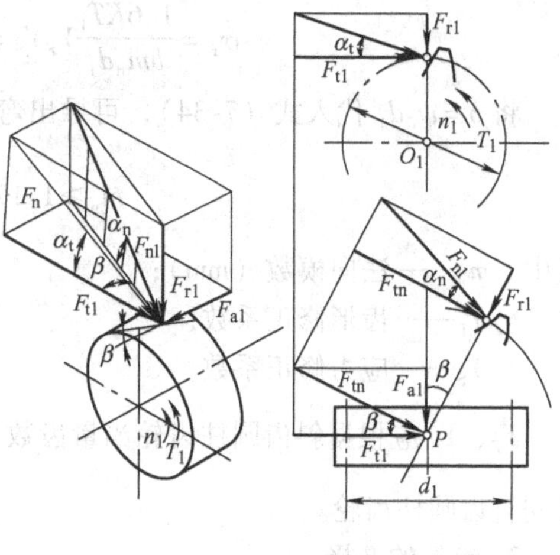

图 7-39 斜齿圆柱齿轮轮齿受力分析

作用在主、从动轮上的各对分力大小相等。各分力的方向可用下列方法来判断。

1. 圆周力 F_t

主动轮上的圆周力 F_{t1} 是阻力，其方向与主动轮回转方向相反；从动轮上的圆周力 F_{t2} 是驱动力，其方向与从动轮回转方向相同。

2. 径向力 F_r

两齿轮的径向力 F_{r1} 和 F_{r2}，其方向分别指向各自的轮心（内齿轮为远离轮心方向）。

3. 轴向力 F_a

其方向决定于齿轮螺旋线方向和齿轮回转方向，可用"主动轮左、右手法则"来判断：左旋用左手，右旋用右手，握住主动轮轴线，以四指弯曲方向代表主动轮转向，拇指的指向即为主动轮的轴向力 F_{a1} 方向，从动轮轴向力 F_{a2} 方向与其相反。即

$$F_{t1} = -F_{t2} \quad F_{r1} = -F_{r2} \quad F_{a1} = -F_{a2}$$

式中负号表示作用力方向相反。

7.11.6 斜齿圆柱齿轮强度计算

由于在斜齿圆柱齿轮传动中，作用于齿面上的力仍垂直于齿面，因而斜齿圆柱齿轮的强度计算是按法向进行分析的。因此，可以通过其当量直齿轮来对斜齿圆柱齿轮进行强度分析和计算。

1. 齿面接触疲劳强度计算

一对钢制标准斜齿圆柱齿轮传动的齿面接触强度校核公式为

$$\sigma_{\mathrm{H}}=3.17Z_{\mathrm{E}}\sqrt{\frac{KT_1(\mu\pm1)}{\mu bd_1^2}}\leqslant[\sigma_{\mathrm{H}}] \tag{7-32}$$

将 $b=\psi_{\mathrm{d}}d_1$ 代入式（7-32），可导出齿面接触强度的设计公式

$$d_1\geqslant\sqrt[3]{\frac{KT_1(\mu\pm1)}{\psi_{\mathrm{d}}\mu}\left(\frac{3.17Z_{\mathrm{E}}}{[\sigma_{\mathrm{H}}]}\right)^2} \tag{7-33}$$

式中参数的意义同直齿圆柱齿轮。

2. 齿根弯曲疲劳强度计算

斜齿圆柱齿轮齿根弯曲疲劳强度验算公式为

$$\sigma_{\mathrm{F}}=\frac{1.6KT_1}{bm_{\mathrm{n}}d_1}Y_{\mathrm{F}}Y_{\mathrm{S}}=\frac{1.6KT_1Y_{\mathrm{F}}Y_{\mathrm{S}}\cos\beta}{bm_{\mathrm{n}}^2z_1}\leqslant[\sigma_{\mathrm{F}}] \tag{7-34}$$

将 $b=\psi_{\mathrm{d}}d_1$ 代入式（7-34），可导出弯曲疲劳强度的设计公式

$$m_{\mathrm{n}}\geqslant1.17\sqrt[3]{\frac{KT_1Y_{\mathrm{F}}Y_{\mathrm{S}}\cos^2\beta}{\psi_{\mathrm{d}}z_1^2[\sigma_{\mathrm{F}}]}} \tag{7-35}$$

式中 m_{n}——法向模数（mm）；
Y_{F}——齿形修正系数；
Y_{S}——应力修正系数。

Y_{F}、Y_{S} 应根据斜齿圆柱齿轮当量齿数 $z_{\mathrm{v}}=\dfrac{z}{\cos^3\beta}$由表 7-13、表 7-14 查取，其他参数的意义同直齿圆柱齿轮。

3. 参数的选择

1）齿数。斜齿轮不产生根切的最少齿数比直齿轮少，其计算公式为

$$z_{\min}\geqslant17\cos^3\beta \tag{7-36}$$

随着 β 角的增加，不产生根切的最少齿数将减小，取较少齿数可得到较紧凑的传动结构。

2）螺旋角 β。增大螺旋角 β 可增加重合度，使运动平稳，提高齿轮承载能力。但螺旋角过大，会导致轴向力增加，使轴承及传动装置的结构尺寸也相应增大，同时使传动效率有所降低。一般可取 $\beta=8°\sim20°$。对于人字齿轮或两对左右对称配置的斜齿圆柱齿轮，由于轴向力互相抵消，可取 $\beta=25°\sim40°$。

3）在按齿根弯曲疲劳强度设计时，应将 $\dfrac{Y_{\mathrm{F1}}Y_{\mathrm{S1}}}{[\sigma_{\mathrm{F}}]_1}$ 和 $\dfrac{Y_{\mathrm{F2}}Y_{\mathrm{S2}}}{[\sigma_{\mathrm{F}}]_2}$ 两比值中的较大值代入式（7-35），并将计算所得的法向模数 m_{n} 按标准模数圆整。

7.11.7 斜齿圆柱齿轮传动设计

斜齿圆柱齿轮设计步骤同直齿圆柱齿轮。

【例 7-4】 设计一对闭式斜齿圆柱齿轮传动。该减速器用于重型机械上，电动机驱动，传递的功率 $P=70\mathrm{kW}$，主动轮转速 $n_1=960\mathrm{r/min}$，传动比 $i=3$，工作条件为单向传动，载荷有中等冲击，齿轮在两轴承间对称布置，工作寿命为 10 年，单班制工作。

解 （1）选择齿轮材料、热处理方式、精度等级

1）选择齿轮材料、热处理方式。因传递功率较大，故选用硬齿面齿轮组合。小齿轮选

用20CrMnTi渗碳淬火，硬度为56～62HRC，大齿轮用40Cr表面淬火，硬度为50～55HRC。

2）确定精度等级。根据表7-9，初选齿轮精度等级为8级精度。

（2）按齿根弯曲疲劳强度设计

$$m_n \geqslant 1.17\sqrt[3]{\frac{KT_1 Y_F Y_S \cos^2\beta}{\psi_d z_1^2[\sigma_F]}}$$

1）小齿轮转矩

$$T_1 = 9.55 \times 10^6 \frac{P}{n_1} = 9.55 \times 10^6 \times \frac{70}{960} \text{N} \cdot \text{mm} = 6.96 \times 10^5 \text{N} \cdot \text{mm}$$

2）取齿宽系数 $\psi_d = \frac{b}{d_1} = 0.8$。

3）由于原动机为电动机，载荷平稳支承为对称布置，查表7-10选 $K = 1.4$。

4）初选取螺旋角 $\beta = 14°$。

5）因为是硬齿面传动，取齿数 $z_1 = 20$，则 $z_2 = iz_1 = 3 \times 20 = 60$。

6）当量齿数

$$z_{v1} = \frac{z_1}{\cos^3\beta} = \frac{20}{\cos^3 14°} \approx 22$$

$$z_{v2} = \frac{z_2}{\cos^3\beta} = \frac{60}{\cos^3 14°} \approx 66$$

由表7-13查得齿形修正系数 $Y_{F1} = 2.75$，$Y_{F2} = 2.285$。

由表7-14查得应力修正系数 $Y_{S1} = 1.58$，$Y_{S2} = 1.742$。

7）确定许用应力。小齿轮按16MnCr5查取，大齿轮按调质钢查取；由图7-28d、图7-30d查得

$$\sigma_{Hlim1} = 1500\text{MPa} \qquad \sigma_{Hlim2} = 1220\text{MPa}$$

$$\sigma_{Flim1} = 880\text{MPa} \qquad \sigma_{Flim2} = 740\text{MPa}$$

由表7-12查得 $S_H = 1.2$，$S_F = 1.4$，

$$N_1 = 60njL_h = 60 \times 960 \times 1 \times (10 \times 52 \times 40) = 1.19 \times 10^9$$

$$N_2 = \frac{N_1}{i} = \frac{1.19 \times 10^9}{3} = 3.97 \times 10^8$$

查图7-27得 $Z_{NT1} = 1$，$Z_{NT2} = 1.04$

查图7-31得 $Y_{NT1} = Y_{NT2} = 1$，故

$$[\sigma_H]_1 = \frac{Z_{NT1}\sigma_{Hlim1}}{S_H} = \frac{1 \times 1500}{1.2}\text{MPa} = 1250\text{MPa}$$

$$[\sigma_H]_2 = \frac{Z_{NT2}\sigma_{Hlim2}}{S_H} = \frac{1.04 \times 1220}{1.2}\text{MPa} = 1057\text{MPa}$$

$$[\sigma_F]_1 = \frac{Y_{NT1}\sigma_{Flim1}}{S_F} = \frac{1 \times 880}{1.4}\text{MPa} = 629\text{MPa}$$

$$[\sigma_F]_2 = \frac{Y_{NT2}\sigma_{Flim2}}{S_F} = \frac{1 \times 740}{1.4}\text{MPa} = 529\text{MPa}$$

8）比较 $Y_{F1}Y_{S1}/[\sigma_F]_1$ 与 $Y_{F2}Y_{S2}/[\sigma_F]_2$

$$Y_{F1}Y_{S1}/[\sigma_F]_1 = \frac{2.75 \times 1.58}{629} = 0.0069\text{MPa}^{-1}$$

$$Y_{F2}Y_{S2}/[\sigma_F]_2=\frac{2.285\times1.742}{529}=0.0075\text{MPa}^{-1}$$

$Y_{F2}Y_{S2}/[\sigma_F]_2$ 的数值较大，将该值与上述各数值代入设计公式中，得

$$m_n\geqslant1.17\sqrt[3]{\frac{1.4\times6.96\times10^5\times0.0075\times\cos^2 14°}{0.8\times20^2}}\text{mm}=3.25\text{mm}$$

因为硬齿面，模数要取大一些。由表 7-2 取 $m_n=4\text{mm}$。

(3) 确定基本参数计算齿轮的主要尺寸

1) 初算中心距 a_0

$$a_0=\frac{m_n(z_1+z_2)}{2\cos\beta}=\frac{4\times(20+60)}{2\times\cos14°}\text{mm}=164.898\text{mm}$$

取 $a=165\text{mm}$。

2) 修正螺旋角 β

$$\beta=\arccos\frac{m_n(z_1+z_2)}{2a}=\arccos\frac{4\times(20+60)}{2\times165}=14°18'2''$$

3) 分度圆直径

$$d_1=\frac{m_n z_1}{\cos\beta}=\frac{4\times20}{\cos14°18'2''}\text{mm}=82.5\text{mm}$$

$$d_2=\frac{m_n z_2}{\cos\beta}=\frac{4\times60}{\cos14°18'2''}\text{mm}=247.5\text{mm}$$

4) 齿宽

$$b=\psi_d\cdot d_1=0.8\times82.5\text{mm}=66\text{mm}$$

取 $b_2=70\text{mm}$，$b_1=75\text{mm}$

已确定主要参数 m_n、z 后，其余尺寸可按表 7-15 计算，此处略。

(4) 校核齿面接触疲劳强度

1) 由式 (7-26) 验算齿面接触疲劳强度

由表 7-11 查得弹性系数 $Z_E=189.8\sqrt{\text{MPa}}$，同时 $[\sigma_H]_1\geqslant[\sigma_H]_2$，则

$$\sigma_H=3.17\times189.8\sqrt{\frac{1.4\times6.96\times10^5\times(3+1)}{75\times3\times82.5^2}}\text{MPa}=960\text{MPa}\leqslant[\sigma_H]_2$$

齿面接触疲劳强度足够。

2) 验算圆周速度

$$v=\frac{\pi d_1 n_1}{60\times1000}=\frac{\pi\times82.5\times960}{60\times1000}\text{m/s}=4.15\text{m/s}\leqslant9\text{m/s}$$

由表 7-9 知，选取 8 级精度合适。

(5) 确定齿轮的结构尺寸及绘制齿轮的零件图（略）。

7.12 直齿锥齿轮传动

7.12.1 直齿锥齿轮传动的类型和传动比

锥齿轮传动是用来传递空间两相交轴之间的运动和动力。锥齿轮传动的轮齿分布在圆锥

体上，从大端到小端逐渐减小，如图7-40a所示。轴交角Σ可根据转动系统需要确定，最常用的是$\Sigma=90°$。锥齿轮可分为直齿、斜齿和曲齿三种，直齿锥齿轮设计、制造和安装较简单，应用较广。曲齿锥齿轮传动平稳、承载能力大，但设计制造较复杂，常用于高速重载的传动，斜齿轮应用较少。

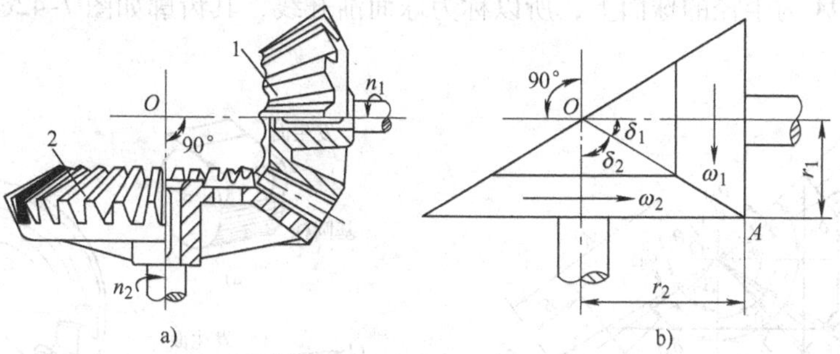

图7-40 直齿锥齿轮传动

a）锥齿轮传动 b）一对节圆锥做相切纯滚动

一对锥齿轮传动相当于一对节圆锥作相切纯滚动。锥齿轮有分度圆锥、齿顶圆锥、齿根圆锥和基圆锥。标准直齿锥齿轮传动，节圆锥与分度圆锥重合，如图7-40b所示。两齿轮分度圆锥角分别为δ_1和δ_2，两齿轮齿数分别为z_1和z_2，当$\Sigma=90°$时，其传动比为

$$i=\frac{n_1}{n_2}=\frac{r_2}{r_1}=\frac{z_2}{z_1}=\frac{\overline{OA}\sin\delta_2}{\overline{OA}\sin\delta_1}=\frac{\sin\delta_2}{\sin\delta_1}=\cot\delta_1=\tan\delta_2 \tag{7-37}$$

当已知传动比i时，则可由上式求出两齿轮的分度圆锥角。

7.12.2 直齿锥齿轮传动的主要参数和几何尺寸计算

对于$\Sigma=90°$的标准直齿锥齿轮传动（图7-41），其基本尺寸计算见表7-16。国家标准规定，对于正常齿轮，大端齿顶高系数$h_a^*=1$，顶隙系数$c^*=0.2$。

表7-16 标准直齿锥齿轮传动（$\Sigma=90°$）的主要几何尺寸计算公式

名　称	符　号	计算公式
分度圆锥角	δ	$\delta_1=\operatorname{arccot}\frac{z_2}{z_1}$　$\delta_2=90°-\delta_1$
分度圆直径	d	$d_1=mz_1$　$d_2=mz_2$
齿顶高	h_a	$h_{a1}=h_{a2}=h_a^*m$
齿根高	h_f	$h_{f1}=h_{f2}=(h_a^*+c^*)m$
齿顶圆直径	d_a	$d_{a1}=d_1+2h_a\cos\delta_1$　$d_{a2}=d_2+2h_a\cos\delta_2$
齿根圆直径	d_f	$d_{f1}=d_1-2h_f\cos\delta_1$　$d_{f2}=d_2-2h_f\cos\delta_2$
锥距	R	$R=\frac{1}{2}\sqrt{d_1^2+d_2^2}$
齿顶角	θ_a	$\theta_{a1}=\theta_{a2}=\arctan\frac{h_a}{R}$
齿根角	θ_f	$\theta_{f1}=\theta_{f2}=\arctan\frac{h_f}{R}$
齿顶圆锥角	δ_a	$\delta_{a1}=\delta_1+\theta_{a1}$　$\delta_{a2}=\delta_2+\theta_{a2}$
齿根圆锥角	δ_f	$\delta_{f1}=\delta_1-\theta_{f1}$　$\delta_{f2}=\delta_2-\theta_{f2}$
齿宽	b	$b\leqslant\frac{1}{3}R$

7.12.3　锥齿轮传动齿廓的形成、背锥和当量齿轮

圆柱齿轮的齿廓是发生面在基圆柱上作纯滚动时形成的，如图 7-42a 所示。锥齿轮的齿廓是发生面在基圆锥上做纯滚动时形成的，如图 7-42b 所示。在发生面上 K 点产生的渐开线 AK 应在以 OA 为半径的球面上，所以称为球面渐开线，其齿廓如图 7-42c 所示。

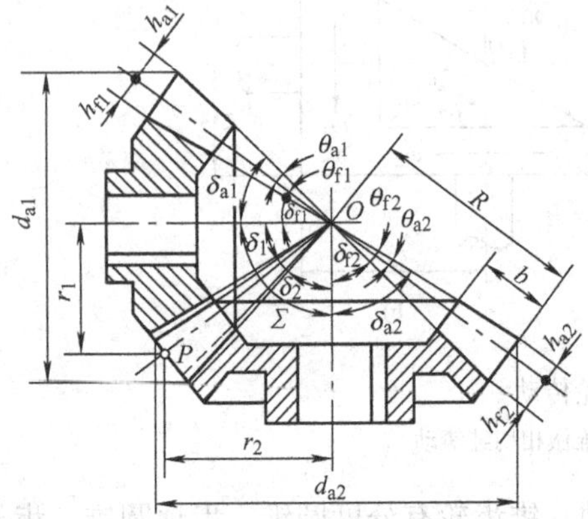

图 7-41　$\Sigma=90°$的标准直齿锥齿轮传动的几何尺寸

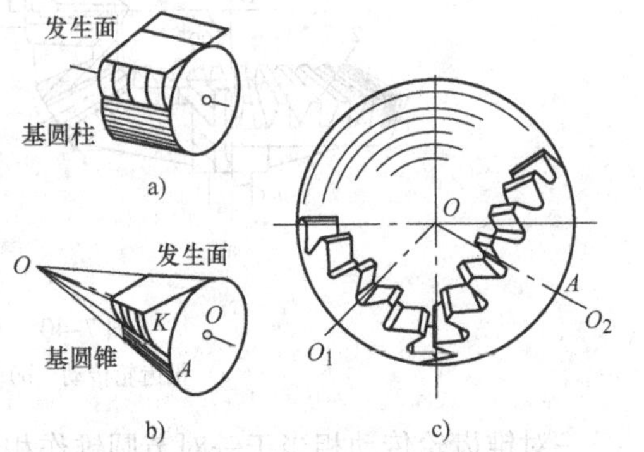

图 7-42　锥齿轮的齿廓形成
a）圆柱齿轮齿廓形成过程　b）锥齿轮齿廓形成过程　c）球面渐开线

如图 7-43 所示，$\triangle OAB$ 为锥齿轮的分度圆锥，过分度圆锥上的点 A 作球面的切线 AO_1 与分度圆锥的轴线交于 O_1 点。以 OO_1 为轴，O_1A 为母线作一圆锥体，它的轴截面为 $\triangle AO_1B$，此圆锥称为背锥。背锥与球面相切于锥齿轮大端的分度圆上。

将背锥展开成一个扇形齿轮（图 7-44），并将其补全为完整的假想圆柱齿轮。圆柱齿轮的齿廓为锥齿轮大端背锥面近似齿廓，其模数和压力角为锥齿轮大端背锥面齿廓的模数和压力角，该圆柱齿轮称为锥齿轮的当量齿轮。当量齿轮的齿数称为当量齿数，用 z_v 表示。

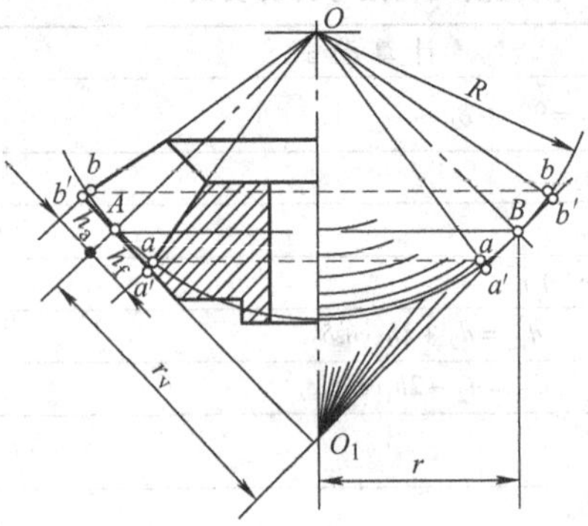

图 7-43　锥齿轮的背锥

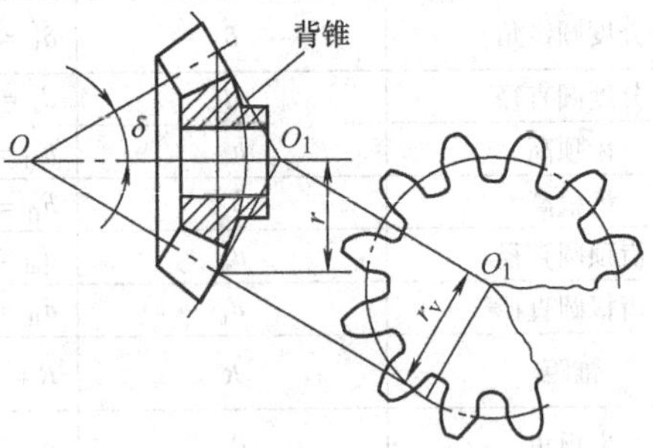

图 7-44　锥齿轮的当量齿轮

由图 7-44 可知，当量齿轮分度圆半径为

$$r_v=\frac{r}{\cos\delta}=\frac{mz}{2\cos\delta}$$

又
$$r_v = \frac{mz_v}{2}$$

所以
$$z_v = \frac{z}{\cos\delta} \tag{7-38}$$

一般 z_v 不是整数。

直齿锥齿轮不发生根切的最少齿数为
$$z_{\min} = z_{v\min}\cos\delta = 17\cos\delta \tag{7-39}$$

7.12.4 直齿锥齿轮传动受力分析

图7-45所示为直齿锥齿轮传动主动轮上的受力情况，忽略摩擦力，法向力可简化为集中载荷 F_n，并近似地认为 F_n 作用于分度圆锥齿宽 b 中间位置的节点 P 上，法向力可分解为三个相互垂直的分力，即圆周力 F_{t1}、径向力 F_{r1} 和轴向力 F_{a1}。各力的计算公式为

$$\left.\begin{aligned} F_{t1} &= \frac{2T_1}{d_{m1}} \\ F_{r1} &= F'\cos\delta = F_{t1}\tan\alpha\cos\delta \\ F_{a1} &= F'\sin\delta = F_{t1}\tan\alpha\sin\delta \end{aligned}\right\} \tag{7-40}$$

式中 d_{m1}——小齿轮齿宽中点的分度圆直径（mm），$d_{m1} = d_1 - b\sin\delta_1$；

δ_1——小齿轮分度圆锥角。

各分力方向的判别如下。

（1）圆周力 F_t　主动轮上的圆周力 F_{t1} 是阻力，其方向与主动轮回转方向相反；从动轮上的圆周力 F_{t2} 是驱动力，其方向与从动轮回转方向相同。

（2）径向力 F_r　两齿轮的径向力 F_{r1} 和 F_{r2} 的方向分别沿径向指向各自的轮心。

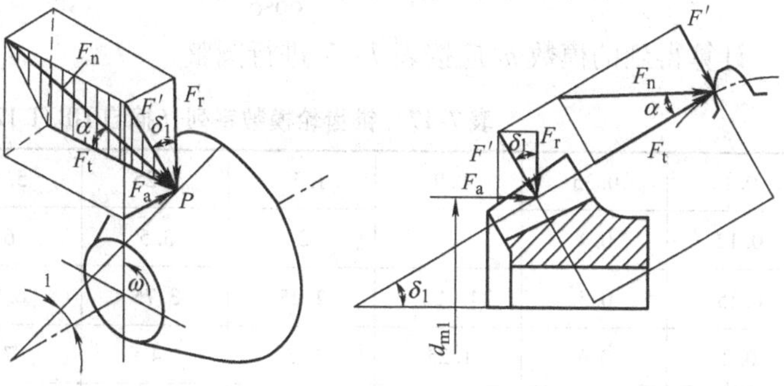

图7-45　直齿锥齿轮传动受力分析

（3）轴向力 F_a　两齿轮的轴向力 F_{a1} 和 F_{a2} 的方向分别沿着各自的轴线由小端指向大端。即

$$F_{t1} = -F_{t2} \qquad F_{r1} = -F_{a2} \qquad F_{a1} = -F_{r2}$$

式中，负号表示作用力方向相反。

7.12.5 强度计算

因为锥齿轮轮齿沿齿宽方向从大端到小端逐渐缩小，轮齿刚度从大端到小端逐渐变小，所以锥齿轮的载荷沿齿宽分布不均匀。为了简化计算，通常用当量齿轮的概念，将一对直齿锥齿轮传动转化为一对当量直齿圆柱齿轮传动进行强度计算。一般以齿宽中点处的当量直齿圆柱齿轮作为计算基础，有关直齿锥齿轮的强度计算均可引用直齿圆柱齿轮的类似公式。

1. 齿面接触疲劳强度计算

一对轴交角为 $\Sigma = 90°$ 的钢制直齿锥齿轮齿面接触疲劳强度的校核公式为

$$\sigma_H = \frac{4.98 Z_E}{1-0.5\psi_R}\sqrt{\frac{KT_1}{\mu \psi_R d_1^3}} \leqslant [\sigma_H] \tag{7-41}$$

齿面接触强度的设计公式

$$d_1 \geqslant \sqrt[3]{\left(\frac{4.98 Z_E}{(1-0.5\psi_R)[\sigma_H]}\right)^2 \frac{KT_1}{\psi_R \mu}} \tag{7-42}$$

式中 R——锥距（mm），齿宽系数 $\psi_R = \dfrac{b}{R}$，分度圆直径 d_1，其他符号的意义同直齿圆柱齿轮。

2. 齿根弯曲疲劳强度计算

齿根弯曲疲劳强度校核公式为

$$\sigma_F = \frac{4KT_1 Y_F Y_S}{\psi_R (1-0.5\psi_R)^2 z_1^2 m^3 \sqrt{\mu^2+1}} \leqslant [\sigma_F] \tag{7-43}$$

齿根弯曲疲劳强度设计公式

$$m \geqslant \sqrt[3]{\frac{4KT_1 Y_F Y_S}{\psi_R \sqrt{\mu^2+1}(1-0.5\psi_R)^2 z_1^2 [\sigma_F]}} \tag{7-44}$$

式中 Y_F——齿形修正系数；

Y_S——应力修正系数，按 $z_v = \dfrac{z}{\cos\delta}$ 由表 7-13、表 7-14 查取。

计算得到的模数 m 应按表 7-17 进行圆整。

表 7-17 锥齿轮模数系列（摘自 GB/T 12368—1990）

0.1	0.35	0.9	1.75	3.25	5.5	10	20	36
0.12	0.4	1	2	3.5	6	11	22	40
0.15	0.5	1.125	2.25	3.75	6.5	12	25	45
0.2	0.6	1.25	2.5	4	7	14	28	50
0.25	0.7	1.375	2.75	4.5	8	16	30	—
0.3	0.8	1.5	3	5	9	18	32	—

3. 参数的选择

（1）模数 m 大端模数 m 为标准值，模数过小时加工、检验都不方便，一般取 $m \geqslant 2\text{mm}$。

（2）齿数 z 锥齿轮不产生根切的齿数比圆柱齿轮少，可用下式进行计算

$$z_{\min} \geqslant 17\cos\delta \tag{7-45}$$

常取小齿轮齿数 $z_1 \geqslant 20$。

（3）分度圆锥角 δ 锥齿轮分度圆锥角 δ 取决于两轴间夹角 Σ 及齿数比 μ。当 $\Sigma = \delta_1 + \delta_2 = 90°$ 时

$$\tan\delta_2 = \frac{z_2}{z_1} = \mu$$

$$\tan\delta_1 = \frac{z_1}{z_2} = \frac{1}{\mu} \quad \text{或} \quad \delta_1 = 90° - \delta_2 \tag{7-46}$$

（4）齿宽 b　锥齿轮沿齿宽各截面大小不等，受力不均匀，齿越宽，偏载越严重，故齿宽不宜取大，一般取 $\psi_R=\dfrac{b}{R}=0.15\sim0.35$。传动比大时 ψ_R 取小值，常用 $\phi_R=0.25\sim0.3$。

【例7-5】 设计某闭式直齿锥齿轮传动，交角 $\Sigma=90°$，小齿轮悬臂支承，传递功率 $P=4\text{kW}$，小齿轮转速 $n_1=960\text{r/min}$，齿数比 $\mu=i=3$，由电动机驱动，载荷平稳，长期单向运转，可不考虑寿命因素。

解（1）选择齿轮材料、热处理方式、精度等级，确定许用应力

1）选择齿轮材料、热处理方式。直齿锥齿轮加工多为刨齿，不宜采用硬齿面。由表7-7和表7-8并考虑 $\text{HBW}_1=\text{HBW}_2+(30\sim50)$ 的要求，小齿轮选用40Cr钢，调质处理，齿面硬度取250HBW，大齿轮选用42SiMn钢，调质处理，齿面硬度取220HBW。

2）确定精确等级。根据表7-9，初选齿轮精度等级为8级精度。

3）确定许用应力。由图7-28c、图7-30c查得

$$\sigma_{\text{Hlim1}}=680\text{MPa}\qquad \sigma_{\text{Hlim2}}=560\text{MPa}$$
$$\sigma_{\text{Flim1}}=230\text{MPa}\qquad \sigma_{\text{Flim2}}=190\text{MPa}$$

由表7-12查得 $S_H=1.1$，$S_F=1.3$，故

$$[\sigma_H]_1=\frac{\sigma_{\text{Hlim1}}}{S_H}=\frac{680}{1.1}\text{MPa}=618.2\text{MPa}$$

$$[\sigma_H]_2=\frac{\sigma_{\text{Hlim2}}}{S_H}=\frac{560}{1.1}\text{MPa}=509.1\text{MPa}$$

$$[\sigma_F]_1=\frac{\sigma_{\text{Flim1}}}{S_F}=\frac{230}{1.3}\text{MPa}=176.9\text{MPa}$$

$$[\sigma_F]_2=\frac{\sigma_{\text{Flim2}}}{S_F}=\frac{190}{1.3}\text{MPa}=146\text{MPa}$$

因属软齿面，故按齿面接触疲劳强度设计。

（2）按齿面接触疲劳强度设计

由式（7-42）得分度圆直径

$$d_1\geqslant\sqrt[3]{\left(\frac{4.98Z_E}{(1-0.5\psi_R)[\sigma_H]}\right)^2\frac{KT_1}{\psi_R\mu}}$$

1）由于原动机为电动机，载荷平稳，小齿轮为悬臂布置，查表7-10选 $K=1.2$。

2）小齿轮转矩

$$T_1=9.55\times10^6\frac{P}{n_1}=9.55\times10^6\times\frac{4}{960}\text{N}\cdot\text{mm}=39791.7\text{N}\cdot\text{mm}$$

3）取齿宽系数 $\psi_R=0.3$，将数值代入式中，则分度圆直径为

$$d_1\geqslant\sqrt[3]{\left(\frac{4.98Z_E}{(1-0.5\psi_R)[\sigma_H]}\right)^2\frac{KT_1}{\psi_R\mu}}=\sqrt[3]{\left(\frac{4.98\times189.8}{(1-0.5\times0.3)\times509.1}\right)^2\frac{1.2\times39791.7}{0.3\times3}}\text{mm}$$
$$=63.26\text{mm}$$

（3）确定基本参数计算齿轮的主要尺寸

1）取 $z_1=24$，则 $z_2=iz_1=72$。

2）确定大端模数

$$m = \frac{d_1}{z_1} = \frac{63.26}{24}\text{mm} = 2.63\text{mm}$$

由表 7-15，取 $m = 3\text{mm}$。

3）确定锥距 R

$$R = \frac{m}{2}\sqrt{z_1^2 + z_2^2} = \frac{3}{2}\sqrt{24^2 + 72^2}\text{mm} = 113.842\text{mm}$$

4）分度圆直径

$$d_1 = mz_1 = 3 \times 24\text{mm} = 72\text{mm}$$

$$d_2 = mz_2 = 3 \times 72\text{mm} = 216\text{mm}$$

5）分度圆锥角

$$\delta_2 = \arctan\frac{z_2}{z_1} = \arctan\frac{72}{24} = 71°33'54''$$

$$\delta_1 = 90° - \delta_2 = 90° - 71°33'54'' = 18°26'6''$$

已确定参数 m、z、δ 后，其余尺寸可由表 7-16 中公式求得。

（4）校核齿根弯曲疲劳强度

1）校核公式

$$\sigma_{F1} = \frac{4KT_1 Y_{F1} Y_{S1}}{\psi_R(1 - 0.5\psi_R)^2 z_1^2 m^3 \sqrt{\mu^2 + 1}} \leqslant [\sigma_F]_1$$

$$\sigma_{F2} = \sigma_{F1}\frac{Y_{F2}}{Y_{F1}} \leqslant [\sigma_F]_2$$

2）齿宽 b，由 $b_2 = \psi_R R$，取 $b_2 = 35\text{mm}$，$b_1 = 40\text{mm}$。

3）当量齿数 z_v

$$z_{v1} = \frac{z_1}{\cos\delta_1} = \frac{24}{\cos 18°26'6''} = 25.3$$

$$z_{v2} = \frac{z_2}{\cos\delta_2} = \frac{72}{\cos 71°33'54''} = 227.7$$

查表 7-13 得 $Y_{F1} = 2.65$，$Y_{F2} = 2.14$；查表 7-14 得 $Y_{S1} = 1.59$，$Y_{S2} = 1.88$。

将各数值代入公式得

$$\sigma_{F1} = \frac{4 \times 1.2 \times 39791.7 \times 2.65 \times 1.59}{0.3 \times (1 - 0.5 \times 0.3)^2 \times 24^2 \times 3^3 \times \sqrt{3^2 + 1}}\text{MPa} = 75.5\text{MPa} \leqslant [\sigma_F]_1$$

$$\sigma_{F2} = \sigma_{F1}\frac{Y_{F2}}{Y_{F1}} = 75.5 \times \frac{2.14}{2.65}\text{MPa} = 61\text{MPa} \leqslant [\sigma_F]_2$$

故安全。

4）验算圆周速度 v_m

齿宽中点的分度圆直径

$$d_{m1} = d_1 - b\sin\delta_1 = 63.26\text{mm} - 40 \times \sin 18°26'6''\text{mm} = 50.6\text{mm}$$

$$v_m = \frac{\pi d_{m1} n_1}{60 \times 1000} = \frac{\pi \times 50.6 \times 960}{60 \times 1000}\text{m/s} = 2.54\text{m/s} \leqslant 3\text{m/s}$$

由表 7-9 可知，选 8 级精度合适。

（5）绘制锥齿轮零件图（略）。

7.13 齿轮结构与润滑

7.13.1 圆柱齿轮结构

通过齿轮强度计算和几何尺寸计算，已经确定了齿轮的主要参数和尺寸，但为了制造齿轮，还必须设计出全部的结构形状和尺寸。

1. 齿轮轴

对于直径较小的钢制齿轮，其齿根圆直径和轴径相差很小，若齿根圆到键槽底部的径向距离 $y<2.5m_n$ 时，可将齿和轴制成一体，成为齿轮轴，如图 7-46 所示。如果齿轮的直径比轴的直径大得多，则应把齿轮和轴分开制造。

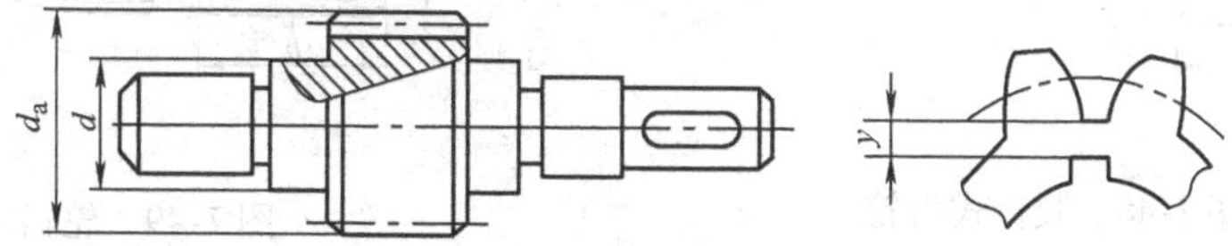

图 7-46 齿轮轴

2. 实心式齿轮

当齿顶圆直径 $d_a \leqslant 200$mm 时，若齿根圆到键槽底部的径向距离 $y>2.5m_n$，则可做成实心式结构的齿轮，如图 7-47 所示。单件或小批量生产而直径小于 100mm 时，可用轧制圆钢制造齿轮毛坯。

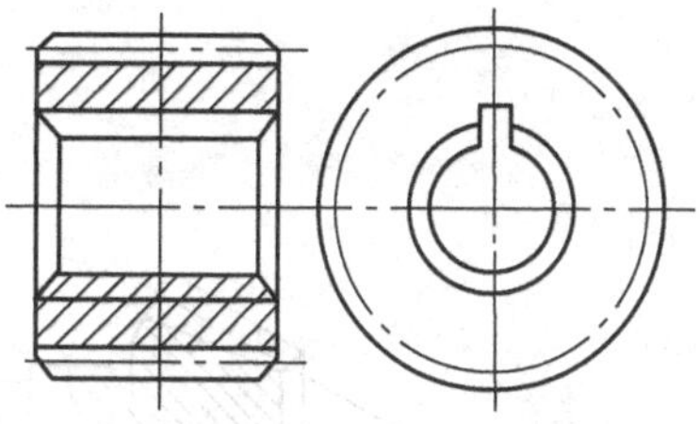

图 7-47 实心式齿轮

3. 腹板式齿轮

当 200mm $\leqslant d_a \leqslant$ 500mm 时，为了减轻质量和节约材料，常做成腹板式结构，如图 7-48 所示。腹板上开孔的数目及孔的直径由结构尺寸的大小而定。

4. 轮辐式齿轮

当齿顶圆直径 $d_a>50$mm 时，齿轮的毛坯制造因受锻压设备的限制，往往改为铸铁或铸钢浇铸而成。铸造齿轮常做成轮辐式结构，如图7-49 所示。

7.13.2 锥齿轮结构

1. 锥齿轮轴

当锥齿轮的小端齿根圆到键槽根部的距离 $x<1.6$mm 时，须将齿轮和轴做成一体，称为锥齿轮轴，如图 7-50 所示。

2. 实心式锥齿轮

当 $x \geqslant 1.6$mm 时，应将齿轮与轴分开制造，常采用实心式结构，如图 7-51 所示。

3. 腹板式锥齿轮

当 200mm $\leqslant d_a \leqslant$ 500mm 时，锻造锥齿轮可做成腹板式结构，如图 7-52a 所示；当 $d_a>$ 500mm 时，铸造锥齿轮可做成带加强肋的腹板式结构，如图 7-52b 所示。

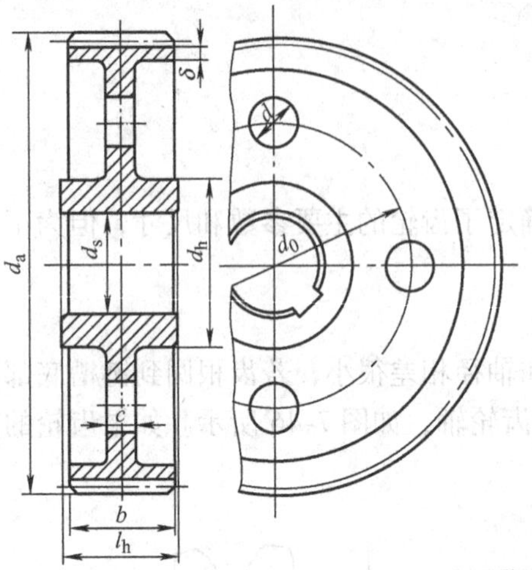

图 7-48 腹板式齿轮

$d_h = 1.6d_s$

$l_h = (1.2 \sim 1.5)d_s$，使 $l_h \geq b$

$\delta = (2.5 \sim 4)m_n$，但不小于 8mm

d_0 和 d 按结构取定，当 d 较小时可不开孔

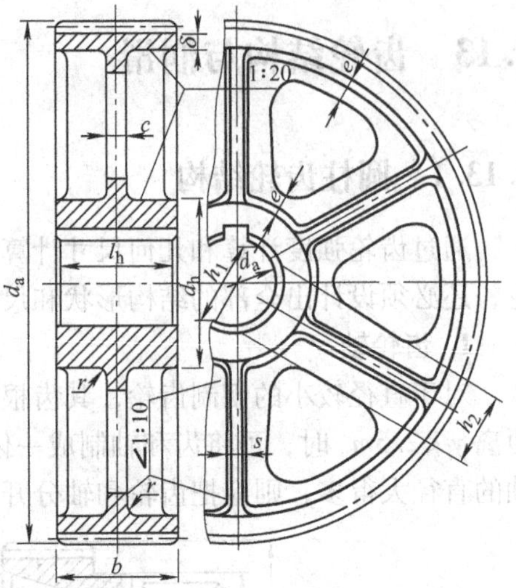

图 7-49 轮辐式齿轮

$d_h = 1.6d_s$（铸钢） $d_h = 1.8d_s$（铸铁）

$l_h = (1.2 \sim 1.5)d_s$，并使 $l_h \geq b$

$c = 0.2b$，但不小于 10mm

$\delta = (2.5 \sim 4)m_n$，但不小于 8mm

$h_1 = 0.8d_s$ $h_2 = 0.8h_1$

$s = 0.15h_1$，但不小于 10mm

$e = 0.8\delta$

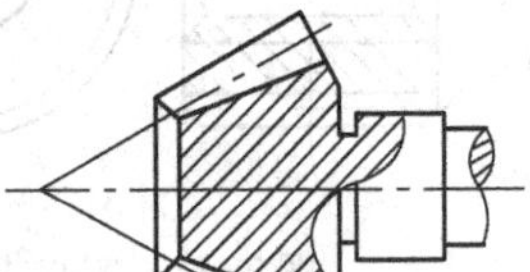

图 7-50 锥齿轮轴

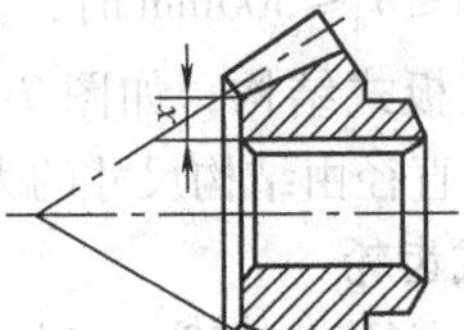

图 7-51 实心式锥齿轮

7.13.3 齿轮传动的润滑

1. 润滑方式

开式齿轮传动通常采用人工定期加油润滑，可采用润滑油或滑润脂。

一般闭式齿轮传动的润滑方式，可根据齿轮圆周速度的大小而定。当齿轮的圆周速度 $v < 10\text{m/s}$ 时，通常采用浸油（或称油池、油浴）润滑，如图 7-53 所示。大齿轮浸入油池一定的深度，齿轮运转时把润滑油带到啮合区，同时也甩到箱壁上，借以散热。当 v 较大时，浸入深度约一个齿高；当 v 较小时（0.5 ~ 0.8m/s），可达到 1/6 的齿轮半径。

在多级齿轮传动中，当几个大齿轮直径不相等时，可借带油轮将油带到未浸入油池内的齿轮的齿面上，如图 7-54 所示。

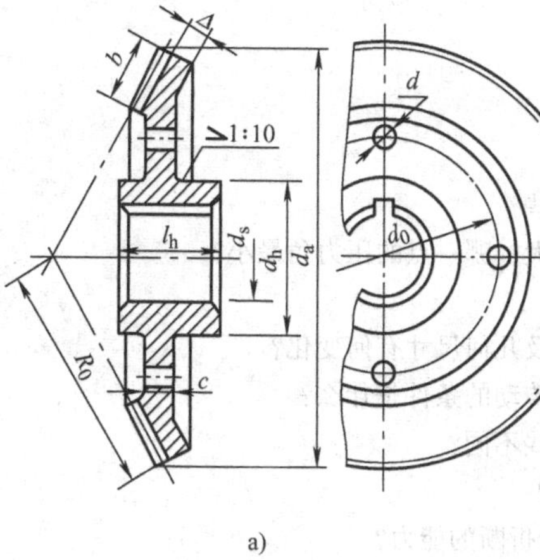

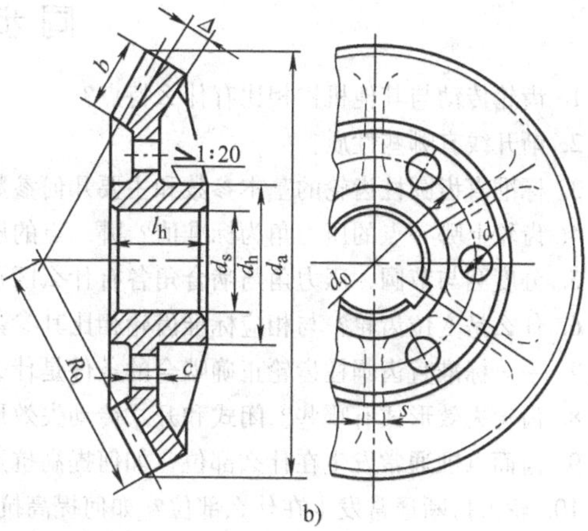

图 7-52 腹板式锥齿轮

a）锻造锥齿轮

$d_h = 1.6d_s \quad l_h = (1.2 \sim 1.5)d_s$

$c = (0.2 \sim 0.3)b$

$\Delta = (2.5 \sim 4)m_n$，但不小于 10mm

d_0 和 d 按结构取定

b）铸造锥齿轮

$d_h = (1.6 \sim 1.8)d_s \quad l_h = (1.2 \sim 1.5)d_s$

$c = (0.2 \sim 0.3)b \quad s = 0.8c$

$\Delta = (2.5 \sim 4)m_n$，但不小于 10mm

d_0 和 d 按结构取定

当 $v > 10\text{m/s}$ 时，应采用喷油润滑，如图 7-55 所示，即由液压泵以一定的压力借喷嘴将润滑油喷到轮齿的啮合面上。

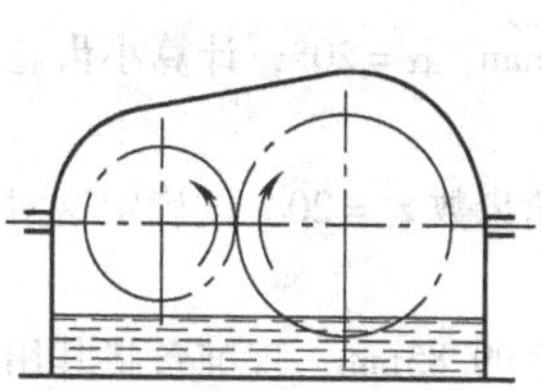

图 7-53 浸油润滑

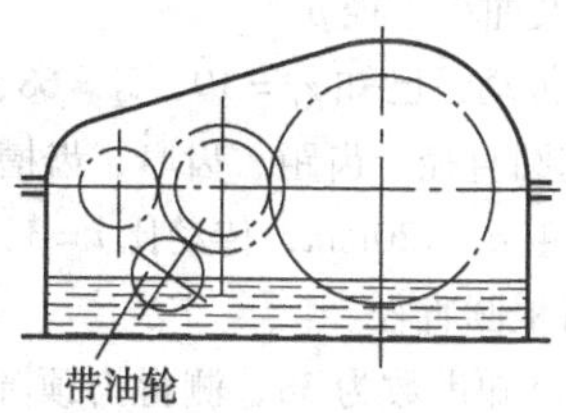

图 7-54 带油轮润滑

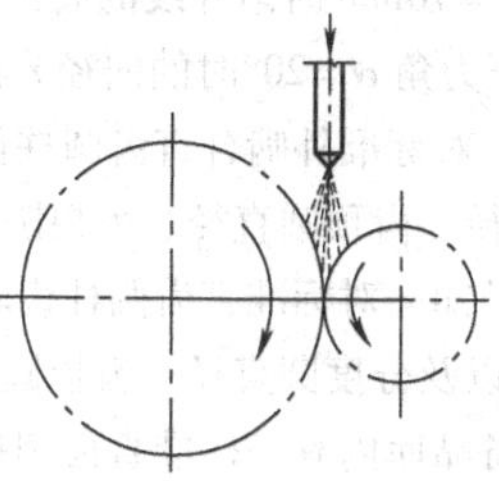

图 7-55 喷油润滑

2. 润滑油的选择

齿轮传动可根据表 7-18 来选择润滑油的黏度，即可由机械设计手册选定润滑油的牌号。

表 7-18 齿轮传动润滑的黏度推荐值

齿轮材料	抗拉强度 R_mMPa	圆周速度 $v/(\text{m/s})$						
		<0.5	0.5~1	1~2.5	2.5~5	5~10.5	10.5~25	>25
		运动黏度 $\nu/(\text{mm}^2/\text{s})$ 40°C						
塑料、铸铁、青铜	—	350	220	150	100	80	55	—
钢	450~1000	500	350	220	150	100	80	55
	1000~1050	500	500	350	220	150	100	80
渗碳或表面淬火的钢	1050~1580	900	500	500	350	220	150	100

同步练习

1. 齿轮传动与其他机构相比有什么特点？
2. 渐开线有哪些性质？
3. 标准直齿圆柱齿轮的基本参数和主要几何参数各有哪些？
4. 齿轮上哪一点的压力角为标准值？哪一点的压力角最大？哪一点的压力角最小？
5. 分度圆与节圆，压力角与啮合角各有什么区别？
6. 什么是变位齿轮？与相应标准齿轮相比其参数、齿形及几何尺寸有何变化？
7. 一对标准直齿圆柱齿轮正确啮合的条件是什么？连续传动的条件是什么？
8. 齿轮失效形式有哪些？闭式和开式传动失效形式有哪些不同？
9. 齿面点蚀通常发生在什么部位？如何提高抗点蚀能力？
10. 轮齿折断通常发生在什么部位？如何提高抗弯曲疲劳折断的能力？
11. 齿轮常用的材料有哪些？为什么要求齿面要求硬度而齿芯要求韧性？
12. 一对铸铁齿轮（HT200）和一对钢制齿轮（45 钢调质）参数、尺寸相同，传递相同的载荷，试问：

1）哪对齿轮的接触应力大？为什么？

2）哪对齿轮的接触强度高？为什么？

3）哪对齿轮的弯曲强度高？为什么？

13. 斜齿圆柱齿轮哪个面上的参数为标准参数？斜齿轮的当量齿数有何作用？求出的当量齿数是否需要圆整？
14. 螺旋角的大小对斜齿轮传动的传动承载能力有何影响？
15. 一渐开线齿轮的基圆半径 $r_b=60\text{mm}$，求

1）$r_k=70\text{mm}$ 时渐开线的展角 θ_K、压力角 α_K 以及曲率半径 ρ_K。

2）压力角 $\alpha=20°$时的向径 r 和展角 θ 及曲率半径 ρ。

16. 一对标准外啮合直齿圆柱齿轮传动传动，已知 $z_1=19$，$z_2=68$，$m=2\text{mm}$，$\alpha=20°$，计算小齿轮的分度圆直径、齿顶圆直径、齿根圆直径、基圆直径、齿距、齿厚、齿槽宽。
17. 已知一对标准直齿圆柱齿轮的中心距 $a=120\text{mm}$，传动比 $i=3$，小齿轮齿数 $z_1=20$。试确定这对齿轮的模数以及分度圆直径、齿顶圆直径、齿根圆直径。
18. 备品库内有一标准直齿圆柱齿轮，已知齿数为 38，测得齿顶圆直径为 99.85mm。现准备将其用在中心距为 112.5mm 的传动中，试判断其可行性。如可行，试确定与之配对的齿轮齿数、模数、分度圆直径、齿顶圆直径和齿根圆直径。
19. 已知一标准直齿圆柱齿轮的齿数为 40，测得公法线长度为 $W_{K=4}=32.677\text{mm}$，$W_{K=5}=41.533\text{mm}$，试计算该齿轮的几何尺寸。
20. 某车间技术改造需选配一对标准直齿圆柱齿轮，已知主动轴的转速 $n_1=400\text{r/min}$，要求从动轴转速 $n_2=100\text{r/min}$，两齿轮中心距为 100mm，齿数 $z_1\geqslant17$。试确定这对齿轮的模数和齿数。
21. 在技术改造中拟使用两个现成的标准直齿圆柱齿轮。已测得齿数 $z_1=22$，$z_2=98$，小齿轮齿顶圆直径 $d_{a1}=240\text{mm}$，大齿轮的全齿高 $h=22.5\text{mm}$，试判断这两个齿轮能否正确啮合。
22. 有一正常齿制渐开线标准直齿圆柱外齿轮，其齿数 $z_1=20$，模数 $m=3\text{mm}$，压力角 $\alpha=20°$，拟将该齿轮用作某外啮合传动的主动轮 1，现需配一从动轮 2，要求传动比 $i_{12}=3.5$。试求：

1）从动轮 2 的齿数 z_2。

2）标准中心距 a。

3）从动轮 2 的 d_2、d_{a2}、d_{f2}、d_{b2}、k 及公法线长度 W。

23. 已知一对标准斜齿圆柱齿轮的模数 $m_n=3\text{mm}$，齿数 $z_1=23$，$z_2=76$，螺旋角 $\beta=8°6'34''$，试求其中心距。

24. 已知一对斜齿圆柱齿轮传动机构，$m_n=4\text{mm}$，$z_1=25$，$z_2=100$，$\beta=15°$，$\alpha=20°$。试计算这对斜齿轮的主要几何尺寸。

25. 已知一对标准直齿锥齿轮传动机构，齿数 $z_1=22$，$z_2=66$，大端模数 $m=5\text{mm}$，分度圆压力角 $\alpha=20°$，轴交角 $\Sigma=90°$，试求两个锥齿轮的分度圆直径、齿顶圆直径、齿根圆直径、分度圆锥角、齿顶圆锥角、齿根圆锥角、锥距及当量齿数。

26. 单级闭式直齿圆柱齿轮传动，已知小齿轮材料为45钢，调质处理，大齿轮材料为45钢，正火处理。已知传递功率 $P_1=4\text{kW}$，$n_1=720\text{r/min}$，$m=4\text{mm}$，$z_1=25$，$z_2=73$，$b_1=84\text{mm}$，$b_2=78\text{mm}$，双向运转，单班制工作，齿轮在轴上对称布置，中等冲击，电动机驱动。试校核此齿轮传动的强度。

27. 已知开式齿轮传动，传递功率 $P_1=3.2\text{kW}$，$n_1=50\text{r/min}$，$i=4$，$z_1=21$，小齿轮材料为45钢调质，大齿轮材料为45钢正火，电动机驱动，单向运转，载荷均匀，单班制工作，试设计此齿轮传动。

28. 闭式直齿圆柱齿轮传动中，已知传递功率 $P_1=30\text{kW}$，$n_1=730\text{r/min}$，$i=3.5$，单班制工作，对称布置，电动机驱动，长期双向运转，载荷有中等冲击，要求结构紧凑，$z_1=27$，大、小齿轮都用40Cr，表面淬火。试设计此齿轮传动。

29. 设平行轴斜齿圆柱齿轮传动的转向及旋向如图7-56所示，试分别画出轮1主动和轮2主动时三个分力的方向。

30. 两级平行轴斜齿圆柱齿轮传动如图7-57所示。试问：

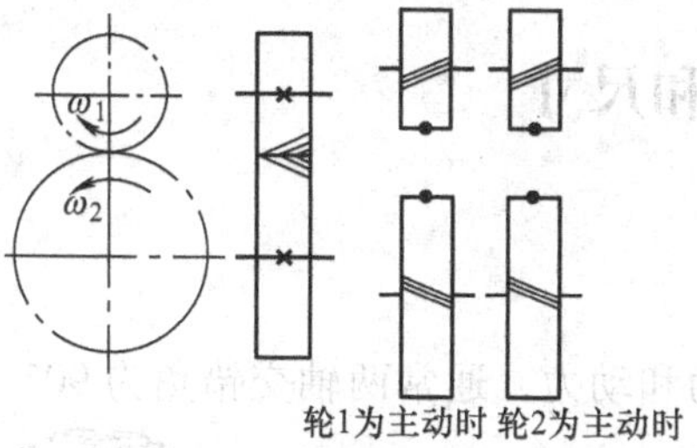

图7-56　同步练习29图

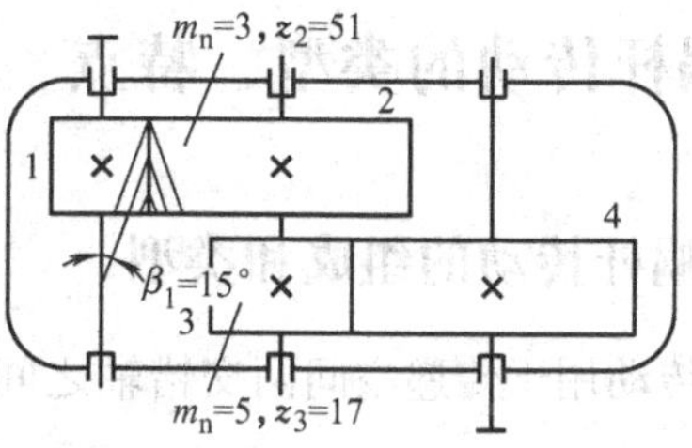

图7-57　同步练习30图

1）低速级斜齿轮旋向如何选择才能使中间轴上两齿轮轴向力的方向相反？

2）低速级齿轮取多大螺旋角 β 才能使中间轴上的轴向力相互抵消？

31. 斜齿圆柱齿轮的齿数 z 与其当量齿数 z_v 有什么关系？在下列几种情况下应分别采用哪种齿数？

1）计算齿轮传动比。

2）用仿形法切制斜齿轮时选盘形铣刀。

3）计算分度圆直径和中心距。

4）弯曲强度计算时查齿形系数。

32. 设计一由电动机驱动的闭式斜齿圆柱齿轮传动。已知传递功率 $P_1=22\text{kW}$，$n_1=730\text{r/min}$，传动比 $i=3.8$，齿轮精度等级为8级，齿轮在轴上相对轴承作不对称布置，但轴的刚性较大，载荷平稳，单向转动，两班制工作。

33. 试设计一闭式单级轴交角 $\Sigma=90°$ 的直齿锥齿轮传动。已知传递功率 $P=11\text{kW}$，小齿轮转速 $n_1=970\text{r/min}$，齿数比 $\mu=2.5$，载荷平稳，长期运转，可靠性一般。

第8章 蜗杆传动

本章知识导读

1. 主要内容

本章主要介绍普通圆柱蜗杆传动的主要参数、几何尺寸计算、强度计算以及热平衡计算。

2. 重点、难点提示

蜗杆传动的主要参数、受力分析及强度计算。

8.1 蜗杆传动的类型、特点、参数和尺寸

8.1.1 蜗杆传动的组成和类型

蜗杆传动用于传递空间两交错轴之间的运动和动力，通常两轴交错角为90°，如图8-1所示。

蜗杆传动由蜗杆、蜗轮组成，一般为蜗杆主动，蜗轮从动，具有自锁性，做减速运动，广泛应用于各种机械和仪器设备之中。

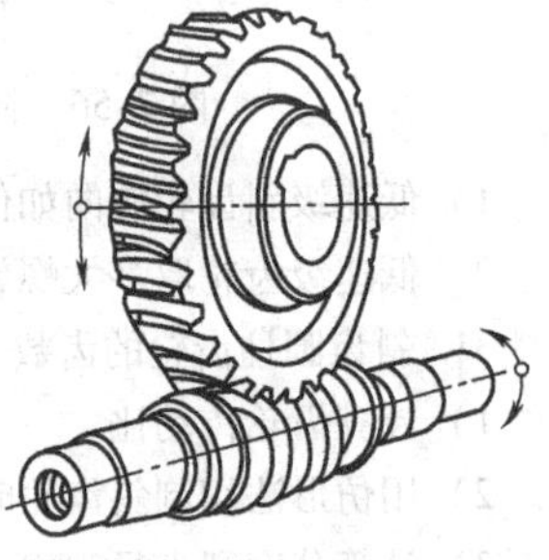

图8-1 蜗杆传动

按蜗杆的形状不同，蜗杆传动可分为圆柱蜗杆机构（图8-2a）、圆弧面蜗杆机构（图8-2b）和锥面蜗杆机构（图8-2c）。其中圆柱蜗杆机构应用最广。

圆柱蜗杆按其齿廓曲线形状的不同，又可分为阿基米德蜗杆（ZA型）、渐开线蜗杆（ZI型）、法面直廓蜗杆（ZN型）等几种。其中阿基米德蜗杆由于加工方便，应用最为广泛。

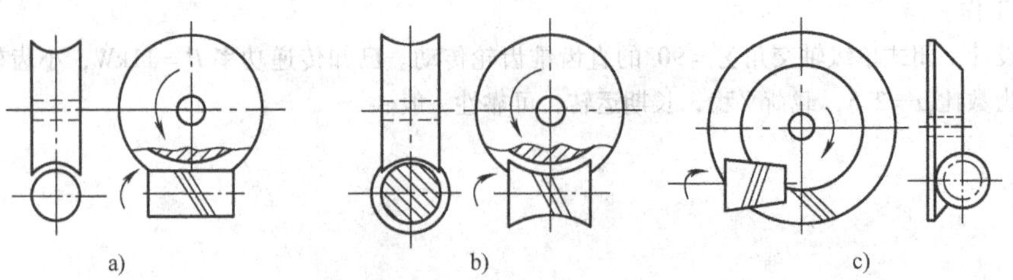

图8-2 蜗杆传动类型

a）圆柱蜗杆机构 b）圆弧面蜗杆机构 c）锥面蜗杆机构

图8-3所示为阿基米德蜗杆，其端面齿廓为阿基米德螺旋线，轴向齿廓为直线。它一般在车床上用成形车刀切制而成。

按螺旋方向不同，蜗杆可分为左旋和右旋。

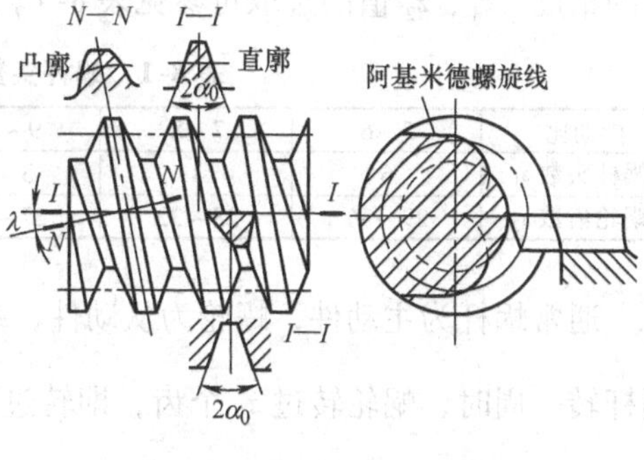

图8-3　阿基米德蜗杆

8.1.2　蜗杆传动的特点

1）传动比大，结构紧凑，是蜗杆传动的最大特点。单级蜗杆传动比 $i=5\sim80$，若只传递运动（如分度机构），其传动比可达1000。

2）传动平稳，噪声小。由于蜗杆齿呈连续螺旋状，它与蜗轮齿的啮合是连续不断地进行的，同时啮合的齿数较多，故传动平稳，噪声小。

3）可制成具有自锁性的蜗杆。当蜗杆的螺旋线升角小于啮合面的当量摩擦角时，蜗杆传动便具有自锁性，此时只能由蜗杆带动蜗轮转动，反之则不能运动。

4）传动效率低。因蜗杆传动齿面间存在较大的相对滑动，摩擦损耗大，效率较低，一般为0.7～0.8，具有自锁性的蜗杆传动，其效率小于0.5。

5）蜗轮造价较高。为减轻齿面的磨损及防止胶合，蜗轮齿圈一般采用青铜制造，故成本较高。

8.1.3　蜗杆传动的主要参数和几何尺寸计算

如图8-4所示，通过蜗杆轴线并垂直于蜗轮轴线的剖面称为中间剖面。在中间平面内，蜗杆与蜗轮的啮合相当于渐开线齿轮与齿条的啮合，该平面内的参数和尺寸取标准值。

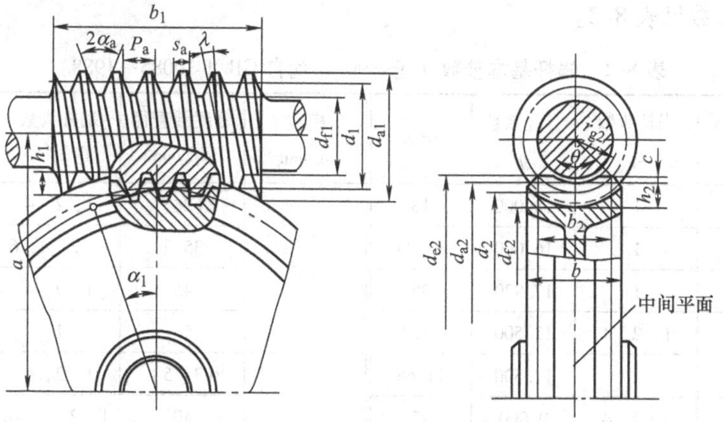

图8-4　蜗杆传动的主要参数和几何尺寸

1. 蜗杆传动的主要参数及其选择

（1）蜗杆头数 z_1、蜗轮齿数 z_2 和传动比 i　蜗杆头数 z_1（齿数）即蜗杆螺旋线的数目。z_1 少则效率低，但易得到大的传动比；z_1 多则效率提高，但加工精度难以保证。一般取 $z_1=1\sim4$。当传动比大于40或要求蜗杆具有自锁性时，取 $z_1=1$。

通常情况下取蜗轮齿数 $z_2=28\sim80$。若 $z_2<28$，会使机构传动的平稳性降低，而且容易

产生根切；若 z_2 过大，蜗轮直径增大，与之相应蜗杆的长度增加，刚度减小，从而影响啮合的精度。z_1、z_2 值的选取可参见表 8-1。

表 8-1 蜗杆头数 z_1、蜗轮齿数 z_2 推荐值

传动比 i	5 ~ 6	7 ~ 8	9 ~ 13	14 ~ 24	25 ~ 27	28 ~ 40	>40
蜗杆头数 z_1	6	4	3 ~ 4	2 ~ 3	2 ~ 3	1 ~ 2	1
蜗轮齿数 z_2	29 ~ 36	28 ~ 32	27 ~ 52	28 ~ 72	50 ~ 81	28 ~ 80	>40

通常蜗杆为主动件，蜗轮为从动件，蜗杆传动的传动比 i 等于蜗杆蜗轮的转速之比。当蜗杆转一周时，蜗轮转过 z_1 个齿，即转过 $\frac{z_1}{z_2}$ 周，所以可得出下式

$$i = \frac{n_1}{n_2} = \frac{z_2}{z_1} \tag{8-1}$$

式中 n_1——蜗杆的转速（r/min）；

n_2——蜗轮的转速（r/min）。

值得注意的是：蜗杆传动的传动比 i 仅与 z_1 和 z_2 有关，而不等于蜗轮与蜗杆分度圆直径之比，即 $i = \frac{z_2}{z_1} \neq \frac{d_2}{d_1}$。

（2）模数 m 和压力角 α 蜗杆传动也是以模数作为主要计算参数的。由于在中间平面内，蜗杆传动相当于齿轮与齿条的啮合传动，所以蜗杆的轴面模数 m_{a1} 和轴面压力角 α_{a1} 分别与蜗轮的端面模数 m_{t2} 和端面压力角 α_{t2} 相等，且为标准值，则

$$\left.\begin{aligned} m_{a1} &= m_{t2} = m \\ \alpha_{a1} &= \alpha_{t2} = 20° \end{aligned}\right\} \tag{8-2}$$

蜗杆基本参数见表 8-2。

表 8-2 蜗杆基本参数（$\Sigma = 90°$，摘自 GB/T 10085—1988）

模数 m/mm	分度圆直径 d_1/mm	蜗杆头数 z_1	直径系数 q	$m^2 d_1$
1	18	1	18.000	18
1.25	20	1	16.000	31.25
	22.4	1	17.920	35
1.6	20	1，2，4	12.500	51.2
	28	1	17.500	71.68
2	(18)	1，2，4	9.000	72
	22.4	1，2，4，6	11.200	89.6
	28	1，2，4	14.000	112
	35.5	1	17.750	142
2.5	(22.4)	1，2，4	8.960	140
	28	1，2，4，6	11.200	175
	(35.5)	1，2，4	14.200	221.9
	45	1	18.000	281

模数 m/mm	分度圆直径 d_1/mm	蜗杆头数 z_1	直径系数 q	$m^2 d_1$
3.15	(28)	1，2，4	8.889	278
	35.5	1，2，4，6	11.27	352
	45	1，2，4	14.286	447.5
	56	1	17.778	556
4	(31.5)	1，2，4	7.875	504
	40	1，2，4，6	10.000	640
	(50)	1，2，4	12.500	800
	71	1	17.750	1136
5	(40)	1，2，4	8.000	1000
	50	1，2，4，6	10.000	1250
	(63)	1，2，4	12.600	1575
	90	1	18.000	2250

（续）

模数 m/mm	分度圆直径 d_1/mm	蜗杆头数 z_1	直径系数 q	m^2d_1	模数 m/mm	分度圆直径 d_1/mm	蜗杆头数 z_1	直径系数 q	m^2d_1
6.3	(50)	1，2，4	7.936	1985	12.5	(140)	1，2，4	11.200	21875
	63	1，2，4，6	10.000	2500		200	1	16.000	31250
	(80)	1，2，4	12.698	3175	16	(112)	1，2，4	7.000	28672
	112	1	17.778	4455		140	1，2，4	8.750	35840
8	(63)	1，2，4	7.875	4032		(180)	1，2，4	11.250	46080
	80	1，2，4，6	10.000	5376		250	1	15.625	64000
	(100)	1，2，4	12.500	6400	20	(140)	1，2，4	7.000	56000
	140	1	17.500	8960		160	1，2，4	8.000	64000
10	(71)	1，2，4	7.100	7100		(224)	1，2，4	11.200	89600
	90	1，2，4，6	9.000	9000		315	1	15.750	126000
	(112)	1，2，4	11.200	11200	25	(180)	1，2，4	7.200	112500
	160	1	16.000	16000		200	1，2，4	8.000	125000
12.5	(90)	1，2，4	7.200	14062		(280)	1，2，4	11.200	175000
	112	1，2，4	8.960	17500		400	1	16.000	250000

注：1. 表中的模数均为第一系列，$m<1$mm 的未列入，$m>25$mm 的还有 31.5、40mm 两种。属于第二系列的模数有 1.5mm、3mm、3.5mm、4.5mm、5mm、5.5mm、6mm、7mm、12mm、14mm。

2. 表中蜗杆分度圆直径 d_1 均属第一系列，$d_1<18$mm 的未列入，此外还有 355mm。属于第二系列的有 30mm、38mm、48mm、53mm、60mm、67mm、75mm、85mm、95mm、106mm、118mm、132mm、144mm、170mm、190mm、300mm。

3. 模数和分度圆直径均应优先选用第一系列。括号中的数字尽可能不采用。

（3）蜗杆的导程角 λ　蜗杆传动的轮齿成螺旋线形状绕于分度圆柱上。如图 8-5 所示，将蜗杆分度圆柱展开，其螺旋线与端面的夹角 λ 称为蜗杆的导程角。由图可知，蜗杆螺旋线的导程为

$$L=z_1p_{a1}=z_1\pi m$$

所以蜗杆分度圆柱上螺旋线升角 λ 与导程的关系为

$$\tan\lambda=\frac{L}{\pi d_1}=\frac{z_1\pi m}{\pi d_1}=\frac{z_1m}{d_1} \quad (8\text{-}3)$$

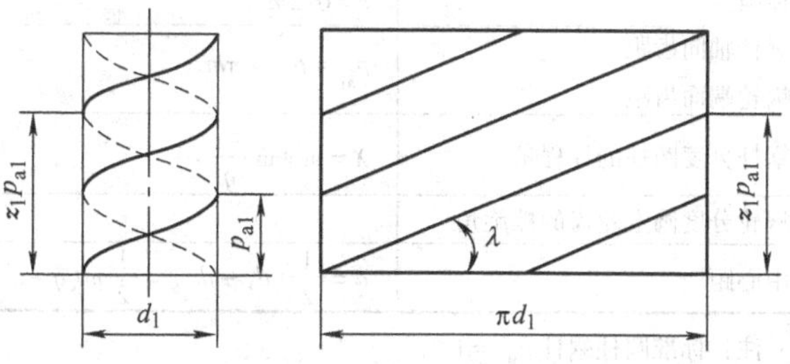

图 8-5　蜗杆分度圆柱展开图

通常蜗杆螺旋线的升角 $\lambda=3.5°\sim27°$，升角小时传动效率低，但可实现自锁（$\lambda=3.5°\sim4.5°$）；升角大时传动效率高，但蜗杆的切削加工较困难。

（4）蜗杆分度圆直径 d_1 和直径系数 q　加工蜗杆时，蜗轮滚刀的参数应与相啮合的蜗杆完全相同，几何尺寸基本相同。由式（8-3）可导出分度圆直径为

$$d_1=\frac{mz_1}{\tan\lambda}$$

所以蜗杆的分度圆直径 d_1 不仅与模数 m 有关，而且与 z_1 和 λ 有关。即同一模数的蜗杆，由于 z_1、λ 的不同，d_1 随之变化，致使滚刀数目较多，很不经济。为了减少滚刀的数量，有利于标准化，GB/T 10085—1988 规定，对应于每一个模数 m，规定了一至四种蜗杆分度圆直径 d_1，并把 d_1 与 m 的比值称为蜗杆直径系数 q。即

$$q=\frac{d_1}{m} \tag{8-4}$$

由于 d_1、m 均为标准值，所以 q 是导出值，不一定是整数。将式（8-4）代入式（8-3）得

$$\tan\lambda=\frac{z_1}{q} \tag{8-5}$$

当 m 值一定时，q 值越小，d_1 值就越小；升角 λ 值越大，传动效率就越高，但蜗杆的刚度和强度降低。

（5）中心距 a　蜗杆传动的标准中心距为

$$a=\frac{d_1+d_2}{2}=\frac{d_1+mz_2}{2}=\frac{1}{2}m(q+z_2) \tag{8-6}$$

2. 蜗轮蜗杆机构的几何尺寸计算

蜗轮的分度圆直径为

$$d_2=m_{t2}z_2=mz_2$$

标准圆柱蜗杆机构的几何尺寸计算公式见表 8-3。

表 8-3　标准圆柱蜗杆机构的几何尺寸计算公式

名　称	计算公式	
	蜗　杆	蜗　轮
齿顶高	$h_{a1}=h_a^* m=m$	$h_{a2}=h_a^* m=m$
齿根高	$h_{f1}=(h_a^*+c^*)m=1.2m$	$h_{f2}=(h_a^*+c^*)m=1.2m$
分度圆直径	$d_1=mq$	$d_2=mz_2$
齿顶圆直径	$d_{a1}=d_1+2h_{a1}$	$d_{a2}=d_2+2h_{a2}$
齿根圆直径	$d_{f1}=d_1-2h_{f1}$	$d_{f2}=d_2-2h_{f2}$
顶隙	$c=0.2m$	
蜗杆轴向齿距 蜗轮端面齿距	$p_{a1}=p_{t2}=\pi m$	
蜗杆分度圆柱的导程角	$\lambda=\arctan\frac{z_1}{q}$	
蜗轮分度圆上轮齿的螺旋角		$\beta=\lambda$
中心距	$a=\frac{1}{2}(d_1+d_2)=\frac{1}{2}m(q+z_2)$	

注：标准圆柱蜗杆 $h_a^*=1$。

8.2　蜗杆传动的失效形式、设计准则和常用材料

8.2.1　蜗杆传动的失效形式及设计准则

在蜗杆传动中，由于材料和结构上的原因，蜗杆螺旋部分的强度总是高于蜗轮的强度，所以失效常发生在蜗轮轮齿上。

蜗杆传动即使在节点处，啮合面间也有较大的相对滑动，滑动速度 v_s 沿蜗杆螺旋线方向。由图8-6可知，蜗杆传动的相对滑动速度（m/s）为

$$v_s=\frac{v_1}{\cos\gamma_1}=\frac{\pi d_1 n_1}{60\times1000\cos\gamma_1} \tag{8-7}$$

式中 v_1——蜗杆圆周速度（m/s）；

d_1——蜗杆分度圆直径（mm）；

n_1——蜗杆转速（r/min）；

γ_1——蜗杆导程角。

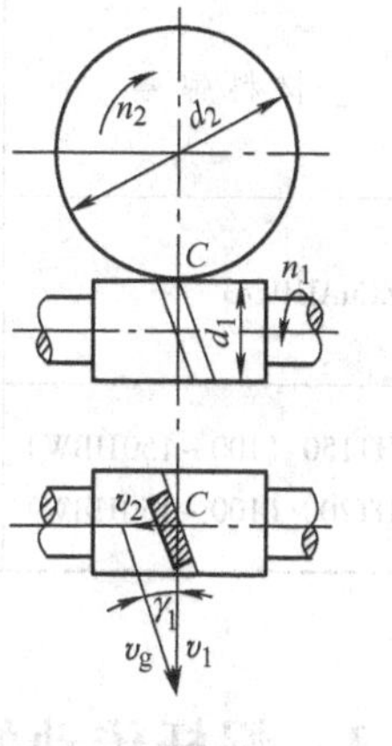

图8-6 蜗杆传动的相对滑动速度

由于蜗杆传动中蜗杆与蜗轮齿面间的相对滑动速度较大，效率低，摩擦发热大，因此其主要失效形式是蜗轮齿面产生胶合、点蚀及磨损。在一般闭式传动中容易出现胶合或点蚀，而在开式传动中主要是轮齿的磨损和弯曲折断。

根据蜗杆传动的失效形式和工作特点，对于闭式蜗杆传动，通常按齿面接触疲劳强度设计，按齿根弯曲疲劳强度校核。此外，对于连续工作的闭式蜗杆传动，还应作热平衡计算。对于开式传动，通常只需按齿根弯曲疲劳强度设计。对蜗杆来说，主要是控制蜗杆轴变形，应对其进行刚度计算。

8.2.2 蜗杆传动的材料选择及蜗轮常用材料的许用应力

由蜗杆传动的失效形式可知，蜗杆、蜗轮的材料不仅要求有足够的强度，更重要的是具有良好的减摩、耐磨和抗胶合性能。

蜗杆一般是用碳素钢或合金钢制成。高速、重载且载荷变化较大的条件下，常用20Cr、20CrMnTi等，经渗碳淬火，硬度为58～63HRC；高速、重载且载荷稳定的条件下，常用45钢、40Cr等，经表面淬火，硬度为45～55HRC；对于不重要的传动及低速、中载蜗杆，可采用45钢调质，硬度为220～250HBW。

蜗轮常用材料为青铜和铸铁。铸锡磷青铜（ZCuSn10P1）的抗胶合和耐磨性能好，允许的滑动速度 $v_s\leqslant25$m/s，易于切削加工，但价格较贵；滑动速度较低的传动可用铸铝铁青铜（ZCuAl10Fe3），它的抗胶合能力虽比铸锡磷青铜差，但强度较高，价格便宜，一般用于 $v_s\leqslant4$m/s的传动，铝铁青铜适用于 $v_s\leqslant10$m/s；在低速、轻载或不重要的传动中，蜗轮也可用灰铸铁（HT200或HT300）制造，此时 $v_s\leqslant2$m/s。

蜗轮常用材料及许用应力见表8-4。

表8-4 蜗轮常用材料及许用应力

材料牌号	铸造方法	适用的滑动速度 v_s/(m/s)	许用接触应力 $[\sigma_H]$/MPa						
			滑动速度 v_s/(m/s)						
			0.5	1	2	3	4	6	8
ZCuSn10P1	砂模	≤25	134						
	金属模		200						
ZCuSn5Pb5Zn5	砂模	≤10	108						
	金属模		134						
	离心浇铸		174						

（续）

材料牌号	铸造方法	适用的滑动速度 v_s/(m/s)	许用接触应力 [σ_H]/MPa						
			滑动速度 v_s/(m/s)						
			0.5	1	2	3	4	6	8
ZCuAl10Fe3	砂模 金属模 离心浇铸	≤10	250	230	210	180	160	100	90
HT150（100～150HBW） HT200（100～150HBW）	砂模	≤2	130	115	90	—	—	—	—

8.3 蜗杆传动的受力分析和强度计算

8.3.1 蜗杆传动的受力分析

蜗杆传动的受力分析与斜齿圆柱齿轮传动相似。为简化计算，通常不考虑摩擦力的影响，可认为蜗杆传动的载荷 F_n 是垂直作用于齿面上的。

如图 8-7 所示，它可分解为三个相互垂直的分力，即圆周力 F_t、径向力 F_r 和轴向力 F_a。由图可知各力的大小为

$$\left.\begin{aligned} &\text{圆周力} \quad F_{t1}=\frac{2T_1}{d_1}=-F_{a2} \\ &\text{轴向力} \quad F_{a1}=-\frac{2T_2}{d_2}=-F_{t2} \\ &\text{径向力} \quad F_{r1}=-F_{r2}=-F_{t2}\tan\alpha \end{aligned}\right\} \tag{8-8}$$

式中 T_1——蜗杆上的转矩（N·mm），$T_1=9.55\times10^6\dfrac{P_1}{n_1}$；

P_1——蜗杆的功率（kW）；

n_1——蜗杆的转速（r/min）；

T_2——蜗轮上的转矩（N·mm），

$$T_2=9.55\times10^6\frac{P_2}{n_2},\quad T_2=T_1 i\eta;$$

P_2——蜗轮的功率（kW）；

n_2——蜗轮的转速（r/min）；

η——蜗杆传动效率；

d_1、d_2——蜗杆、蜗轮的分度圆直径（mm）；

α——压力角，$\alpha=20°$。

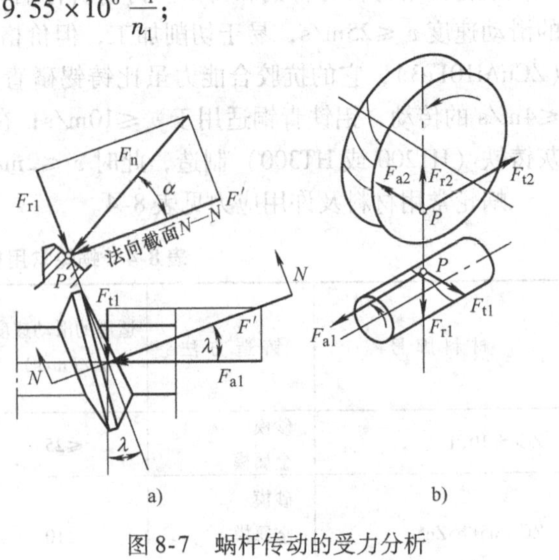

图 8-7 蜗杆传动的受力分析
a）蜗杆传动受力图 b）受力分析图

蜗杆、蜗轮受力方向的判断规律与斜齿圆柱齿轮相同：

1. 圆周力 F_t

主动蜗杆圆周力 F_{t1} 是阻力，其方向与回转方向相反；从动蜗轮上的圆周力 F_{t2} 是驱动力，其方向与回转方向相同。

2. 径向力 F_r

两轮的径向力 F_{r1} 和 F_{r2} 的方向分别沿径向指向各自的轮心。

3. 轴向力 F_a

主动件蜗杆轴向力 F_{a1} 的方向根据蜗杆的螺旋线和回转方向，应用主动件“左、右手法则”来确定。蜗轮轴向力 F_{a2} 的方向与 F_{t1} 相反。即

$$F_{t1} = -F_{a2} \quad F_{r1} = -F_{r2} \quad F_{a1} = -F_{t2}$$

式中负号表示方向相反。

8.3.2 蜗杆传动的强度计算

由前述失效形式和设计准则可知，在进行蜗杆传动的强度计算时，只需作蜗轮轮齿的强度计算，蜗杆的强度则可按轴的刚度计算方法进行（详见第11章）。

1. 蜗轮的齿面接触疲劳强度计算

蜗杆传动可以近似地看做齿条与斜齿圆柱齿轮的啮合传动，利用赫兹公式，考虑蜗杆和蜗轮齿廓特点，可得齿面接触疲劳强度的校核公式和设计公式。

1）校核公式

$$\sigma_H = 500\sqrt{\frac{KT_2}{d_1 d_2^2}} = 500\sqrt{\frac{KT_2}{m^2 d_1 z_2^2}} \leqslant [\sigma_H] \tag{8-9}$$

2）设计公式

$$m^2 d_1 \geqslant \left(\frac{500}{z_2[\sigma_H]}\right)^2 KT_2 \tag{8-10}$$

式中 K——载荷系数，$K=1.1\sim1.4$，载荷平稳、滑动速度 $v_s \leqslant 3\text{m/s}$、传动精度高时取小值；

m——模数（mm）；

z_2——蜗轮齿数；

$[\sigma_H]$——许用接触应力（MPa），见表8-4。

2. 蜗轮轮齿的弯曲疲劳强度

蜗轮轮齿弯曲疲劳强度所限定的承载能力，大都超过齿面点蚀和热平衡计算所限定的承载能力。只有在少数情况下，例如在强烈冲击的传动中，或蜗轮采用脆性材料时，计算其弯曲强度才有意义。需要计算时可参考有关书籍。

8.4 蜗杆传动的效率和热平衡计算

8.4.1 蜗杆传动的效率

闭式蜗杆传动的总效率包括三部分，即轮齿啮合摩擦损失效率、轴承摩擦损失效率以及零件搅动润滑油飞溅损失效率。其中，最主要的是啮合摩擦损失效率。蜗杆传动相当于梯形螺纹

传动，蜗杆相当于螺杆，蜗轮相当于螺母，啮合摩擦损失的效率可根据螺旋传动的效率公式求得，后两项损失不大，其效率一般为0.95～0.97。因此，蜗杆为主动时，蜗杆传动的总效率为

$$\eta=(0.95\sim0.97)\frac{\tan\gamma_1}{\tan(\gamma_1+\rho_v)} \tag{8-11}$$

式中 γ_1——蜗杆导程角；

ρ_v——当量摩擦角，可根据滑动速度 v_s 由表8-5查取。

表8-5 蜗杆传动的当量摩擦因数 f_v 和当量摩擦角 ρ_v

材料	锡青铜				无锡青铜		灰铸铁			
蜗杆齿面硬度	≥45HRC		其他		≥45HRC		≥45HRC		其他	
滑动速度 v_s/(m/s)	f_v	ρ_v	f_v	ρ_v	f_v	ρ_v	f_v	ρ_v	f_v	ρ_v
0.01	0.110	6°17′	0.100	6°51′	0.180	10°10′	0.180	10°10′	0.190	10°45′
0.05	0.090	5°09′	0.100	5°43′	0.140	7°58′	0.140	7°58′	0.160	9°05′
0.10	0.080	4°34′	0.090	5°09′	0.130	7°24′	0.130	7°24′	0.140	7°58′
0.25	0.065	3°43′	0.075	4°17′	0.100	5°43′	0.100	5°43′	0.130	6°51′
0.50	0.055	3°09′	0.065	3°43′	0.090	5°09′	0.090	5°09′	0.100	5°43′
1.0	0.045	2°35′	0.055	3°09′	0.070	4°00′	0.070	4°00′	0.080	5°09′
1.5	0.040	2°17′	0.050	2°52′	0.065	3°43′	0.065	3°43′	0.070	4°00′
2.0	0.035	2°00′	0.045	2°35′	0.055	3°09′	0.055	3°09′		
2.5	0.030	1°43′	0.040	2°17′	0.050	2°52′				
3.0	0.028	1°36′	0.035	2°00′	0.045	2°35′				
4	0.024	1°22′	0.031	1°47′	0.040	2°17′				
5	0.022	1°10′	0.029	1°40′	0.035	2°00′				
8	0.018	1°02′	0.026	1°29′	0.030	1°47′				
10	0.016	0°55′	0.024	1°22′						
15	0.014	0°48′	0.020	1°09′						
24	0.013	0°45′								

在设计之初，为了近似求出蜗轮轴上的转矩 T_2，η 值可由表8-6查取。

表8-6 蜗杆传动总效率 η

闭式传动			开式传动	自锁现象
蜗杆头数 z_1				
1	2	4	1～2	<0.5
0.7～0.75	0.7～0.82	0.87～0.92	0.6～0.7	

8.4.2 蜗杆传动的热平衡计算

由于蜗杆传动的效率低，因而发热量大，若不及时散热，会引起润滑不良而导致轮齿磨损加剧甚至产生胶合。因此，对闭式蜗杆传动应进行热平衡计算。

在闭式传动中，热量通过箱体散发，要求箱体内的油温和周围空气温度 t_0（常温下可取20℃）之差不超过允许值，即

$$\Delta t=\frac{1000P_1(1-\eta)}{\alpha_t A}\leqslant[\Delta t] \tag{8-12}$$

式中　Δt——温度差（℃），$\Delta t=t-t_0$；

P_1——蜗杆传递功率（kW）；

η——传动总效率；

α_t——表面传热系数［W/(m²·℃)］，根据箱体周围的通风条件，一般取 $\alpha_t=10\sim17$W/(m²·℃)；

A——散热面积（m²），指箱体外壁与空气接触且内壁被油飞溅到的箱壳面积，对于箱体上的散热片，其散热面积按50%计算；

$[\Delta t]$——润滑油的许用温差（℃），一般为60～70℃，并应使油温 $t(t=t_0+\Delta t)$ 小于90℃。

如果润滑油的工作温度超过许用温度，可采用下述冷却措施：

1）增加散热面积，合理设计箱体结构，在箱体铸出或焊上散热片。

2）提高表面传热系数。在蜗杆轴上装置风扇，如图8-8a所示；或在箱体油池内装设蛇形冷却水管，如图8-8b所示；或用循环油冷却，如图8-8c所示。

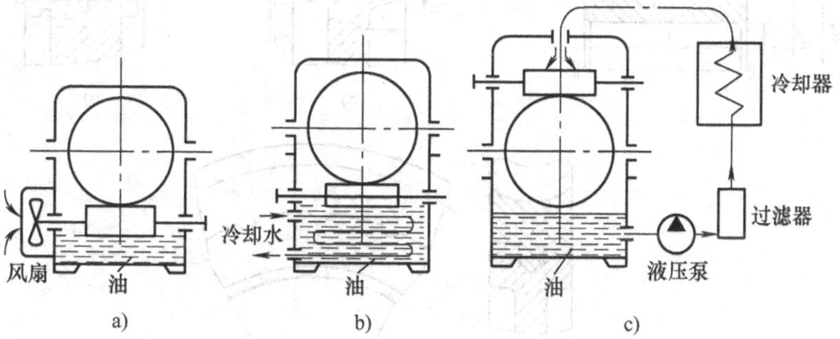

图8-8　蜗杆传动的散热措施

a）风冷式　b）蛇形管冷却　c）喷油式冷却

8.5　蜗杆和蜗轮的结构

8.5.1　蜗杆结构

通常蜗杆与轴做成一体，称为蜗杆轴。只有当 $\frac{d_{f1}}{d}\geqslant1.7$ 时，才采用蜗杆齿圈装套在轴上的形式。对于车制蜗杆，如图8-9a所示，取 $d=d_{f1}-(2\sim4)$mm；对于铣制蜗杆，如图8-9b所示，轴径 d 可大于 d_{f1}。

8.5.2　蜗轮结构

蜗轮可制成整体式或装配式，为节省价格较贵的有色金属，主要的蜗轮结构形式有以下几种。

（1）整体式　主要用于铸铁蜗轮或分度圆直径小于100mm的青铜蜗轮，如图8-10a所示。

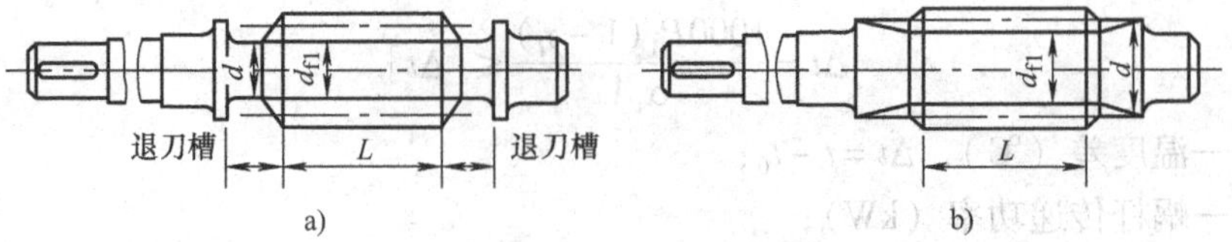

图 8-9 蜗杆轴
a）车制蜗杆 b）铣制蜗杆

（2）轮箍式 当蜗轮直径较大时，为节省有色金属，常采用轮箍式，如图 8-10b 所示。这种结构由青铜齿圈和铸铁轮心组成，齿圈和轮心通常采用$\frac{H7}{s6}$或$\frac{H7}{r6}$配合，并加台阶且用螺钉固定，螺钉数目一般为 4 ~8 个。

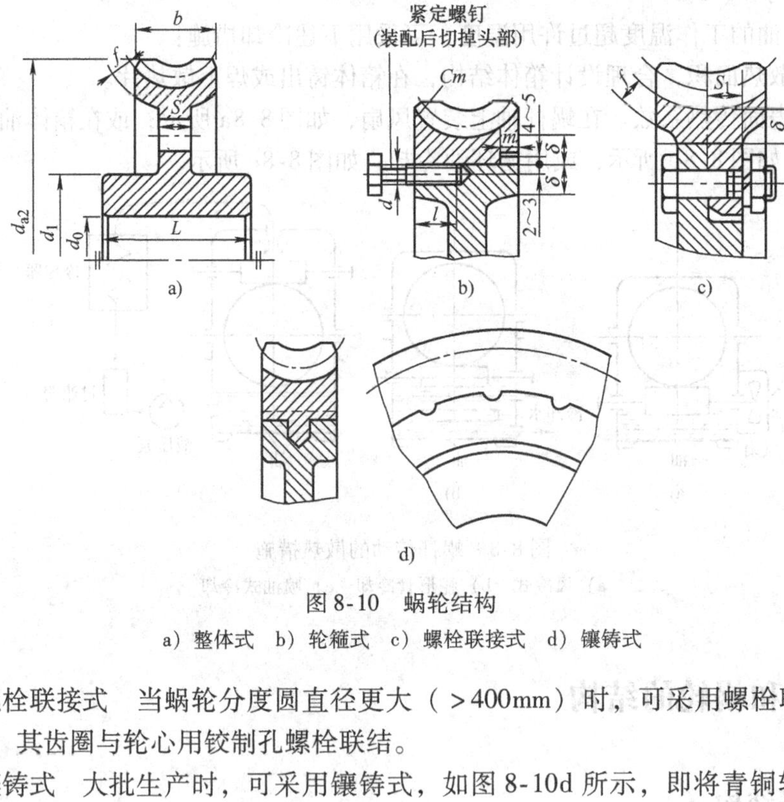

图 8-10 蜗轮结构
a）整体式 b）轮箍式 c）螺栓联接式 d）镶铸式

（3）螺栓联接式 当蜗轮分度圆直径更大（ >400mm）时，可采用螺栓联接式，如图 8-10c 所示，其齿圈与轮心用铰制孔螺栓联结。

（4）镶铸式 大批生产时，可采用镶铸式，如图 8-10d 所示，即将青铜轮缘镶铸在铸铁轮心上，在浇铸前先在轮心上预制出榫槽，以防滑动。

8.6 蜗杆传动的安装与维护

8.6.1 蜗杆传动的安装

蜗杆传动的安装精度要求很高。根据蜗杆传动的啮合特点，应使蜗轮的中间平面通过蜗杆的轴线，如图 8-11 所示。为此，蜗杆传动安装后，要仔细调整蜗轮的轴向位置，使其定位准确，否则难以正确啮合。如果齿面在短时间内严重磨损，蜗轮轴向位置的调整可以采用垫片组调整，也可以利用蜗轮与轴承之间的套筒进行较大距离的调整，调整时可以改变套筒的长度。实际中上述两种方法可以联用。调整好后，蜗轮的轴向位置必须固定。

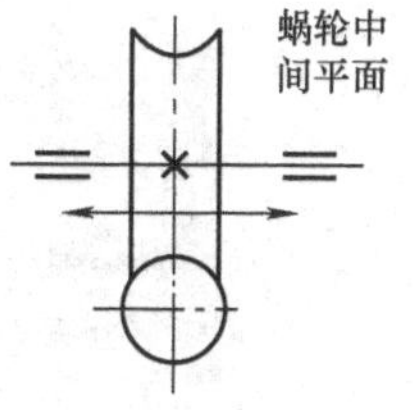

图 8-11 蜗杆传动的安装位置要求

蜗杆传动装配后要进行跑合，以使齿面接触良好。跑合时采用低速运转，通常 $n_1=50\sim100\text{r/min}$，逐步加载至额定载荷。跑合 1~5h，若发现蜗杆齿面上粘有青铜，应立即停车，用细砂纸打磨除去，再继续跑合。跑合完成后应清洗全部零件，换新润滑油，并应把此时蜗轮相对于蜗杆的轴向位置打上印记，便于以后拆装时配对和调整到原来位置。新机试车时，先空载运转，然后逐步加载至额定载荷。

8.6.2 蜗杆传动的维护

蜗杆传动的维护也很重要。由于蜗杆传动的发热量大，应随时注意周围的通风散热条件是否良好。蜗杆传动工作一段时间后应测试油温，如果超过油温的允许范围应停机或改善散热条件。还需经常检查蜗轮齿面是否保持完好。润滑对于保证蜗杆传动的正常工作及延长使用期限很重要。蜗杆减速器每运转 2000~4000h 应及时换新润滑油。换润滑油时应选用原牌号油。不同厂家、不同牌号的油不可混用。

蜗杆传动一般采用油润滑，常用润滑方法见表 8-7。闭式蜗杆传动的润滑油粘度可根据相对滑动速度和载荷类型选取，见表 8-7；对于开式传动，则采用粘度较高的齿轮油或润滑脂。

表 8-7 蜗杆传动的润滑油粘度及润滑方法

滑动速度 v_s/(m/s)	<1	<2.5	<5	>5~10	>10~15	>15~25	>25
工作条件	重载	重载	中载	—	—	—	—
粘度 ν/(mm²/s) 40℃	1000	680	321	220	150	100	68
润滑方法	油浴			油浴或喷油	压力喷油润滑及其压力 N/mm		
					0.07	0.2	0.3

同步练习

1. 与齿轮传动相比，为什么说蜗杆传动传动平稳，噪声小？
2. 何谓蜗杆传动的中间平面？中间平面的参数在蜗杆传动中有何重要意义？
3. 蜗杆传动比如何计算？能否用分度圆直径之比表示传动比，为什么？
4. 为什么要对蜗杆传动进行热平衡计算？当热平衡不满足时，可采取什么措施？
5. 判断图 8-12 中各蜗杆、蜗轮的转向（蜗杆主动），画出各蜗轮所受三个分力的方向。

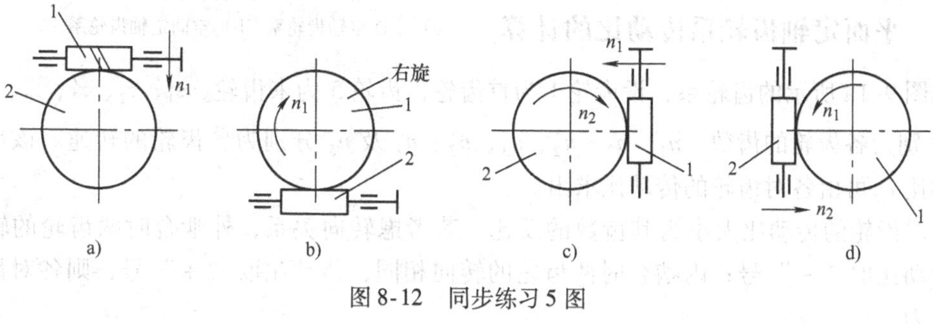

图 8-12 同步练习 5 图

第9章 齿 轮 系

机械设计基础

本章知识导读

1. 主要内容

齿轮系的类型及应用，齿轮系的传动比计算。

2. 重点、难点提示

重点为齿轮系传动比的计算和转向的确定；难点为组合轮系传动比的计算。

在现代机械中，为了满足不同的工作要求，只用一对齿轮传动往往是不够的，通常要用一系列齿轮共同传动。这种由一系列齿轮组成的传动系统称为齿轮系。

如果齿轮系中各齿轮的轴线互相平行，则称为平面齿轮系，否则称为空间齿轮系。

根据齿轮系运转时齿轮的轴线位置相对于机架是否固定，又可将齿轮系分为两大类：定轴齿轮系和行星齿轮系。

9.1 定轴齿轮系传动比的计算

如果齿轮系运转时各齿轮的轴线相对于机架保持固定，则称为定轴齿轮系，如图 9-1 所示。定轴齿轮系又分为平面定轴齿轮系（图 9-1a）和空间定轴齿轮系（图 9-1b）两种。

设齿轮系中首齿轮的转速为 n_A，末齿轮的转速为 n_K，n_A 与 n_K 的比值用 i_{AK} 表示，即 $i_{AK}=\dfrac{n_A}{n_K}$，则称 i_{AK} 为该齿轮系的传动比。

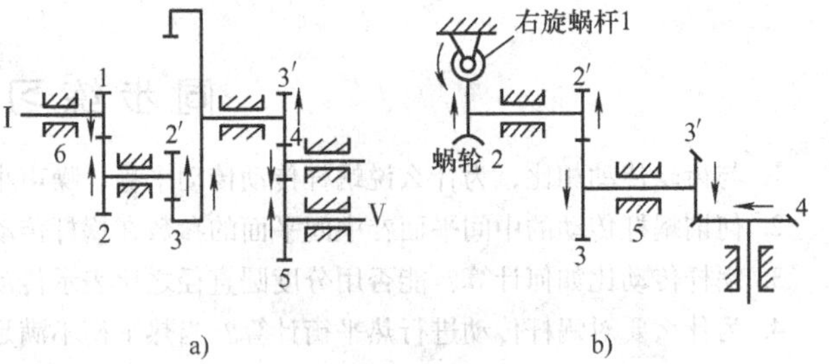

图 9-1 定轴齿轮系

a）平面定轴齿轮系 b）空间定轴齿轮系

9.1.1 平面定轴齿轮系传动比的计算

如图 9-1a 所示的齿轮系，设齿轮 1 为首齿轮，齿轮 5 为末齿轮，z_1、z_2、z_2'、z_3、z_3'、z_4 及 z_5 分别为各齿轮的齿数，n_1、n_2、n_2'、n_3、n_3'、n_4 及 n_5 分别为各齿轮的转速。该齿轮系的传动比 i_{15} 可由各对齿轮的传动比求出。

一对齿轮的传动比大小为其齿数的反比。若考虑转向关系，外啮合时两齿轮的转向相反，传动比取“－”号；内啮合时两齿轮的转向相同，传动比取“＋”号，则各对齿轮的传动比为

$$i_{12}=\frac{n_1}{n_2}=-\frac{z_2}{z_1}\qquad i_{2'3}=\frac{n_2'}{n_3}=\frac{z_3}{z_2'}$$

$$i_{3'4}=\frac{n_3'}{n_4}=-\frac{z_4}{z_3'}\qquad i_{45}=\frac{n_4}{n_5}=-\frac{z_5}{z_4}$$

其中 $n_2=n_2'$，$n_3=n_3'$。将上式两边连乘可得

$$i_{12}i_{2'3}i_{3'4}i_{45}=\frac{n_1n_2'n_3'n_4}{n_2n_3n_4n_5}=(-1)^3\frac{z_2z_3z_4z_5}{z_1z_2'z_3'z_4}$$

所以
$$i_{15}=\frac{n_1}{n_5}=i_{12}i_{2'3}i_{3'4}i_{45}=(-1)^3\frac{z_2z_3z_5}{z_1z_2'z_3'}$$

上式表明，平面定轴齿轮系的传动比等于组成齿轮系的各对齿轮传动比的连乘积，也等于从动轮齿数的连乘积与主动轮齿数的连乘积之比。首末两齿轮转向相同还是相反，取决于齿轮系中外啮合齿轮的对数。

此外，在该齿轮系中齿轮4同时与齿轮3′和末齿轮5啮合，其齿数可在上述计算式中消去，即齿轮4不影响齿轮系传动比的大小，只起到改变转向的作用，这种齿轮称为惰轮。

将上述计算式推广，若以 A 表示首齿轮，K 表示末齿轮，m 表示圆柱齿轮外啮合的对数，则平面定轴齿轮系传动比的计算式为

$$i_{AK}=\frac{n_A}{n_K}=(-1)^m\frac{A\text{ 到 }K\text{ 之间所有从动轮齿数的乘积}}{A\text{ 到 }K\text{ 之间所有主动轮齿数的乘积}}\tag{9-1}$$

首末两齿轮转向可用 $(-1)^m$ 来判别，i_{AK} 为负号时，说明首、末齿轮转向相反；i_{AK} 为正号则说明转向相同。

9.1.2 空间定轴齿轮系传动比的计算

一对空间齿轮传动比的大小也等于两齿轮齿数的反比，故也可用式（9-1）来计算空间齿轮系传动比的大小。但由于各齿轮轴线不都互相平行，所以不能用 $(-1)^m$ 的正负来确定首末齿轮的转向，而要采用在图上画箭头的方法来确定，如图9-1b所示。

【例9-1】 图9-2所示的平面定轴齿轮系中，已知 $z_1=z_2=z_3'=z_4=20$，齿轮1、3、3′和5同轴线，各齿轮均为标准齿轮。若已知轮1的转速为 $n_1=1440\text{r/min}$，求轮5的转速 n_5。

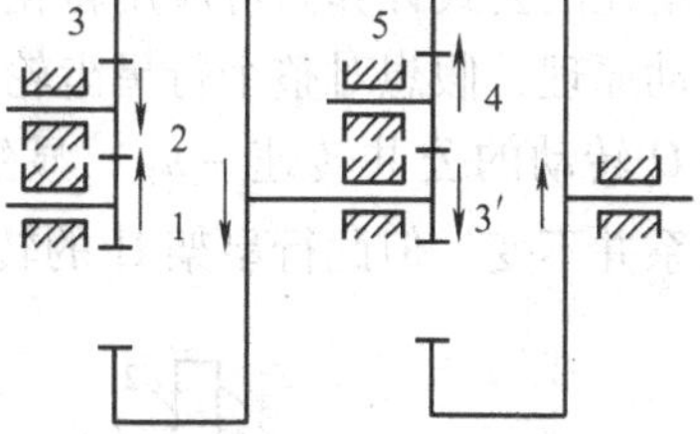

图9-2 平面定轴齿轮系

解 由图知该齿轮系为一平面定轴齿轮系，齿轮2和4均为惰轮，齿轮系中有两对外啮合齿轮，由式（9-1）得

$$i_{15}=\frac{n_1}{n_5}=(-1)^2\frac{z_3}{z_1}\frac{z_5}{z_3'}=\frac{z_3z_5}{z_1z_3'}$$

因齿轮1、2、3的模数相等，故它们之间的中心距关系为

$$a_{12}=a_{23}$$

$$\frac{m}{2}(z_1+z_2)=\frac{m}{2}(z_3-z_2)$$

此式中 m 为齿轮的模数。由上式可得

$$z_3 = z_1 + 2z_2 = 20 + 2 \times 20 = 60$$

同理可得

$$z_5 = z_3' + 2z_4 = 20 + 2 \times 20 = 60$$

所以 $$n_5 = n_1(-1)^2 \frac{z_1 z_3'}{z_3 z_5} = 1440 \times \frac{20 \times 20}{60 \times 60} \text{r/min} = 160\text{r/min}$$

n_5 为正值，说明齿轮 5 与齿轮 1 转向相同。

9.2 行星齿轮系传动比的计算

9.2.1 行星齿轮系的分类

图 9-3a 所示为一平面行星齿轮系，齿轮 1、3 和构件 H 均绕固定的互相重合的几何轴线转动，齿轮 2 空套在构件 H 上，与齿轮 1、3 相啮合。齿轮 2 一方面绕其自身轴线 O_1-O_1 转动（自转），同时又随构件 H 绕轴线 O-O 转动（公转）。齿轮 2 称为行星轮，H 称为行星架或系杆，齿轮 1、3 称为太阳轮。

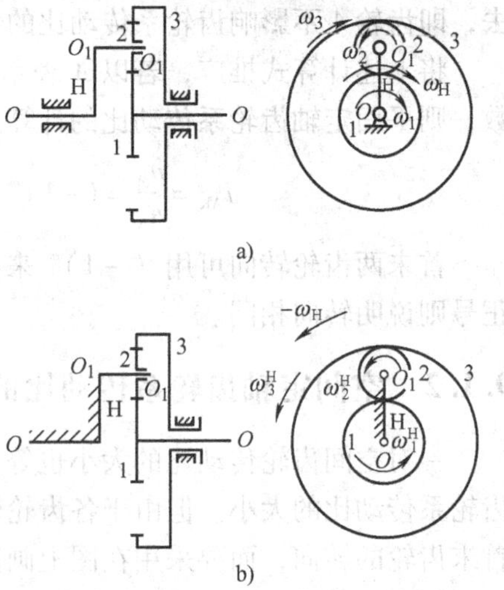

图 9-3 行星齿轮系

a）平面行星齿轮系 b）转化机构

通常将具有一个自由度的行星齿轮系称为简单行星齿轮系，如图 9-4a 所示；将具有两个自由度的行星齿轮系称为差动齿轮系，如图 9-4b 所示。

行星齿轮系也分为平面行星齿轮系和空间行星齿轮系两类，上述齿轮系均为平面行星齿轮系。

9.2.2 行星齿轮系的传动比计算

平面行星齿轮系的传动比不能直接用定轴齿轮系传动比的公式计算。可应用转化机构法，即根据相对运动原理，假想对整个行星齿轮系加上一个绕主轴线 O-O 转动的公共转速 $-n_H$。显然各构件的相对运动关系并不变，但此行星架 H 的转速变为 $n_H - n_H = 0$，即相对静止不动，而齿轮 1、2、3 则成

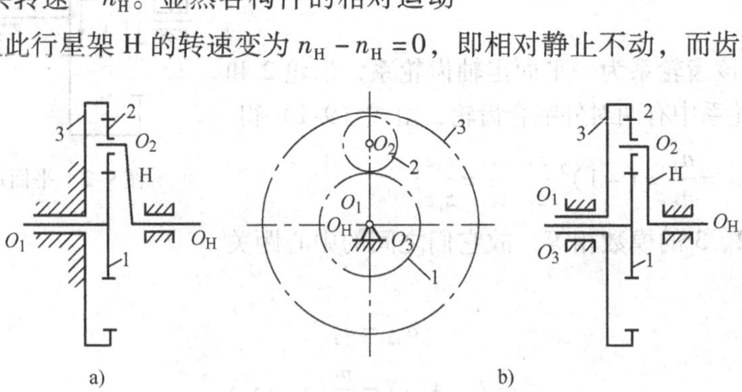

图 9-4 行星齿轮系

a）简单行星齿轮系 b）差动齿轮系

为绕定轴转动的齿轮，于是原行星齿轮系便转化为假想的定轴齿轮系。该假想的定轴齿轮系称为原行星齿轮系的转化机构，如图9-3b所示。转化机构各构件的转速如下：

构件	原有的转速	转化的转速
齿轮1	n_1	$n_1^H = n_1 - n_H$
齿轮2	n_2	$n_2^H = n_2 - n_H$
齿轮3	n_3	$n_3^H = n_3 - n_H$
系杆H	n_H	$n_H^H = n_H - n_H = 0$

所以

$$i_{13}^H = \frac{n_1^H}{n_3^H} = \frac{n_1 - n_H}{n_3 - n_H} = -\frac{z_3}{z_1}$$

i_{13}^H表示转化后定轴齿轮系的传动比，即齿轮1与齿轮3相对于行星架H的传动比。将上式推广到一般情况，可得

$$i_{AK}^H = (-1)^m \frac{A\text{到}K\text{之间所有从动轮齿数的乘积}}{A\text{到}K\text{之间所有主动轮齿数的乘积}} \tag{9-2}$$

在使用上式时应特别注意：

1）A、K和H三个构件的轴线应互相平行，而且将n_A、n_K、n_H的值代入上式计算时，必须带正号或负号。对差动齿轮系，如两构件转速相反时，一构件用正值代入，另一个构件则以负值代入，第三个构件的转速用所求得的正负号来判别。

2）$i_{AK}^H \neq i_{AK}$。i_{AK}^H是行星齿轮系转化机构的传动比，也就是齿轮A、K相对于行星架H的传动比，而$i_{AK} = \dfrac{n_A}{n_K}$是行星齿轮系中$A$、$K$两齿轮的传动比。

空间行星齿轮系的两齿轮A、K和行星架H的轴线互相平行时，其转化机构传动比的大小仍可用式（9-2）来计算，但其正负号应采用在转化机构图上画箭头的方法来确定，如图9-5所示。

【例9-2】 图9-6所示为一传动比很大的行星齿轮减速器。已知其中各齿轮齿数为$z_1 = 100$，$z_2 = 101$，$z_2' = 100$，$z_3 = 99$。试求传动比i_{H1}。

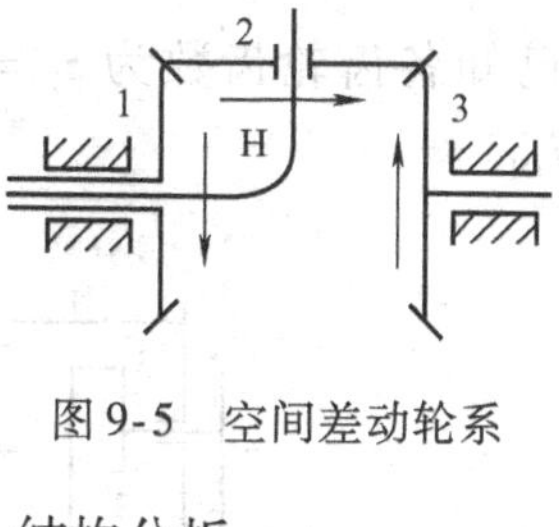

图9-5 空间差动轮系

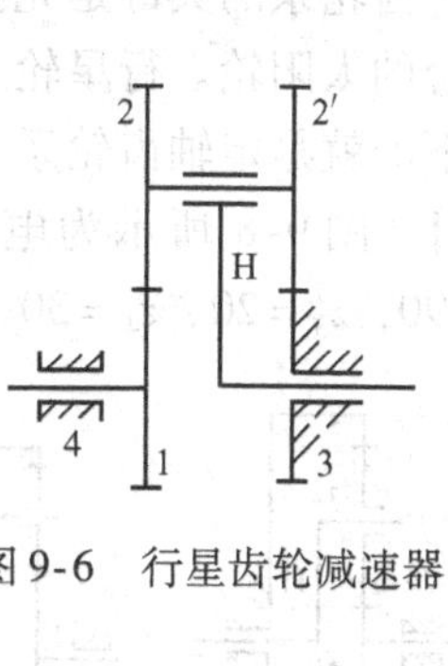

图9-6 行星齿轮减速器

解 （1）结构分析

图9-6所示行星齿轮系中齿轮1为活动太阳轮，齿轮3为固定太阳轮，双联齿轮2—2′为行星轮，H为行星架。该齿轮系为仅有一个自由度的简单行星齿轮系。

（2）传动比计算

由式（9-2）得

$$i_{13}^H = \frac{n_1 - n_H}{n_3 - n_H} = \frac{n_1 - n_H}{0 - n_H} = 1 - \frac{n_1}{n_H} = 1 - i_{1H}$$

故 $$i_{1H}=1-i_{13}^{H}$$

又 $$i_{13}^{H}=(-1)^{2}\frac{z_2z_3}{z_1z_2'}=\frac{101\times 99}{100\times 100}$$

$$i_{1H}=1-i_{13}^{H}=1-\frac{101\times 99}{100\times 100}=\frac{1}{10000}$$

所以 $$i_{H1}=\frac{1}{i_{1H}}=10000$$

即当系杆 H 转 10000 转，齿轮 1 才转 1 转，且两构件转向相同。本例也说明，行星齿轮系用少数几个齿轮就能获得很大的传动比。

若将 z_3 由 99 改为 100，则

$$i_{H1}=\frac{n_H}{n_1}=-100$$

若将 z_2 由 101 改为 100，则

$$i_{H1}=\frac{n_H}{n_1}=100$$

由此结果可见，同一种结构形式的行星齿轮系，若某一齿轮的齿数略有变化（本例中仅差一个齿），其传动比则会发生巨大变化，同时转向可能也会改变。

9.2.3 复合齿轮系传动比的计算

如果齿轮系中既包括含定轴齿轮系，又包含行星齿轮系，或者包括几个行星齿轮系，则称为复合齿轮系，如图 9-7 所示。

计算复合齿轮系的传动比时，不能将整个齿轮系单纯地按求定轴齿轮系或行星齿轮系传动比的方法来计算，而应将复合齿轮系中的定轴齿轮系和行星齿轮系区别开，分别列出它们的传动比计算公式，最后联立求解。

分析复合齿轮系的关键是先找出行星齿轮系。方法是先找出行星轮与行星架，再找出与行星轮相啮合的太阳轮。行星轮、太阳轮、行星架构成一个行星齿轮系。找出所有的行星齿轮系后，剩下的就是定轴齿轮系。

【例 9-3】 图 9-8 所示为电动卷扬机的减速器。已知各齿轮齿数为 $z_1=24$，$z_2=48$，$z_2'=30$，$z_3=90$，$z_3'=20$，$z_4=30$，$z_5=80$。试求传动比 i_{1H}。

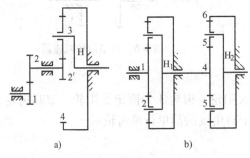

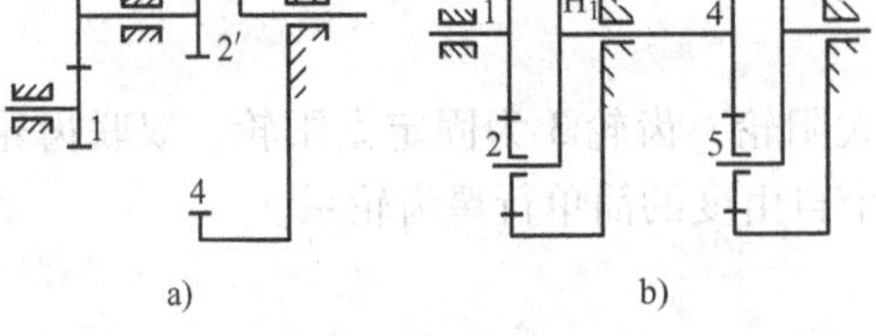

图 9-7 复合轮系

a）定轴齿轮系与行星齿轮系的复合

b）两个行星齿轮系的复合

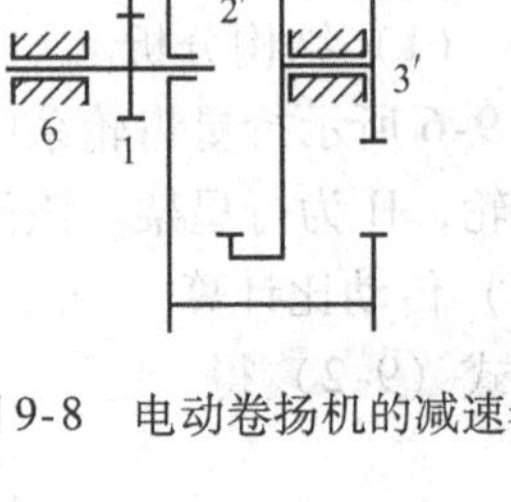

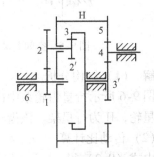

图 9-8 电动卷扬机的减速器

解 该复合齿轮系由两个基本齿轮系组成。齿轮 1、2、2′、3、系杆 H 组成差动行星齿轮系；齿轮 3′、4、5 组成定轴齿轮系，其中 $n_H = n_5$，$n_3 = n_3'$。

对于定轴齿轮系，$i_{3'5} = \dfrac{n_3'}{n_5} = -\dfrac{z_5}{z_3'} = -\dfrac{80}{20} = -4$ (a)

对于行星齿轮系，根据式（9-2）得

$$i_{13}^{H} = \frac{n_1 - n_H}{n_3 - n_H} = (-1)^1 \frac{z_2 z_3}{z_1 z_2'} = -\frac{48 \times 90}{24 \times 30} = -6 \qquad (b)$$

联立方程式（a）、（b）和 $n_3 = n_3'$、$n_H = n_5$ 得

$$i_{1H} = \frac{n_1}{n_H} = 31$$

i_{1H}为正值，说明齿轮 1 与系杆 H 转向相同。

9.3 齿轮系应用

1. 实现分路传动

利用齿轮系可使一个主动轴同时带动若干从动轴转动，将运动从不同的传动路线传递给执行机构，实现机构分路传动。

图 9-9 所示为滚齿轮机上滚刀与轮坯之间做展成运动的传动简图。滚齿加工要求滚刀的转速 $n_刀$与轮坯的转速 $n_坯$必须满足 $i_{刀坯} = \dfrac{n_刀}{n_坯} = \dfrac{z_坯}{z_刀}$的传动比关系。主动轴I通过锥齿轮1 经齿轮 2 将运动传递给滚刀；同时主动轴又通过直齿轮 3 经齿轮 4—5、6、7—8 传至蜗轮 9，带动被加工的轮坯转动，以满足滚刀与轮坯的传动比要求。

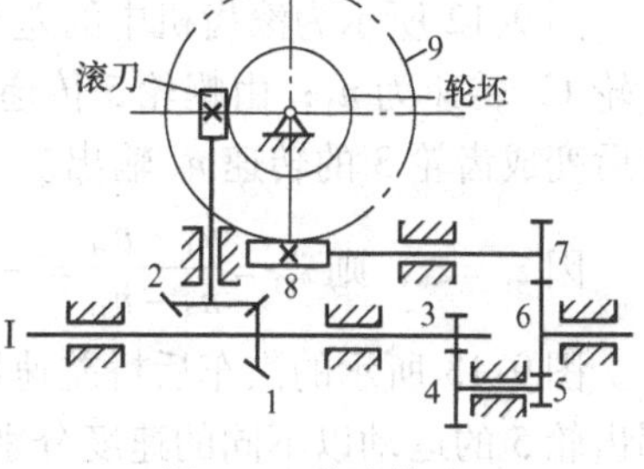

图 9-9 分路传动

2. 获得较大的传动比

若想要用一对齿轮获得较大的传动比，则必然有一个齿轮要做得很大，这样会使机构的体积增大，同时也容易损害小齿轮。如果采用多对齿轮组成的齿轮系，则可以很容易地获得较大的传动比。只要适当选择齿轮系中各对啮合齿轮的齿数，即可得到所要求的传动比。在行星齿轮系中，用较少的齿轮即可获得较大的传动比，如例 9-2 中的轮系。

3. 实现换向传动

在输出转向不变的情况下，利用惰轮可以改变输出轴的转向。

图 9-10 所示为车床上走刀丝杠的三星轮换向机构，扳动手柄 a 可实现如图 9-10a 和图 9-10b 所示的两种传动方案。由于两方案仅相差一次外啮合，故从动轮 4 相对于主动轴 1 有两种输出转向。

4. 实现变速传动

在输入轴转速不变的情况下，利用齿轮系可使输出轴获得多种工作转速。如图 9-11 所示的汽车变速箱，可使输出轴得到 4 个档位的转速。一般机床、起重机等设备上也都需要这种变速传动。

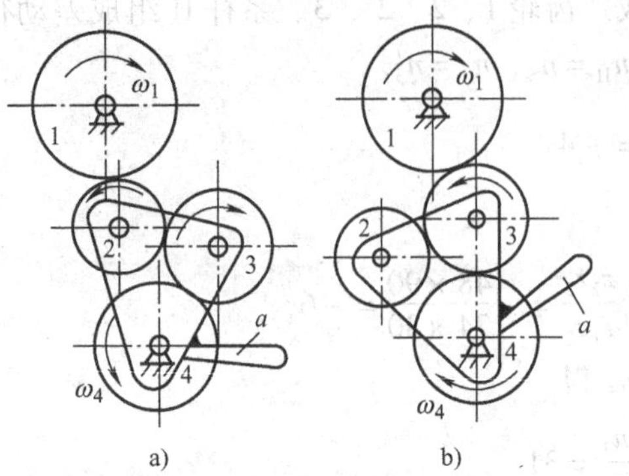

图 9-10　三星轮换向机构

a）反向传动　b）同向传动

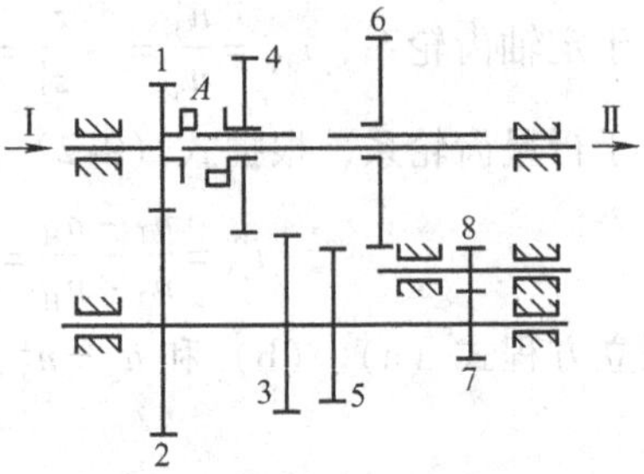

图 9-11　变速传动

5. 用于对运动进行合成与分解

在差动齿轮系中，当给定两个基本构件的运动后，第三个构件的运动是确定的。换而言之，第三个构件的运动是另外两个基本构件运动的合成。

同理，在差动齿轮系中，当给定一个基本构件的运动后，可根据附加条件按所需比例将该运动分解成另外两个基本构件的运动。

图 9-12 所示为滚齿机中的差动齿轮系。滚切斜齿轮时，由齿轮 4 传递来的运动传给中心轮 1，转速为 n_1；由蜗轮 5 传递来的运动传给 H，使其转速为 n_H。这两个运动经齿轮系合成后变成齿轮 3 的转速 n_3 输出。

因 $z_1 = z_3$，则 $i_{13}^{H} = \dfrac{n_1 - n_H}{n_3 - n_H} = -\dfrac{z_3}{z_1} = -1$，故 $n_3 = 2n_H - n_1$

图 9-13 所示的汽车后桥差速器即为分解运动的齿轮系。在汽车转弯时它可将发动机传到齿轮 5 的运动以不同的速度分别传递给左、右两个车轮，以维持车轮与地面间的纯滚动，避免车轮与地面间的滑动摩擦导致车轮过度磨损。

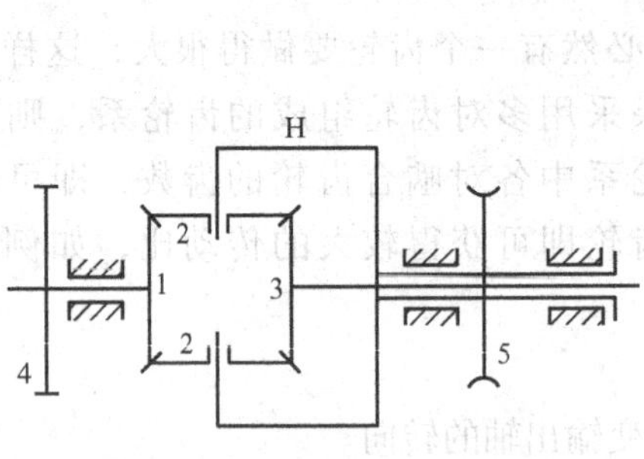

图 9-12　滚齿机中的差动齿轮系

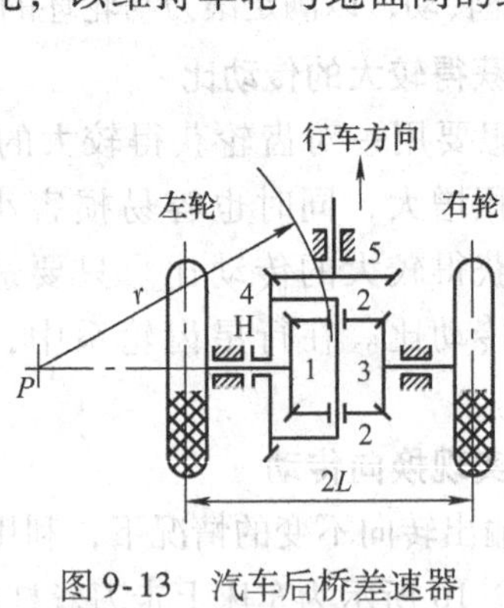

图 9-13　汽车后桥差速器

若输入转速为 n_5，两车轮外径相等，轮距为 $2L$，两车轮转速分别为 n_1 和 n_3，r 为汽车行驶转弯半径。当汽车绕图 9-13 所示的 P 点向左转弯时，两车轮行驶的距离不相等，其转速比为

$$\frac{n_1}{n_3} = \frac{r - L}{r + L}$$

差速器中齿轮 4、5 组成定轴齿轮系，行星架 H 与齿轮 4 固连在一起，1—2—3—H 组成

差动齿轮系。对于差动齿轮系 1—2—3—H，因 $z_1 = z_2 = z_3$，有

$$i_{13}^{H} = \frac{n_1 - n_H}{n_3 - n_H} = -\frac{z_3}{z_1} = -1$$

$$n_H = \frac{n_1 + n_3}{2}$$

即

$$n_4 = n_H = \frac{n_1 + n_3}{2}$$

联立求解上式得

$$n_1 = \frac{r - L}{r} n_4$$

$$n_3 = \frac{r + L}{r} n_4$$

若汽车直线行驶，因 $n_1 = n_3$，所以行星齿轮没有自转运动，此时齿轮 1、2、3 和 4 相当于一刚体做同速运动，即

$$n_1 = n_3 = n_4 = \frac{n_5}{i_{54}} = n_5 \frac{z_5}{z_4}$$

由此可知，差动齿轮系可将一输入转速分解为两个输出转速。

同步练习

1. 齿轮系分为哪两种基本类型？它们的主要区别是什么？
2. 行星齿轮系由哪几个基本构件组成？它们各做何种运动？
3. 何谓行星齿轮系的转化轮系？引入转化轮系的目的何在？
4. 在图 9-14 所示的二级圆柱齿轮减速器中，已知减速器的输入功率 $P_1 = 3.8\text{kW}$，转速 $n_1 = 960\text{r/min}$，各齿轮齿数 $z_1 = 22$，$z_2 = 77$，$z_3 = 18$，$z_4 = 81$，齿轮传动效率 $\eta_{齿} = 0.97$，每对滚动轴承的效率 $\eta_{滚} = 0.98$。求减速器的总传动比 i；各轴的功率、转速及转矩。
5. 在图 9-15 所示的齿轮系中，已知各齿轮齿数（括号内为齿数），3′为单头右旋蜗杆，求传动比 i_{15}。
6. 在图 9-16 所示的差速器中，已知 $z_1 = 48$，$z_2 = 8842$，$z_2' = 18$，$z_3 = 21$，$n_1 = 100\text{r/min}$，$n_3 = 80\text{r/min}$，其转向如图中箭头方向所示，求 n_H。
7. 在图 9-17 所示的齿轮系中，已知 $z_1 = 22$，$z_3 = 88$，$z_3' = z_5$，试求传动比 i_{15}。

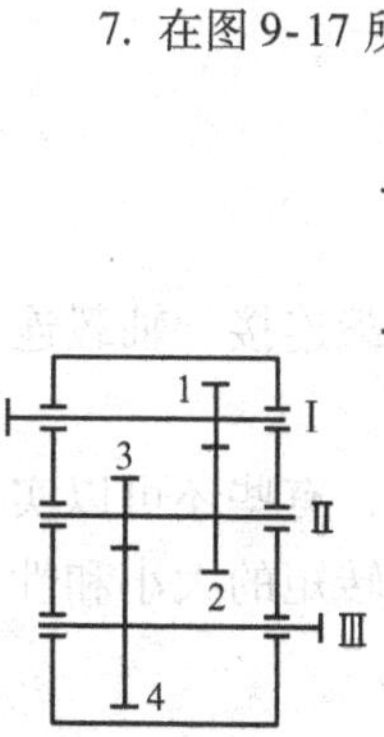

图 9-14 同步练习 4 图

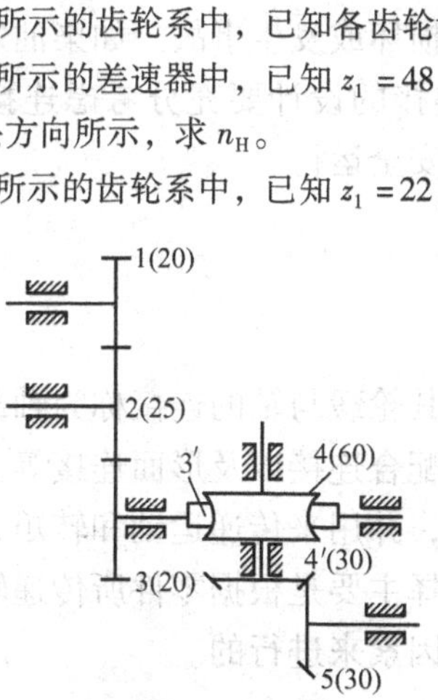

图 9-15 同步练习 5 图

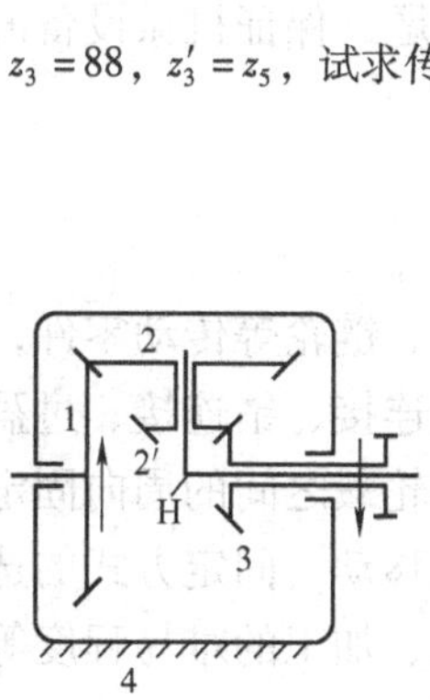

图 9-16 同步练习 6 图

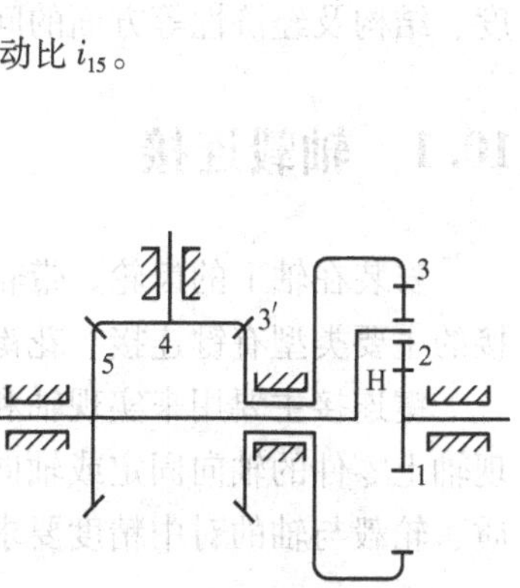

图 9-17 同步练习 7 图

第10章 连　　接

机械设计基础

本章知识导读

1. 主要内容

连接在实际工作中的应用，常用连接方法的选择、验算和设计。

2. 重点、难点提示

螺纹连接形式的选择和应用，平键连接的选择、验算。

在机械中，为了便于制造、安装、运输和维修等，广泛地使用了各种类型的连接。连接是将两个或两个以上的零件连成一体的结构形式。常见的连接形式有轴毂连接、轴间连接、螺纹连接、铆接和焊接等。

连接通常分为可拆连接和不可拆连接。可拆连接是不需要毁坏连接中的任意一零件就可拆开的连接，一般具有通用性强、可随时更换、维修方便等特点，允许多次重复拆装，如键连接、销连接、螺纹连接等。可拆连接又可分为两大类：一类是机器在使用中被连接件间可以有相对运动的连接，称为动连接，如变速器中滑移齿轮与轴的花键连接；另一类是机器在使用中被连接件间不允许产生相对运动的连接，称为静连接，如气缸盖与气缸体间所采用的紧螺栓连接。不可拆连接在拆卸时，要损坏连接件或被连接件，如铆接、焊接等。

机械中各种连接失效，可能会引起传动系统的损坏或发生事故。如柴油发动机连杆上的连接螺栓失效，可能会使整台机器损坏。因此，连接的设计要充分考虑连接件的强度、刚度、结构及经济性等方面的问题，保证机械设备的安全运行。

10.1　轴毂连接

安装在轴上的齿轮、带轮、链轮等传动零件，其轮毂与轴的连接称为轴毂连接。轴毂连接的主要类型有键连接、花键连接、销连接、过盈配合连接以及形面连接等。

键连接主要用来实现轴和轮毂之间的周向固定，并用来传递运动和转矩，有些还可以实现轴上零件的轴向固定或轴向移动。固定方式的选择主要是根据零件所传递转矩的大小和性质、轮毂与轴的对中精度要求、加工的难易程度等因素来进行的。

10.1.1　键连接

1. 平键连接

平键连接的剖面结构如图10-1所示，平键的下面与轴上键槽贴紧，上面与轮毂键槽顶面留有间隙。两侧面为工作面，依靠键与键槽之间的挤压力 F_t 传递转矩 T。平键连接加工容易、拆装方便、对中性良好、应用非常广泛。根据用途可将其分为以下三种。

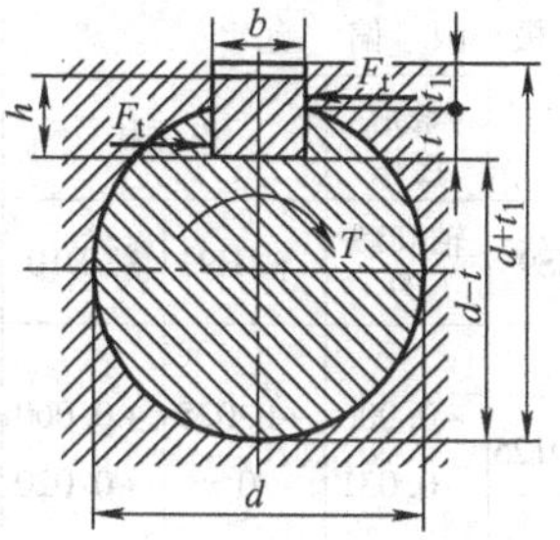

图 10-1 平键连接的剖面结构

（1）普通平键连接 如图 10-2 所示，普通平键的主要尺寸是键宽 b、键高 h 和键长 L。其分为端部有圆头（A 型）、平头（B 型）和单圆头（C 型）三种形式。A 型键轴向定位好，应用广泛，但轴上键槽部位的应力集中较大。C 型键用于轴端。A、C 型键的轴上键槽用立铣刀切制，如图 10-3a 所示。B 型键的轴上键槽用盘铣刀铣出，如图 10-3b 所示。B 型键避免了圆头平键的缺点，但键在键槽中固定不好，常用螺钉紧定。普通平键连接尺寸标注参见表 10-1 及表 10-2。

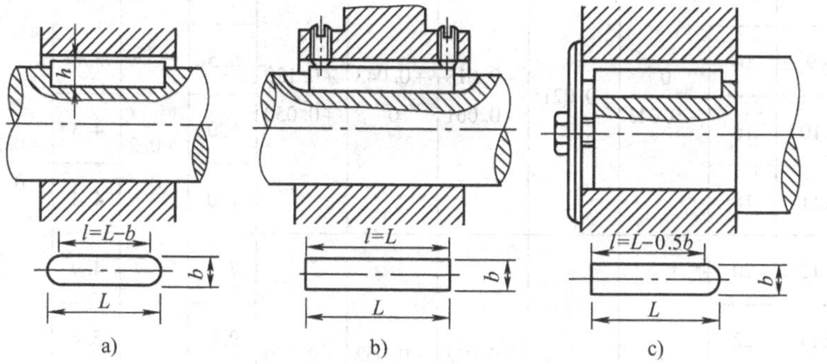

图 10-2 普通平键连接

a）A 型（圆头） b）B 型（方头） c）C 型（半圆头）

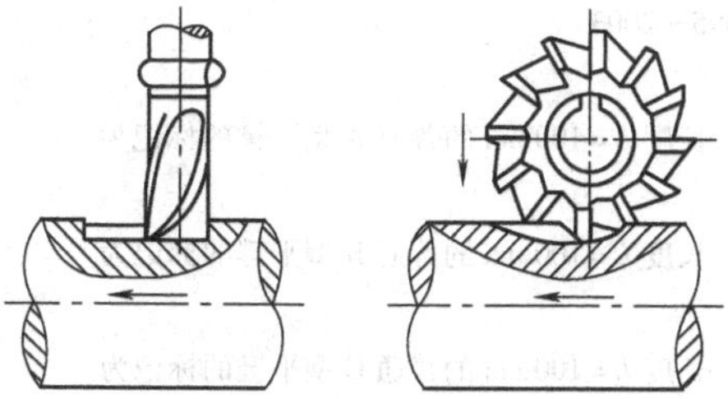

图 10-3 键槽加工形式

a）立铣 b）盘铣

表 10-1 普通平键键槽的尺寸与公差（摘自 GB/T 1095—2003） （单位：mm）

<table>
<tr><th rowspan="5">轴直径 d</th><th rowspan="5">键尺寸
$b\times h$</th><th colspan="11">键 槽</th></tr>
<tr><th colspan="6">宽度 b</th><th colspan="4">深 度</th><th rowspan="3" colspan="2">半径 r</th></tr>
<tr><th rowspan="3">公称
尺寸</th><th colspan="5">极 限 偏 差</th><th colspan="2">轴 t_1</th><th colspan="2">毂 t_2</th></tr>
<tr><th colspan="2">正常连接</th><th>紧密
连接</th><th colspan="2">松连接</th><th rowspan="2">基本
尺寸</th><th rowspan="2">极限
偏差</th><th rowspan="2">基本
尺寸</th><th rowspan="2">极限
偏差</th></tr>
<tr><th>轴 N9</th><th>毂 JS9</th><th>轴和毂
P9</th><th>轴 H9</th><th>毂 D10</th><th>min</th><th>max</th></tr>
<tr><td>6 ~ 8</td><td>2 × 2</td><td>2</td><td rowspan="2">-0.004
-0.029</td><td rowspan="2">±0.0125</td><td rowspan="2">-0.006
-0.031</td><td rowspan="2">+0.025
0</td><td rowspan="2">+0.060
+0.020</td><td>1.2</td><td rowspan="5">+0.1
0</td><td>1.0</td><td rowspan="5">+0.1
0</td><td rowspan="3">0.08</td><td rowspan="3">0.16</td></tr>
<tr><td>>8 ~ 10</td><td>3 × 3</td><td>3</td><td>1.8</td><td>1.4</td></tr>
<tr><td>>10 ~ 12</td><td>4 × 4</td><td>4</td><td rowspan="3">0
-0.030</td><td rowspan="3">±0.015</td><td rowspan="3">-0.012
-0.042</td><td rowspan="3">+0.030
0</td><td rowspan="3">+0.078
+0.030</td><td>2.5</td><td>1.8</td></tr>
<tr><td>>12 ~ 17</td><td>5 × 5</td><td>5</td><td>3.0</td><td>2.3</td><td rowspan="3">0.16</td><td rowspan="3">0.25</td></tr>
<tr><td>>17 ~ 22</td><td>6 × 6</td><td>6</td><td>3.5</td><td>2.8</td></tr>
<tr><td>>22 ~ 30</td><td>8 × 7</td><td>8</td><td rowspan="2">0
-0.036</td><td rowspan="2">±0.018</td><td rowspan="2">-0.015
-0.051</td><td rowspan="2">+0.036
0</td><td rowspan="2">+0.098
+0.040</td><td>4.0</td><td rowspan="10">+0.2
0</td><td>3.3</td><td rowspan="10">+0.2
0</td></tr>
<tr><td>>30 ~ 38</td><td>10 × 8</td><td>10</td><td>5.0</td><td>3.3</td><td rowspan="5">0.25</td><td rowspan="5">0.40</td></tr>
<tr><td>>38 ~ 44</td><td>12 × 8</td><td>12</td><td rowspan="4">0
-0.043</td><td rowspan="4">±0.0215</td><td rowspan="4">-0.018
-0.061</td><td rowspan="4">+0.043
0</td><td rowspan="4">+0.120
+0.050</td><td>5.0</td><td>3.3</td></tr>
<tr><td>>44 ~ 50</td><td>14 × 9</td><td>14</td><td>5.5</td><td>3.8</td></tr>
<tr><td>>50 ~ 58</td><td>16 × 10</td><td>16</td><td>6.0</td><td>4.3</td></tr>
<tr><td>>58 ~ 65</td><td>18 × 11</td><td>18</td><td>7.0</td><td>4.4</td></tr>
<tr><td>>65 ~ 75</td><td>20 × 12</td><td>20</td><td rowspan="4">0
-0.052</td><td rowspan="4">±0.026</td><td rowspan="4">-0.022
-0.074</td><td rowspan="4">+0.052
0</td><td rowspan="4">+0.149
+0.065</td><td>7.5</td><td>4.9</td><td rowspan="4">0.40</td><td rowspan="4">0.60</td></tr>
<tr><td>>75 ~ 85</td><td>22 × 14</td><td>22</td><td>9.0</td><td>5.4</td></tr>
<tr><td>>85 ~ 95</td><td>25 × 14</td><td>25</td><td>9.0</td><td>5.4</td></tr>
<tr><td>>95 ~ 110</td><td>28 × 16</td><td>28</td><td>10.0</td><td>5.4</td></tr>
</table>

注：表中直径 d 不属于 GB/T 1095—2003。

普通平键的标注示例：

宽度 b = 16mm、高度 h = 10mm、长度 L = 100mm 的普通 A 型平键的标记为

GB/T 1096 键 16 × 10 × 100

宽度 b = 16mm、高度 h = 10mm、长度 L = 100mm 的普通 B 型平键的标记为

GB/T 1096 键 B16 × 10 × 100

宽度 b = 16mm、高度 h = 10mm、长度 L = 100mm 的普通 C 型平键的标记为

GB/T 1096 键 C16 × 10 × 100

不论采用哪种平键连接，轮毂上的键槽是用插刀或拉刀加工的，因此都是开通的。上述标记中，普通 A 型平键的标记省略字母 A。

表 10-2　普通平键的尺寸（摘自 GB/T 1096—2003）　（单位：mm）

宽度 b	2	3	4	5	6	8	10	12	14	16	18	20	22
高度 h	2	3	4	5	6	7	8	8	9	10	11	12	14
长度 L													
6			—	—	—	—	—	—	—	—	—	—	—
8				—	—	—	—	—	—	—	—	—	—
10					—	—	—	—	—	—	—	—	—
12					—	—	—	—	—	—	—	—	—
14						—	—	—	—	—	—	—	—
16						—	—	—	—	—	—	—	—
18							—	—	—	—	—	—	—
20							—	—	—	—	—	—	—
22	—							—	—	—	—	—	—
25	—			标准				—	—	—	—	—	—
28	—								—	—	—	—	—
32	—								—	—	—	—	—
36	—									—	—	—	—
40	—	—								—	—	—	—
45	—	—					长度				—	—	—
50	—	—	—									—	—
56	—	—	—										—
63	—	—	—	—									
70	—	—	—	—									
80	—	—	—	—	—								
90	—	—	—	—	—					范围			
100	—	—	—	—	—	—							
110	—	—	—	—	—	—							
125	—	—	—	—	—	—	—						
140	—	—	—	—	—	—	—						
160	—	—	—	—	—	—	—	—					
180	—	—	—	—	—	—	—	—	—				
200	—	—	—	—	—	—	—	—	—	—			
220	—	—	—	—	—	—	—	—	—	—	—		
250	—	—	—	—	—	—	—	—	—	—	—	—	

（2）导向平键和滑键连接　当轴上零件与轴构成移动副时，采用导向平键连接，轮毂可沿键做轴向滑移，如图 10-4 所示。由于导向平键较长，要用螺钉固定在轴上，键中间设有起键螺孔，以便拆卸。当轴上零件移动距离较大时，宜采用滑键连接，但因其键槽过长，制造、安装比较困难。如图 10-5 所示，滑键固定在轮毂上。零件在轴上移动，带动滑键在

轴槽中做轴向移动，这种连接需要在轴上铣出较长的键槽，而键可以做得较短。

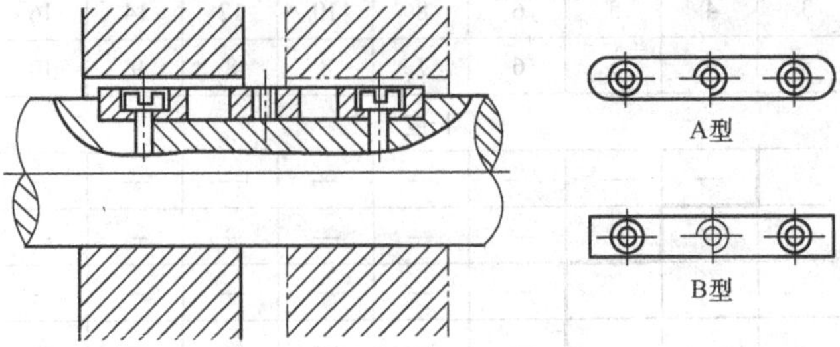

图 10-4　导向平键连接

2. 半圆键连接

如图 10-6 所示，用半圆键连接时，轴上键槽用半径与键相同的盘状铣刀铣出，因而键在槽中能摆动以适应轮毂键槽的斜度。

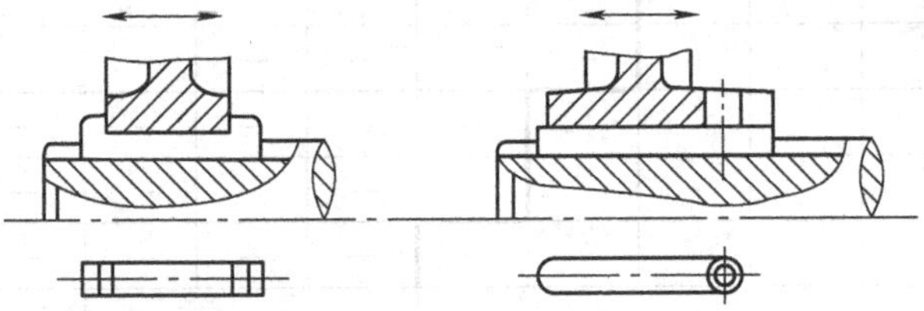

图 10-5　滑键连接

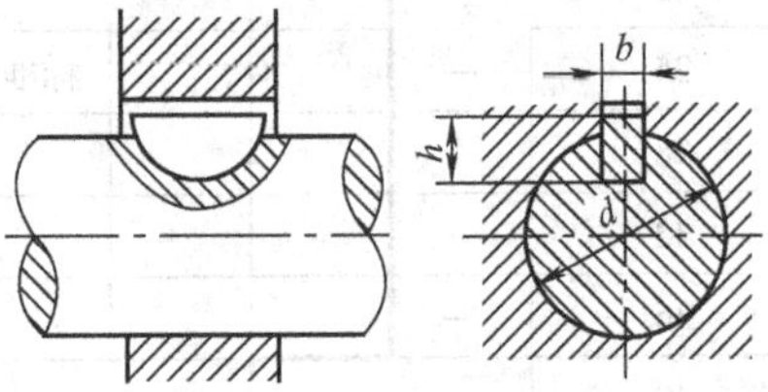

图 10-6　半圆键连接

半圆键用于静连接，键的侧面为工作面。这种连接的优点是工艺性较好，缺点是轴上键槽较深，对轴的强度削弱较大，故主要用于轻载荷和锥形轴端的连接。

3. 楔键连接

楔键连接如图 10-7 所示，楔键的上表面和轮毂槽底均有 1:100 的斜度，键楔紧在轴毂之间。楔键的上下表面为工作面，依靠压紧面的挤压力和摩擦力传递转矩及单向轴向力。楔键分普通楔键和钩头楔键。在装配时，对 A 型（圆头）普通楔键要先将键放入键槽，然后打紧轮毂；对 B 型（平头）普通楔键和钩头楔键。可先将轮毂装到适当位置，再将键打紧。钩头与轮毂断面间应留有余地，以便拆卸。因为键楔紧后，轴与轴上零件的对中性差，在冲击、振动或变载荷下连接容易松动，所以楔键连接适用于不要求准确定心、低速运转的场合。

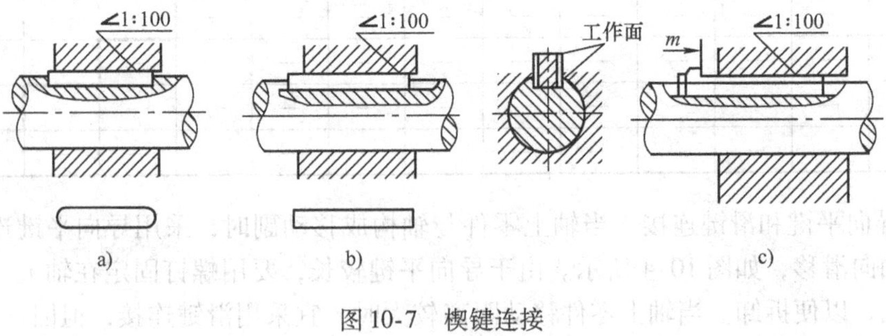

图 10-7　楔键连接

a）A 型普通楔键　b）B 型普通楔键　c）钩头楔键

10.1.2 键连接的尺寸选择和强度计算

1. 键的选择

(1) 键的类型选择 选择键的类型应考虑以下因素：对中性的要求；传递转矩的大小；轮毂是否需要沿轴向滑移及滑移的距离大小；键在轴的中部或端部等。

(2) 键的尺寸选择 键的截面尺寸（宽度 b 和高度 h）可根据轴的直径从表 10-1 中选取，键的长度 L 应略小于轮毂的宽度 l_b，并按表 10-2 中提供的长度取值。对于动连接还应考虑移动的距离。

2. 平键连接的强度计算

键连接的主要失效形式是较弱工作面的压溃（静连接）或过度磨损（动连接），因此应按照挤压应力 σ_p 或压强 p 进行条件性的强度计算，校核公式为

$$\sigma_p(\text{或}\ p)=\frac{4T}{dhl}\leqslant[\sigma_p](\text{或}[p]) \tag{10-1}$$

式中 T——传递的转矩（N·mm）；

d——轴的直径（mm）；

h——键的高度（mm）；

l——键的工作长度（mm），如图 10-2 所示；

$[\sigma_p]$(或$[p]$)——键连接的许用挤压应力（或许用压强 $[p]$）(MPa)，见表 10-3。计算时应取键、轴、轮毂三者中抗挤压能力最弱的材料的许用应力值。

如果强度不足，在结构允许时可以适当增加轮毂的长度和键长，或者在间隔 180°位置布置两个键。考虑载荷分布的不均匀性，双键连接按 1.5 个键进行强度校核。

表 10-3 键连接的许用挤压应力（压强） （单位：MPa）

项 目	连接性质	键或轴、毂材料	载荷性质		
			静载荷	轻微冲击	冲 击
$[\sigma_p]$	静连接	钢	120~150	100~120	60~90
		铸铁	70~80	50~60	30~45
$[p]$	动连接	钢	50	40	30

3. 键槽尺寸及公差

轮毂键槽深度为 t_2，轴上键槽深度为 t_1，它们的宽度与键的宽度相同。键连接按配合情况分为正常连接、紧密连接和松连接。可由表 10-1 查出相应的值。键槽的表面粗糙度一般规定为：轴槽、轮毂槽的键槽宽度 b 两侧面粗糙度值 Ra 推荐为 1.6~3.2μm，轴槽底面、轮毂槽底面的表面粗糙度值 Ra 推荐为 6.3μm。图 10-8 所示为轴直径为 45mm 的普通平键（正常连接）的键槽尺寸和偏差。

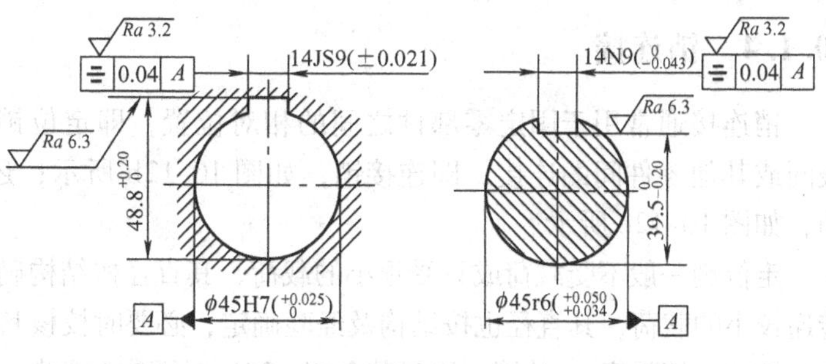

图 10-8 键槽尺寸及偏差

10.1.3 花键连接

花键连接由轴上加工出的外花键和轮毂孔内加工出的内花键组成，如图10-9所示，工作时靠键齿的侧面互相挤压传递转矩。花键连接的优点是：键齿数多、承载能力强；键槽较浅，应力集中小，对轴和轮毂的强度削弱也小；键齿均布，受力均匀；轴上零件与轴的对中性好；导向性好。花键连接的缺点是加工成本较高。因此，花键连接用于定心精度要求较高和传递载荷较大的场合。花键连接已标准化，按齿形的不同，分矩形花键和渐开线花键等。

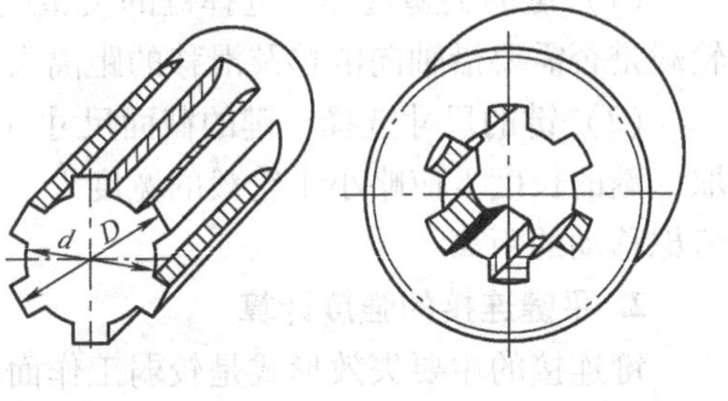

图10-9 花键

1. 矩形花键

矩形花键的齿侧为直线。按键齿数和键高的不同，矩形花键分轻、中两个系列。对轻载的静连接，选用轻系列；对重载的静连接或动连接，选用中系列。国家标准规定，矩形花键连接采用小径定心，如图10-10所示。这种定心方式可采用热处理后磨内花键孔的工艺，提高定心精度，并在单件生产或花键孔直径较大时避免使用拉刀，以降低制造成本。

2. 渐开线花键

渐开线花键的齿廓为渐开线，如图10-11所示，工作时各齿承载均匀，连接强度高。渐开线花键可以用齿轮加工设备制造，工艺性好，加工精度高，互换性好。因此，渐开线花键连接常用于传递载荷较大、轴径较大、大批量生产的重要场合。

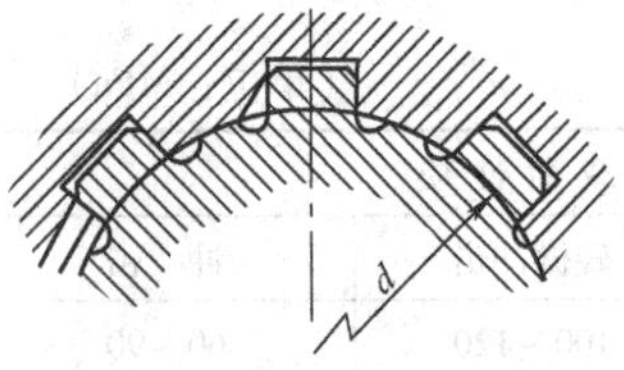

图10-10 矩形花键连接

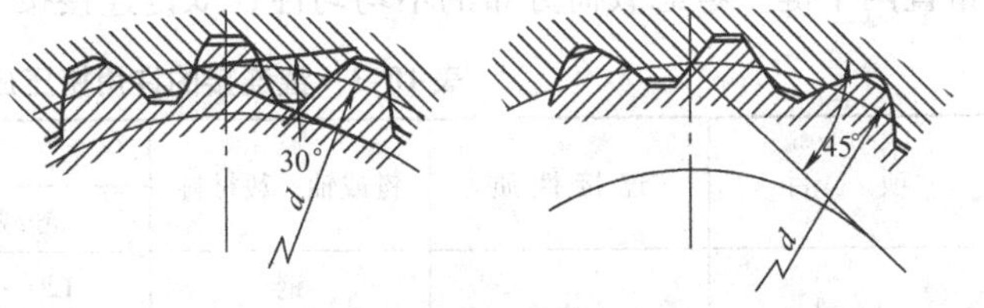

图10-11 渐开线花键连接

渐开线花键的主要参数为模数 m、齿数 z、分度圆压力角 α 等。按分度圆压力角的大小可分为30°、37.5°和45°三种；按齿根形状可分为平齿根和圆齿根两种。圆齿根比平齿根应力集中小，平齿根比圆齿根便于制造。$\alpha=45°$ 的渐开线花键齿数多、模数小，多用于轻载和直径较小的静连接，特别适用于轴与薄壁零件的连接。

10.1.4 销连接

销连接通常用于固定零部件之间的相对位置，即定位销，如图10-12a所示；也用于轴毂间或其他零件间的连接，即连接销，如图10-12b所示；还可充当过载剪断元件，即安全销，如图10-12c所示。

定位销一般不受载荷或只受很小的载荷，其直径按结构确定，数目不少于两个。连接销能传递较小的载荷，其直径也按结构及经验确定，必要时校核其挤压和剪切强度。安全销的直径应按销的剪切强度 τ_b 计算，当过载20%~30%时即应被剪断。销的常用材料为35钢和45钢。

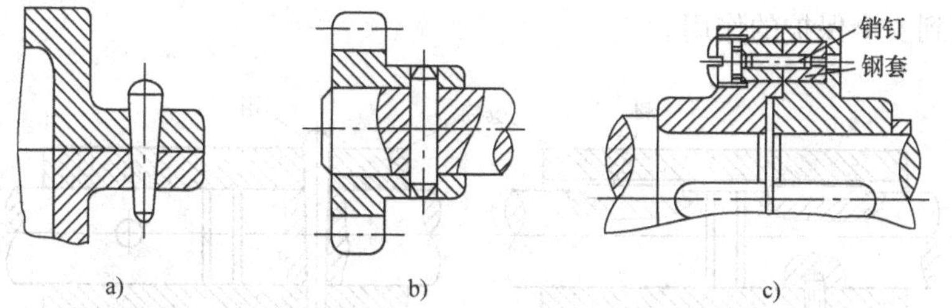

图 10-12 销连接

a）定位销 b）连接销 c）安全销

销按形状分为圆柱销、圆锥销和异形销三类。圆柱销与销孔采用过盈配合，为保证定位精度和连接的坚固性，不宜经常拆装。圆锥销具有 1∶50 的锥度，小端直径为标准值，自锁性能好，定位精度高。圆柱销和圆锥销的销孔均需铰制。异形销种类很多，其中开口销工作可靠，拆卸方便，常与槽形螺母合用，锁定螺纹连接件。

10.2 轴间连接

在机械连接中，联轴器和离合器都是用来连接两轴，使两轴一起转动并传递转矩的装置。所不同的是，联轴器只能保持两轴的接合，而离合器却可在机器的工作中随时完成两轴的接合和分离。

10.2.1 联轴器

联轴器所连接的两轴，由于制造和安装误差、受载变形、温度变化和机座下沉等原因，可能产生轴线的径向、轴向、角度或综合位移，如图 10-13 所示。因此，要求联轴器在传递运动和转矩的同时，还应具有一定范围内补偿综合位移、缓冲吸振的能力。联轴器按内部是否包含弹性元件，分为刚性联轴器和弹性联轴器两大类。其中刚性联轴器按有无位移补偿能力，又分为固定式刚性联轴器和可移式刚性联轴器两类。下面介绍几种常用的联轴器。

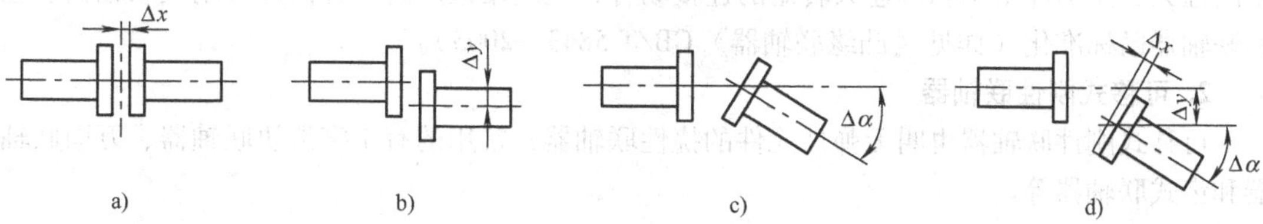

图 10-13 两轴线相对偏移的形式

a）轴向位移 Δx b）径向位移 Δy c）角度位移 $\Delta\alpha$ d）综合位移 Δx、Δy、$\Delta\alpha$

1. 固定式刚性联轴器

固定式刚性联轴器对轴线的位移没有补偿能力，适用于载荷平稳、两轴对中性好的场合。常用的固定式刚性联轴器有套筒联轴器和凸缘联轴器等。

（1）套筒联轴器 如图 10-14 所示，套筒联轴器是利用套筒和连接零件（键或销）将两轴连接起来。图 10-14a 中的螺钉起轴向固定作用；图 10-14b 中的圆锥销，当轴超载时会被剪断，可起到安全保护的作用。

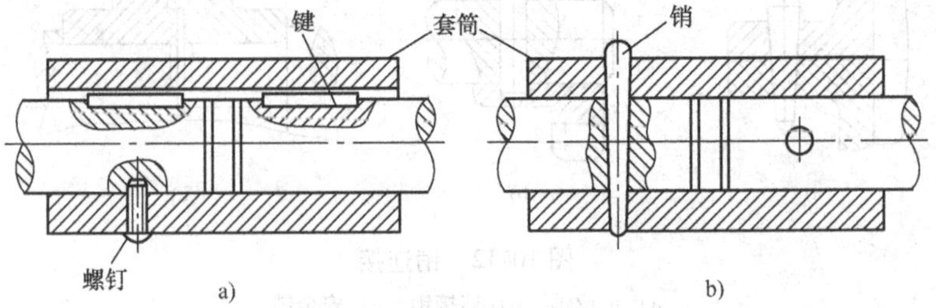

图 10-14 套筒联轴器

a）键连接 b）销连接

套筒联轴器结构简单、径向尺寸小、容易制造。适用于载荷不大、工作平稳、两轴严格对中、频繁起动、轴上转动惯量要求小的场合。

（2）凸缘联轴器 固定式刚性联轴器中应用最广的是凸缘联轴器。它是用螺栓连接两个半联轴器的凸缘以实现两轴连接的，工作时，联轴器和两轴构成一个刚性整体。凸缘联轴器有以下两种结构形式。一种是通过分别具有凸肩和凹槽的两个半联轴器的相互嵌合来对中，如图10-15a所示。另一种是通过铰制孔用螺栓来连接两个半联轴器，靠螺栓杆承受挤压与剪切来传递转矩，如图10-15b所示。

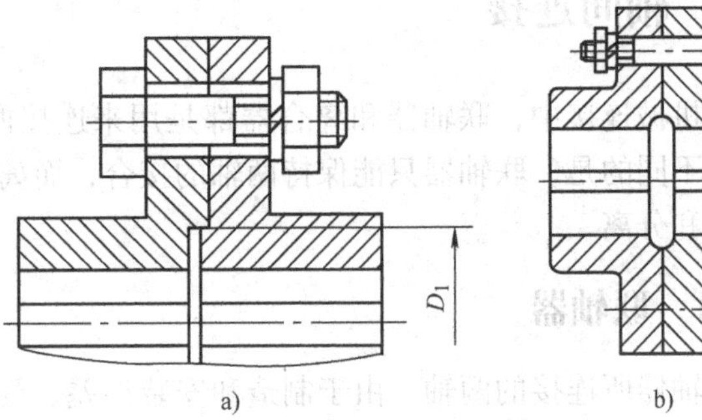

图 10-15 凸缘联轴器

a）凸肩和凹槽相互嵌合的两个半联轴器

b）通过铰制孔用螺栓连接的两个半联轴器

凸缘联轴器的主要特点是结构简单、成本低、传递的转矩较大，要求两轴的同轴度较好。凸缘联轴器适用于刚性大、振动冲击小和低速大转矩的连接场合，是应用最广的一种固定式刚性联轴器。这种联轴器已标准化（详见《凸缘联轴器》GB/T 5843—2003）。

2. 可移式刚性联轴器

可移式刚性联轴器也叫无弹性元件的挠性联轴器，常用的有十字滑块联轴器、万向联轴器和齿式联轴器等。

（1）十字滑块联轴器 如图10-16所示，十字滑块联轴器由两个在端面上开有凹槽的半联轴器1、3和一个两面带有相互垂直凸牙的中间圆盘2组成，并分别与两个半联轴器的凹槽相配合，凸牙的中线通过回转中心，故可补偿安装及运转时两轴间的相对位移。

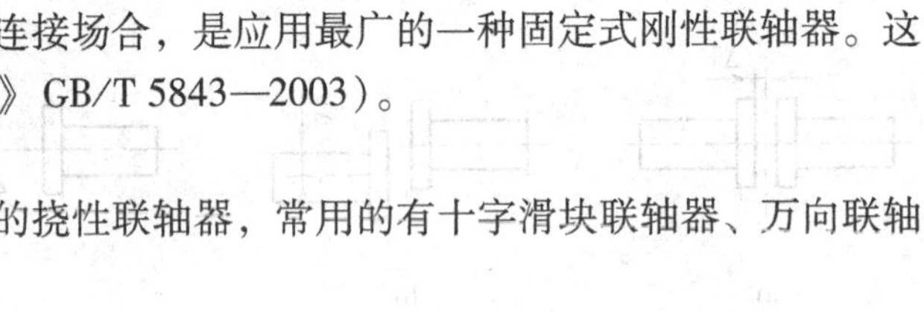

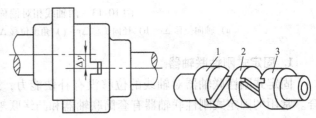

图 10-16 十字滑块联轴器

1、3—半联轴器 2—中间圆盘

十字滑块联轴器结构简单，径向尺寸小。在工作时，中间圆盘与两个半联轴器之间只有滑动没有转动，故联轴器两端的主动轴和从动轴的转速相等。但因为中间圆盘与两个半联轴器之间存在相对滑动，从而存在磨损；当转速较高时，中间圆盘会因偏心而产生较大的动载荷。故十字滑块联轴器一般适用于有较大径向位移、工作平稳、低速、大转矩的场合。

（2）万向联轴器 如图10-17a 所示，万向联轴器由分别装在两轴端的叉形半联轴器1、3以及与叉头相连的十字轴2组成。这种联轴器允许被连接两轴间有较大的夹角 α（最大可达 35°～45°），且机器工作时即使夹角发生改变仍可正常转动，但 α 过大会使传动效率显著降低。双万向联轴器如图10-17b 所示。

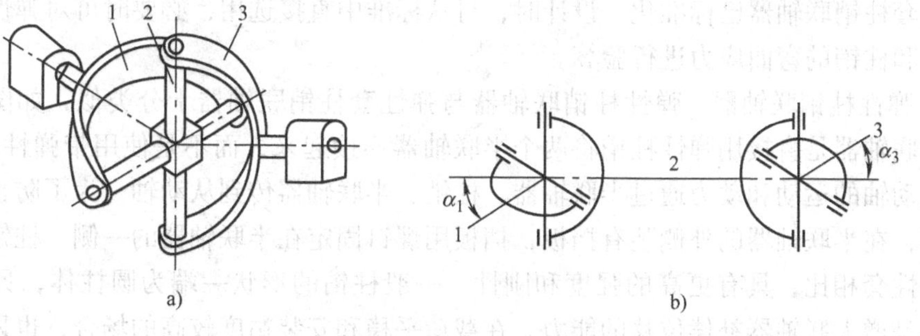

图10-17 万向联轴器

a）单万向联轴器 b）双万向联轴器

1、3—半联轴器 2—十字轴

这种联轴器的缺点是当主动轴角速度为常数时，从动轴的角速度并不是常数，而是在一定范围内变化，这在传动中会引起附加载荷。所以一般将两个单万向联轴器成对使用，但安装时应注意必须保证三个条件：

① 中间轴上两端的叉形接头在同一平面内。

② 使主、从动轴与中间轴的夹角相等 $\alpha_1=\alpha_2$，这样才可保证主、从动轴角速度相等。

③ 主、从动轴与中间轴的轴线应共面。

（3）齿式联轴器 齿式联轴器应用较广泛，它是利用内外啮合的齿轮实现两轴的连接和传递动力。如图10-18 所示，它由带有内齿及凸缘的外套筒2、3和带有外齿的内套筒1、4组成。由内套筒1、4分别用键与两轴连接，两个外套筒2、3用螺栓联成“体”，依靠内、外齿相啮合传递转矩。

这种联轴器结构紧凑、承载能力大、适用速度范围广，能传递很大的转矩和补偿适量的综合位移，安装精度要求不高。常用于重型机械中，但其结构笨重，制造困难，成本较高。

为了使其具有良好的补偿两轴综合位移的能力，可将外齿顶制成球面，使齿顶与齿侧均留有较大的间隙，还可以将外齿轮轮齿制成鼓形齿。齿式联轴器已经标准化。

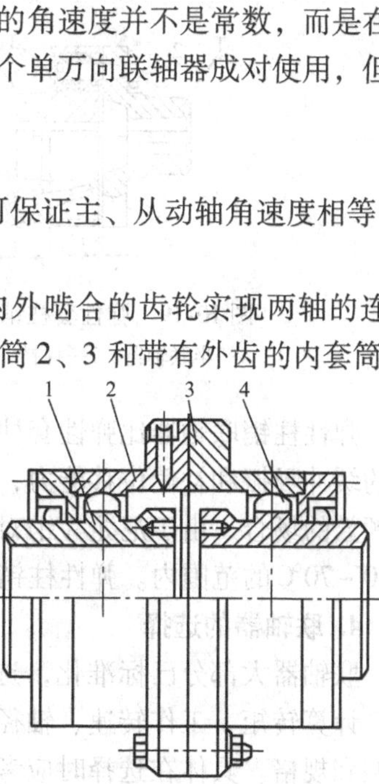

图10-18 齿式联轴器

1、4—内套筒 2、3—外套筒

3. 弹性联轴器

弹性联轴器靠弹性元件的弹性变形来补偿两轴线的相对位移，而且可以缓冲减振。常用的有弹性套柱销联轴器、弹性柱销联轴器等。

（1）弹性套柱销联轴器　弹性套柱销联轴器在结构上与凸缘联轴器类似，如图 10-19 所示。不同之处是用带有弹性套的柱销代替了螺栓连接，弹性套一般用耐油橡胶制成，剖面为梯形，以提高弹性。柱销材料多采用 45 钢。为补偿较大的轴向位移，安装时在两轴间留有一定的间隙，为了便于更换易损件，应留有一定的距离。

弹性套柱销联轴器容易制造、拆装方便，成本较低，不用润滑，但弹性套容易磨损，寿命较短。它适用于连接载荷平稳、需经常正反转，起动频繁，转速较高，传递中、小转矩的轴。弹性套柱销联轴器已标准化。设计时，可从标准中直接选用，必要时可对弹性套与孔壁间的压强和柱销的弯曲应力进行验算。

（2）弹性柱销联轴器　弹性柱销联轴器与弹性套柱销联轴器十分类似，如图 10-20 所示。这种联轴器是直接用弹性柱销将两个半联轴器连接起来，而不是使用带弹性套的柱销。工作时主动轴的运动和动力通过半联轴器、柱销、半联轴器传到从动轴。为了防止柱销在工作时脱落，在半联轴器的外侧装有挡板，挡板用螺钉固定在半联轴器的一侧。柱销由尼龙制成，与弹性套相比，具有更高的强度和刚性。一般柱销的形状一端为圆柱体，另一端为鼓形，目的是增大联轴器补偿位移的能力。在载荷平稳和安装精度较高的场合，也采用截面没合变化的圆柱形拉销。

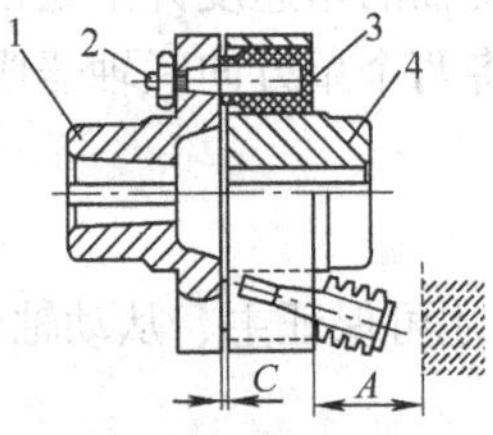

图 10-19　弹性套柱销联轴器

1、4—半联轴器　2—柱销　3—弹性套

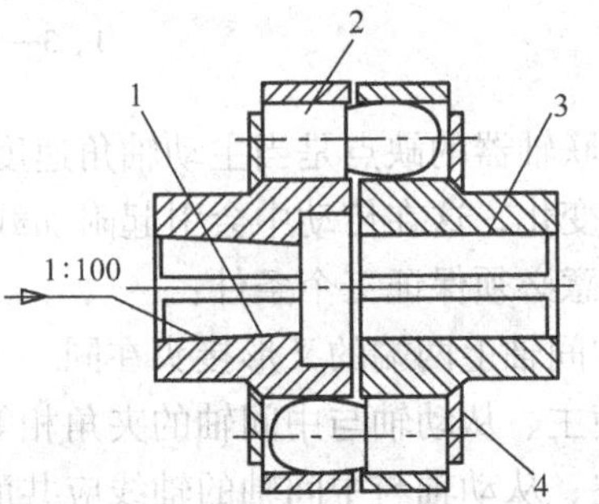

图 10-20　弹性柱销联轴器

1、3—半联轴器　2—尼龙柱销　4—挡板

弹性柱销联轴器比弹性套柱销联轴器的结构更简单，而且传递转矩的能力更大，也有一定的缓冲吸振和补偿位移能力，适用于冲击载荷不大、轴向窜动较大、正反转变化较多和起动频繁的场合。由于尼龙柱销对温度较敏感，尺寸稳定性较差，所以使用中其温度应控制在 −20～70℃的范围内。弹性柱销联轴器也已标准化。

4. 联轴器的选择

联轴器大部分已标准化，选用者应根据使用要求，如机械结构类型、要求传递工作情况、计算转矩、工作转速、轴径、伸出轴头、被连接的两轴最大位移和工作条件来确定选用类型和规格。具体在选择时应考虑以下几点。

1）传递载荷的大小和性质。

2）转速的高低。

3）需要补偿相对位移的大小和性质。

4）起动频率，正反转的要求，对缓冲减振的要求，对工作温度的要求，安全要求等。

5）制造、安装和维护的成本。

对于已经标准化或虽未标准化但有资料和手册可查的联轴器，可按标准或手册中所列的数据选定联轴器的型号和尺寸。若使用场合较特殊，无适当的标准联轴器可供选用时，可按照实际需要自行设计。另外，选择联轴器时有些场合还需要对其中个别的关键零件作必要的验算。

联轴器的计算转矩可按下式计算

$$T_C = K_A T \tag{10-2}$$

式中 T_C——计算转矩（N·m）；

T——名义转矩（N·m）；

K_A——工作情况系数，由表10-4查取。

在选择联轴器型号时，应同时满足下列两式

$$T_C \leqslant T_m$$

$$n \leqslant [n]$$

式中，T_m、$[n]$ 分别为联轴器的额定转矩（N·m）和许用转速（r/min），此二值在相关手册中可查出。

表10-4 工况系数 K_A

载荷类别	工作状况	设备名称举例	工况系数 K_A
1	均匀载荷	离心式鼓风机和压缩机、发电机、（均匀加载）运输机、废水处理设备、搅拌设备等	1.0~1.5
2	中等冲击载荷	洗衣机、木材加工机械、工具机、混凝土搅拌机、旋转式粉碎机、起重机和卷扬机等	1.5~2.5
3	重冲击载荷	破碎机、往复式给料机、摆动运输机、可逆输送滚道等	≥2.5

10.2.2 离合器

离合器可以根据需要随时分离或连接机器的两轴，如汽车需临时停车时不必熄火，可以操纵离合器，使变速箱的输入轴与汽车发动机的输出轴分离。离合器应能迅速、平稳、可靠、灵活地连接或分离机器的两轴。离合器按接其工作原理可分为嵌合式和摩擦式两类。按控制方式可分为操纵式和自动式两类；前者需要借助于人力或外加动力（如液压、气动、电磁等）进行操纵，后者可在一定条件下自动分离或结合。下面介绍几种常用的离合器。

1. 牙嵌离合器

图10-21所示为操纵式牙嵌离合器，它由两个端面带牙的半离合器组成。其中一半离合器固定在主动抽上，另一半离合器通过导向键或花键与从动轴相联，工作时利用操纵杆带动滑环使其做轴向移动，以实现离合器的分离和接合，并依靠两个半离合器端面的凸牙和凹槽相互嵌合来传递运动和转矩。为了使两半离合器能够对中，安装在主动轴上的半离合器有一

个对中环，从动轴可以在对中环内自由移动。

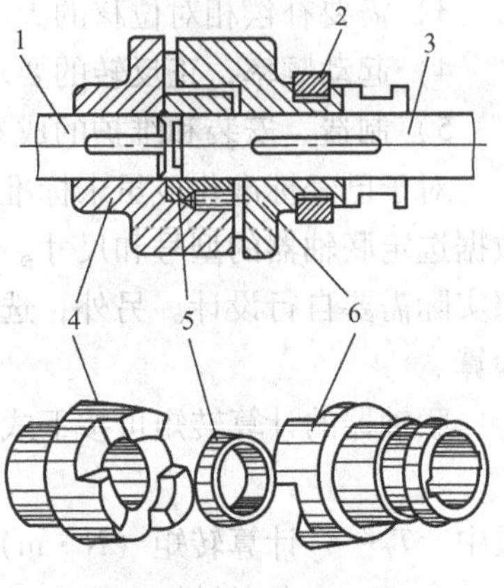

图 10-21 牙嵌离合器

1—主动轴 2—滑环 3—从动轴

4、6—半离合器 5—对中环

牙嵌式离合器的牙形有矩形、三角形、梯形和锯齿形等，如图 10-22 所示。其中以梯形牙应用最广。梯形牙强度较大，接合和脱开比矩形牙容易，牙侧间隙较小且磨损后能自动补偿，从而可以避免在载荷和速度变化时因间隙而产生的冲击。

矩形牙容易制造，无轴向分力，但接合、脱开困难，且牙与牙之间必须有间隙，只用于不经常开合的场合。

锯齿形牙的强度最高，承载能力最大，但只能传递单方向的转矩，反转时工作面将承受较大的轴向分力，迫使离合器自行分离。

三角形牙强度较弱，但传动时接合较好，主要用于低速轻载的场合。

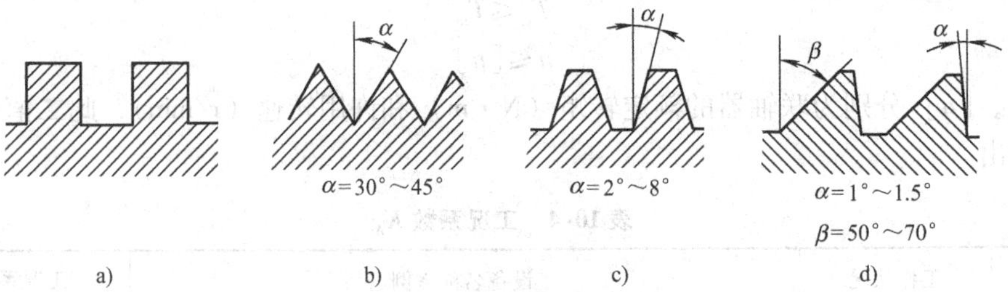

图 10-22 牙嵌离合器的牙形

a）矩形 b）三角形 c）梯形 d）锯齿形

牙嵌式离合器结构简单，外廓尺寸小，能传递较大的转矩，接合后牙间没有相对滑动，故两轴能同步转动。但只适宜在两轴转速差较小或停车的情况下接合，否则可能将牙撞断。

2. 摩擦离合器

摩擦离合器是靠工作面上的摩擦力来传递转矩的。为提高传递转矩的能力，通常采用多片摩擦片。它能在不停车或两轴有较大转速差时进行平稳接合，且可在过载时因摩擦片间打滑而起到过载保护的作用。

图 10-23a 所示为多片式摩擦离合器，它有两组摩擦片，主动轴 1 与外壳 2 相连，外壳 2 内装有一组外摩擦片 4，如图 10-23b 所示，其外缘有凸齿插入外壳的内齿槽内，与外壳一起转动，其内孔不与任何零件接触。从动轴 10 与套筒 9 相连接，套筒上装有一组内摩擦片 5，如图 10-23c 所示，其外缘不与任何零件接触，随从动轴一起转动。滑环 7 由操纵机构控制，当滑环向左移动时，使杠杆 8 绕支点顺时针转动，通过压板 3 将两组摩擦片压紧，实现接合。滑环 7 向右移动，则实现离合器分离。摩擦片间的压力由螺母 6 调节。

多片式摩擦离合器由于摩擦片增多，传递转矩的能力得到提高，但结构较为复杂。

3. 安全离合器

图 10-24 所示为牙嵌式安全离合器，端面带牙的两半离合器 2 和 3 靠弹簧 1 嵌合压紧以传递转矩。当从动轴 4 上的载荷过大时，牙面 5 上产生的轴向分力将超过弹簧的压力，迫使

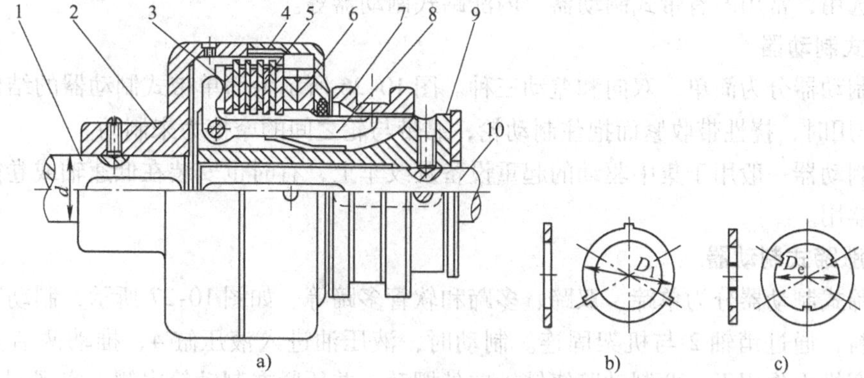

图 10-23 多片式摩擦离合器及摩擦片

1—主动轴 2—外壳 3—压板 4—外摩擦片 5—内摩擦片

6—螺母 7—滑环 8—杠杆 9—套筒 10—从动轴

离合器发生跳跃式的滑动，使从动轴4自动停转。调节螺母6可改变弹簧压力，从而改变离合器传递转矩的大小。

4. 超越离合器

如图10-25所示，超越离合器的行星轮1与主动轴相连，顺时针回转，滚柱3受摩擦力作用滚向狭窄部位被楔紧，带动外环2随行星轮1同向回转，离合器结合。行星轮1逆时针回转时，滚柱3滚向宽敞部位，外环2不与行星轮1同向转动，离合器自动分离。滚柱一般为3~8个。弹簧4起均匀载荷的作用。

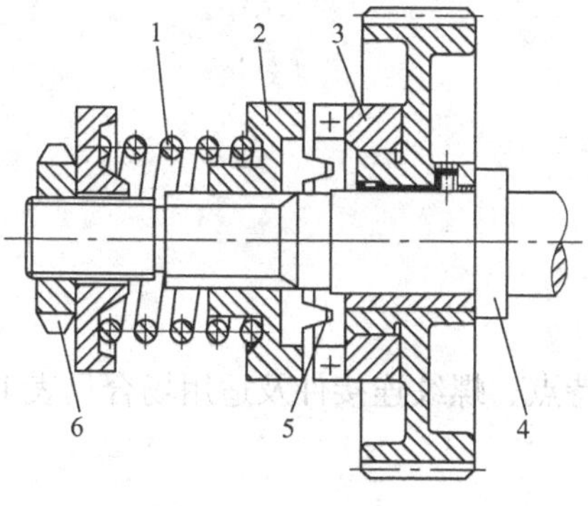

图 10-24 牙嵌式安全离合器

1—弹簧 2、3—半离合器 4—从动轴 5—牙面 6—螺母

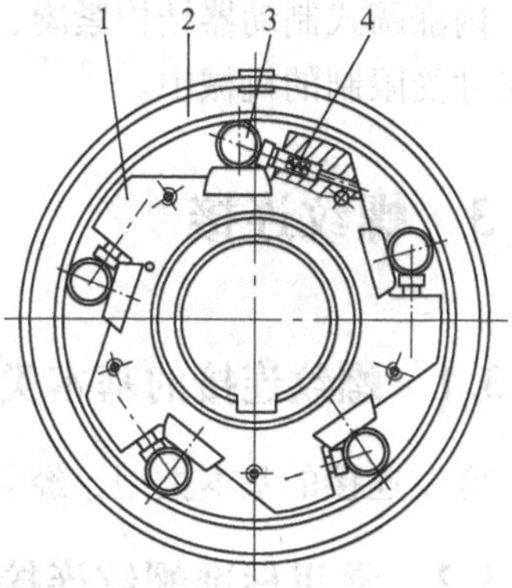

图 10-25 超越离合器

1—行星轮 2—外环 3—滚柱 4—弹簧

若外环和行星轮做顺时针同向回转，则当外圈转速大于星轮转速时，离合器为分离状态(超越)。当外圈转速小于行星轮转速时，离合器为接合状态。

超越离合器只能传递单向转矩，结构尺寸小，接合分离平稳，可用于高速传动。

10.2.3 制动器

制动器的主要作用是降低机械运转速度或迫使机械停止传动。制动器多数已标准化，可根据需要选用，常用的有带式制动器、内涨蹄式制动器等。

1. 带式制动器

带式制动器分为简单、双向和差动三种。图 10-26 所示为简单带式制动器的结构。当杠杆受 F_Q 作用时，挠性带收紧而抱住制动轮，靠带与轮之间的摩擦力来制动。

带式制动器一般用于集中驱动的起重设备及绞车上，有时也安装在低速轴或卷筒上作为安全制动器用。

2. 内涨蹄式制动器

内涨蹄式制动器分为单蹄、双蹄、多蹄和软管多蹄等。如图 10-27 所示，制动蹄 1 上装有摩擦材料，通过销轴 2 与机架固连。制动时，液压油进入液压缸 4，推动两活塞左右移动，在活塞推力作用下，两制动蹄绕销轴向外摆动，并压紧在制动轮内侧，实现制动。油路回油后，制动蹄在弹簧 5 作用下与制动轮分离。

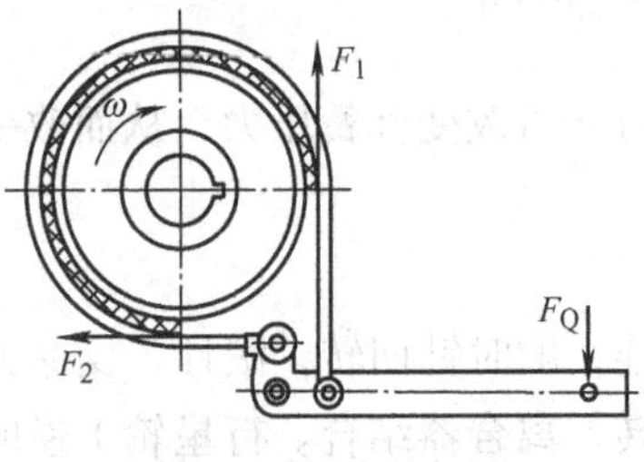

图 10-26 简单带式制动器

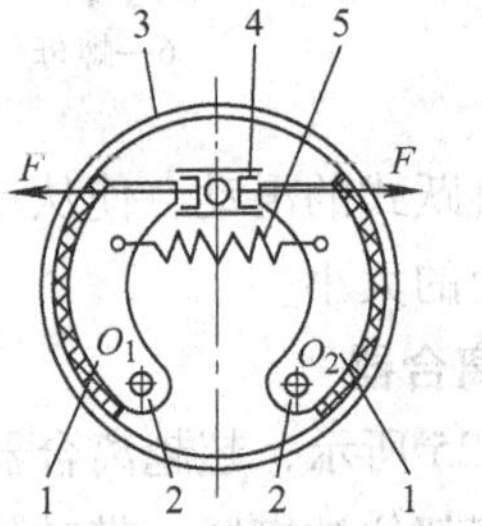

图 10-27 内涨蹄式制动器

1—制动蹄 2—销轴 3—制动轮 4—液压缸 5—弹簧

内涨蹄式制动器结构紧凑，散热条件、密封性和刚性均较好，广泛应用于各种车辆及结构尺寸受限制的机械中。

10.3 螺纹连接

10.3.1 螺纹连接的基本类型

螺纹连接的基本类型、经验结构尺寸、结构特点、螺纹连接件及适用场合见表 10-5。

10.3.2 常用标准螺纹连接件

螺纹连接件的类型很多，在机械制造中常见的有普通螺栓、铰制孔用螺栓、螺钉、双头螺柱、螺母、垫圈及紧定螺钉等。这些零件的结构和尺寸等均已标准化，设计时可按要求从标准中查取。

1. 螺栓

螺栓的类型很多，螺栓杆部制有全螺纹式和半螺纹式，螺栓头部的形状也很多，常用的头部形状有标准六角头、小六角头、方头和内六角头等。应用最广泛的是六角头螺栓，螺纹精度分为 A、B、C 三级，通常多用 C 级。六角头螺栓中还有一种是铰制孔用螺栓。

表 10-5 螺纹连接类型、结构尺寸和应用场合

类型	构 造	主要尺寸关系	特点及应用
螺栓连接	普通螺栓连接 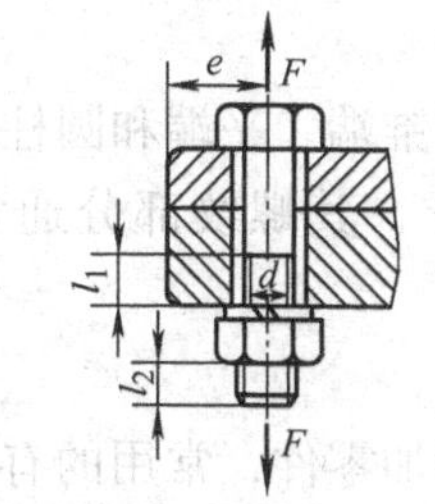	螺纹余留长度 l_1 普通螺栓连接中为 静载荷 $l_1 \geqslant (0.3 \sim 0.5)d$ 变载荷 $l_1 \geqslant 0.75d$ 冲击、弯曲载荷 $l_1 \geqslant d$ 铰制孔用螺栓连接 l_1 尽可能小 螺纹伸出长度 $l_2 \approx (0.2 \sim 0.3)d$ 螺栓轴线到被连接件边缘的距离 $e = d + (3 \sim 6)\,\text{mm}$	被连接都不切制螺纹，使用不受被连接件材料的限制，构造简单，拆装方便，成本低，应用最广 用于通孔，能从被连接件两边进行装配的场合
	铰制孔用螺栓连接 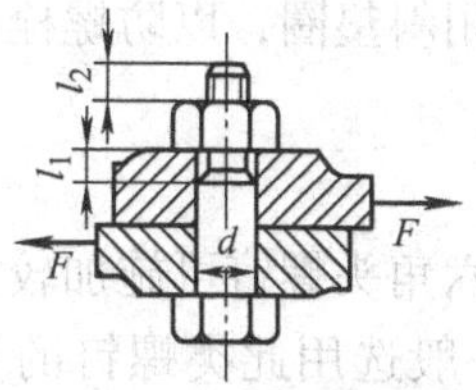		螺栓杆与孔之间紧密配合，有良好的承受横向载荷的能力和定位作用
双头螺柱连接	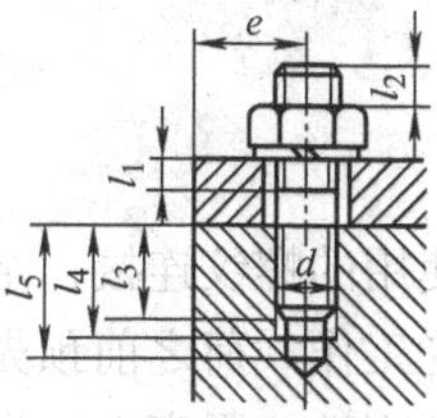	螺纹旋入深度，当螺纹孔零件为 钢或青铜 $l_3 \approx d$ 铸铁 $l_3 \approx (1.25 \sim 1.5)d$ 合金 $l_3 \approx (1.5 \sim 2.5)d$ 螺纹孔深度 $l_4 \approx l_3 + (2 \sim 2.5)d$ 钻孔深度 $l_5 \approx l_4 + (0.5 \sim 1)d$ l_1、l_2 同螺纹连接	双头螺柱的两端都有螺纹，其一端紧固地旋入被连接件之一的螺纹孔内，另一端与螺母旋合而将两被连接件连接 用于不能用螺栓连接且又需经常拆卸的场合
螺钉连接	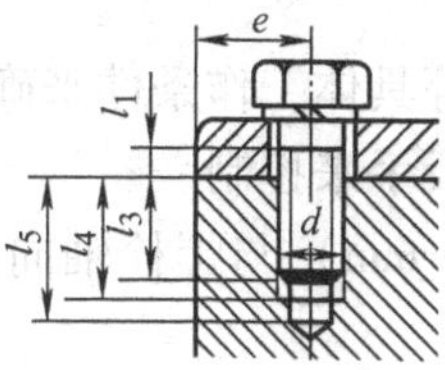	l_1、l_3、l_4、l_5 同螺纹连接和双头螺柱连接	不用螺母，而且能有光整的外露表面，应用与双头螺柱相似，但不适用于经常拆卸的连接，以免损坏被连接件的螺纹孔
紧定螺钉连接	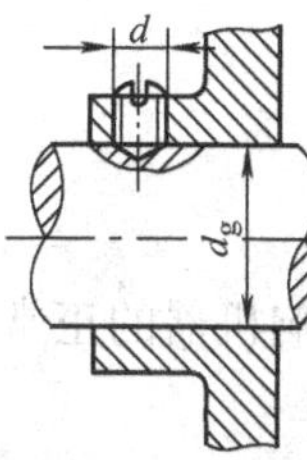	$d \approx (0.2 \sim 0.3)d_g$ 转矩大时取最大值	旋入被连接件之一的螺纹孔中，其末端顶住另一被连接件的表面或顶入相应的坑中，以固定两个零件的相互位置，并可传递较小的轴向或周向载荷

2. 双头螺柱

双头螺柱与被连接件的螺纹孔相配合的一端称为座端，另一端与螺母相配合，称为螺母端。常用的有等长双头螺柱和不等长双头螺柱。

3. 螺母

螺母是带有内螺纹的连接件。螺母按形状分为六角螺母、方螺母（很少用）和圆螺母。

六角螺母应用最广泛，按其厚薄又分为：标准六角螺母，用于一般场合；扁螺母，用于轴向尺寸受限制的场合；厚螺母，用于经常拆装易于磨损的场合。圆螺母用于轴上零件的轴向固定。

4. 紧定螺钉

紧定螺钉的头部和尾端结构的形式很多，常用的尾部形状有锥端、平端和圆柱端。每一种头部形式均对应有不同的尾端形式，以适应各种不同的要求，其螺纹部分通常经硬化处理。

5. 垫圈

垫圈是中间有孔的薄板状零件，是螺纹连接中不可缺少的附加零件，常用的有平垫圈和弹簧垫圈。当被连接件表面不够平整时采用平垫圈，可以起垫平接触面的作用；弹簧垫圈兼有防松的作用；当螺栓轴线与被连接件的接触面不垂直时需要用斜垫圈，以防螺栓承受附加弯矩。

6. 螺钉

结构形状与螺栓相似，但螺钉的头部形式较多，其中内外六角头螺钉可施加较大的拧紧力矩，而圆头螺钉和十字头螺钉不能施加太大的拧紧力矩，一般选用此类螺钉的直径不超过10mm。

10.3.3 螺纹连接预紧和防松

1. 螺纹连接的预紧

按螺纹装配时是否拧紧，分为松连接和紧连接。在机器中使用的螺纹连接，绝大多数在装配时要预先拧紧，称为螺纹连接的预紧，即使螺纹连接在承受工作载荷之前预先受到力的作用，这个预先加的作用力称为预紧力。其目的在于增加连接的刚性、紧密性，提高防松能力及防止被连接件间出现相对滑动。

螺栓拧紧需要的预紧力的大小应根据载荷性质、连接刚度等具体工作条件来确定。一般可凭经验控制，重要的螺栓连接通常采用测力矩扳手或定力矩扳手来控制。

为了使螺纹连接获得一定程度的预紧，所施加力矩 T（N·mm）与螺栓轴向预紧力 F' 的关系为

$$T = KF'd \tag{10-3}$$

式中 K——预紧力系数，一般计算中可取 $K \approx 0.2$；

d——螺纹大径（mm）。

2. 螺纹连接的防松

螺纹连接松脱的本质是工作时螺旋副发生相对转动，轻者会影响机器的正常运转，重者会造成严重事故。故设计时必须采取防松措施。

螺纹连接件一般采用单线普通螺纹，螺纹升角小于螺旋副的当量摩擦角，即满足自锁条件；拧紧后的螺母和螺栓头部的支承面上的摩擦力也起防松作用，所以在静载荷和工作温度变化不大时，螺纹连接不会松脱。但在冲击、振动或变载荷的作用下，螺旋副间的摩擦力会瞬时减小或瞬间消失。这种现象多次重复后，就会使连接松动。在高温或温度变化较大的情况下，由于螺纹连接件和被连接件的材料发生蠕变和应力松弛，也会使连接中的预紧力和摩擦力逐渐减小，最终将导致连接失效。因此，为了防止连接的松脱，保证连接安全可靠，设

计时必须采取有效的防松方法。

防松的根本问题在于防止螺旋副发生相对转动。防松的方法就其原理可分为摩擦防松、机械防松及不可拆防松。螺纹连接常用的防松方法见表10-6。

表10-6 螺纹连接常用的防松方法

<table>
<tr><th colspan="3">防松类型及原理</th><th colspan="4">防松装置结构</th></tr>
<tr><td rowspan="4">摩擦防松</td><td rowspan="4">在螺旋副中产生不随载荷变化的压紧力，保持阻碍松退的摩擦力</td><td rowspan="2">轴向压紧</td><td>对顶螺母</td><td colspan="2">弹簧垫圈</td><td>锁紧垫圈</td></tr>
<tr><td>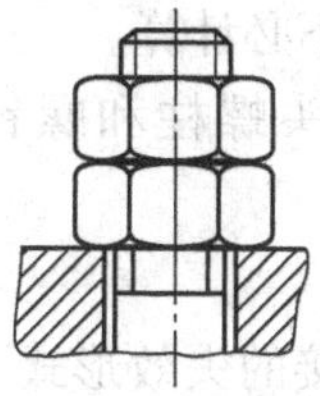</td><td colspan="2">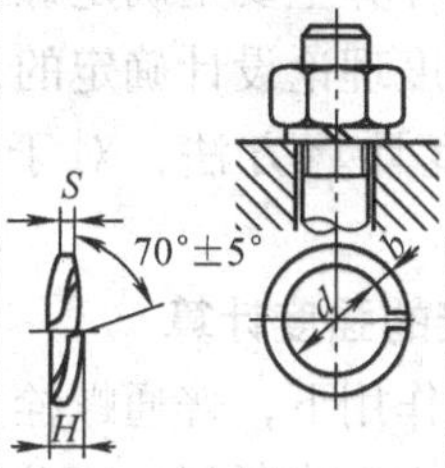</td><td>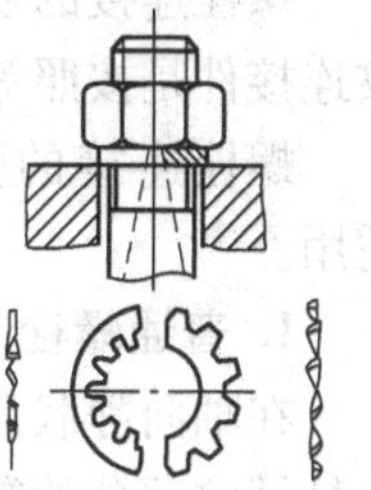</td></tr>
<tr><td rowspan="2">径向压紧</td><td>非金属嵌件锁紧螺母</td><td colspan="2">扣紧螺母</td><td>自锁螺母</td></tr>
<tr><td>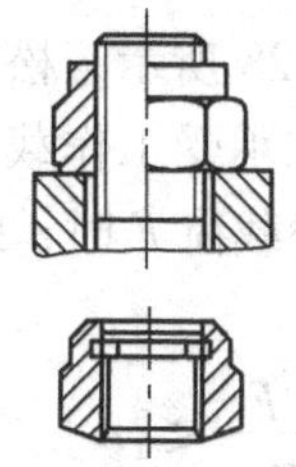</td><td colspan="2">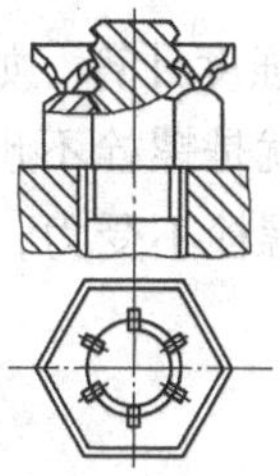</td><td>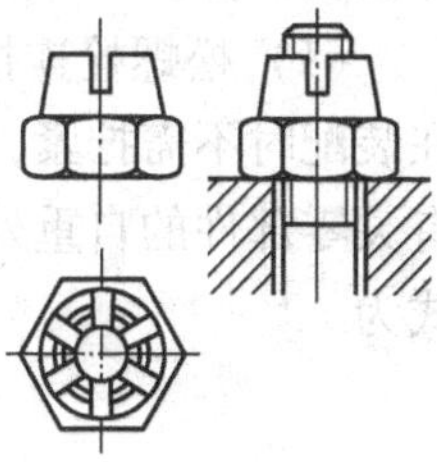</td></tr>
<tr><td rowspan="3">机械防松</td><td rowspan="3">直接锁住</td><td rowspan="2">开槽螺母与开口销</td><td colspan="3">止动垫圈</td><td rowspan="2">头部带孔螺栓与串联钢丝</td></tr>
<tr><td>圆螺母用</td><td>单耳</td><td>双耳</td></tr>
<tr><td>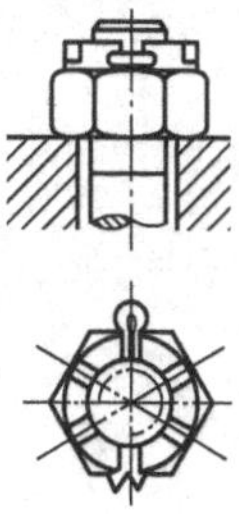</td><td>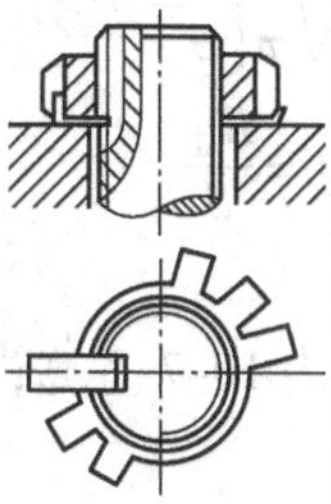</td><td>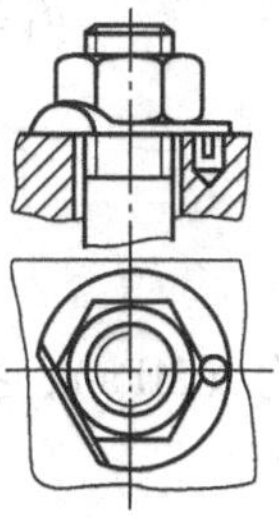</td><td>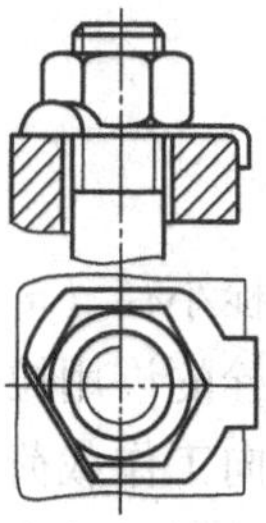</td><td>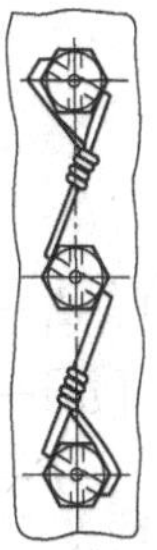</td></tr>
<tr><td rowspan="2">不可拆防松</td><td rowspan="2">破坏或固定螺旋副</td><td colspan="2">铆（冲点）接</td><td colspan="2">焊接</td><td>粘接</td></tr>
<tr><td colspan="2">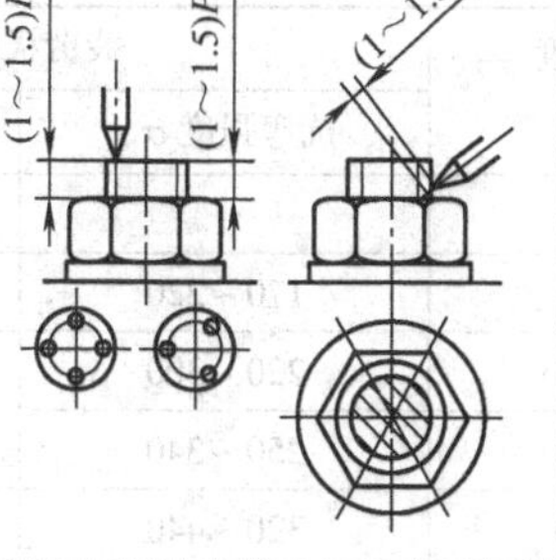</td><td colspan="2">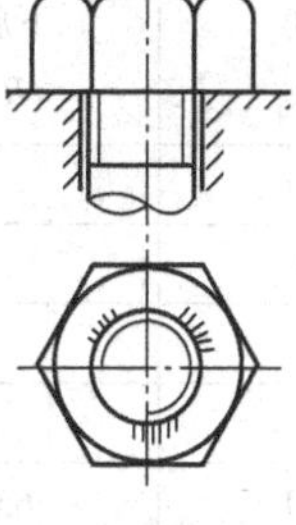</td><td>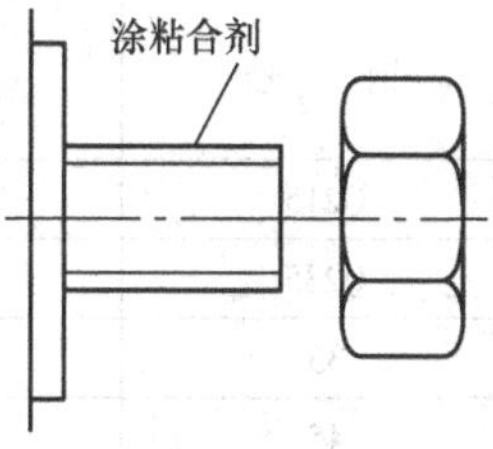</td></tr>
</table>

摩擦防松简单方便，其中对顶螺母工作可靠；弹性垫圈最简单，但不完全可靠；径向压紧的各种螺母无需预紧力，可在任意旋合位置箍紧，即使工作时有少许松退，也不致很快继续松退。机械防松只要止动元件不破坏，防松就不会失效，工作较可靠。不可拆防松方法工作可靠，适用于不拆或很少拆的连接。

10.3.4 螺栓连接的强度计算

螺栓连接的强度计算主要是确定螺栓的直径或校核螺栓危险截面的强度，其他尺寸及螺纹连接件是按照等强度理论设计确定的，不必计算。

螺栓连接的强度计算方法，对于双头螺柱和螺钉连接也适用。

1. 普通螺栓连接的强度计算

在轴向静载荷的作用下，普通螺栓连接的失效形式一般为螺栓杆螺纹部分的塑性变形或断裂，因此对普通螺栓连接要进行拉伸强度计算。

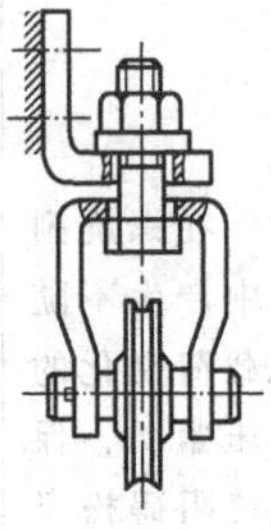

图 10-28 松螺栓连接实例

(1) 松螺栓连接的强度计算 如图 10-28 所示，松螺栓连接在装配时不需拧紧，也就是螺栓不预紧。在承受工作载荷前，除有关零部件的自重外，螺栓不受力，加上外载荷 F 时，螺栓受拉力 F(N)。螺栓的强度计算式为

$$\sigma = \frac{F}{\frac{\pi}{4}d_1^2} \leqslant [\sigma] \tag{10-4}$$

或

$$d_1 \geqslant \sqrt{\frac{4F}{\pi[\sigma]}} \tag{10-5}$$

$$[\sigma] = \frac{R_{eL}}{S} \tag{10-6}$$

式中 d_1——螺栓小径（mm）；

$[\sigma]$——螺栓的许用拉应力（MPa），按表 10-7 查算；

F——轴向工作载荷（N）；

R_{eL}——螺栓材料的下屈服极限（MPa），见表 10-7；

S——安全系数，见表 10-8。

表 10-7 螺栓连接件常用材料的力学性能

钢号	抗拉强度 R_m/MPa	下屈服强度 R_{eL}/MPa	疲劳极限 σ_D/MPa	
			抗弯强度 σ_{bb}	抗压强度 R_{mc}
Q215	340～420	220	—	—
Q235	49～470	240	170～220	120～160
35	540	320	220～300	170～220
45	69	360	250～340	190～250
40Cr	750～900	650～900	320～440	240～340

表 10-8 受拉螺栓连接的安全系数

控制预紧力	1.2~1.5					
不控制预紧力	材料	静载荷			动载荷	
		M6~M16	M16~M30	M30~60	M6~M16	M16~M30
	碳素钢	4~3	3~2	2~1.3	9~6.5	6.5
	合金钢	5~4	4~4.5	2.5	7.5~5	5

（2）紧螺栓连接的强度计算 这种连接有预紧力 F'，按所受工作载荷的方向分为以下两种情况。

① 受横向工作载荷的紧螺栓连接 如图 10-29 所示，在横向工作载荷 F_S 作用下，被连接件接合面间有相对滑移趋势，为防止滑移，由预紧力 F' 所产生的摩擦力应大于或等于横向载荷 F_S，即 $F'fm \geqslant F_S$。引入可靠性系数 C，整理得

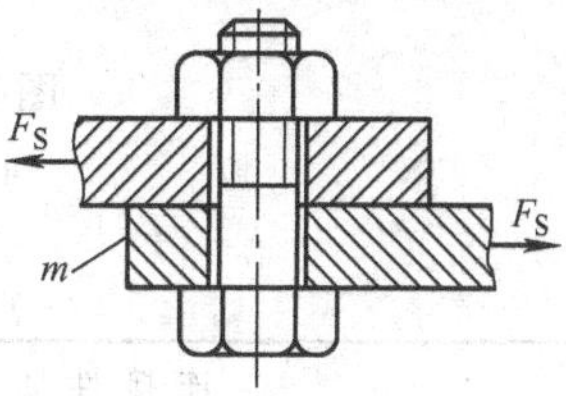

图 10-29 受横向载荷的紧螺栓连接

$$F' = \frac{CF_S}{fmz} \tag{10-7}$$

式中 F'——螺栓所受的轴向预紧力（N）；

C——可靠性系数，$C=1.1\sim1.3$；

F_S——螺栓连接所受横向工作载荷（N）；

f——接合面间的摩擦因数，对于干燥的钢或铸铁件表面，可取 $f=0.1\sim0.16$；

m——接合面的数目；

z——连接螺栓数目。

螺栓除受预紧力 F' 引起的拉应力 σ 外，还受到螺旋副中摩擦力矩 T 引起的切应力 τ 作用。对于 M10~M68 的普通钢制螺栓，$\tau \approx 0.5\sigma$，根据第四强度理论，可知相当应力 $\sigma_e \approx 1.3\sigma$。所以，螺栓的强度校核与设计计算公式分别为

$$\sigma_e = \frac{1.3F}{\frac{\pi}{4}d_1^2} \leqslant [\sigma] \tag{10-8}$$

$$d_1 \geqslant \sqrt{\frac{5.2F'}{\pi[\sigma]}} \tag{10-9}$$

式中各符号含义同前。

② 受轴向工作载荷的紧螺栓连接。这种连接常用于对紧密性要求较高的压力容器中，如气缸、液压缸中的法兰连接。工作载荷作用前，螺栓只受预紧力，接合面受压力，如图 10-30a所示。工作时，在轴向工作载荷 F 作用下，接合面有分离趋势，该处压力由 F' 减为 F''，称为残余预紧力，F'' 同时也作用于螺栓，因此，螺栓所受总拉力 F_Q 应为轴向工作载荷 F 与残余预紧力 F'' 之和，如图 10-30b 所示，即

$$F_Q = F + F'' \tag{10-10}$$

为保证螺栓连接的紧固性与紧密性，残余预紧力 F'' 应大于零。表 10-9 列出了 F'' 的推荐值。

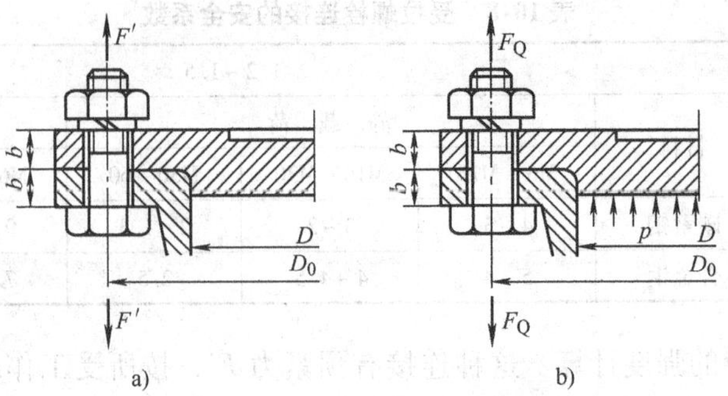

图 10-30 受轴向工作载荷的紧螺栓连接

a）工作载荷作用前 b）工作载荷作用后

表 10-9 残余预紧力 F″的推荐值

连接性质		残余预紧力 F″的推荐值
紧固连接	F 无变化	(0.2～0.6)F
	F 有变化	(0.6～1.0)F
紧密连接		(1.5～1.8)F
地脚螺栓连接		≥F

螺栓的强度校核与设计计算公式分别为

$$\sigma_e = \frac{1.3F_Q}{\frac{\pi}{4}d_1^2} \leqslant [\sigma] \tag{10-11}$$

$$d_1 \geqslant \sqrt{\frac{5.2F_Q}{\pi[\sigma]}} \tag{10-12}$$

压力容器中的螺栓连接，除满足式（10-7）外，还要有适当的螺栓间距 t_0，t_0 太大会影响连接的紧密性，通常 $3d \leqslant t_0 \leqslant 7d$。

2. 铰制孔用螺栓连接的强度计算

如图 10-31 所示，铰制孔用螺栓连接的失效形式一般为螺栓杆被剪断，螺栓杆或孔壁被压溃。因此，铰制孔用螺栓连接须进行剪切强度和挤压强度计算。

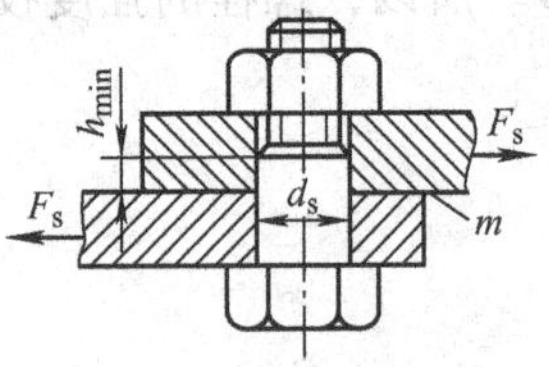

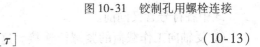

图 10-31 铰制孔用螺栓连接

螺栓杆的剪切强度条件为

$$\tau = \frac{4F_S}{\pi d_S^2} \leqslant [\tau] \tag{10-13}$$

$$\sigma_p = \frac{F_S}{d_S h_{min}} \leqslant [\sigma_p] \tag{10-14}$$

式中 F_S——单个铰制孔用螺栓所受的横向载荷（N）；

d_S——铰制孔用螺栓剪切面直径（mm）；

h_{min}——螺栓杆与孔壁挤压面的最小高度（mm）；

$[\tau]$——螺栓许用切应力（MPa），查表 10-10；

$[\sigma_p]$——螺栓或被连接件的许用挤压应力（MPa），查表 10-10。

表 10-10 铰制孔用螺栓许用应力

	被连接件材料	剪切		挤压	
		许用应力	S_S	许用应力	S_P
静载荷	钢	$[\tau]=R_{eL}/S_S$	2.5	$[\sigma_P]=R_{eL}/S_P$	1.25
	铸铁			$[\sigma_P]=R_{eL}/S_P$	2~2.5
动载荷	钢、铸铁	$[\tau]=R_{eL}/S_S$	3.5~5	$[\sigma_P]$ 按静载荷取值的70%~80%计算	

螺纹连接件强度级别及推荐材料见表10-11。

表 10-11 螺纹连接件强度级别及推荐材料

螺栓、双头螺柱、螺钉	性能等级	3.6	4.6	4.8	5.6	5.8	6.8	8.8	9.8	9.9	12.9
	推荐材料	Q215 9	Q235 15	Q235 15	25 35	Q235 35	45	45	35 45	40Cr 15MnVB	30CrMnSi 15MnVB
相配螺母	性能等级	4 ($d>$M16) 5 ($d\leqslant$M16)			5	5	6	8 或 9 M16$<d\leqslant$M39	9 ($d\leqslant$M16)	9	12 ($d\leqslant$M39)
	推荐材料	Q215 9	Q215 9	Q215 9	Q215 9	Q215 9	Q215 9	35	35	40Cr 15MnVB	30CrMnSi 15MnVB

注：1. 螺栓、双头螺柱、螺钉的性能等级代号中，小数点前的数字为 $R_{m\,min}/100$，点前、后数相乘的9倍为 $R_{eL\,min}$。如5.8级表示 $R_{m\,min}=500$MPa，$R_{eL\,min}=400$MPa。螺母性能等级代号为 $R_{m\,min}/100$。

2. 同一材料通过工艺措施可制成不同等级的连接件。

3. 大于8.8级的连接件材料要经淬火并回火。

下面通过两个例子来说明普通螺栓连接和铰制孔用螺栓连接，在不同载荷作用时螺栓的材料、强度级别、数量和直径的确定。

【例 10-1】 如图10-30所示，气缸盖与气缸体的凸缘厚度均为 $b=30$mm，采用普通螺栓连接。已知气体的压强 $p=1.5$MPa，气缸内径 $D=250$mm，螺栓分布圆直径 $D_0=350$mm，采用测力矩扳手装配。试选择螺栓的材料和强度级别，确定螺栓的数量和直径。

解 （1）选择螺栓材料和强度级别

该连接属于受轴向工作载荷的紧螺栓连接，较重要，由表10-11选45钢，6.8级，其 $R_m=6\times100=600$MPa，$\sigma_S=6\times8\times10=480$MPa。

（2）计算螺栓所受的总拉力

每个螺栓所受工作载荷为

$$F=\frac{P\pi D^2}{4z}=\frac{1.5\times3.14\times250^2}{4z}\text{N}=\frac{73594}{z}\text{N}$$

由表10-9查得，$F''=(1.5\sim1.8)F$，取 $F''=1.6F$。

由式（10-10），得每个螺栓所受的总拉力为

$$F_Q=F+F''=F+1.6F=\frac{2.6\times73594}{z}\text{N}=\frac{191344}{z}\text{N}$$

（3）计算螺栓直径和数量

由表 10-8 查得 $S=2$，则 $[\sigma]=\frac{\sigma_S}{S}=\frac{480}{2}\text{MPa}=240\text{MPa}$。

$$d_1 \leqslant \sqrt{\frac{5.2F_Q}{\pi[\sigma]}}=\sqrt{\frac{5.2\times191344}{3.14\times240z}}=\frac{36.34}{\sqrt{z}}$$

初选 $z=8$，求得 $d_1=12.85\text{mm}$，查国家标准，选取 M16 的螺栓。

（4）校验螺栓分布间距

$$t_{0\,\max}=7d=112\text{mm},\ t_{0\,\min}=3d=48\text{mm},\ t_0=\pi\frac{D_0}{z}=\pi\times\frac{350}{8}\text{mm}=137\text{mm}>t_{0\,\max}$$

为了保证连接的紧密性，螺栓数 z 取 12，$t_0=92\text{mm}$，能满足间距要求，且强度更好，所以选用 12 个 M16 螺栓。

【例 10-2】 如图 10-32 所示的钢制凸缘联轴器，用均布在直径为 $D_0=250\text{mm}$ 圆周上的 z 个螺栓将两个半联轴器紧固在一起，凸缘厚度均为 $b=30\text{mm}$。联轴器需要传递的转矩 $T=10^6\text{N}\cdot\text{mm}$，接合面间的摩擦因数 $f=0.15$，可靠性系数 $C=1.2$。试求：

（1）若采用 6 个普通螺栓连接，计算所需螺栓直径。

（2）若采用与（1）计算结果相同公称直径的 3 个铰制孔用螺栓连接，强度是否满足？

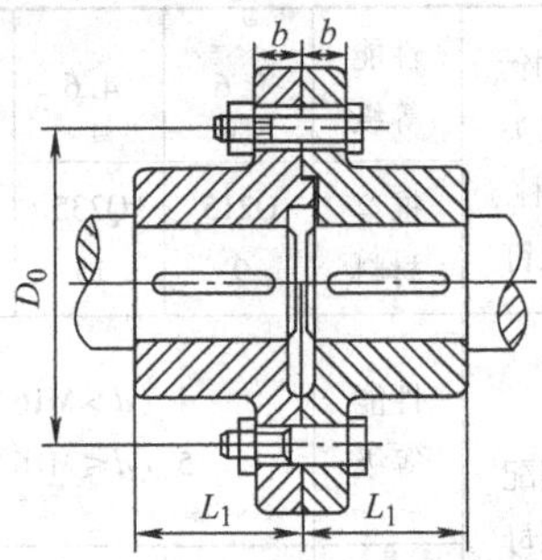

图 10-32 凸缘联轴器

解 （1）求普通螺栓直径

① 选择螺栓材料，确定许用应力由表 10-11，选 Q235，4.6 级，其

$$R_m=4\times100\text{MPa}=400\text{MPa},\ R_{eL}=4\times6\times10\text{MPa}=240\text{MPa}$$

由表 10-8，当不控制预紧力时，对碳素钢取安全系数 $S=4$，则

$$[\sigma]=\frac{R_{eL}}{S}=\frac{240}{4}\text{MPa}=60\text{MPa}$$

② 求螺栓所受预紧力，该连接属于受横向工作载荷的紧螺栓联接，每个螺栓所受横向载荷 $F_S=\frac{2T}{D_0z}$，

由式（10-7）得

$$F'=\frac{CF_S}{fm}=\frac{2CT}{fmzD_0}=\frac{2\times1.2\times10^6}{0.15\times1\times250\times6}\text{N}=10667\text{N}$$

③ 计算螺栓直径

$$d_1\geqslant\sqrt{\frac{5.2F'}{\pi[\sigma]}}=\sqrt{\frac{5.2\times10667}{3.14\times60}}\text{mm}=17.159\text{mm}$$

查普通螺纹公称尺寸，取 $d=20\text{mm}$，$d_1=17.294\text{mm}$，螺距 $P=2.5\text{mm}$。

（2）校核铰制孔用螺栓强度

① 求每个螺栓所受横向载荷

$$F_S=\frac{2T}{D_0z}=\frac{2\times10^6}{250\times3}\text{N}=2667\text{N}$$

② 选择螺栓材料，确定许用应力，由表10-11，仍选Q235，4.6级，其

$$R_m = 4\times100\text{MPa} = 400\text{MPa},\ R_{eL} = 4\times6\times10\text{MPa} = 240\text{MPa}。$$

由表10-10，$S_S = 2.5$，$S_P = 1.25$，则

$$[\tau] = \frac{R_{eL}}{S_S} = \frac{240}{2.5}\text{MPa} = 96\text{MPa}$$

$$[\sigma_P] = \frac{R_{eL}}{S_P} = \frac{240}{1.25}\text{MPa} = 192\text{MPa}$$

③ 校核螺栓强度，对M20的铰制孔用螺栓，由标准中查得 $d_S = 21\text{mm}$，$l = b + b + m + l_2 = 30\text{mm} + 30\text{mm} + 18\text{mm} + 0.3\times20\text{mm} = 84\text{mm}$。取公称长度 $l = 85\text{mm}$，其中非螺纹端长度查得为53mm，由分析可知 $h_{min} = 53 - b = 53\text{mm} - 30\text{mm} = 23\text{mm}$，则

$$\tau = \frac{4F_S}{\pi d_S^2} = \frac{4\times2667}{3.14\times21^2}\text{MPa} = 7.7\text{MPa} < [\tau] = 96\text{MPa}$$

$$\sigma_P = \frac{F_S}{d_S h_{min}} = \frac{2667}{21\times23}\text{MPa} = 5.5\text{MPa} < [\sigma_P] = 192\text{MPa}$$

因此，采用相同的3个铰制孔用螺栓强度足够。

10.3.5 螺栓组连接结构设计注意事项

螺栓组连接结构设计的主要目的是合理地确定连接接合面的几何形状和螺栓的布置形式，力求各螺栓和连接接合面间受力均匀、便于加工和装配。为此，应综合考虑以下几个方面的问题。

1）连接接合面的几何形状要合理，通常设计成对称的简单几何形状，如圆形、环形、矩形、三角形等，使螺栓组的对称中心和连接接合面的形心重合，如图10-33所示。

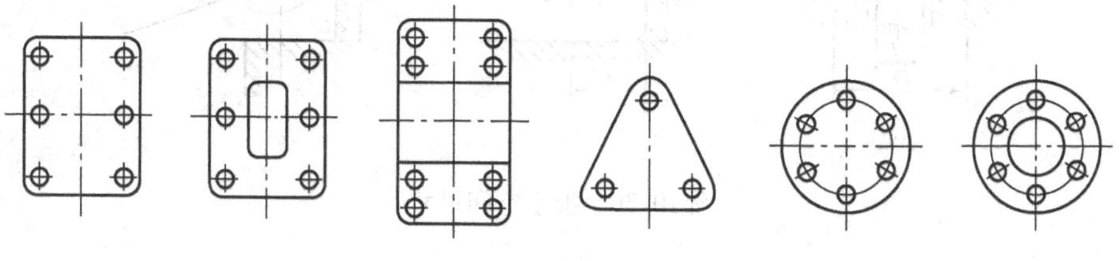

图10-33 螺栓组连接接合面常用的形状

2）螺栓的布置应使各螺栓受力合理。对于配合螺栓连接，不要在平行于工作载荷方向上成排地布置8个以上的螺栓，以免载荷分布过度不均。当螺栓连接承受弯矩或转矩时，应使螺栓的位置适当靠近连接接合面的边缘，以减小螺栓的受力，如图10-34所示。如果同时承受轴向工作载荷和较大的横向载荷时，应采用如图10-35所示的减载装置来承受横向载荷，以减小螺栓的预紧力及其结构尺寸。

3）应有合理的间距、边距和足够的扳手空间。布置螺栓时，各螺栓轴线间以及螺栓轴线和机体壁间的最小间距，应根据扳手所需活动空间的大小来确定。扳手空间的尺寸如图10-36所示，可查阅有关标准。对于压力容器等紧密性要求较高的重要连接，螺栓的间距 t_0 不能大于表10-12的推荐值。

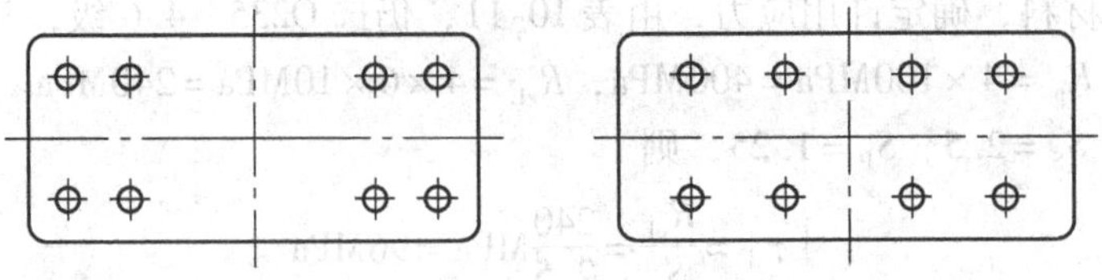

a) b)

图 10-34 接合面受弯矩或转矩时螺栓的布置示意图

a) 合理布置 b) 不合理布置

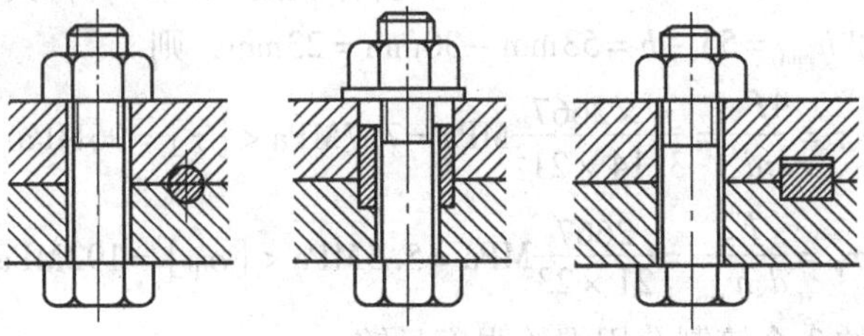

a) b) c)

图 10-35 承受横向载荷的减载装置

a) 减载销 b) 减载套筒 c) 减载键

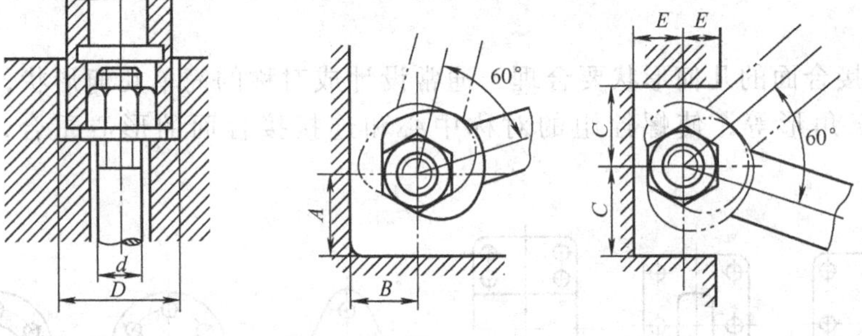

a) b) c)

图 10-36 扳手空间尺寸

表 10-12 螺栓的间距 t_0 值

	工作压力/MPa					
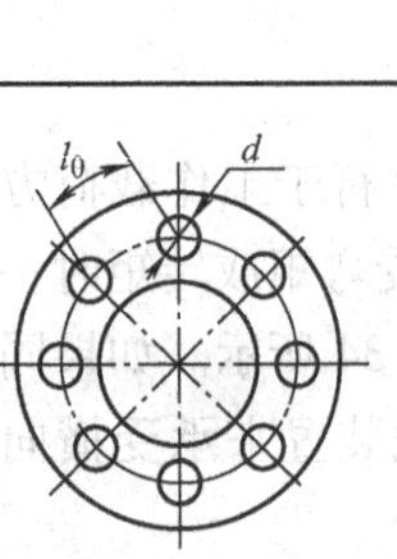	≤1.6	1.6~4	4~10	10~16	16~20	20~30
	t_0/mm					
	7d	4.5d	4.5d	4d	3.5d	3d

4）分布在同一圆周上的螺柱的数目应取为易于分度的 3、4、6、8、12 等，以利于划线钻孔。同一组螺栓的材料、直径和长度应尽量相同，以简化结构和便于装配。

5）应保证连接安装的可能性及拆卸方便，如图 10-37 所示。

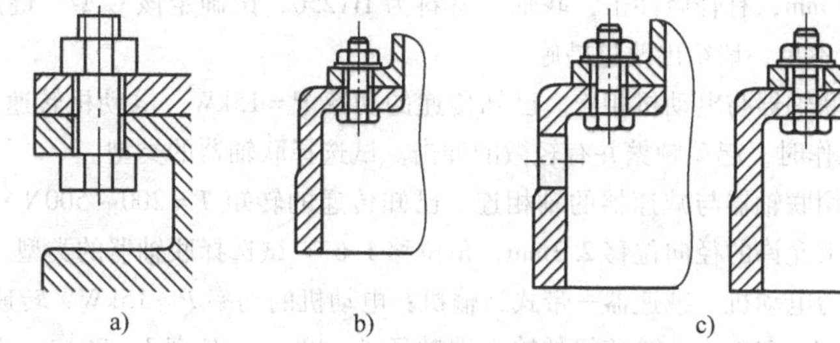

a) b) c)

图 10-37 螺栓连接拆装工艺性

a）无法装配 b）难以装配 c）容易装配

6）避免螺栓承受偏心载荷。在结构上尽量不采用图 10-38a 所示的钩头螺栓，不在斜支承面上布置螺栓。在工艺上保证被连接件、螺栓头部的支承面平整，并与螺栓轴线垂直。当支承面为斜面时，应采用图 10-38b 所示的斜面垫圈，以免引起偏心载荷而削弱螺栓的强度。在粗糙表面上安装螺栓时，应做成如图 10-39 所示的凸台或沉头座。

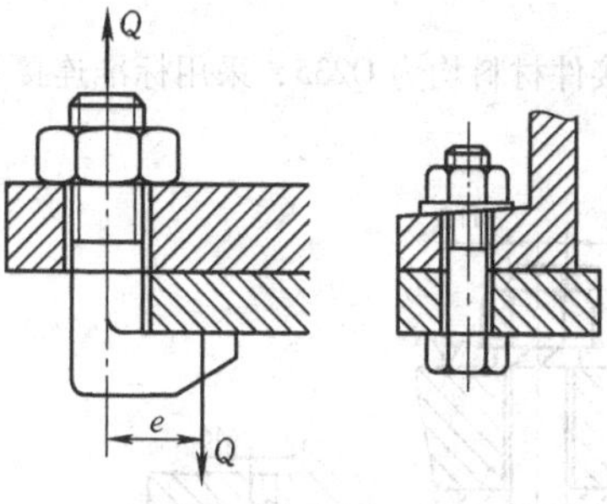

a) b)

图 10-38 尽量不用的螺栓连接结构

a）不合理的螺栓头结构 b）不合理的被连接件

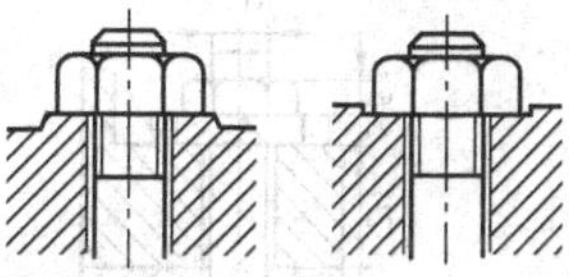

a) b)

图 10-39 凸台与沉头座的应用

a）凸台 b）沉头座

同步练习

1. 连接分为哪几类？

2. 平键连接分为哪几类？其工作面是哪个？平键连接的失效形式是什么？

3. 花键连接有哪些特点？分为哪两种类型？

4. 销连接有哪些用途？销有哪些类型？

5. 说明联轴器和离合器的工作原理有何相同点和不同点。

6. 刚性凸缘联轴器有几种对中方法？

7. 什么是万向联轴器？为什么经常成对使用？

8. 摩擦式离合器与牙嵌式离合器相比有哪些优点？

9. 螺纹连接的类型有哪些？各有什么特点？

10. 在实际应用中，大多数螺纹连接都要预紧，预紧的目的是什么？

11. 在一直径 $d=70$mm 的钢轴上，安装一 8 级精度等级的铸铁直齿圆柱齿轮，用键构成静连接，轮毂长为 100mm，传递的转矩 $T=1600$N · m，载荷平稳，试设计此键连接。

12. 半联轴器与轴的连接用半圆头平键（C 型）连接。轴径 $d=65$mm，半联轴器轮毂宽度 $B=100$mm，

传递转矩 $T=800\times10^3N\cdot mm$，有轻微冲击，联轴器材料为 HT250，试确定该 C 型平键的连接尺寸，并校核连接强度。若连接强度不足，请给出改进措施。

13. 一链式输送机用联轴器与电动机相连。已知传递的功率 $P=15kW$，电动机转速 $n=1450r/min$，两轴同轴度较好，输送机工作时，起动频繁并有轻微的冲击。试选择联轴器的类型。

14. 一直流电动机轴用联轴器与减速器的轴相连。已知传递的转矩 $T=200\sim500N\cdot m$，轴的转速 $n=800\sim1350r/min$，两轴要求允许的径向位移 2.3mm，角位移 1.6°。试选择联轴器的类型。

15. 已知某传动系统为电动机—减速器—带式运输机：电动机的功率 $P=15kW$，转速 $n=970r/min$，外伸轴直径 $d=48mm$，长度 $L=110mm$；减速机的输入端轴径 $d=48mm$，长度 $L=80mm$。试选择电动器与减速器之间的联轴器。

16. 某 M12 螺栓的材料为 45 钢，强度级别为 9.8 级，则其 R_m、R_{eL} 各为多少？与之相配的螺母应选哪一强度级别和材料？螺栓和螺母是否需经热处理？

17. 设有强度级别为 4.6 的 M12 螺栓，用拧紧力 $F=200N$ 拧紧（一般标准扳手的长度 $L=15d$），试问预紧力 F' 为多少？螺栓是否会因过载而断裂？

注：钢制螺栓的许用预紧力可由式 $[F']\approx(0.6\sim0.7)R_{eL}A_1$ 确定，式中

R_{eL}——螺栓材料的下屈服极限；

A_1——螺栓根部面积，由机械设计手册得 $A_1=76.3mm^2$。

18. 试找出图 10-40 中螺纹连接的错误结构：已知被连接件材料均为 Q235，采用标准连接零件，尺寸查手册。

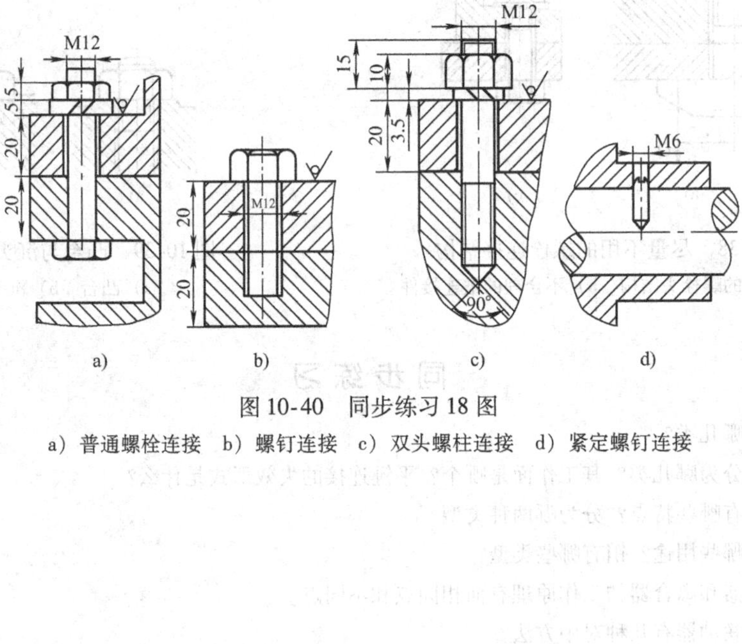

图 10-40　同步练习 18 图

a）普通螺栓连接　b）螺钉连接　c）双头螺柱连接　d）紧定螺钉连接

第11章 轴

本章知识导读

1. 主要内容

轴的类型、应用、结构设计以及工作能力的校核。

2. 重点、难点提示

轴的结构设计以及工作能力的校核。

在机械传动中，传动零件必须被支承起来才能进行工作，支承传动零件的零件称为轴。

11.1 概述

轴是组成机器的重要零件之一，轴的主要作用是支承旋转零件、传递转矩和运动。轴工作状态的好坏，直接影响到整台机器的性能和质量。

11.1.1 分类

1. 按照轴的形状分类

（1）直轴　直轴（图11-1）按外形不同可分为光轴、阶梯轴、空心轴以及一些特殊用途的轴，如凸轮轴、花键轴、齿轮轴及蜗杆轴等。

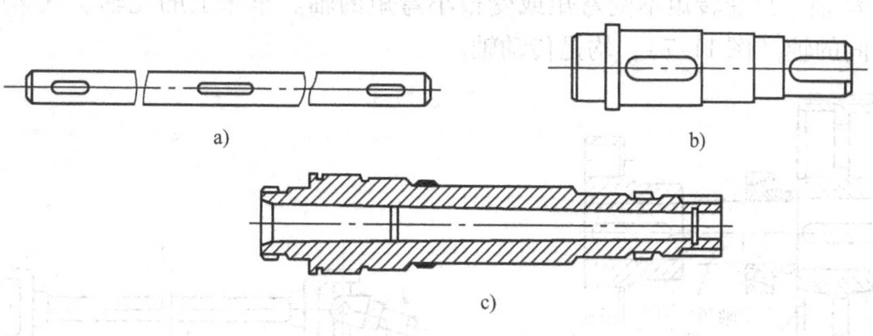

图11-1　直轴

a）光轴　b）阶梯轴　c）空心轴

（2）曲轴　曲轴是内燃机、曲柄压力机等机器上的专用零件，用以将往复运动转变为旋转运动，或做相反转变，如图11-2所示。

（3）挠性钢丝软轴　软轴主要用于两传动轴线不在同一直线或工作时彼此有相对运动的空间传动，也可用于受连续振动的场合，以缓和冲击，如图11-3所示。

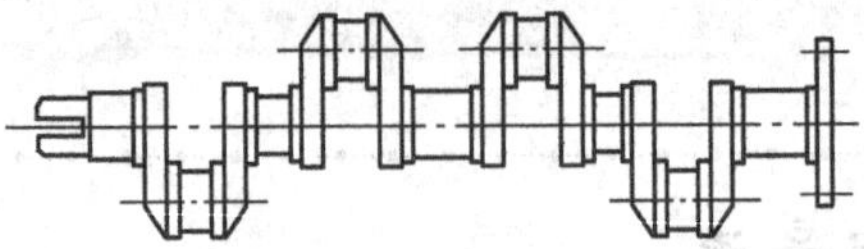

图 11-2 曲轴

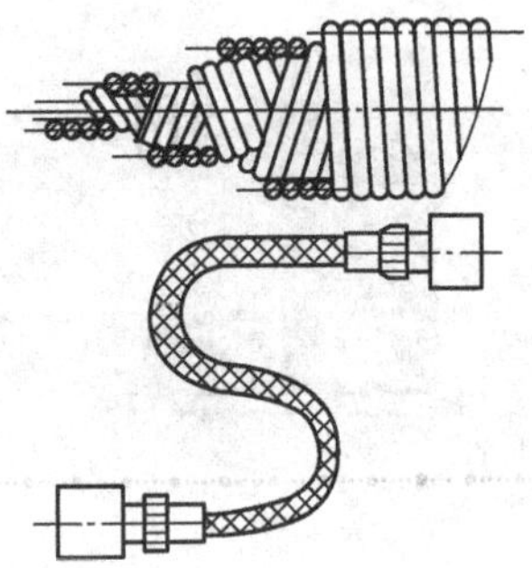

图 11-3 挠性钢丝软轴

2. 按照所受载荷性质分类

（1）心轴 通常指只承受弯矩而不承受转矩的轴。心轴有固定心轴和旋转心轴两种。固定心轴工作时不转动，轴上承受的弯曲应力是不变的（为静应力状态），如图 11-4 中自行车的前轮轴等。旋转心轴工作时随转动件一起转动，轴上承受的弯曲应力按对称循环规律变化，如图 11-5 中铁路机车轮轴。

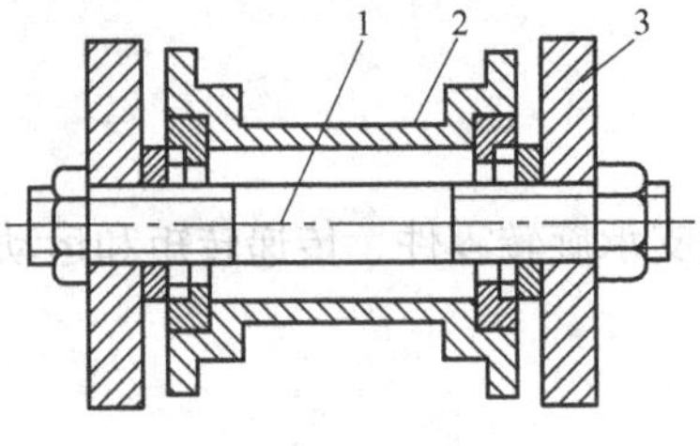

图 11-4 自行车的前轮轴

1—固定心轴 2—前轮轮毂 3—前叉

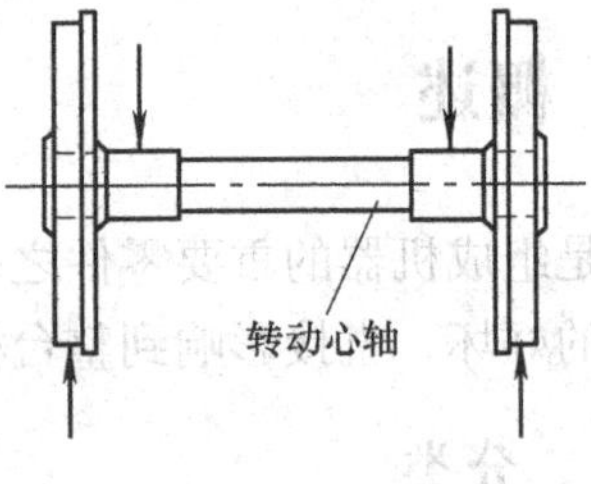

图 11-5 铁路机车轮轴

（2）转轴 既受弯矩又受扭矩的轴。转轴在各种机器中最为常见，如图 11-6 所示。

（3）传动轴 只受转矩不受弯矩或受很小弯矩的轴。车床上的光轴、汽车中连接变速箱与后桥之间的轴（图 11-7），均是传动轴。

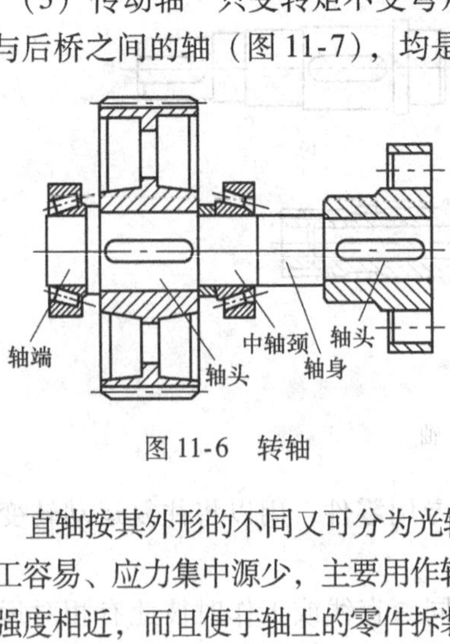

图 11-6 转轴

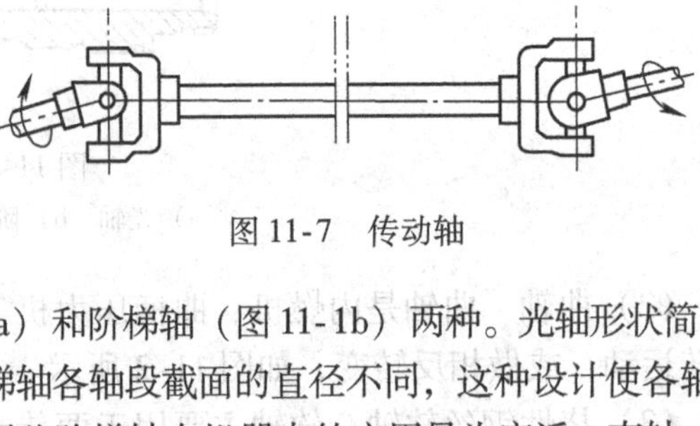

图 11-7 传动轴

直轴按其外形的不同又可分为光轴（图 11-1a）和阶梯轴（图 11-1b）两种。光轴形状简单、加工容易、应力集中源少，主要用作转动轴。阶梯轴各轴段截面的直径不同，这种设计使各轴段的强度相近，而且便于轴上的零件拆装和固定，因此阶梯轴在机器中的应用最为广泛。直轴一般都制成实心轴，但为了减轻重量或为了满足某些结构上的需要，也可以采用空心轴（图 11-1c）。

11.1.2 材料与毛坯

1. 轴的材料

轴首先应有足够的强度，对应力集中敏感性低；还应满足刚度、耐磨性、耐蚀性及加工性良好。常用的材料主要有碳素钢、合金钢、球墨铸铁和高强度铸铁。

选择轴的材料时，应考虑轴所受载荷的大小和性质、转速高低、周围环境、轴的形状和尺寸、生产批量、重要程度、材料力学性能及经济性等因素，选用时注意以下几点。

1）碳素钢有足够高的强度，对应力集中敏感性较低，便于进行各种热处理及机械加工，价格低、供应充足，故应用最广。一般机器中的轴，可用30、40、45、50等牌号的优质中碳钢制造，其中45号钢经调质处理为最常用。

2）合金钢力学性能更高，常用于制造高速、重载的轴，或受力大而要求尺寸小、重量轻的轴。至于处于高温、低温或腐蚀介质中工作的轴，多数用合金钢制造。常用的合金钢有：12CrNi2、12CrNi3、20Cr、40Cr、38SiMnMo等。

3）通过进行各种热处理、化学处理及表面强化处理，可以提高用碳素钢或合金钢制造的轴的强度及耐磨性。特别是合金钢，只有进行热处理后才能充分显示其优越的力学性能。

4）合金钢对应力集中的敏感性高，所以合金钢轴的结构形状必须合理，否则就失去采用合金钢的意义。另外，在一般工作温度下，合金钢和碳素钢的弹性模量十分接近，因此依靠选用合金钢来提高轴的刚度是不行的，此时应通过增大轴径等方式来解决。

5）球墨铸铁和高强度铸铁的力学强度比碳钢低，但因铸造工艺性好，易于得到较复杂的外形，吸振性、耐磨性好，对应力集中敏感性低，价格低廉，故应用日趋增多。

轴的常用材料及其部分力学性能见表11-1。

表11-1 轴的常用材料及其部分力学性能

材料及热处理	毛坯直径/mm	硬度HBW	抗拉强度 R_m/MPa	屈服强度 R_{eL}/MPa	许用弯曲应力 $[\sigma_{-1b}]$/MPa	许用切应力 $[\tau]$/MPa	常数 C	应用说明
Q235	≤100		400~420	225	40	12~20	160~135	用于不重要及受载荷不大的轴
	>100~250		375~390	215				
35正火	≤100	143~187	520	270	45	20~30	135~118	用于一般轴
45正火	≤100	170~217	600	300	55	30~40	118~107	用于较重要的轴，应用最广泛
45调质	≤200	217~255	650	360	55			
40Cr调质	≤100	241~286	750	550	60	40~52	107~98	用于载荷较大而无很大冲击的重要的轴
40MnB调质	≤200	241~286	750	500	70	40~52	107~98	性能接近于40Cr，用于重要的轴
35CrMo调质	≤100	207~269	750	550	70	40~52	107~98	用于重载荷的轴
35SiMn调质	≤100	229~286	800	520	70	40~52	107~98	可代替40Cr，用于中、小型轴
42SiMn调质	≤100	229~286	800	520	70	40~52	107~98	与35SiMn相同，但专供表面淬火用

注：1. 轴上所受弯矩较小或只受转矩时，C取较小值；否则取较大值。

2. 用Q235、35SiMn时，取较大的C值。

2. 轴的毛坯

可用轧制圆钢材、锻造、焊接、铸造等方法获得。对要求不高的轴或较长的轴，毛坯直径小于150mm时，可用轧制圆钢材；对受力大，大批量生产的重要轴的毛坯可由锻造得到；对直径特大而件数很少的轴可用焊件毛坯；大批量生产、外形复杂、尺寸较大的轴，可用铸造毛坯。

11.1.3 失效形式与设计准则

1. 轴的失效形式

主要有因疲劳强度不足而产生的疲劳断裂、因静强度不足而产生的塑性变形或脆性断裂、磨损、超过允许范围的变形和振动等。

2. 轴的设计应满足的准则

1）根据轴的工作条件、生产批量和经济性原则，选取适合的材料、毛坯形式及热处理方法。

2）根据轴的受力情况、轴上零件的安装位置、配合尺寸及定位方式、轴的加工方法等具体要求，确定轴的合理结构、形状及尺寸，即进行轴的结构设计。

3）轴的强度计算或校核。对受力大的细长轴（如蜗杆轴）和对刚度要求高的轴，还要进行刚度计算。在对高速工作下的轴，因有共振危险，故应进行振动稳定性计算。

11.2 轴的结构设计

轴的结构设计的任务，就是在满足强度、刚度和振动稳定性的基础上，根据轴上零件的定位要求及轴的加工、装配工艺性要求，合理地设计出轴的结构形状和全部尺寸。

11.2.1 轴结构的组成

图11-8所示为圆柱齿轮减速器中的低速轴。轴通常由轴头、轴颈、轴肩、轴环、轴端及轴身等部分组成。轴的支承部位与轴承配合处的轴段称为轴颈，根据所在的位置又可分为端轴颈（位于轴的两端，只承受弯矩）和中轴颈（位于轴的中间，同时承受弯矩和转矩）。根据轴颈所受载荷的方向，轴颈又可分为承受径向力的径向轴颈（简称轴颈）和承受轴向力的止推轴颈。安装轮毂的轴段称为轴头。轴头与轴颈间的轴段称为轴身。

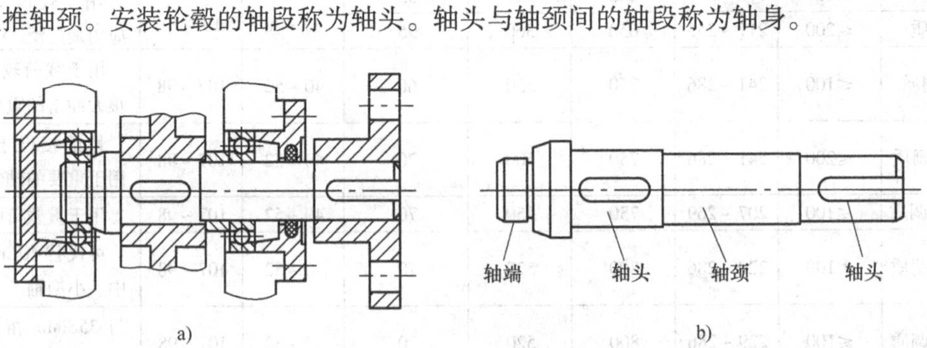

图11-8 轴结构的组成
a）低速轴 b）轴的结构

11.2.2 零件在轴上的定位

零件在轴上的定位分为轴向定位和周向定位。

1. 零件在轴上的轴向定位

零件在轴上应该沿轴向准确地定位和固定，以使其具有确定的安装位置并能承受轴向力而不产生轴向位移。

零件的轴向定位主要取决于它所受轴向力的大小。此外，还应考虑轴的制造及轴上零件拆装的难易程度、对轴强度的影响及工作可靠性等因素。

常用轴向定位方法有：轴肩（或轴环）、套筒、圆螺母、弹性挡圈、圆锥形轴头等。

（1）轴肩　轴肩由定位面和过渡圆角组成。为保证零件端面能靠紧定位面，轴肩圆角半径 r 必须小于零件毂孔的圆角半径 R 或倒角高度 C；为保证有足够的强度来承受轴向力，一般轴肩高度取 $h=(0.07\sim0.1)d$，如图 11-9 所示。

（2）轴环　轴环的功用及尺寸参数与轴肩相同，宽度 $b\approx1.4h$。若轴环毛坯是锻造而成，则用料少、重量轻。若由圆钢毛坯车制而成，则浪费材料及加工工时。

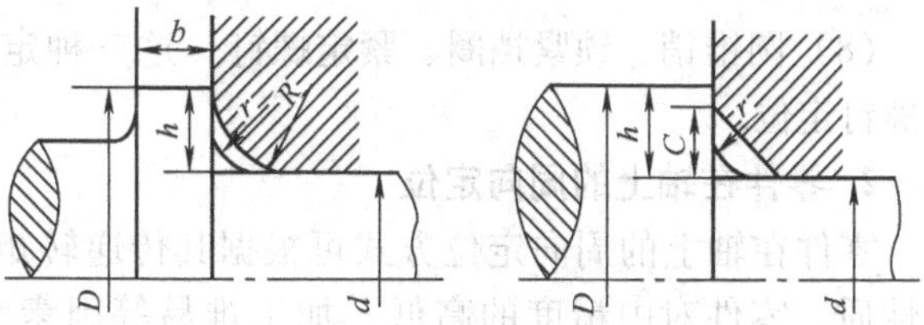

图 11-9　轴肩的结构要求

（3）轴套　轴套是借助于位置已经确定的零件来定位的，它的两个端面为定位面，因此应有较高的平行度和垂直度。使用轴套可简化轴的结构、减小集中应力。但由于轴套与轴配合较松，两者难以同心，故不适用在高速轴上，以免产生不平衡力。

另外，在安装齿轮时为了使齿轮固定可靠，应使齿轮轮毂宽度大于与之相配合的轴段长度，一般两者的差取 2～3mm，如图 11-8 所示。

（4）圆螺母　当轴上两个零件之间的距离较大，且允许在轴上切制螺纹时，可用圆螺母的端面压紧零件端面来定位。圆螺母定位拆装方便，通常用细牙螺纹来增强防松能力和减小对轴的强度削弱及应力集中，如图 11-10 所示。

（5）轴端挡板　当零件位于轴端时，可用轴端挡板与轴肩、轴端挡板与圆锥面使零件双向固定。挡板用螺钉紧固在轴端并压紧被定位零件的端面。该方法简单可靠、拆装方便，但需在轴端加工螺纹孔，如图 11-11 所示。

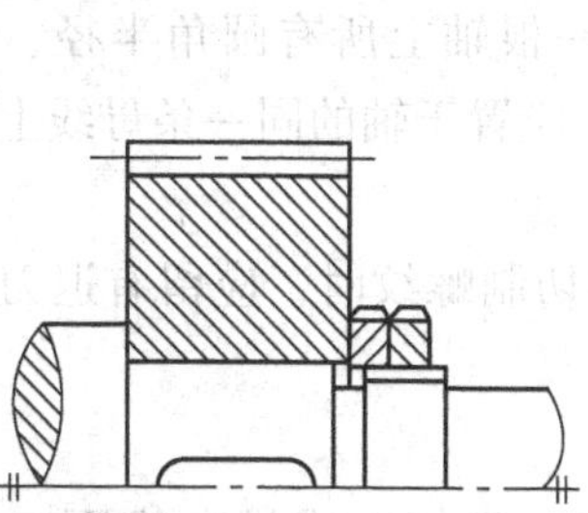
图 11-10　圆螺母定位

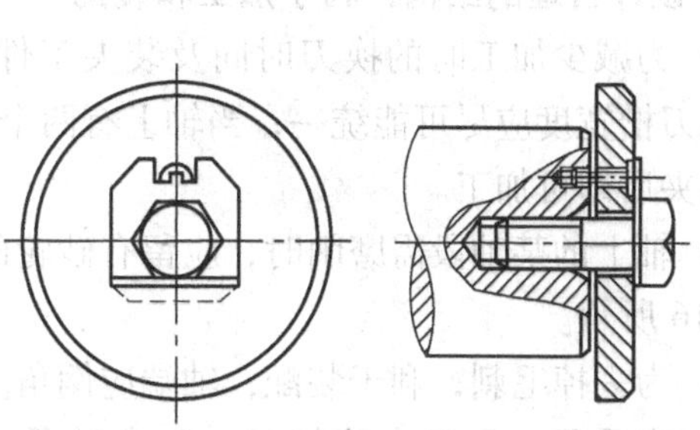
图 11-11　轴端挡板定位

（6）圆锥面　可与轴端挡板及圆螺母配合使用。锥合面的锥度小时，所需轴向力小，但不易拆卸；反之则相反。通常取锥度 1∶30～1∶8，如图 11-12 所示。

(7) 弹性挡圈　在轴上切出环形槽，将轴用弹性挡圈嵌入槽中，利用它的侧面压紧被定位零件的端面。这种定位方法工艺性好、装拆方便，但对轴的强度削弱较大，常用于所受轴向力小而刚度大的轴，如图 11-13 所示。

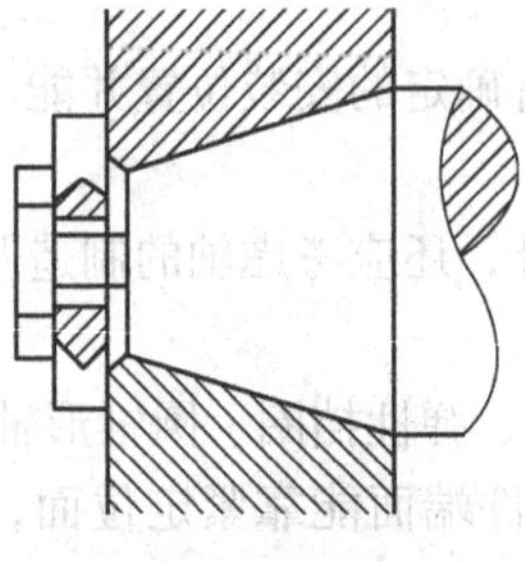

图 11-12　圆锥面定位

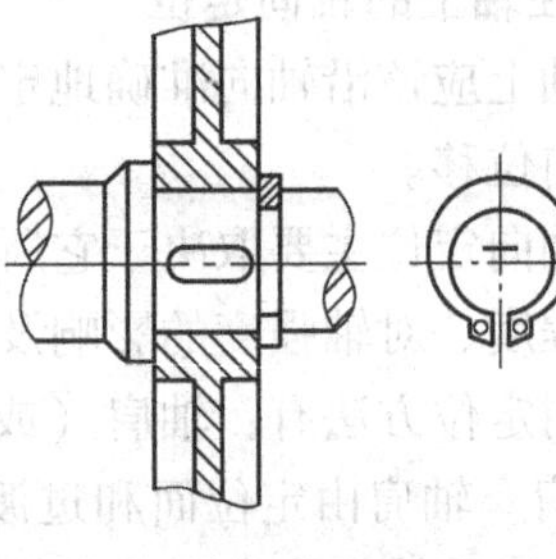

图 11-13　弹性挡圈定位

(8) 圆锥销、锁紧挡圈、紧定螺钉　这三种定位方法常用于光轴，图 11-14 所示为紧定螺钉定位。

2. 零件在轴上的周向定位

零件在轴上的周向定位方式可根据其传递转矩的大小和性质、零件对中精度的高低、加工难易等因素来选择。常用的周向定位方法有：键、花键、弹性环、销、过盈配合连接等，通称轴毂连接。这些连接的详细内容见第 10 章。

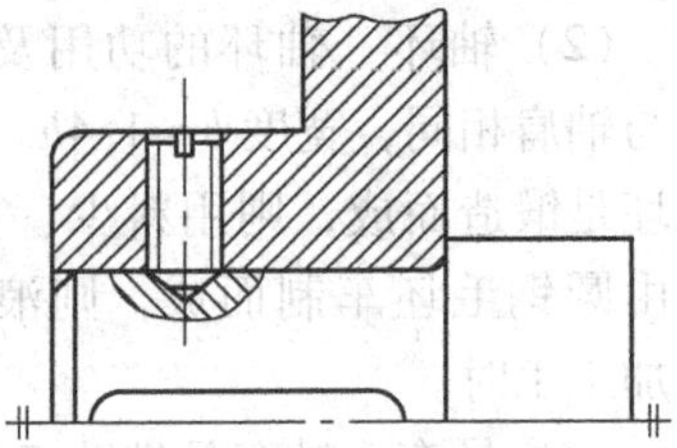

图 11-14　紧定螺钉

11.2.3　轴及轴上零件结构的工艺性

合理的轴的结构工艺性，应该是轴的结构应尽量简单，有良好的加工和装配工艺性，以利减少劳动量，提高劳动生产率及减少应力集中，提高轴的疲劳强度。

1. 使轴的形状接近于等强度条件，以充分利用材料的承载能力

对于只受转矩的传动轴，为了是使各轴段剖面上的剪应力大小相等，常制成光轴或接近光轴的形状；对于受交变弯曲载荷的轴应制成曲线形（图 11-15），实际生产中一般制成阶梯轴。

2. 设计合理的结构，利于加工和装配

1）为减少加工时的换刀时间及装夹工件的时间，同一根轴上所有圆角半径、倒角尺寸、退刀槽宽度应尽可能统一；当轴上有两个以上键槽时，应置于轴的同一条母线上，以便一次装夹后即可加工。

2）轴上的某轴段需磨削时，应留有砂轮的越程槽；需切制螺纹时，应留有退刀槽，如图 11-16 所示。

3）为去掉毛刺，利于装配，轴端应倒角。

4）当采用过盈配合连接时，配合轴段的零件装入端，常加工成导向锥面。若还附加键连接，则键槽的长度应延长到锥面处，便于轮毂上键槽与键对中，如图 11-17 所示。

5）如果需从轴的一端装入两个过盈配合的零件，则轴上两配合轴段的直径不应相等，否则第一个零件压入后，会把第二个零件配合的表面拉毛，影响配合，如图 11-17 所示。

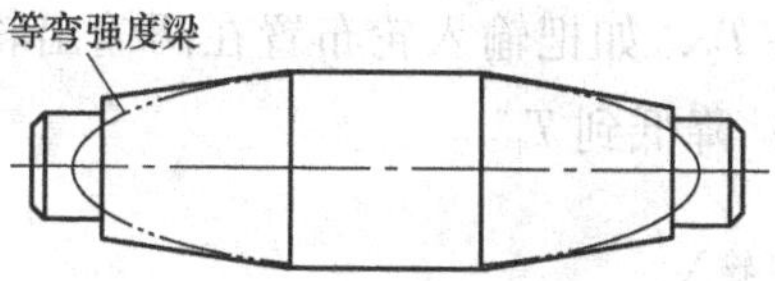

图 11-15　等弯强度梁

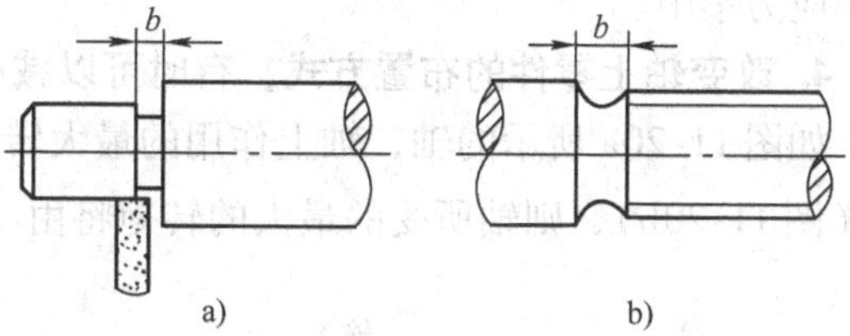

图 11-16　轴上退刀槽和砂轮越程槽的设计
a）砂轮越程槽　b）退刀槽

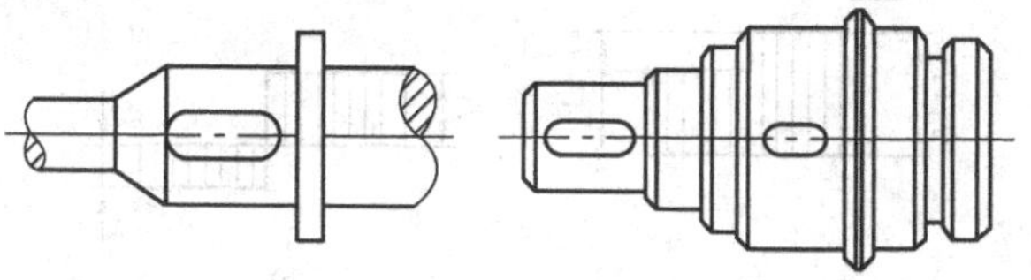

图 11-17　过盈配合连接的结构要求

3. 改进轴的结构，减少应力集中

1）尽量避免各轴段剖面突然改变，以降低局部应力集中，提高轴的疲劳强度。由于阶梯轴各轴段的剖面是变化的，在各轴段过渡处必然存在应力集中导致轴的疲劳强度降低。为减少应力集中，常将过渡处制成适当大的圆角，并应尽量避免在轴上开孔或开槽，必要时可采用减载槽、中间环或凹切圆角等结构的方法，采用这些方法也可以避免轴在热处理时产生淬火裂纹的危险，如图 11-18 所示。

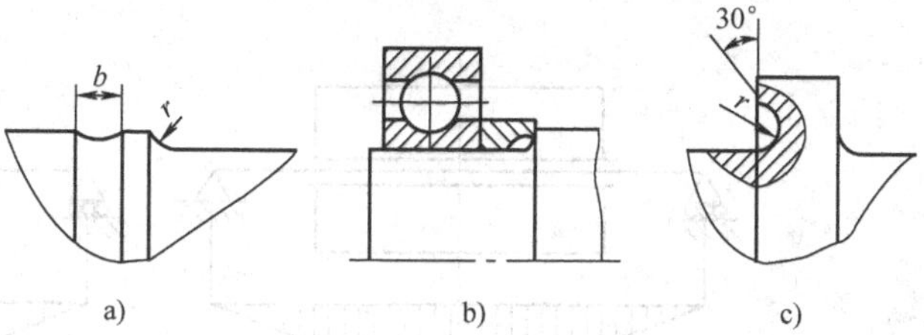

图 11-18　减少应力集中的措施
a）减载槽　b）中间环　c）凹切圆角

由于粗糙表面易引起疲劳裂纹，设计时应十分注意轴的表面粗糙度的选择。可采用碾压、喷丸、渗碳淬火、渗氮处理、高频淬火等表面强化方法提高轴的疲劳强度。

2）轴上与零件毂孔配合的轴段，会产生应力集中。配合越紧，零件材料越硬，应力集中越大。其原因是，零件轮毂的刚度比轴大，在横向力作用下，两者变形不协调，相互挤压，导致应力集中。尤其在配合边缘，应力集中更为严重。改善措施为在轴上开卸载槽，如图 11-19 所示。

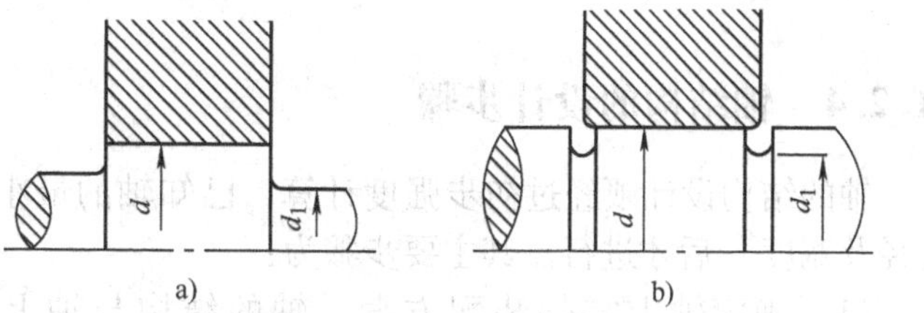

图 11-19　轴上与零件毂孔配合的轴段结构设计
a）存在应力集中的结构　b）开卸载槽的配合轴段结构

3）选用应力集中小的定位方法。采用紧定螺钉、圆锥销钉、弹性挡圈、圆螺母等定位时，需在轴上加工出凹坑、横孔、环槽、螺纹等会引起较大的应力集中，应尽量不用；用套筒定位则无应力集中。在条件允许时，用渐开线花键代替矩形花键，用盘形铣刀加工的键槽代替面铣刀加工的键槽，均可减小应力集中。

4. 改变轴上零件的布置方式，有时可以减小轴上的载荷，提高轴的强度

如图 11-20a 所示的轴，轴上作用的最大转矩为 T_1+T_2，如把输入轮布置在两输出轮之间（图 11-20b），则轴所受的最大的转矩将由（T_1+T_2）降低到 T_1。

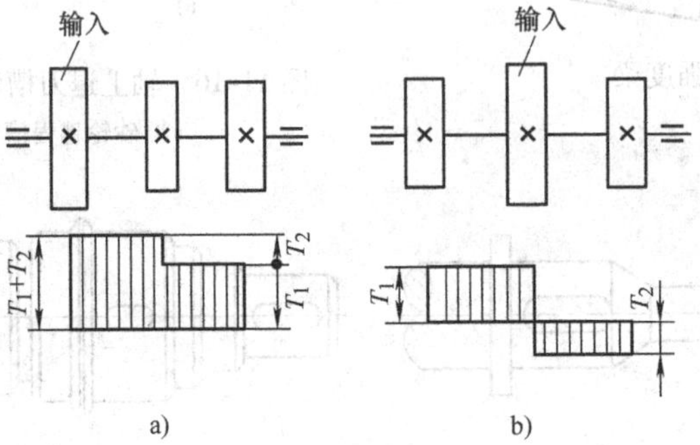

图 11-20 改变轴上零件的布置方式
a）不合理结构 b）合理结构

5. 改进轴上零件的结构也可以减小轴上的载荷

如图 11-21a 所示，卷筒的轮毂很长，如把轮毂分成两段（图 11-21b），则减小了轴的弯矩，从而提高了轴的强度和刚度，同时还能得到更好的轴孔配合。

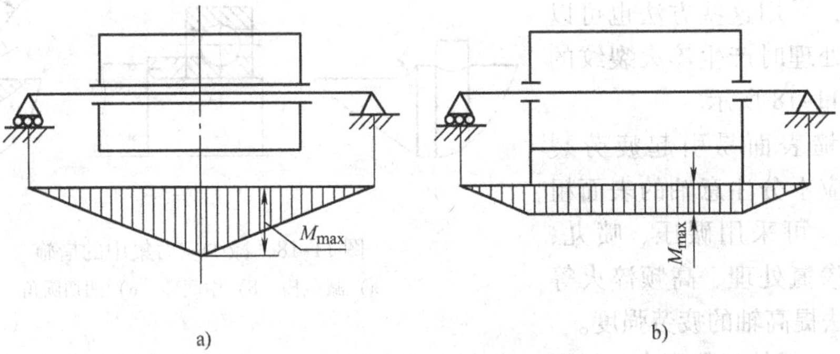

图 11-21 改进轴上零件的结构
a）不合理结构 b）合理结构

11.2.4 轴结构的设计步骤

轴的结构设计须经过初步强度计算，已知轴的最小直径及轴上零件尺寸（主要是毂孔直径及宽度）后才进行。其主要步骤为：

（1）确定轴上零件装配方案 轴的结构与轴上零件的位置及从轴的哪一端装配有关。

（2）确定轴上零件定位方式 根据具体工作情况，对轴上零件的轴向和周向的定位方式进行选择。轴向定位通常是轴肩或轴环与套筒、圆螺母、弹性挡圈等组合使用，周向定位多采用平键、花键或过盈配合连接。

（3）确定各轴段直径　轴的结构设计是在初步估算轴的最小直径的基础上进行的，为了零件在轴上定位的需要，通常将轴设计为阶梯轴。根据作用的不同，轴的轴肩可分为定位轴肩和工艺轴肩（为装配方便而设），定位轴肩的高度值有一定的要求；工艺轴肩的高度值则较小，无特别要求。所以直径的确定是在强度计算基础上，根据轴向定位的要求，定出各轴段的最终直径。

（4）确定各轴段长度　主要根据轴上配合零件毂孔长度、位置、轴承宽度、轴承盖的厚度等因素确定。

（5）确定轴的结构细节　如倒角尺寸、过渡圆角半径、退刀槽尺寸、轴端螺纹孔尺寸，选择键槽尺寸等。

（6）确定轴的加工精度、尺寸公差、几何公差、配合、表面粗糙度及技术要求　轴的公差等级根据配合要求和加工可能性而定。公差等级越高，成本越高。通用机器中轴的公差等级多采用 IT5～IT7。轴应根据装配要求，定出合理的几何公差，主要的有：配合轴段的直径相对于轴颈（基准）的同轴度及它的圆度、圆柱度；定位轴肩的垂直度；键槽相对于轴心线的平行度和对称度等。

（7）画出轴的零件图　轴的结构设计常与轴的强度计算和刚度计算、轴承及联轴器尺寸的选择计算、键连接强度校核计算等交叉进行，反复修改，最后确定最佳结构方案，画出轴的零件图，如图 11-22 所示。

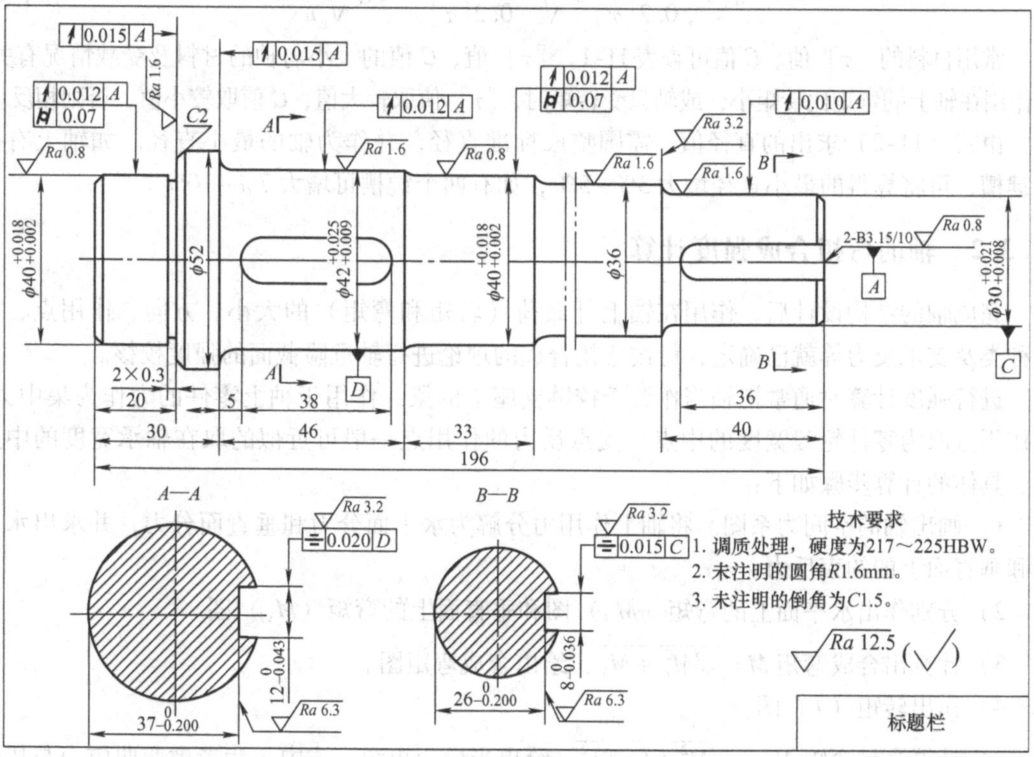

图 11-22　轴的零件图

11.3 轴的强度计算

11.3.1 轴的扭转强度计算

开始设计轴时，通常还不知道轴上零件的位置及支点位置，无法确定轴的受力情况，只有待轴的结构设计基本完成后，才能对轴进行受力分析及强度、刚度的计算。因此，一般在进行轴的结构设计前先按纯扭转受力情况对轴的直径进行估算。

设轴在转矩 T 作用下，产生切应力 τ。对于圆截面的实心轴，其抗扭强度条件为

$$\tau=\frac{T}{W_p}=\frac{9.55\times10^6 P}{0.2d^3 n}\leqslant[\tau] \tag{11-1}$$

式中 T——轴的所传递的转矩（N·mm）；

W_p——轴的抗扭截面系数（mm^3）；

P——轴所传递的功率（kW）；

n——轴的转速（r/min）；

τ、$[\tau]$——轴的切应力、许用切应力（MPa）；

d——轴的估算直径（mm）。

轴的设计计算公式为

$$d\geqslant\sqrt[3]{\frac{T}{0.2[\tau]}}=\sqrt[3]{\frac{9.55\times10^6 P}{0.2[\tau]}}=C\sqrt[3]{\frac{P}{n}} \tag{11-2}$$

常用材料的 $[\tau]$ 值、C 值可查表11-1。$[\tau]$ 值、C 值的大小与轴的材料及受载情况有关。当作用在轴上的弯矩比转矩小，或轴只受转矩时，$[\tau]$ 值取较大值，C 值取较小值，否则相反。

由式（11-2）求出的直径值，需圆整成标准直径，并作为轴的最小直径。如轴上有一个键槽，可将算得的最小直径增大3%~5%，如有两个键槽可增大7%~10%。

11.3.2 轴的弯扭合成强度计算

完成轴的结构设计后，作用在轴上外载荷（转矩和弯矩）的大小、方向、作用点、载荷种类及支承反力等就已确定，可按弯扭合成的理论进行轴危险截面的强度校核。

进行强度计算时通常把轴当作置于铰链支座上的梁，作用于轴上零件的力作为集中力，其作用点取为零件轮毂宽度的中点。支点反力的作用点一般可近似的取在轴承宽度的中点上。具体的计算步骤如下：

1）画出轴的空间力系图。将轴上作用力分解为水平面分力和垂直面分力，并求出水平面和垂直面上的约束反力。

2）分别作出水平面上的弯矩（M_H）图和垂直面上的弯矩（M_V）图。

3）计算出合成弯矩 $M=\sqrt{M_H^2+M_V^2}$，绘出合成弯矩图。

4）作出转矩（T）图。

5）计算当量弯矩 $M_e=\sqrt{M^2+(\alpha T)^2}$，绘出当量弯矩图。式中 α 为考虑弯曲应力与扭转切应力循环特性的不同而引入的修正系数。通常弯曲应力为对称循环变化应力，而扭转切应

力随工作情况的变化而变化。对于不变转矩取 $\alpha=[\sigma_{-1b}]/[\sigma_{+1b}]\approx0.3$；对于脉动循环转矩取 $\alpha=[\sigma_{-1b}][\sigma_{+1b}]\approx0.6$；对于对称循环转矩取 $\alpha=1$。其中 $[\sigma_{-1b}]$、$[\sigma_{0b}]$、$[\sigma_{+1b}]$ 分别为对称循环、脉动循环及静应力状态下的许用弯曲应力。

对正反转频繁的轴，可将转矩 T 看成是对称循环变化。当不能确切知道载荷的性质时，一般轴的转矩可按脉动循环情况处理。

6）校核危险截面的强度。根据当量弯矩图找出危险截面，进行轴的强度校核，其公式如下

$$\sigma_e=\frac{M_e}{W}=\frac{\sqrt{M^2+(\alpha T)^2}}{0.1d^3}\leqslant[\sigma_{-1b}] \tag{11-3}$$

式中 W——轴的抗弯截面系数（mm^3）；M、T、M_e（N·mm）；d（mm）；

σ_e——当量弯曲应力（MPa）。

$[\sigma_{-1b}]$——对称循环应力状态下材料的许用弯曲应力（MPa），见表11-1。

式（11-3）可改写成计算轴的直径公式

$$d\geqslant\sqrt[3]{\frac{M_e}{0.1[\sigma_{-1b}]}} \tag{11-4}$$

对于有键槽的危险截面，单键时应将轴径加大5%，双键时应加大10%。

11.3.3 轴的刚度计算

轴受载荷的作用后会发生弯曲、扭转变形，如变形过大会影响轴上零件的正常工作，例如装有齿轮的轴，如果变形过大会使齿轮啮合状态恶化。因此，对于有刚度要求的轴必须要进行轴的刚度校核计算。轴的刚度有弯曲刚度和扭转刚度两种，下面分别讨论这两种刚度的计算方法。

1. 轴的弯曲刚度校核计算

应用材料力学计算公式和方法算出轴的挠度 y 或转角 θ，并使其满足下式

$$y\leqslant[y]$$

$$\theta\leqslant[\theta]$$

式中 $[y]$、$[\theta]$——许用挠度和许用转角，其值见表11-2。

2. 轴的扭转刚度校核计算

应用材料力学的计算公式和方法算出轴每米长的扭转角 φ，并使其满足下式

$$\varphi\leqslant[\varphi]$$

式中 $[\varphi]$——轴每米长的许用扭转角，一般传动的 $[\varphi]$ 值见表11-2。

表11-2 轴的许用变形量

变形种类		应用场合	许用值	变形种类		应用场合	许用值
弯曲变形	许用挠度 $[y]$	一般用途的转轴	$(0.003\sim0.005)l$	弯曲变形	许用偏转角 $[\theta]$	滑动轴承	0.001rad
		刚度要求较高的轴	$\leqslant0.0002l$			深沟球轴承	0.005rad
		安装齿轮的轴	$(0.01\sim0.03)m_n$			调心球轴承	0.05rad
		安装蜗轮的轴	$(0.02\sim0.05)m$			圆柱滚子轴承	0.0025rad
		感应电动机轴	$\leqslant0.01\Delta$			圆锥滚子轴承	0.0016rad
						安装齿轮处轴的截面	0.001rad

（续）

变形种类		应用场合	许用值	变形种类		应用场合	许用值
弯曲变形	许用挠度 $[\gamma]$	l——支撑间跨距 m_n——齿轮法向模数 m——蜗轮端面模数 Δ——电动机定子与转子间的间隙		扭转变形	许用扭转角 $[\varphi]$	一般传动 较精密的传动 重要传动	0.5°～1°/m 0.25°～0.5°/m 0.25°/m

11.4 轴的设计

通常现场对于一般轴的设计方法有类比法和设计计算法两种。

1. 类比法

这种方法是根据轴的工作条件，选择与其相似的轴进行类比及结构设计，画出轴的零件图。用类比法设计轴一般不进行强度计算。由于完全依靠现有资料及设计者经验进行轴的设计，设计结果比较可靠、稳妥，同时又可加快设计进程，因此类比法较为常用，但有时这种方法有一定的盲目性。

2. 设计计算法

用设计计算法设计轴的一般步骤如下。

1）根据轴的工作条件选择材料，确定许用应力。

2）按纯扭转强度计算、初估轴的最小直径。

3）设计轴的结构，绘制出轴的结构草图。具体内容包括以下几点：

① 根据工作要求确定轴上零件的位置和固定方式。

② 确定各轴段的直径。

③ 确定各轴段的长度。

④ 根据有关设计手册确定轴的结构细节，如圆角、倒角、退刀槽等尺寸。

4）按弯扭合成进行轴的强度校核。一般在轴上选取 2～3 个危险截面进行强度校核。若危险截面强度不够或强度裕度过大，则必须重新修改轴的结构。

5）修改轴的结构后再进行校核计算。这样反复交替地校核和修改，直至设计出较为合理的轴的结构。

6）绘制轴的零件图。

需要指出的是：一般情况下设计轴时不必进行轴的刚度、振动、稳定性等校核。如需进行轴的刚度校核，也只作轴的弯曲刚度校核；对用于重要场合的轴、高速转动的轴应采用疲劳强度校核计算方法进行轴的强度校核。具体内容可查阅机械设计方面的有关资料。

【例 11-1】 如图 11-23 所示为二级斜齿圆柱齿轮减速器示意图，试设计减速器的输出轴。已知轴输出功率 $P=9.8\text{kW}$，转速 $n=260\text{r/min}$，齿轮 4 的分度圆直径 $d_4=238\text{mm}$，所受的作用力分别为圆周力 $F_t=6065\text{N}$，径向力 $F_r=2260\text{N}$，轴向力 $F_a=1315\text{N}$。各齿轮的宽度均为 80mm。齿轮、箱体、联轴器之间的距离如图 11-23 所示。

解 （1）选择轴的材料

因无特殊要求，故选45钢，正火，查表11-1得 $[\sigma_{-1b}]=55\text{MPa}$，取 $C=115$。

（2）估算轴的最小直径

$$d \geqslant C\sqrt[3]{\frac{P}{n}}=115\times\sqrt[3]{\frac{9.8}{260}}\text{mm}=38.56\text{mm}$$

因最小直径与联轴器配合，故有一定键槽，可将轴径加大5%。

即 $\quad d=38.56\text{mm}\times(1+5\%)=40.488\text{mm}$

选凸缘联轴器，取其标准内孔直径 $d=42\text{mm}$。

（3）轴的结构设计

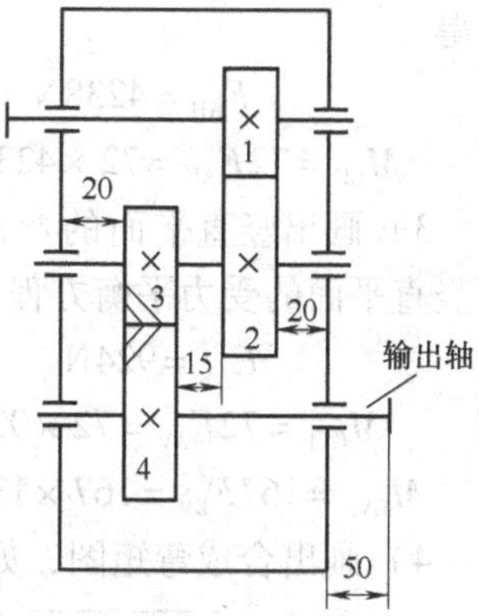

图11-23　减速器示意图

如图11-24所示，齿轮与轴环、套筒固定，左端轴承采用端盖和套筒固定，右端轴承采用轴肩和端盖固定。齿轮和左端轴承从左侧装拆，右端轴承从右端装拆。因为右端轴承与齿轮距离较远，所以轴环布置在齿轮的右侧，以免套筒过长。

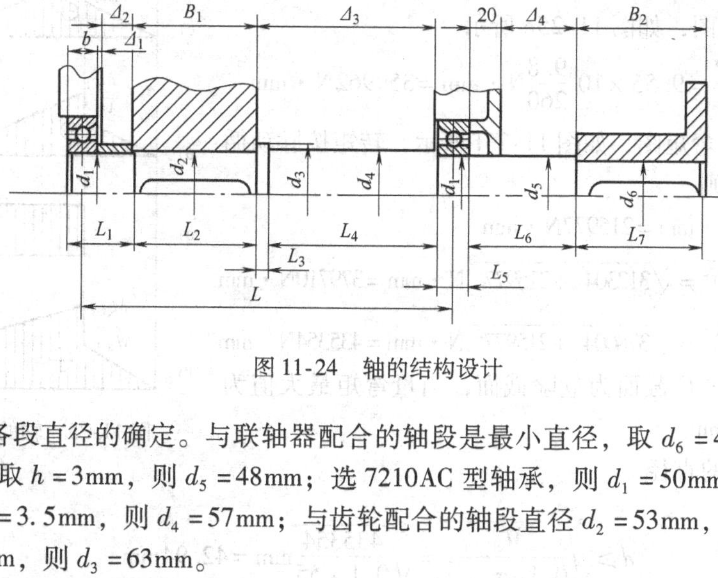

图11-24　轴的结构设计

1）轴的各段直径的确定。与联轴器配合的轴段是最小直径，取 $d_6=42\text{mm}$；联轴器定位轴肩的高度取 $h=3\text{mm}$，则 $d_5=48\text{mm}$；选7210AC型轴承，则 $d_1=50\text{mm}$，右端轴承定位轴肩高度取 $h=3.5\text{mm}$，则 $d_4=57\text{mm}$；与齿轮配合的轴段直径 $d_2=53\text{mm}$，齿轮的定位轴肩高度取 $h=5\text{mm}$，则 $d_3=63\text{mm}$。

2）轴上零件的轴向尺寸及位置。轴承宽度 $b=20\text{mm}$，齿轮宽度 $B_1=80\text{mm}$，联轴器宽度 $B_2=84\text{mm}$，轴承端盖宽度为20mm。箱体内侧与轴承端面间隙取 $\Delta_1=2\text{mm}$，齿轮与箱体内侧的距离如图11-23所示，分别为 $\Delta_2=20\text{mm}$，$\Delta_3=15\text{mm}+80\text{mm}+20\text{mm}=115\text{mm}$，联轴器与箱体之间间隙 $\Delta_4=50\text{mm}$。

与其对应的轴的各段长度分别为 $L_1=44\text{mm}$，$L_2=78\text{mm}$，轴环取 $L_3=8\text{mm}$，$L_4=109\text{mm}$，$L_5=20\text{mm}$，$L_6=70\text{mm}$，$L_7=82\text{mm}$。

轴承的支承跨度为

$$L=L_1+L_2+L_3+L_4=239\text{mm}$$

（4）验算轴的疲劳强度

1）画出轴的受力简图，如图11-25a所示。

2）画出水平平面的弯矩图，如图11-25b所示。通过列水平平面的受力平衡方程，可

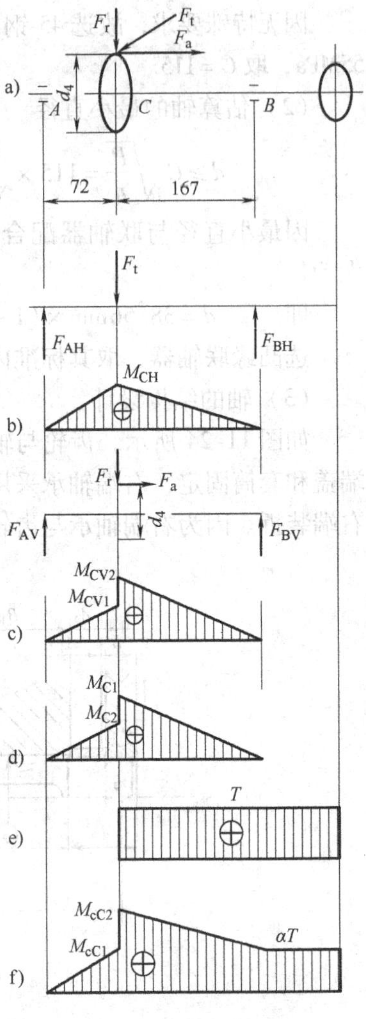

图 11-25 轴的强度校核

求得

$$F_{AH}=4238\text{N}\qquad F_{BH}=1827\text{N}$$

则 $M_{CH}=72F_{AH}=72\times4238\text{N}\cdot\text{mm}=305136\text{N}\cdot\text{mm}$

3）画出竖直平面的弯矩图，如图 11-25c 所示。通过列竖直平面的受力平衡方程，可求得

$$F_{AV}=924\text{N}\qquad F_{BV}=1336\text{N}$$

则 $M_{CV1}=72F_{AV}=72\times924\text{N}\cdot\text{mm}=66528\text{N}\cdot\text{mm}$,

$M_{CV2}=167F_{BV}=167\times1336\text{N}\cdot\text{mm}=223112\text{N}\cdot\text{mm}$

4）画出合成弯矩图，如图 11-25d 所示。

$$M_{C1}=\sqrt{M_{CH}^2+M_{CV1}^2}$$

$$=\sqrt{305136^2+66528^2}\ \text{N}\cdot\text{mm}=312304\text{N}\cdot\text{mm}$$

$$M_{C2}=\sqrt{M_{CH}^2+M_{CV2}^2}$$

$$=\sqrt{305136^2+223112^2}\ \text{N}\cdot\text{mm}=378004\text{N}\cdot\text{mm}$$

5）画出转矩图，如图 11-25e 所示。

$$T=9.55\times10^6\frac{P}{n}=9.55\times10^6\frac{9.8}{260}\text{N}\cdot\text{mm}=359962\text{N}\cdot\text{mm}$$

6）画出当量弯矩图，如图 11-25f 所示，转矩按脉动循环，取 $\alpha=0.6$，则

$$\alpha T=0.6\times359962\text{N}\cdot\text{mm}=215977\text{N}\cdot\text{mm}$$

$$M_{eC1}=\sqrt{M_{C1}^2+(\alpha T)^2}=\sqrt{312304^2+215977^2}\ \text{N}\cdot\text{mm}=379710\text{N}\cdot\text{mm}$$

$$M_{eC2}=\sqrt{M_{C2}^2+(\alpha T)^2}=\sqrt{378004^2+215977^2}\ \text{N}\cdot\text{mm}=435354\text{N}\cdot\text{mm}$$

由当量弯矩图可知 C 截面为危险截面，当量弯矩最大值为 $M_{eC}=435354\text{N}\cdot\text{mm}$。

（5）验算轴的直径

$$d\geqslant\sqrt[3]{\frac{M_{eC}}{0.1[\sigma_{-1b}]}}=\sqrt[3]{\frac{435354}{0.1\times55}}\text{mm}=42.94\text{mm}$$

因为 C 截面有一键槽所以需要将直径加大 5%，则 $d=42.94\text{mm}\times(1+5\%)=45.1\text{mm}$，而 C 截面的设计直径为 53mm，所以强度足够。

（6）绘制轴的零件图。（略）

同步练习

1. 轴按功用与所受载荷的不同分为哪三种？常见的轴大多属于哪一种？
2. 轴的结构设计应从哪几个方面考虑？
3. 制造轴的常用材料有哪几种？
4. 轴上零件的轴向固定有哪些方法？各有什么特点？
5. 在齿轮减速器中，为什么低速轴的直径要比高速轴的直径大得多？

6. 在轴的弯扭合成强度校核中，α 表示什么？为什么要引入 α？

7. 常用提高轴的强度和刚度的措施有哪些？

8. 图 11-26 所示为二级圆柱齿轮减速器。已知：$z_1 = z_3 = 20$，$z_2 = z_4 = 40$，$m = 4\text{mm}$，高速级齿轮宽 $b_{12} = 45\text{mm}$，低速级齿宽 $b_{34} = 60\text{mm}$，轴Ⅰ传递的功率 $P = 4\text{kW}$，转速 $n_1 = 960\text{r/min}$，不计摩擦损失。图中 a、c 取为 5 ~ 10mm。试设计轴Ⅱ，初步估算轴的直径，画出轴的结构图、弯矩图及扭矩图，并按弯扭合成强度校核此轴。

9. 图 11-27 所示为二级齿轮减速器的中间轴的结构，试指出图中结构不合理的地方，并予以改正。

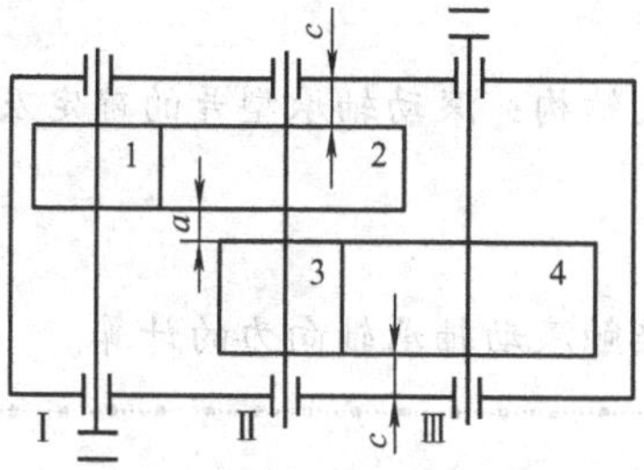

图 11-26 同步练习 8 图

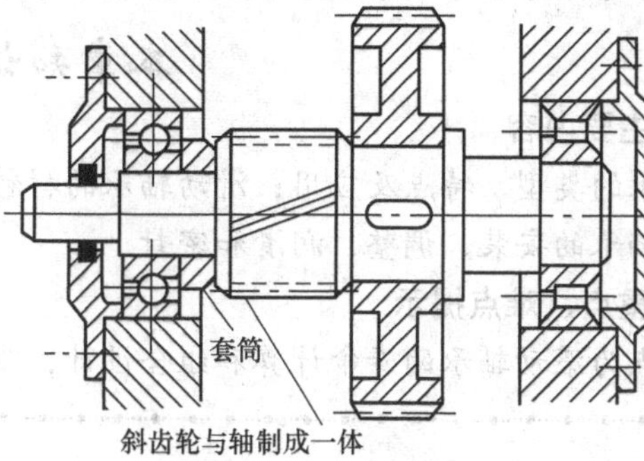

图 11-27 同步练习 9 图

第12章 轴　　承

机械设计基础

本章知识导读

1. 主要内容

轴承的类型、特点及应用；滑动轴承的材料、参数及结构；滚动轴承型号的确定及组合设计；轴承的安装、调整、润滑和密封

2. 重点、难点提示

重点为滚动轴承的寿命计算和组合设计；难点是角接触滚动轴承轴向力的计算。

轴承是机械中的重要零件。轴承的功能是支承轴及轴上零件，使其回转并保持一定的旋转精度，减少相对回转零件间的摩擦和磨损。根据摩擦性质不同，轴承可分为滚动摩擦轴承（简称为滚动轴承）和滑动摩擦轴承（简称滑动轴承）两大类。滚动轴承一般由专门的轴承厂家制造，广泛应用于各种机器中。但对于精度要求高或有特殊要求的场合，如高速、重载、冲击较大需要剖分结构等，使用更多的则是滑动轴承。所以我们要了解上述两类轴承的特点，合理地设计和使用轴承对提高机械的使用性能、延长机械寿命都起着重要的作用。

12.1　滚动轴承的结构、类型及代号

滚动轴承是各类机械中广泛应用的重要机械部件，它是依靠主要元件间的滚动接触来支承转动零件的，由于滚动轴承已标准化，由专业工厂大量制造，因此设计者的主要任务有三点：一是根据载荷状况和工况条件，正确选定轴承的类型；二是进行必要工作能力计算；三是进行合理的轴承组合设计。

12.1.1　滚动轴承的结构

如图12-1所示，滚动轴承一般由内圈、外圈、滚动体和保持架组成。轴承在工作时，滚动体在内、外圈滚道上滚动。保持架的作用是将滚动体彼此隔开，并使其沿滚道均匀分布。轴承内圈和轴颈装配在一起，外圈装在机座或零件的座孔内，多数轴承的内圈随轴一起转动，外圈固定不动。

常见的滚动体有球（图12-2a）、短圆柱滚子（图12-2b）、鼓形滚子（图12-2c）、滚针（图12-2d）及圆锥滚子（图12-2e）等。

12.1.2　滚动轴承的类型

（1）滚动轴承按其所能承受的载荷方向（或公称接触角）的不同分　向心轴承和推力

轴承（见表12-1）。

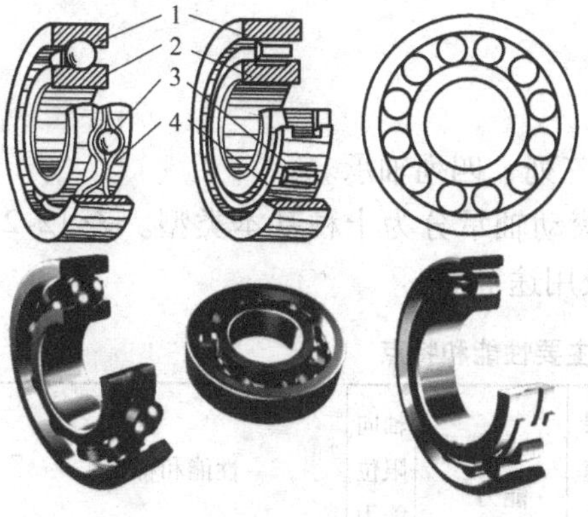

图12-1 滚动轴承的基本结构

1—外圈 2—内圈 3—滚动体 4—保持架

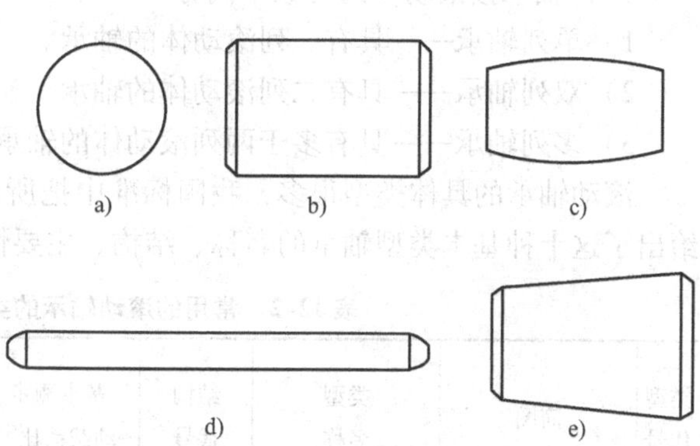

图12-2 常用的滚动体

a）球 b）短圆柱滚子 c）鼓形滚子 d）滚针 e）圆锥滚子

表12-1 各类轴承的公称接触角

轴承种类	向心轴承		推力轴承	
	径向接触轴承	向心角接触轴承	推力角接触轴承	轴向接触轴承
公称接触角 α	$\alpha=0°$	$0°<\alpha\leqslant45°$	$45°<\alpha<90°$	$\alpha=90°$
图例（以球轴承为例）	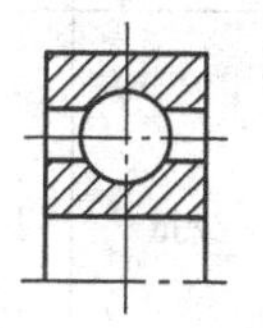	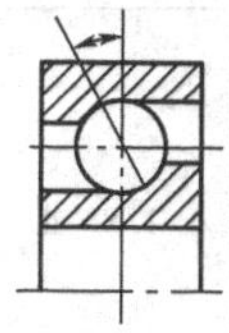	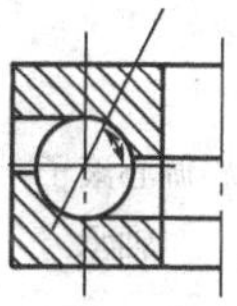	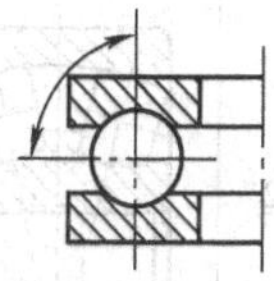

1）向心轴承——主要用于承受径向载荷的滚动轴承，其公称接触角从0°～45°。按公称接触角不同，又分为：径向接触轴承——接触角为0°的向心轴承主要承受径向载荷，有些可承受较小的轴向载荷；向心角接触轴承——接触角大于0°～45°的向心轴承，能同时承受径向载荷和轴向载荷。

2）推力轴承——主要用于承受轴向载荷的滚动轴承，其公称接触角大于45°～90°。按公称接触角不同又分为：轴向接触轴承——公称接触角为90°的推力轴承，只能承受轴向载荷；推力角接触轴承——公称接触角大于45°但小于90°的推力轴承，主要承受轴向载荷，也可以承受较小的径向载荷。

（2）轴承按其滚动体的种类不同分为：

1）球轴承——滚动体为球。

2）滚子轴承——滚动体为滚子。滚子轴承按滚子种类又分为：圆柱滚子轴承——滚动体是圆柱滚子的轴承，圆柱滚子的长度与直径之比小于或等于3；滚针轴承——滚动体是滚针的轴承，滚针的长度与直径之比大于3，但直径小于或等于5mm；圆锥滚子轴承——滚动体是圆锥滚子的轴承；调心滚子轴承——滚动体是球面滚子的轴承。

（3）轴承按其工作时能否调心分

1）调心轴承。

2）非调心轴承。

（4）轴承按滚动体的列数不同分

1）单列轴承——具有一列滚动体的轴承。

2）双列轴承——具有二列滚动体的轴承。

3）多列轴承——具有多于两列滚动体的轴承，如三列、四列轴承。

滚动轴承的具体类型很多，我国标准中把所有的滚动轴承分为十种基本类型。表 12-2 给出了这十种基本类型轴承的名称、结构、主要性能及用途等。

表 12-2 常用的滚动轴承的类型、主要性能和特点

类型代号	简图	类型名称	结构代号	基本额定动载荷比①	极限转速比②	轴向载荷能力③	轴向限位能力	性能和特点
1	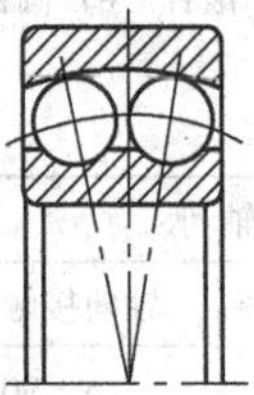	调心球轴承	10000	0.6～0.9	中	少量	Ⅰ	因为外圈滚道表面是以轴承中点为中心的球面，故能自动调心，允许内圈（轴）对外圈（外壳）轴线偏斜量小于等于 2°～3°。一般不宜承受纯轴向载荷
2	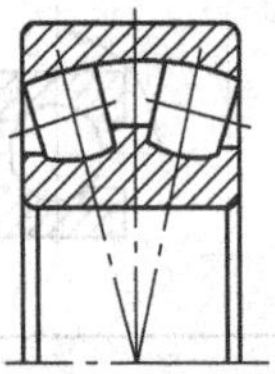	调心滚子轴承	20000	1.8～4	低	少量	Ⅰ	性能、特点与调心球轴承相同，但具有较大的径向承载力，允许内圈对外圈轴线偏斜量≤1.5°～2.5°。
3	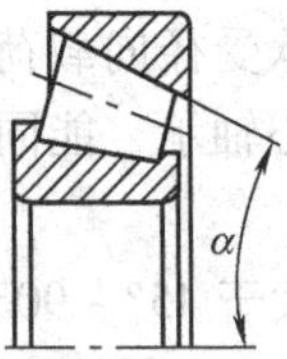	圆锥滚子轴承 $\alpha=10°\sim18°$	30000	1.5～2.5	中	较大	Ⅱ	可以同时承载径向载荷和轴向载荷（30000 型以径向载荷为主，30000B 型以轴向载荷为主）。外圈可分离，安装时可调整轴承的游隙。一般成对使用
		大锥角圆锥滚子轴承 $\alpha=27°\sim30°$	30000B	1.1～2.1	中	很大		
5	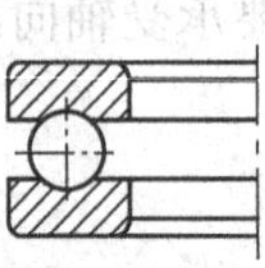	推力球轴承	51000	1	低	只能承受单向的轴向载荷	Ⅱ	为了防止钢球与滚道之间的滑动，工作时必须有一定的轴向载荷。高速时离心力较大，钢球与保持架间产生磨损，发热严重，寿命降低，故极限速度很低。轴线必须与轴承座底面垂直，载荷必须与轴线重合，以保证钢球载荷的均匀分配
	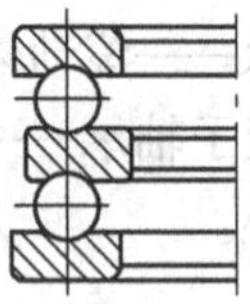	双向推力球轴承	52000	1	低	能承受双向的轴向载荷	Ⅰ	

（续）

类型代号	简图	类型名称	结构代号	基本额定动载荷比①	极限转速比②	轴向载荷能力③	轴向限位能力	性能和特点
6	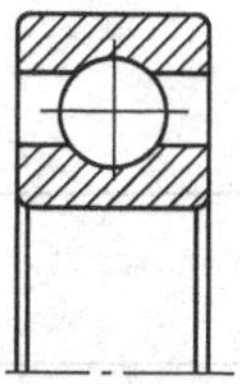	深沟球轴承	60000④	1	高	少量	Ⅰ	可以同时承受径向载荷和轴向载荷，也可以单独承受轴向载荷。能在较高转速下正常工作。由于一个轴承只能承受单向的轴向力，因此，一般成对使用。承受轴向载荷的能力由接触角 α 决定。接触角越大，承受轴向载荷的能力也越好
7	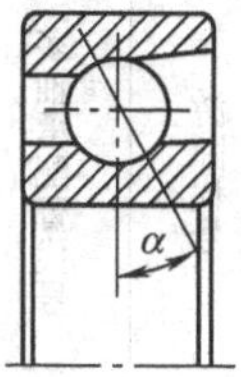	角接触球轴承⑤	70000C（$\alpha=15°$）	1.0～1.4	高	一般	Ⅱ	
			70000AC（$\alpha=25°$）	1.0～1.3		较大		
			70000B（$\alpha=40°$）	1.0～1.2		更大		
N	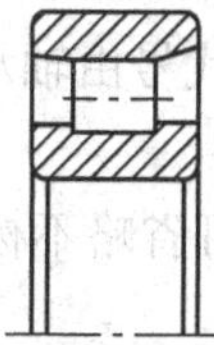	外圈无挡边的圆柱滚子轴承	N0000	1.5～3	高	无	Ⅲ	外圈（或内圈）可以分离，故不能承受轴向载荷，滚子由内圈（或外圈）的挡边轴向定位，工作时允许内、外圈有少量的轴向错动。有较大的径向承载能力，但内外圈轴线的允许偏斜量很小（2°～3°）。这一类轴承还可以不带外圈或内圈
NA	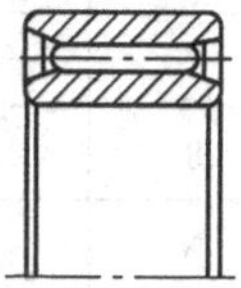	滚针轴承	NA0000	—	低	无	Ⅲ	在同样内径条件下，与其他类型轴承相比较，其外径最小，内圈或外圈可以分离，工作时允内、外圈有少量的轴向错动。有较大的径向承载能力。一般不带保持架。摩擦因数大

① 基本额定动载荷比：指同一尺寸系列（直径和宽度）各种类型和结构形式的轴承的基本额定动载荷与单列深沟球轴承（推力轴承则与单向推力球轴承）的基本额定动载荷之比。

② 极限转速比：同一尺寸系列0级公差的各类轴承脂润滑时的极限转速与单列深沟球轴承脂润滑时极限转速之比。

高、中、低的意义为：

高——为单列深沟球轴承极限转速的90%～100%。

中——为单列深沟球轴承极限转速的60%～90%。

低——为单列深沟球轴承极限转速的60%以下。

③ 轴向限位能力。

Ⅰ——轴的双向轴向位移限制在轴承的轴向游隙范围以内。

Ⅱ——限制轴的单向轴向位移。

Ⅲ——不限制轴的轴向位移。

④ 双列深沟球轴承类型代号为4。

⑤ 双列角接触球轴承类型代号为0。

12.1.3 滚动轴承的代号

滚动轴承的代号是表示其结构、尺寸、公差等级和技术性能等特征的产品符号，由字母和数字组成。按 GB/T 272—1993 的规定，轴承代号由基本代号、前置代号和后置代号构成，其表达方式见表 12-3。

表 12-3 轴承代号的构成

前置代号（字母）	基本代号（字母和数字）					后置代号（字母和数字）							
成套轴承的部分代号	五	四	三	二	一	内部结构代号	密封与防尘结构代号	保持架及其材料代号	特殊轴承材料代号	公差等级代号	游隙代号	多轴承配置代号	其他代号
	类型代号	尺寸系列代号		内径代号									
		宽度系列代号	直径系列代号										

1. 基本代号

基本代号表示轴承的基本类型、结构、尺寸，是轴承代号的基础。基本代号由轴承类型代号、尺寸系列代号、及内径代号三部分组成。

1）类型代号。由数字和大写的拉丁字母表示，见表 12-4，其中 0 类的可省略不标注。

表 12-4 一般滚动轴承的类型代号

轴承类型	代号	原代号	轴承类型	代号	原代号
双列角接触球轴承	0	6	深沟球轴承	6	0
调心球轴承	1	1	角接触球轴承	7	6
调心滚子轴承和推力调心滚子轴承	2	3 和 9	推力圆柱滚子轴承	8	9
圆锥滚子轴承	3	7	圆柱滚子轴承	N	2
双列深沟球轴承	4	0	外球面球轴承	U	0
推力球轴承	5	8	四点接触球轴承	QJ	6

2）尺寸系列代号。由轴承的宽（高）度系列代号（见表 12-5）和直径系列代号（见表 12-6）组合而成。其中：直径系列代号表示内径相同的同类轴承有几种不同的外径和宽度；宽度系列代号表示内、外径相同的同类轴承宽度的变化。宽度系列代号为 0 时，在轴承代号中通常省略（在调心滚子轴承和圆锥滚子轴承中不可省略）。

表 12-5 轴承的宽（高）度系列代号

向心轴承	宽度系列	特窄	窄	正常	宽	特宽	推力轴承	高度系列	特低	低	正常
	原代号	8	7，0	0，1	2，0	3，4 5，6		原代号	7	9	0，1
	新代号	8	0	1	2	3，4 5，6		新代号	7	9	1，2

表 12-6 轴承的直径系列代号

直径系列	向心轴承						推力轴承					
	超轻	超特轻	特轻	轻	中	重	超轻	特轻	轻	中	重	特重
原代号	8，9	7	1，7	2（5）	3（6）	4	9	1	2	23	4	5
新代号	8，9	7	0，1	2	3	4	0	1	2	3	4	5

注：括号中的数字分别表示轻宽（5）、中宽（6）尺寸系列。

3）轴承的内径代号。其含义见表 12-7。

表 12-7 滚动轴承的内径代号（内径≥10mm）

内径 d 的尺寸	10~17mm				20~480mm（22、28 和 32mm 除外）	500mm 以上（含 22、28 和 32mm）
	10mm	12mm	15mm	17mm		
内径代号	00	01	02	03	$\frac{内径}{5}$	0000/内径
举例	中（3）窄系列深沟球轴承 303 是指内径为 17mm 的轴承				重（4）窄系列深沟球轴承 407 是指内径为 35mm 的轴承	轻（2）窄系列深沟球轴承 2/32 是指内径为 32mm 特轻（1）系列推力圆柱滚子轴承 91/600 是指内径为 600mm 的轴承

4）基本代号的编制规则。当轴承的类型代号用字母表示时，字母应与表示轴承尺寸的系列代号、内径代号或安装配合特征尺寸的数字之间空半个汉字距。

2. 前置代号

前置代号用字母表示成套轴承的分部件，代号及其含义可查阅机械设计手册。

3. 后置代号

后置代号置于基本代号的右侧并与基本代号空半个汉字距（代号有符号除外）。

后置代号所反映内容的排列见表 12-3，其表示含义查阅机械设计手册。

【例 12-1】 试说明下轴承代号的意义：30310/P6X、6203。

解

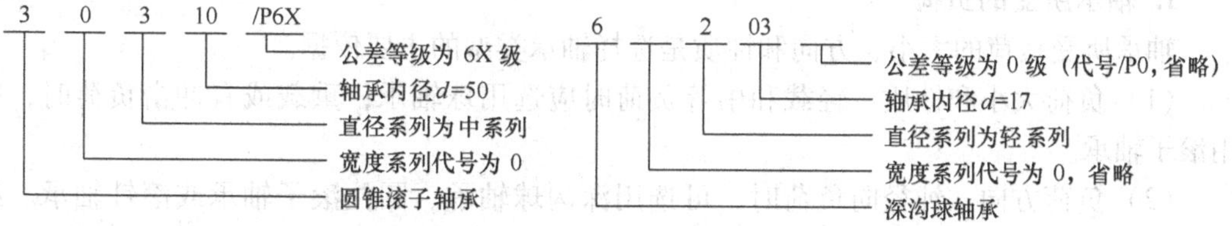

12.2 滚动轴承类型的选择

12.2.1 影响轴承承载能力的参数

1. 游隙

内、外圈滚道与滚动体之间的间隙称为游隙，即一个座圈固定时，另一个座圈沿径向或轴向的最大移动量，如图 12-3 所示。游隙可影响轴承的运动精度、寿命、噪声和承载能力。

2. 极限转速

滚动轴承在一定的载荷和润滑条件下，允许的最高转速称为极限转速。滚动轴承的转速过高会使摩擦面间产生高温，使润滑失效，从而导致滚动体退火或胶合而产生破坏。各类轴承极限转速数值可查轴承手册。

3. 偏位角

安装误差或轴的变形等都会引起轴承内外圈中心线发生倾斜，其倾斜角 δ 称为偏位角，如图 12-4 所示。

4. 接触角

由轴承结构类型决定的接触角称为公称接触角，如图 12-5 所示。当深沟球轴承（$\alpha=0°$）只承受径向力时其内外圈不会做轴向移动，故实际接触角保持不变。如果作用有轴向力 F_a 时（图 12-5），其实际接触角不再与公称接触角相同，α 增大至 α_1。对接触角而言，α 值越大，则轴承承受轴向载荷的能力也越强。

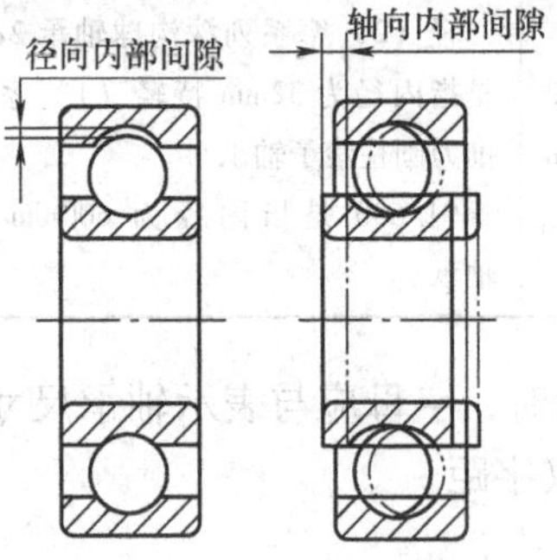

图 12-3　轴承的游隙

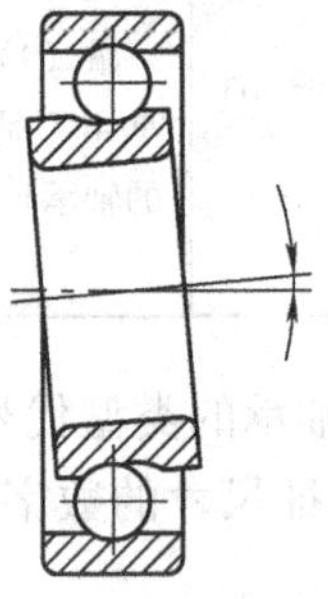
图 12-4　轴承的偏位角

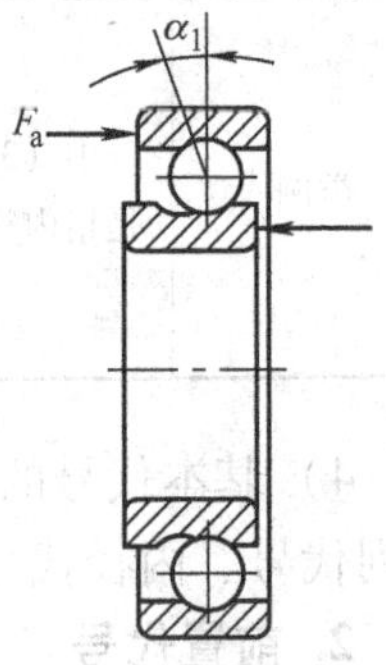

图 12-5　接触角的变化

12.2.2　正确选择滚动轴承类型

轴承类型的正确选择是在了解各类轴承特点的基础上，综合考虑轴承的具体工作条件和使用要求进行的。选择时主要考虑如下几个方面的因素。

1. 轴承所受的负荷

轴承所受负荷的大小、方向和性质是选择轴承类型的主要依据。

（1）负荷大小和性质　轻载和中等负荷时应选用球轴承；重载或有冲击负荷时，应选用滚子轴承。

（2）负荷方向　纯径向负荷时，可选用深沟球轴承、圆柱滚子轴承或滚针轴承。纯轴向负荷时，可选用推力轴承。既有径向负荷又有轴向负荷时，若轴向负荷不太大，可选用深沟球轴承或接触角较小的角接触球轴承、圆锥滚子轴承；若轴向负荷较大时，可选用接触角较大的这两类轴承；若轴向负荷很大，而径向负荷较小时，可选用推力角接触轴承，也可以采用向心轴承和推力轴承一起作为支承结构。

2. 轴承的转速

选择轴承类型时应注意其允许的极限转速 $n_{\lim}$。

1）高速时应优先选用球轴承。

2）内径相同时，外径越小，离心力也越小，故在高速时宜选用超轻、特轻系列的轴承。

3）推力轴承的极限转速都很低，高速运转时摩擦发热严重，若轴向载荷不十分大，可采用角接触球轴承或深沟球轴承来承受纯轴向力。若工作转速超过了轴承的极限转速，可通过提高轴承的公差等级、适当加大其径向游隙等措施来满足要求。

3. 调心要求

当由于制造和安装误差等因素致使轴的中心线与轴承中心线不重合时，当轴受力弯曲造成轴承内外圈轴线发生偏斜时，宜选用调心球轴承或调心滚子轴承。

4. 允许的空间

当径向空间受到限制时，可选用滚针轴承或特轻、超轻直径系列的轴承。轴向尺寸受限制时，可选用宽度尺寸较小的轴承，如窄或特窄宽度系列的轴承。

5. 安装与拆卸

在轴承座不是剖分而必须沿轴向拆装轴承以及需要频繁拆装轴承的机械中，应优先选用内、外圈可分离的轴承（如3类，N类等）；当轴承在长轴上安装时，为便于拆装可选用内圈为圆锥孔的轴承（后置代号第2项为K）。

6. 公差等级

滚动轴承公差等级分为6级：0级（普通级）、6级、6X级、5级、4级及2级。普通级最低，2级最高。普通级应用最广。对大多数机械而言，选用0级公差的轴承足以满足要求。但对于旋转精度有严格要求的机床主轴、精密机械、仪表以及高速旋转的轴，应选用高精度的轴承。

7. 经济性

轴承类型不同，其价格也不同。深沟球轴承价格最低，滚子轴承比球轴承价高，向心角接触轴承比径向接触轴承价高。公差等级越高，价格也越贵。同型号不同公差等级轴承的价格比为P0:P6:P5:P4≈1:1.5:1.8:6。在满足使用要求的前提下，应尽量选用价格低廉的轴承。

12.3 滚动轴承的失效形式及计算准则

12.3.1 滚动轴承的主要失效形式

1. 点蚀

轴承工作时，滚动体和滚道上各点受到循环接触应力的作用，经一定循环次数（工作小时数）后，在滚动体或滚道表面将产生疲劳点蚀，从而产生噪声和振动，致使轴承失效。疲劳点蚀是在正常运转条件下轴承的一种主要失效形式。

2. 塑性变形

轴承受负荷过大或有巨大冲击负荷时，在滚动体或滚道表面可能由于局部触应力超过材料的屈服极限而发生塑性变形，形成凹坑而失效。这种失效形式主要表现在转速极低或摆动的轴承中。

3. 磨损

润滑不良、杂物和灰尘的侵入都会引起轴承早期磨损，从而使轴承丧失旋转精度、噪声增大、温度升高，最终导致轴承失效。

此外，由于设计、安装、使用中某些非正常的原因，可能导致轴承的破裂、保持架损坏、腐蚀等现象，使轴承失效。

12.3.2 滚动轴承的计算准则

在选择滚动轴承类型后要确定其型号和尺寸，为此需要针对轴承的主要失效形式进行计算。其计算准则为：

1）对于一般转速的轴承，即 $10\text{r/min} < n < n_{\text{lim}}$，如果轴承的制造、保管、安装、使用等条件均良好时，轴承的主要失效形式为疲劳点蚀，因此应按基本额定动负荷进行寿命计算。

2）对于高速轴承，除疲劳点蚀外因工作表面的过热而导致的轴承失效也是重要的失效形式，因此除需进行寿命计算外还应验算其极限转速。

3）对于低速轴承，即 $n < 10\text{r/min}$，可近似地认为轴承各元件是在静应力作用下工作的，其失效形式为塑性变形，故应按额定静负荷进行强度计算。

12.4 滚动轴承的寿命计算

12.4.1 寿命

轴承工作时，滚动体或套圈出现疲劳点蚀前的累计总转数（或工作小时数）称为轴承的寿命。

12.4.2 基本额定寿命

同型号的一批轴承，在相同的工作条件下，由于材质、加工、装配等不可避免地存在差异，因此寿命并不相同而呈现很大的离散性，最高寿命和最低寿命可能差 40 倍之多。一批在相同条件下运转的同一型号的轴承，其可靠度为 90%（即失效率为 10%）时的寿命称为基本额定寿命。

换言之，同一批型号的轴承工作运转达到基本额定寿命时，已有 10% 的轴承先后出现疲劳点蚀，90% 的轴承还能继续工作。用 L_{10} 表示寿命，其单位为转数；用 L_{10h} 表示寿命，其单位为工作小时数。

12.4.3 基本额定动负荷

轴承的寿命与所受负荷的大小有关，工作负荷越大，轴承的寿命就越短。国家标准规定，基本额定寿命为一百万转（$L = 10^6$ 转）时，轴承所能承受的负荷称为基本额定动负荷 C，单位为 N。对于径向接触轴承，这一负荷时指纯径向负荷；对于角接触轴承和圆锥滚子轴承，是使轴承套圈之间只产生径向位移的负荷的径向分量，对于这些轴承，就具体称为径向基本额定动负荷，用符号 C_r 表示；对于推力轴承，是指作用于轴承中心的纯轴向负荷，具体称为轴向基本额定动负荷 C_a。

各种型号轴承的 C_r 值或 C_a 值可由轴承样本或设计手册查出。

12.4.4 寿命计算公式

根据大量的试验和理论分析结果推导出轴承疲劳寿命的计算公式如下

$$L_{10h}=\frac{10^6}{60n}\left(\frac{f_t C}{f_p P}\right)^{\varepsilon} \tag{12-1}$$

式中 C——基本额定动负荷，向心轴承用 C_r 表示，推力轴承用 C_a 表示（N）；

P——当量动负荷（N）；

f_t——温度系数，见表12-8；

f_p——负荷系数，见表12-9；

ε——寿命指数，球轴承 $\varepsilon=3$；滚子轴承 $\varepsilon=\frac{10}{3}$。

n——轴承的工作转速（r/min）。

表12-8 温度系数 f_t

工作温度/℃	<120	125	150	175	200	225	250	300
f_t	1.0	0.95	0.9	0.85	0.8	0.75	0.7	0.6

表12-9 冲击负荷系数 f_p

负荷性质	f_p	举 例
无冲击或轻微冲击	1.0~1.2	电机、汽轮机、通风机、水泵
中等冲击	1.2~1.8	车辆、机床、起重机、冶金设备、内燃机
强大冲击	1.8~3.0	破碎机、轧钢机、石油钻机、振动筛

如果设计时要求轴承达到规定的预期寿命［L_{10h}］，则在已知当量负荷 P 和转速 n 的条件下，可按下式算得轴承应当具有的基本额定动负荷 C_c，但应使 C_c 小于轴承的 C 值

$$C_c=\frac{f_p\cdot P}{f_t}\sqrt[\varepsilon]{\frac{60n[L_{10h}]}{10^6}} \tag{12-2}$$

式中 ［L_{10h}］——轴承的预期寿命（h），推荐的轴承预期寿命见表12-10。

表12-10 轴承的预期寿命的参考值

机器的种类		预期寿命/h
不经常使用的仪器和设备		500
航空发动机		500~2000
间断使用的机器	中断使用不致引起严重后果的手动机械、农业机械等	4000~8000
	中断使用会引起严重后果的机械设备，如升降机、输送机、吊车等	8000~12000
每天工作8小时的机器	利用率不高的齿轮传动、电动机等	12000~20000
	利用率较高的通风设备、机床等	20000~30000
连续工作24小时的机器	一般可靠的空气压缩机、电动机、水泵等	50000~60000
	高可靠性的电站设备、给水装置等	>100000

式（12-1）和式（12-2）分别用于不同的情况。当轴承型号已定时，用式（12-1）校

核轴承的寿命，要求 $L_{10h} \geqslant [L_{10h}]$；型号未定时，用式（12-2）选轴承型号，要求 $C_c \leqslant C$。

12.4.5　当量动负荷 P 的计算

滚动轴承的基本额定动负荷是在向心轴承只受径向负荷、推力轴承只受轴向负荷的特定条件下确定的，轴承往往承受着径向负荷和轴向负荷的联合作用，因此，需将该实际联合负荷等效为一假想的当量动负荷 P 来处理，在此载荷作用下，轴承的工作寿命与轴承在实际工作负荷下的寿命相同。

1. 只承受径向负荷 P 的径向接触轴承

$$P = F_r \tag{12-3}$$

2. 只承受轴向负荷 P 的轴向接触轴承

$$P = F_a \tag{12-4}$$

3. 同时承受径向载荷和轴向载荷作用的深沟球轴承和角接触轴承

$$P = XF_r + YE_a \tag{12-5}$$

式中　X、Y——径向负荷系数和轴向负荷系数，由表 12-11 查得。

表 12-11　径向负荷系数 X 和轴向负荷系数 Y

轴承的类型		相对轴向载荷	e	单列轴承				双列（或成双安装的单列）轴承			
				$F_a/F_r \leqslant e$		$F_a/F_r > e$		$F_a/F_r \leqslant e$		$F_a/F_r > e$	
名称	代号	F_a/C_0		X	Y	X	Y	X	Y	X	Y
		0.014	0.19				2.30				2.30
		0.028	0.22				1.99				1.99
		0.056	0.26				1.71				1.71
		0.084	0.28				1.55				1.55
深沟球轴承	60000 型	0.110	0.30	1	0	0.56	1.45	1	0	0.56	1.45
		0.170	0.34				1.31				1.31
		0.280	0.38				1.15				1.15
		0.420	0.42				1.04				1.04
		0.560	0.44				1.00				1.00
调心球轴承	10000 型	—	1.5tanα	—	—	—	—	1	0.42cotα	0.65	0.65cotα
调心滚子轴承	20000 型	—	1.5tanα	—	—	—	—	1	0.45cotα	0.67	0.67cotα
		iF_a/C_0									
		0.015	0.38				1.47		1.65		2.39
		0.029	0.40				1.40		1.57		2.28
		0.058	0.43				1.30		1.46		2.11
		0.087	0.46				1.23		1.38		2.00
角接触球轴承	70000C 型	0.120	0.47	1	0	0.44	1.19	1	1.34	0.72	1.93
		0.170	0.50				1.12		1.26		1.82
		0.290	0.55				1.02		1.14		1.66
		0.440	0.56				1.00		1.12		1.63
		0.580	0.56				1.00		1.12		1.63
	70000AC 型	—	0.68	1	0	0.41	0.87	1	0.92	0.67	1.41
	70000 型	—	1.14	1	0	0.35	0.57	1	0.55	0.57	0.93

（续）

轴承的类型		相对轴向载荷	e	单列轴承				双列（或成双安装的单列）轴承			
名称	代号			$F_a/F_r \leq e$		$F_a/F_r > e$		$F_a/F_r \leq e$		$F_a/F_r > e$	
		F_a/C_0		X	Y	X	Y	X	Y	X	Y
圆锥滚子轴承	30000型	—	$1.5\tan\alpha$	1	0	0.4	$0.4\cot\alpha$	1	$0.45\cot\alpha$	0.67	$0.67\cot\alpha$

注：1. 推力类轴承的和查有关手册。

2. 表中 i 滚动体的列数，C_0 为轴承的额定静载荷，α 为公称接触角，均查主品目录或设计手册。

3. 表中 e 为判别系数。

4. 两只相同的深沟球轴承安装在轴的一个支承内，作为一个整体（成对安装）运转，这对深沟球轴承的额定动载荷按一只双列深沟球轴承计算。

5. 两只相同的角接触球轴承（或圆锥滚子轴承）安装在一个支承内，"面对面"或"背对背"配置作为一个整体（成对安装）运转。这对轴承的当量动载荷按一只双列角接触球轴承（或一只双列圆锥滚子轴承）计算，用双列轴承的 X 和 Y。为对轴承的基本额定动载荷按一只双列角接触球轴承（或一只双列圆锥滚子轴承）确定。

6. 两只或两只以上的双列深沟球轴承或角接触球轴承安装在一个轴承内，以串联配置作为一个整体（成双或组合安装）运转，计算当量动载荷时用单列轴承的 X 和 Y 值。相对轴向载荷用 $i=1$ 和其中一只轴承的 F_0 和 C_0 确定（虽然总载荷 F_r 的 F_a 是用来计算整个装置的当量动载荷的）。这一轴承的基本额定动载荷等于轴承组的0.7次幂乘单列轴承的额定动载荷。

7. 两只或两只以上的相同圆锥滚子轴承安装在一个支承内，以串联配置作为一个整体（成双或组合安装）运转，计算当量动载荷时用单列轴承的 X 和 Y 值。这一轴承组的基本额定动载荷等于轴承的7/9次幂乘单列轴承的额定动载荷。

【例12-2】 一水泵选用深沟球轴承，已知轴的直径 $d=35\text{mm}$，转速 $n=2900\text{r/min}$，轴承所受径向载荷 $F_r=2300\text{N}$，轴向载荷 $F_a=540\text{N}$，工作温度正常，要求轴承预期寿命 $[L_{10h}]=5\,000\text{h}$，试选择轴承型号。

解 （1）求当量动载荷 P

根据式（12-5）得

$$P=XF_r+YF_a$$

式中径向载荷系数 X 和轴向载荷数 Y 要根据 $\frac{F_a}{C_{or}}$ 值查取。C_{or} 是轴承的径向额定静载荷，未选轴承型号前暂不知道，故用试算法计算。根据表12-11，暂取 $\frac{F_a}{C_{or}}=0.028$，则 $e=0.22$。由 $F_a/F_r=\frac{540}{2300}=0.235>e$，查表12-11得 $X=0.56$，$Y=1.99$，则

$$P=0.56\times2300\text{N}+1.99\times540\text{N}=2363\text{N}$$

（2）计算所需的径向额定动载荷值

由式（12-2）得，

$$C_C=\frac{f_pP}{f_t}\left(\frac{60n[L_{10h}]}{10^6}\right)^{\frac{1}{\varepsilon}}=\frac{1.1\times2363}{1}\left(\frac{60\times2900}{10^6}\times5000\right)^{\frac{1}{3}}\text{N}=24820\text{N}$$

式中 $f_p=1.1$ 由表12-9得。

（3）选择轴承的型号

查有关轴承的手册，根据 $d = 35\text{mm}$ 选得 6307 轴承，其 $C_r = 33200\text{N} > 24820\text{N}$，$C_{or} = 19200\text{N}$。6307 轴承的$\frac{F_a}{C_{or}} = \frac{540}{19200} = 0.0281$，与初选值相近，所以，选用深沟球轴承 6307 合适。

12.4.6 向心角接触轴承的载荷计算

1. 向心角接触轴承的附加轴向力

如图 12-6 所示，向心推力轴承受径向力 F_r 的作用，此时外圈对滚动体的反力沿着与铅垂线成 α（接触角）的方向。因此，除径向反力外，还有一轴向分力 F_s，称为附加轴向力。各类向心轴承的附加轴向力 F_s 的近似计算公式列于表 12-12 中，其方向由轴承外圈宽边所在的端面（背面）指向外圈窄边所在的端面（前面）。

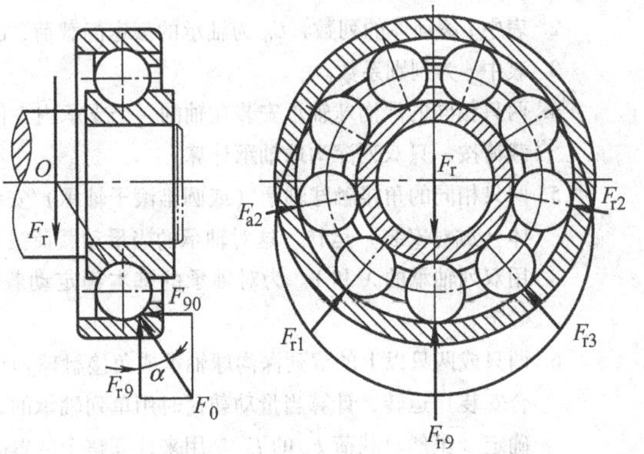

图 12-6 角接触球轴承中径向载荷所产生的轴向分力

2. 向心角接触轴承的轴向载荷计算

为了使向心角接触轴承能正常工作，通常采用两个轴承成对使用、对称安装的方式。图 12-7 所示为成对安装角接触轴承的两种安装方式。正装时外圈窄边相对，轴的实际支点偏向两支点里侧；反装时外圈窄边相背，轴的实际支点偏向两支点外侧。简化计算时可近似地认为支承点在轴承宽度的中点处。

因此在计算轴承所受的轴向载荷时，不但要考虑 F_s 与 F_a 的作用，还要考虑到安装方式的影响。

表 12-12 向心角接触轴承的附加轴向力 F_s

圆锥滚子轴承	角接触球轴承		
$F_s = \frac{F_r}{2Y}$	$\alpha = 15°$	$\alpha = 25°$	$\alpha = 40°$
	$F_s = eF_r$	$F_s = 0.68F_r$	$F_s = 1.14F_r$

注：1. Y 为$\frac{F_a}{F_r} > e$ 时，圆锥滚子轴承的轴向系数。

2. 若接触角 α 与 Y 的关系式为 $Y = 0.4\cot\alpha$，可查有关手册确定 α 的值。

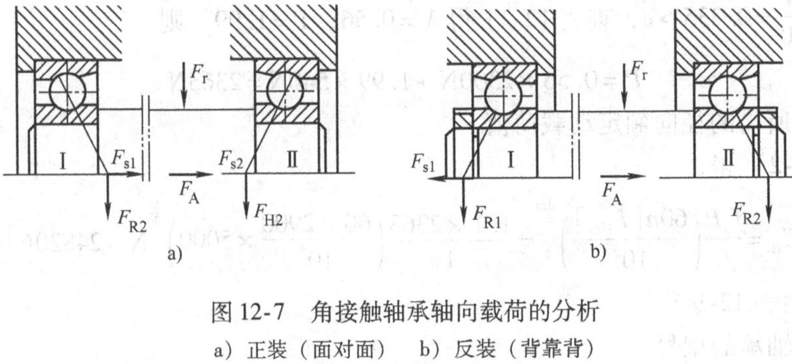

图 12-7 角接触轴承轴向载荷的分析

a）正装（面对面） b）反装（背靠背）

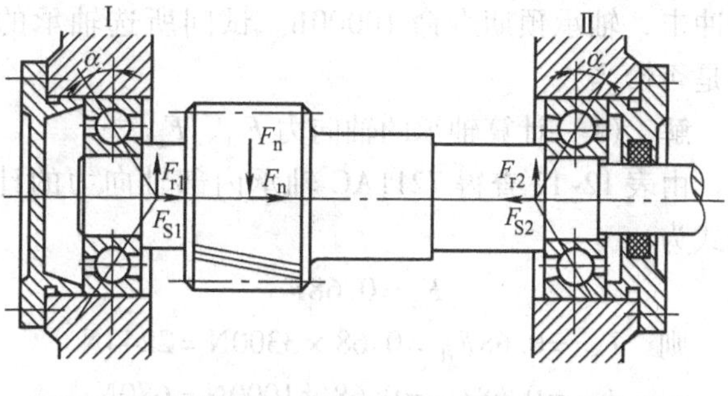

图 12-8 角接触球（或圆锥滚子）轴承的轴向载荷

下面以一对角接触球轴承支承的斜齿轮轴（正装）为例分析轴承上所承受的轴向载荷，如图 12-8 所示。

若 $F_{s1}+F_A>F_{s2}$ 时，如图 12-9a 所示，轴将有向右移动的趋势，轴承Ⅱ被端盖顶住且压紧。轴承Ⅱ上将受到平衡力 F'_{s2} 作用，而轴承Ⅰ则处于放松状态。轴与轴承组件处于平衡状态，则 $F_{s1}+F_A=F_{s2}+F'_{s2}$，即 $F_{s2}=F_{s1}+F_A-F_{s2}$

轴承Ⅱ除受内部轴向力 F_{s2} 的作用外还受到轴向平衡力 F'_{s2} 的作用，而轴承Ⅰ仅受自身的内部轴向力 F_{s1} 的作用，则压紧端轴承Ⅱ所受的轴向载荷为

$$F_{a2}=F_{s2}+F'_{s2}=F_{s1}+F_A$$

放松端轴承Ⅰ所受的轴向载荷为

$$F_{a1}=F_{s1}$$

若 $F_{s1}+F_A<F_{s2}$，如图 12-9b 所示，轴将有向左移动的趋势，左端轴承Ⅰ被压紧，而右端轴承Ⅱ被放松。同上述分析方法可得出：

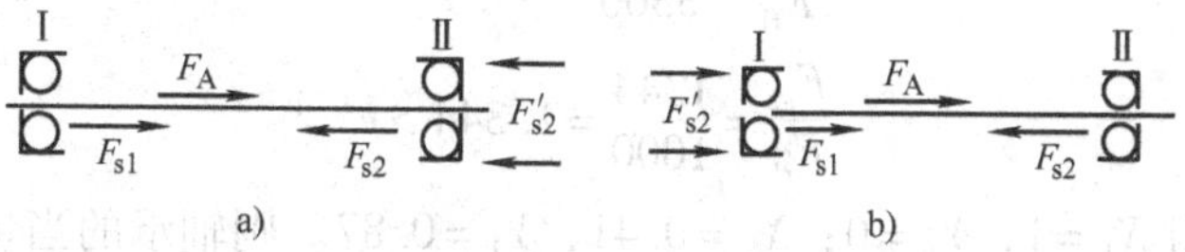

图 12-9 轴向力示意图

a) $F_{s1}+F_A>F_{s2}$ b) $F_{s1}+F_A<F_{s2}$

压紧端轴承Ⅰ所受的轴向载荷为

$$F_{a1}=F_{s1}+F'_{s1}=F_{s2}-F_A$$

放松端Ⅱ所受的轴向载荷为

$$F_{a2}=F_{s2}$$

由此可得计算两支点轴向载荷的步骤如下：

1）根据轴承和安装方式，画出内部轴向力 F_{s1} 和 F_{s2} 的方向（即正装时相向，反装时背向），并按表 12-12 所列公式计算内部轴向力的值。

2）判断轴向合力 $F_{s1}+F_{s2}+F_A$（计算时各带正负号）的指向，确定被“压紧”和被“放松”的轴承。正装时轴向合力指向的一端为紧端；反装时轴向合力指向的一端为松端。

3）压紧端的轴向载荷 F_a 等于除去压紧端本身的内部轴向力外，其余所有轴向力的代数和。

4）放松端的轴向载荷 F_a 等于放松端内部的轴向力 F_s。

【例 12-3】 一工程机械的传动装置中，根据工作条件决定采用一对向心角接触轴承（图 12-10），并初选轴承的型号为 7211AC。已知轴承所受的载荷 $F_{r1}=3300N$，$F_{r2}=1000N$，轴向载荷 $F_A=900N$，轴向转速 $n=1750r/min$，轴承在常温下工作，运转中受中

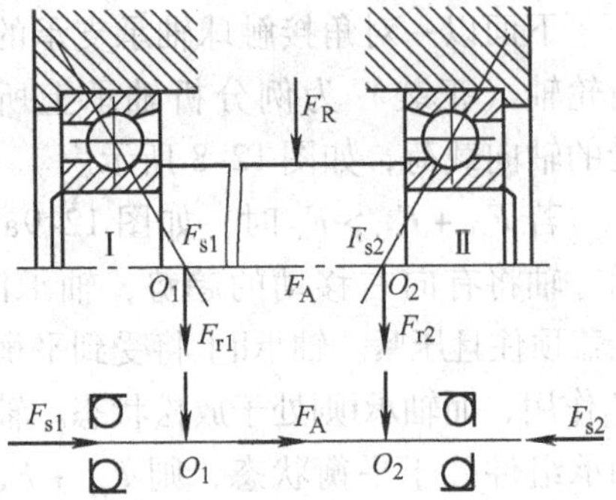

图 12-10 向心角接触轴承（正装）

等冲击，轴承预期寿命 10000h。试问所选轴承的型号是否恰当？

解 （1）计算轴承的轴向力 F_{a1}、F_{a2}

由表 12-12 查得 7211AC 轴承内部轴向力的计算公式为

$$F_S = 0.68F_r$$

则 $F_{S1} = 0.68F_{r1} = 0.68 \times 3300\text{N} = 2244\text{N}$

$F_{S2} = 0.68F_{r2} = 0.68 \times 1000\text{N} = 680\text{N}$

因为

$$F_{S2} + F_A = 680\text{N} + 900\text{N} = 1580\text{N} < F_{s1}$$

所以轴承 2 端为压紧端，故有

$$F_{a1} = F_{S1} = 2244\text{N}$$

$$F_{a2} = F_{S1} - F_A = 2244\text{N} - 900\text{N} = 1344\text{N}$$

（2）计算轴承的当量动载荷 P_1、P_2

由表 12-11 查得 7211AC 轴承的 $e = 0.68$，而

$$\frac{F_{a1}}{F_{r1}} = \frac{2244}{3300} = 0.68 = e$$

$$\frac{F_{a2}}{F_{r1}} = \frac{1344}{1000} = 1.344 > e$$

查表 12-11 查得 $X_1 = 1$，$Y_1 = 0$；$X_2 = 0.41$，$Y_2 = 0.87$。则轴承的当量动载荷为

$$P_1 = X_1F_{r1} + Y_1F_{a1} = 1 \times 3300\text{N} + 0 \times 2244\text{N} = 3300\text{N}$$

$$P_2 = X_2F_{r2} + Y_2F_{a2} = 0.41 \times 1000\text{N} + 0.87 \times 1344\text{N} = 1579\text{N}$$

（3）计算轴承的寿命 L_{10h}

因两个轴承的型号相同，所以其中当量动载荷大的轴承寿命短。因 $P_1 > P_2$，所以只需要计算轴承 1 的寿命。

查手册得 7211AC 轴承的 $C_r = 50500\text{N}$。取 $\varepsilon = 3$，$f_t = 1$，$f_p = 1.4$，则由式 12-1 得

$$L_{10h} = \frac{10^6}{60n}\left(\frac{f_tC}{f_pP}\right)^{\varepsilon} = \frac{10^6}{60 \times 1750} \times \left(\frac{1 \times 50500}{1.4 \times 3300}\right)^3 \text{h} = 12438\text{h}$$

由此可见，轴承的寿命大于轴承的预期寿命，所以所选的轴承的型号合适。

12.5 滚动轴承的静强度计算

对于转速很低（$n \leqslant 10\text{r/min}$）、基本不转或不摆动的轴承，其主要失效形式是塑性变形，因此，设计时必须进行强度计算。对于转速较高但承受重载或冲击负荷的轴承，除必须进行寿命计算外，还应进行静强度计算。

12.5.1 基本额定静载荷

GB/T 4662—2012 规定，使受载最大的滚动体与滚道接触中心处引起的接触应力达到一定值（对于调心轴承为4600MPa，所有滚子轴承为4000MPa，所有其他球轴承为4200MPa）

的负荷，作为轴承静强度的界限，称为基本额定静负荷，用 C_0 表示（向心轴承指径向额定静负荷 C_{0r}，推力轴承指轴向额定静负荷 C_{0a}）其值可查阅轴承手册。

12.5.2 当量静负荷

当轴承上同时作用有径向负荷 F_r 和轴向负荷 F_a 时，应折合成一个当量静负荷 P_0，即

$$P_0 = X_0 F_r + Y_0 F_a \tag{12-6}$$

式中 X_0 和 Y_0 分别为径向载荷系数和轴向载荷系数，其值可查阅表12-13。若计算出的 $P_0 < F_r$，则应取 $P_0 = F_r$；对只承受径向负荷的轴承，$P_0 = F_r$；对只承受轴向负荷的轴承，$P_0 = F_a$。

表12-13 滚动轴承的 X_0 和 Y_0

轴承类型		单列轴承		双列轴承	
		X_0	Y_0	X_0	Y_0
深沟球轴承		0.6	0.5	0.6	0.5
角接触球轴承	$\alpha=15°$	0.5	0.46	1	0.92
	$\alpha=20°$		0.42		0.84
	$\alpha=25°$		0.38		0.76
	$\alpha=30°$		0.33		0.66
	$\alpha=35°$		0.29		0.58
	$\alpha=40°$		0.26		0.52
	$\alpha=45°$		0.22		0.44
调心球轴承	$\alpha\neq0$	0.5	$0.22\cot\alpha$	1	$0.44\cot\alpha$
调心滚子轴承	$\alpha\neq0$	0.5	$0.22\cot\alpha$	1	$0.44\cot\alpha$
圆锥滚子轴承		0.5	$0.22\cot\alpha$	1	$0.44\cot\alpha$

注：1. 对于两个相同的深沟球轴承、角接触球轴承或圆锥滚子轴承，以“背对背”或“面对面成对安装在同一支点上作为一个整体运转时，计算其径向当量静载荷时用双列轴承的 X_0 和 Y_0 值，F_a 和 F_r 取为作用在该支承上的总载荷；对于“串联”安装则计算时用单列轴承的 X_0 和 Y_0 值，F_a 和 F_r 也取为作用于该支承上的总载荷。

2. 表中 α 为公称接触角。

12.5.3 静强度计算

静强度计算公式

$$\frac{C_0}{P_0} \geqslant S_0 \tag{12-7}$$

式中，S_0 为静强度安全系数，可查表12-14选取；若轴承转速较低，对运转精度和摩擦力矩要求不高时，允许有较大接触应力，可取 $S_0 < 1$；对于推力调心轴承，不论是否旋转，均应取 $S_0 \geqslant 4$。

表 12-14 滚动轴承的静强度安全系数 S_0

使用要求或载荷性质		S_0
旋转轴承	正常使用	0.8～1.1
	对旋转精度和运转平稳性要求较低、没有冲击和振动。	0.5～0.8
	对旋转精度和运转平稳性要求较高	1.5～2.5
	承受较大振动和冲击	1.2～2.5
静止轴承（静止、缓慢摆动、极低速旋转）	不需经常旋转的轴承、一般载荷	0.5
	不需经常旋转的轴承、有冲击载荷或载荷分布不均（例如水坝闸门 $S_0 \geqslant 1$，吊桥 $S_0 \geqslant 1.5$	1～1.5

注：1. 推力调心滚子轴承无论旋转与否均取 $S_0 \geqslant 2$。对旋转轴承，滚子轴承比球轴承的 S_0 值取得高，一般均小于 1。
2. 与轴承配合部位的座体刚度较低时应取较高的安全系数，反之取较低的值。

【例 12-4】 试对 7205AC 角接触轴承进行静强度计算。已知轴承所受的轴向载荷为 $F_a = 1300\text{N}$，径向载荷 $F_r = 1800\text{N}$，载荷系数 $f_p = 1.2$，工作转速 $n = 460\text{r/min}$，每天工作 8h。

解 （1）计算当量静载荷

查手册得 7205AC 轴承的 $C_{0r} = 9880\text{N}$，由表 12-13 查得，$X_0 = 0.5$，$Y_0 = 0.38$，由式（12-6）可得

$$P_0 = X_0 F_r + Y_0 F_a = 0.5 \times 1800\text{N} + 0.38 \times 1300\text{N} = 1394\text{N} < F_r$$

故取 $P_0 = F_r = 1800\text{N}$

（2）静强度校核

由表 12-14 知，对旋转精度和平稳性要求较高的的轴承取 $S_0 = 1.2 \sim 2.5$，由式（12-7）得

$$\frac{C_0}{S_0} = \frac{9880}{1800} \approx 5.5 > S_0$$

所以轴承的静强度足够。

12.6 滚动轴承的组合设计

为了保证滚动轴承的正常工作，除了要合理选择轴承的类型和尺寸外，还必须正确、合理地进行轴承的组合设计，即正确解决轴承的轴向位置固定、轴承与其他零件的配合、轴承的调整与拆装等问题。

12.6.1 轴承的轴向固定

1. 内圈的固定

图 12-11 所示为轴承内圈固定的常用方法。轴承内圈的一端常用轴肩定位固定，另一端则可采用轴用弹性挡圈（图 12-11a），轴端压板（图 12-11b），圆螺母和止动垫圈（图 12-11c），开口圆锥紧定套、止动垫圈和圆螺母（图 12-11d）等定位形式。

2. 外圈固定

图 12-12 为轴承外圈固定常用的方法。外圈在轴承孔中的轴向位置常用座孔的台肩（图

12-12a)、轴承盖（图 12-12b、c）、止动环（图 12-12d）、孔用弹性挡圈（图 12-12e）等。

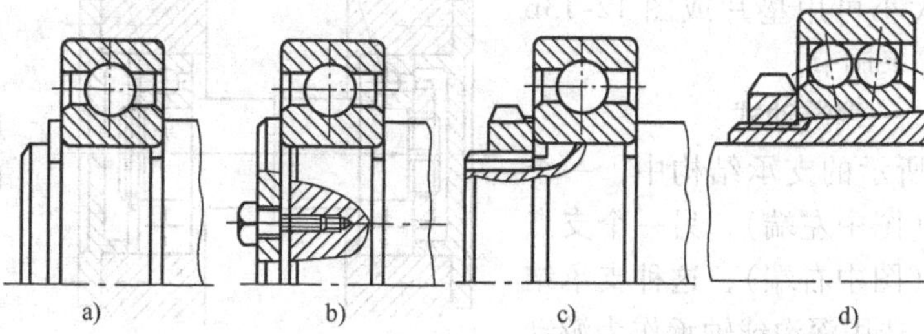

图 12-11 内圈轴向固定常用的方法

a）轴用弹性挡圈 b）轴端压板 c）圆螺母和止动垫圈 d）开口圆锥紧定套

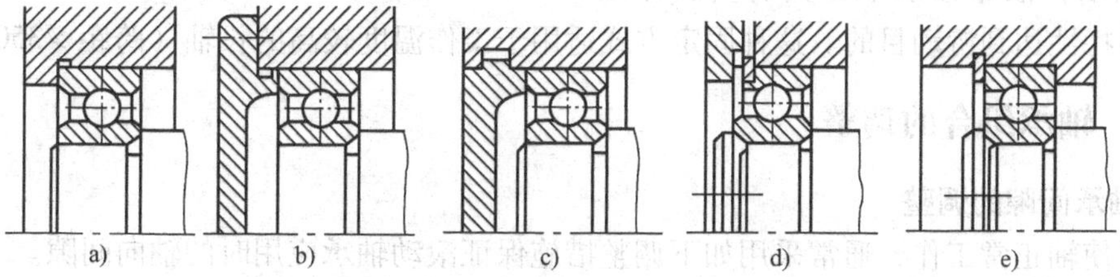

图 12-12 外圈轴向固定常用的方法

a）座孔的台肩定位 b）、c）轴承盖定位 d）止动环定位 e）孔用弹性挡圈定位

12.6.2 轴组件的轴向固定

滚动轴承组成的支承结构必须满足轴组件轴向定位可靠、准确的要求，并要考虑轴在工作中有热伸长时其伸长量能够得到补偿。常用轴组件轴向固定的方法有两种。

1. 两端固定

图 12-13a 所示为全固式支承结构，轴的两个支点中每个支点都能限制轴的单向移动，两个支点合起来就限制了轴的双向移动。这种支承形式结构简单，适用于温度变化不大的短轴（跨距≤350mm）。考虑到轴受热后的伸长量，一般在轴承端盖和轴承外圈间留有补偿间隙 $a=0.2\sim0.4$mm。也可由轴承游隙来补偿。当采用角接触球轴承或圆锥滚子轴承时，轴

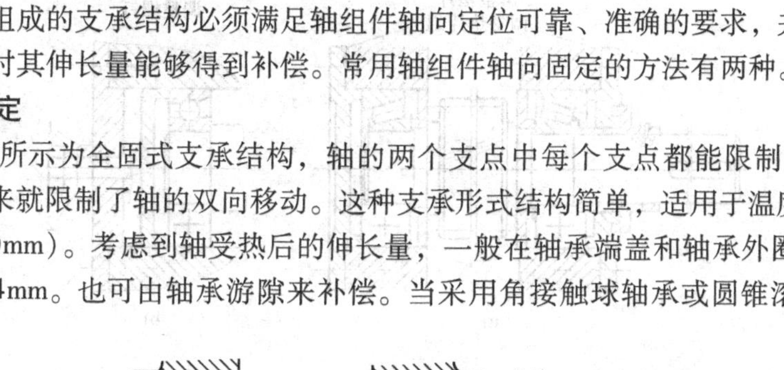

图 12-13 全固式支承法

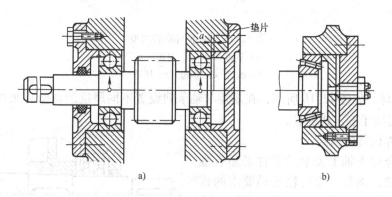

a）有补偿间隙的固定端 b）圆锥滚子轴承固定端

的受热伸长量只能由轴承的游隙补偿。间隙 a 和轴承游隙的大小可用垫片或图 12-13b 所示的调整螺钉等来调节。

2. 一端固定、一端游动式

如图 12-14a 所示的支承结构中，一个支点为双向固定（图中左端），另一个支点则可做轴向移动（图中右端），这种支承结构称为游动支承。选用深沟球轴承作为游动支承时应在轴承外圈与端盖间留适当间隙；选用圆柱滚子轴承作为游动支承时，如图 12-14b 所示，依靠轴承本身具有内、外圈可分离的特性达到游动目的。这种固定方式适用于工作温度较高的长轴（跨距 >350mm）。

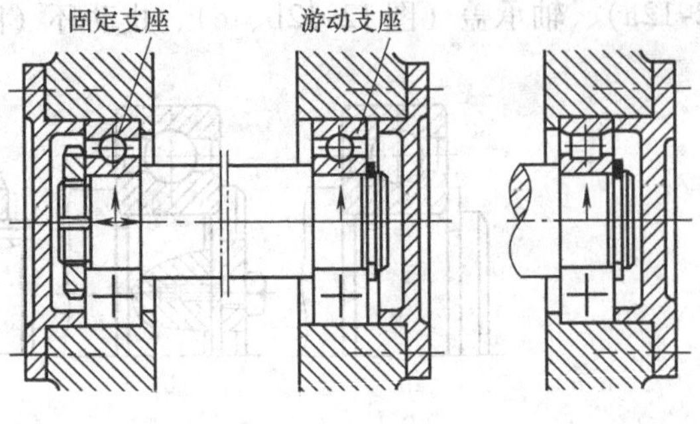

图 12-14　固游式支承

a）深沟球轴承的游动支点　b）圆柱滚子轴承的游动支点

12.6.3　轴承组合的调整

1. 轴承间隙的调整

为了使轴正常工作，通常采用如下调整措施保证滚动轴承应用时的轴向间隙。

1）调整垫片。如图 12-15a 所示，靠增减端盖与箱体结合间的垫片的厚度进行调整。

2）可调压盖。如图 12-15b 所示，利用端盖上的螺钉控制轴承外圈可调压盖的位置来实现调整，调整后用螺母锁紧防松。可调压盖适用于不同的端盖形式。

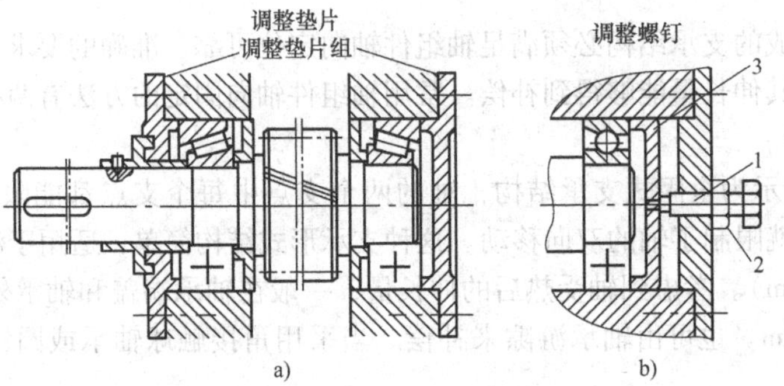

图 12-15　轴承间隙的调整

a）调整垫片　b）可调压盖

1—螺钉　2—螺母　3—压盖

3）调整环。如图 12-16 所示，在端盖与轴承间设置不同厚度的调整环来进行调整。这种调整方式适用于嵌入式端盖。

2. 轴组件位置的调整

某些场合要求轴上安装的零件必须有准确的轴向位置，例如，锥齿轮传动要求两锥齿轮的顶点相重合，蜗杆传动要求蜗轮的中间平面要通过蜗杆的轴线等。这种情况下需

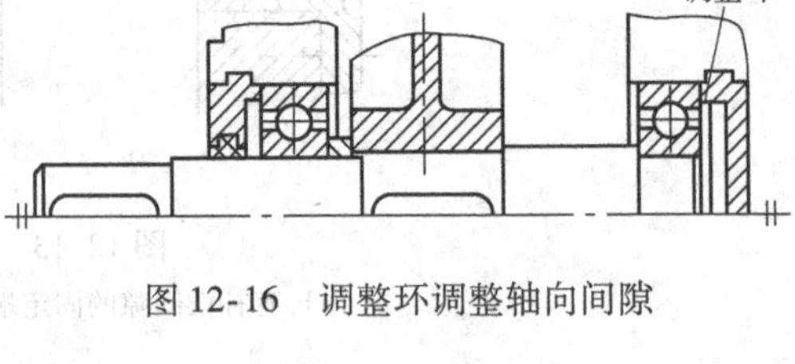

图 12-16　调整环调整轴向间隙

要有轴向位置调整的措施。

图 12-17 所示为锥齿轮轴组件位置的调整方式，通过改变套杯与箱体间垫片 1 的厚度，使套杯做轴向移动，以调整锥齿轮的位置。垫片 2 用来调整轴承间隙。

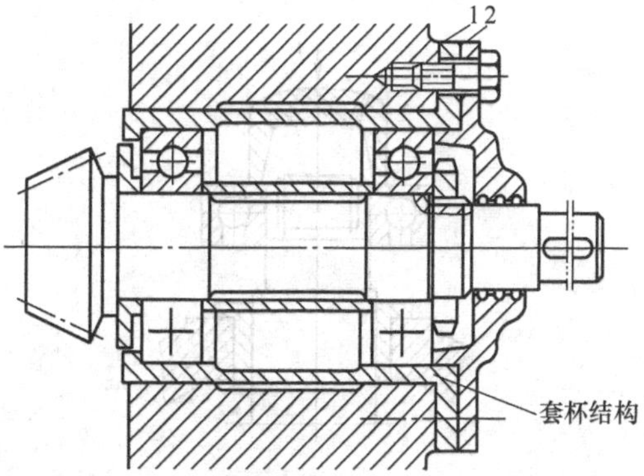

图 12-17 调整轴的位置和轴承内部间隙

1、2—垫片

12.6.4 滚动轴承的配合

滚动轴承的内圈与轴、外圈与孔之间应根据具体情况来选择不同的配合。由于滚动轴承是标准件，因此轴承内孔与轴的配合应采用基孔制，轴承外圈与轴承座孔的配合应采用基轴制。通常内圈为转动圈，转动圈应采用较紧的配合，如采用 n6、m6、K6、js6 等，转速越高、载荷越大、振动越大，则配合应更紧些，要经常拆卸的轴承，则配合应松些；固定圈（一般为外圈）应采用较松的配合，通常采用 J7、J6、H7、G7 等。关于配合与公差的详细资料，可参阅机械零件设计手册。

12.6.5 轴承组合支承部分的刚度和同轴度

轴和安装轴承的轴承座或箱体，应具有足够的刚度，同一轴线上的两轴承孔应保证有一定的同轴度，否则会使轴承旋转不灵活，降低传动效率，影响轴承的寿命。

为了使箱体或轴承座在安装轴承处有足够的刚度，可适当增加箱体或轴承座在该处的壁厚，或采用加强肋，如图 12-18a 所示。

为了保证同轴度，尽可能采用整体铸造的箱体或轴承座，并采用相同直径的轴承孔，以便加工时一次定位镗出。如果同一轴上装有不同外径的轴承，为了便于轴承座孔一次镗出，可利用衬筒来安装轴承，如图 12-18b 所示。

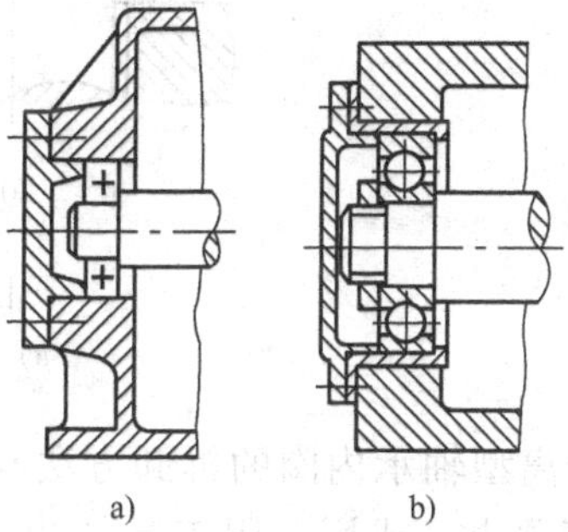

图 12-18 轴承座孔

a）采用加强肋的轴承座孔 b）利用衬筒来安装轴承

12.6.6 滚动轴承的安装和拆卸

安装或拆卸轴承的压力，应直接加在紧配合的套圈端面上，不能通过滚动体传递压力，以免在轴承工作表面上形成压痕，影响正常工作。

1. 滚动轴承的安装

由于通常是内圈配合较紧，故对中、小型轴承的拆装，可用小锤轻轻地均匀地敲击套圈装入（图 12-19）。

对大型尺寸的轴承可用压力机压套。同时安装轴承的内外圈时，须用图 12-20 所示的工具或类似工具。

有时为了便于安装，可将轴承在油中加热至 800～1000℃后进行安装。

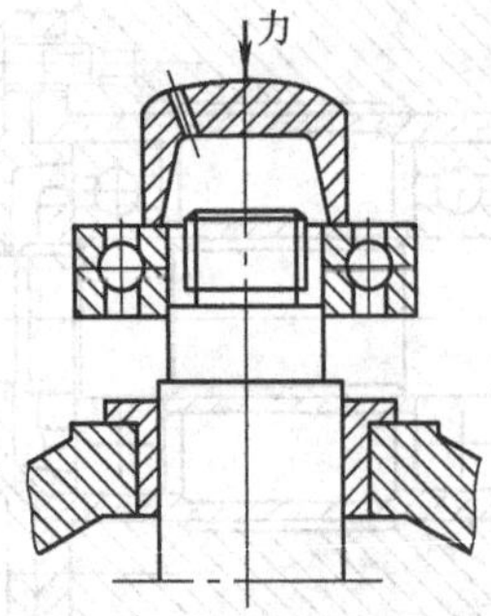

图 12-19 安装轴承的内圈

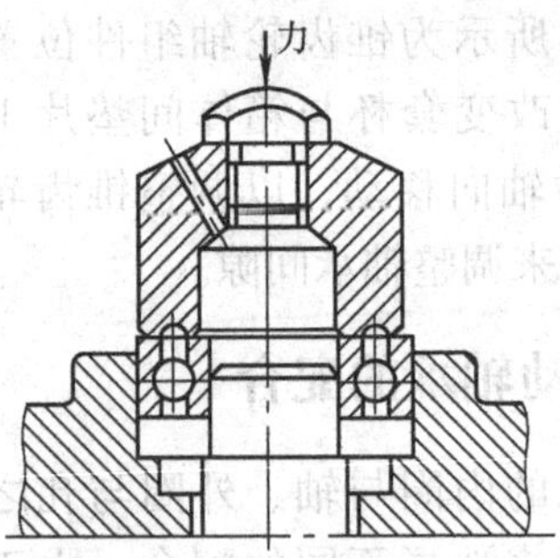

图 12-20 同时安装轴承的内外圈

2. 滚动轴承的拆卸

对于不可分离的轴承，可根据具体情况用图 12-21 所示方法拆卸。

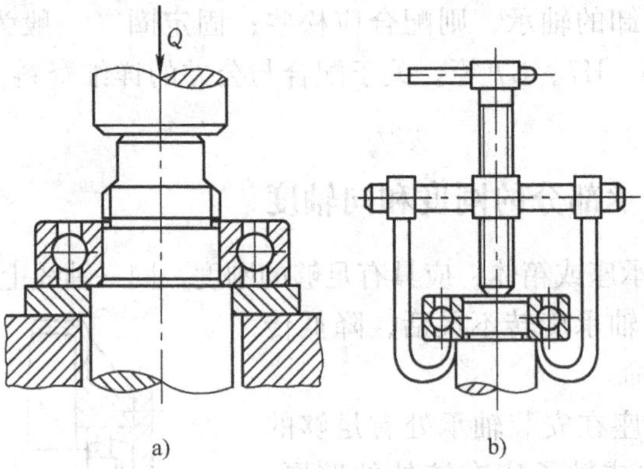

图 12-21 滚动轴承的拆卸

a）压力机拆卸 b）专用工具拆卸

分离型轴承内圈的拆卸方法与不可分离型轴承相同，外圈的拆卸可用压力机、套筒或螺钉顶出，或用专用工具拉出。为了便于拆卸，座孔的结构应留出拆卸高度 h 和宽度 b（一般 $b=8\sim10\text{mm}$），如图 12-22a、b 所示，或在壳体上制出供拆卸用的螺孔，如图 12-22c 所示。

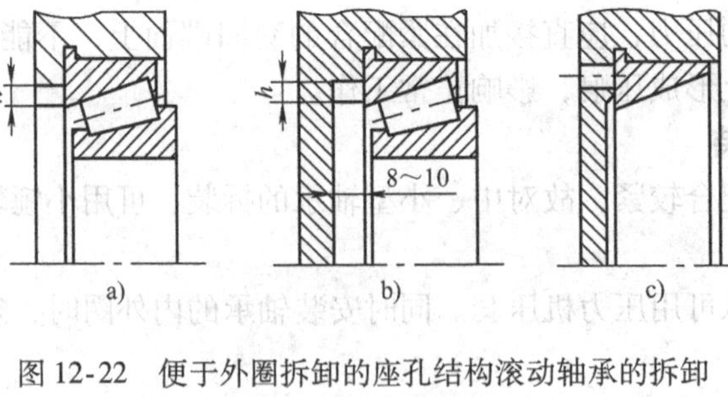

图 12-22 便于外圈拆卸的座孔结构滚动轴承的拆卸

a)、b）轴承座孔结构的设计高度和宽度 c）在壳体上制出供拆卸用的螺孔

12.6.7 滚动轴承的润滑与密封

根据滚动轴承的实际工作条件选择合适的润滑方式并设计可靠的密封结构，是保证滚动轴承正常工作的重要条件，对滚动轴承的使用寿命有着重要的影响。

1. 滚动轴承的润滑

滚动轴承润滑的主要目的是减少摩擦与磨损，同时起到冷却、吸振、缓蚀及降低噪声等作用。

滚动轴承常用的润滑剂有润滑油、润滑脂及固体润滑剂。润滑方式和润滑剂的选择，通常用轴承内径 d 和转速 n 的乘积 dn 值来确定，见表12-15所列。

表12-15 各种润滑方式下轴承的允许 *dn* 值 （单位：10^4mm · r/min）

轴承类型	脂润滑	油润滑			
		油浴	滴油	循环油（喷油）	喷雾
深沟球轴承	16	25	40	60	>60
调心球轴承	16	25	40		
角接触球轴承	16	25	40	60	>60
圆柱滚子轴承	12	25	40	60	
圆锥滚子轴承	10	16	23	30	
调心滚子轴承	8	12		25	
推力球轴承	4	6	12	15	

（1）脂润滑　最常用的滚动轴承的润滑剂为润滑脂。脂润滑通常用于速度不太高及不便于经常加油的场合。其主要特点是润滑脂不易流失、易于密封、油膜强度高、承载能力强，一次润滑后可以工作相当长的时间。润滑脂的填充量一般应是轴承中空隙体积的1/3～1/2。

（2）油润滑　油润滑适用于高速、高温条件下工作的轴承。油润滑的特点是摩擦因数小、润滑可靠，且具有冷却散热和清洗的作用。缺点是对密封和供油的要求较高。

选用润滑油时可根据温度和 dn 值由图12-23选出润滑油应具有的粘度值，然后根据粘度值从润滑油产品目录中选出相应的润滑油牌号。常用的润滑方式有以下几种。

1）油浴润滑。如图12-24所示，轴承局部浸入润滑油中，油面不得高于最低滚动体中心。该方法简单易行，适用于中、低速轴承的润滑。

2）飞溅润滑。这是一般闭式齿轮传动装置中轴承常用的润滑方法。利用转动的齿轮把润滑油甩到箱体的四周内壁面上，然后通过沟槽把油引到轴承中。

3）喷油润滑。利用油泵将润滑油增压，通过油管或油孔，经喷油器将润滑油对准轴承内圈与滚动体间的位置喷射，从而润滑轴承。这种方式适用于高速、重载、要求润滑可靠的轴承。

4）油雾润滑。油雾润滑需要专门的油雾发生器。这种方式有益于轴承冷却，供油量可以精确调节，适用于高速、高温轴承部件的润滑。

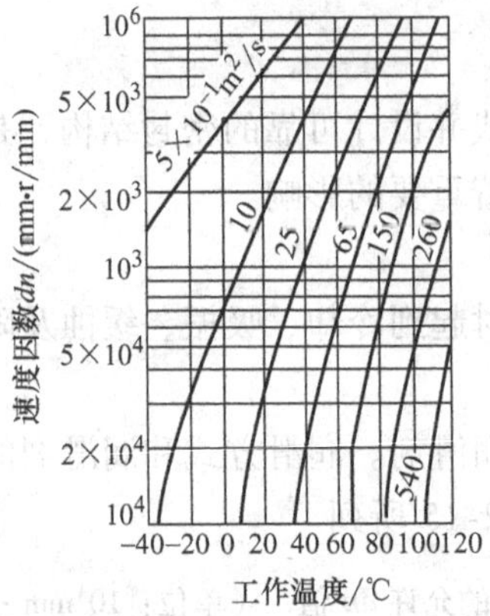

图 12-23 滚动轴承润滑粘度的选择

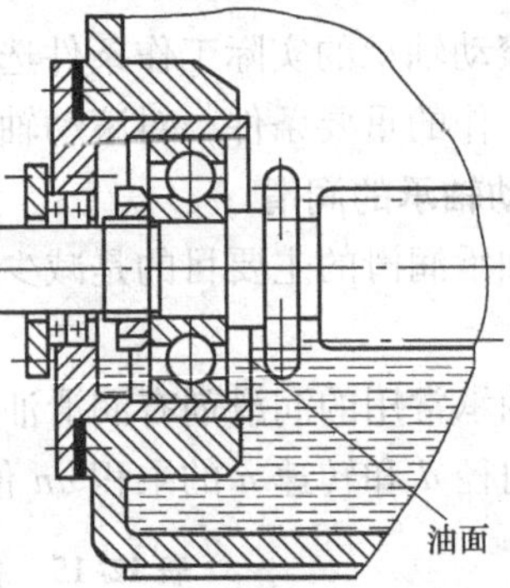

图 12-24 油浴润滑

2. 滚动轴承的密封

轴承密封的作用是：避免润滑剂的流失，防止外界灰尘、水分及其他杂物进入轴承。

密封装置可直接设置在轴承上（称为密封轴承），也可设置在轴承的支承部位。

密封方法分为非接触式和接触式两大类。各种密封的特点分别见表 12-16 和表 12-17。

表 12-16 轴承支承部位的非接触式密封装置

类型	窄隙密封	沟槽密封	径向曲路密封	轴向曲路密封	甩油环密封
结构简图	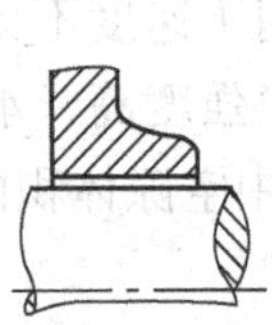	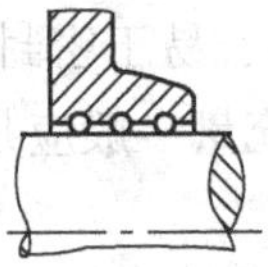	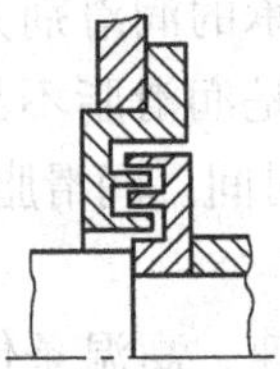	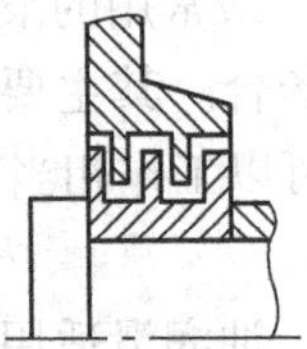	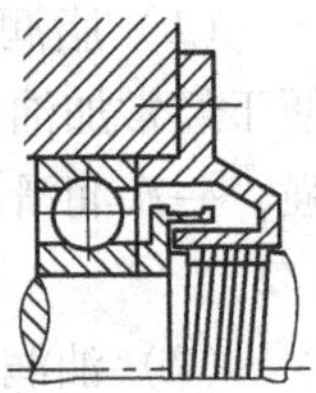
特点	结构简单，适用于环境较清洁的脂润滑场合，轴向尺寸越大，效果越好，$d<50$mm 时，缝隙取 0.25～0.4mm；$d>50$mm 时，缝隙取 0.25～0.6mm	沟槽内充填润滑脂，可提高密封效果，一般沟槽为 3 条，沟槽宽度 3～5mm，沟槽深度 4～5mm	由轴套和端盖和径向间隙构成，迷宫曲路沿轴向展开，曲路折回次数越多，密封效果越好。径向尺寸紧凑。适用于较脏的工作环境 $d<50$mm 时，径向间距为 0.25～0.4mm，轴向间距为 1～2mm	由轴套和端盖的轴向间隙构成，迷宫曲路沿径向展开，其余情况同径向曲路密封。优点是拆装方便，广泛应用于轴的径向曲路密封	轴径处装甩油环，将流失的油沿径向甩开，经轴承盖集油腔流回轴承。轴上车有螺旋回油槽，轴单向回转达时可有效地防止油液外流

表 12-17 轴承支承部位的接触式密封装置

类型	窄隙密封	沟槽密封	径向曲路密封	轴向曲路密封	甩油环密封
结构简图	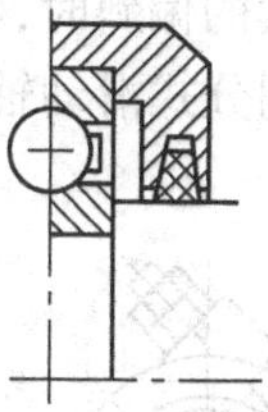	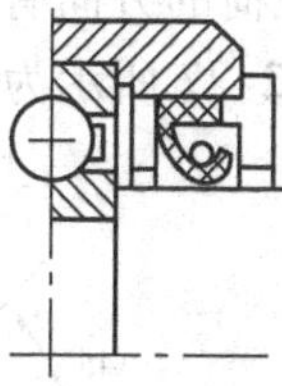	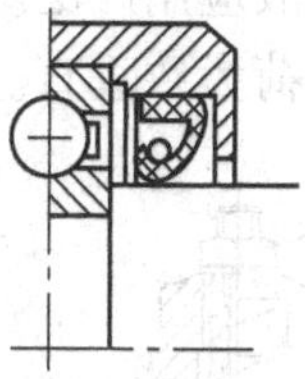	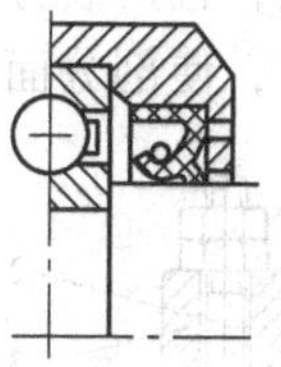	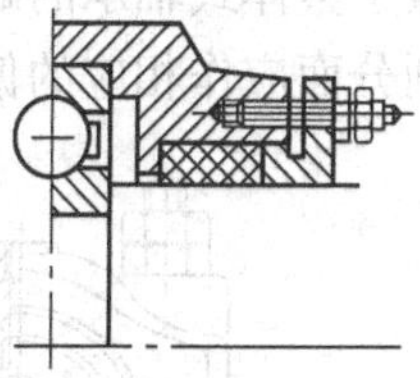
特点	工作温度低于100°C，毡圈安装前用油浸渍，有良好的密封效果，圆周速度小于8m/s	主要防止润滑剂泄漏，圆周速度小于15m/s	主要防止外界异物侵入，圆周速度小于15m/s	可防止润滑剂泄漏和外界异物侵入，圆周速度小于15m/s	可通过螺栓压紧填料，提高密封压力，密封效果良好，还能补偿磨损，但摩擦力较大，适用低速轴承

12.7 滑动轴承

虽然滚动轴承有一系列优点，在一般机器中获得了广泛使用，但是在高速、高精度、重载、结构上要求剖分等场合下，滑动轴承就显示出它的优异性能。因而在汽轮机、离心式压缩机、内燃机、大型电动机中多采用滑动轴承；在低速而带有冲击的机器，如水泥搅拌机、滚筒清砂机、破碎机等也采用滑动轴承。

12.7.1 滑动轴承的类型和结构

根据轴承所能承受载荷的方向，它可分为向心滑动轴承和推力滑动轴承两类。向心滑动轴承用于承受与轴线垂直的径向力；推力滑动轴承用于承受与轴线平行的轴向力。

1. 向心滑动轴承

常用的向心滑动轴承有以下三种形式。

（1）整体式 图12-25所示为整体式向心滑动轴承，它主要由轴承座和轴套组成。轴套的固定可用骑缝螺钉等方法。轴承顶部设有装润滑油杯的螺纹孔。这种轴承结构简单，易于制造。但要求轴颈沿轴向装入；轴承磨损后，轴承间隙无法调整，只有更换轴套，因而多用在间歇工作且低速轻载的简单机械上。

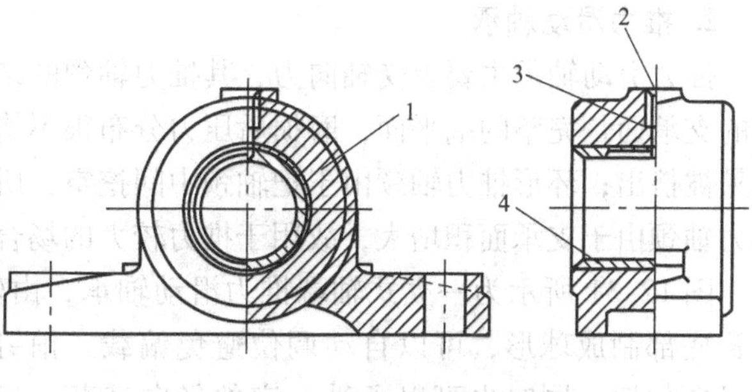

图 12-25 整体式向心滑动轴承

1—轴承座 2—油杯孔 3—螺纹孔 4—整体轴套

（2）剖分式 如图12-26所示，剖分式滑动轴承主要由轴承座、轴承盖、剖分的上下轴瓦组成。上下两部分用螺栓连接。轴承盖上装有润滑油杯。在轴承盖与轴承座接合处制成凹凸状的配合表面，使之能上下对中和防止横向移动。通常在轴承盖和轴承座之间留有5mm左右的间隙，当轴瓦稍有磨损时，可适当减少放置在轴瓦剖分面上的垫片，并拧紧双头螺柱上的螺母来消除轴颈与轴承间的间隙，使磨损的轴瓦得到调整。这种轴承克服了整体式轴承的缺点，且拆装方便，故应用广泛。当载荷的方向有较大的偏斜时，轴承的剖分面应作相应的偏斜，使剖分面与载荷大致垂直。图12-27所示为斜剖分式滑动轴承。

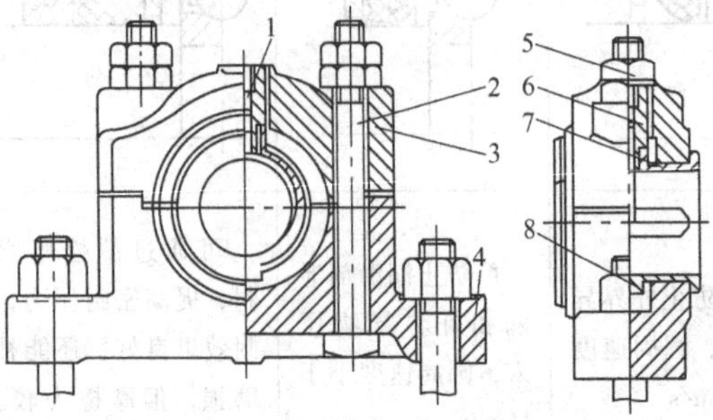

图12-26　剖分式径向滑动轴承

1—油杯座孔　2—螺栓　3—轴承盖　4—轴承座
5—螺母　6—套筒　7—上轴瓦　8—下轴瓦

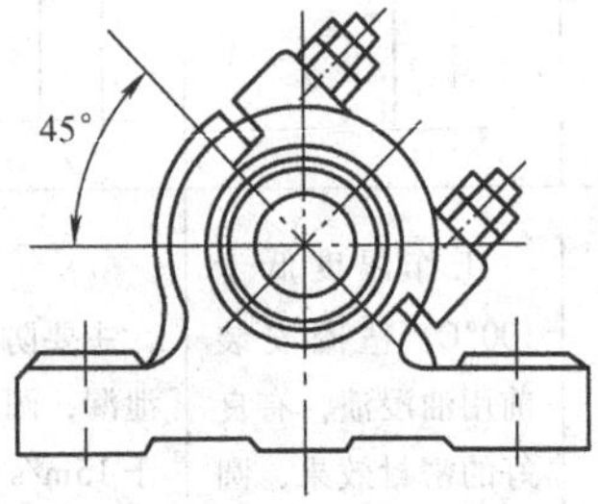

图12-27　斜剖分式滑动轴承

（3）调心轴承　上述两种轴承的轴瓦都是固定的，对于宽径比较大（$B/d>1.5\sim1.75$）的滑动轴承为避免因轴的挠曲或轴承孔的同轴度较低而造成轴与轴瓦端部边缘产生局部接触（图12-28），使轴瓦边界产生局部磨损，可采用自动调心滑动轴承如图12-29所示，其轴瓦外表面制成球面，当轴颈倾斜时，轴瓦自动调心。

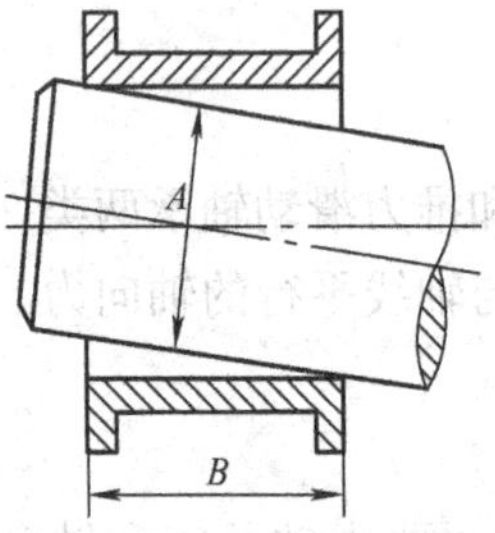

图12-28　轴瓦边缘磨损

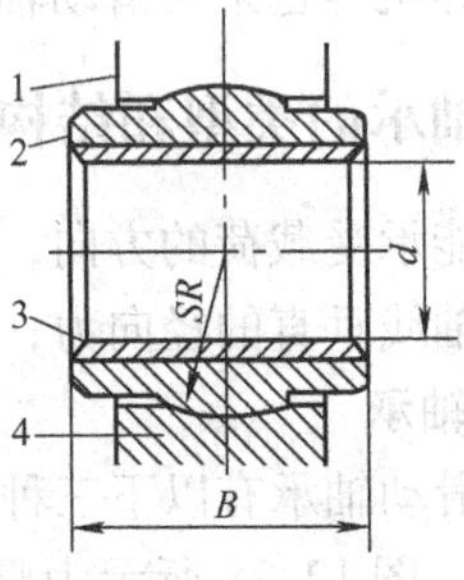

图12-29　自动调心轴承

1—轴承盖　2—轴瓦　3—轴承合金　4—轴承座

2. 推力滑动轴承

推力滑动轴承主要承受轴向力，其推力轴颈的结构有图12-30所示的三种。实心推力轴颈的支承面是完整的端平面，磨损后压力分布很不均匀，在中心处的压力最大，因此润滑油容易被挤出；环形推力轴颈由于把轴颈中间挖空，所以支承面上的压力分布较均匀；多环形推力轴颈由于支承面积增大，故用于推力较大的场合。

图12-31所示为一立式轴端推力滑动轴承，由轴承座、衬套、轴瓦和止推瓦组成，止推瓦底部制成球形，可以自动调位避免偏载。销钉用来防止轴瓦转动。轴瓦用于固定轴的径向位置，同时也可以承受一定的径向载荷。润滑油靠压力从底部注入，并从上部油管流出。

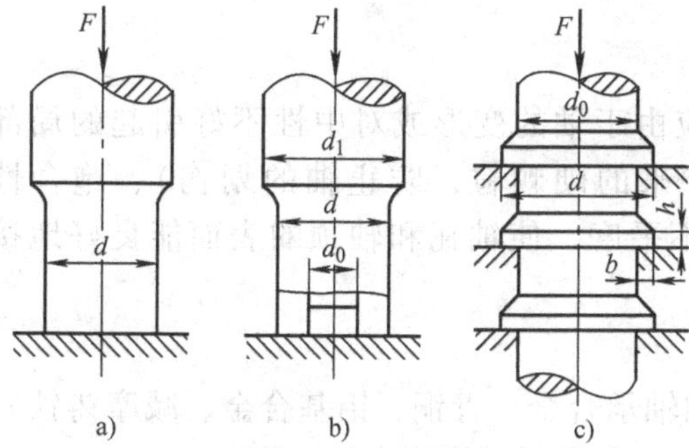

图 12-30 推力轴颈的结构

a）实心 b）环形 c）多环形

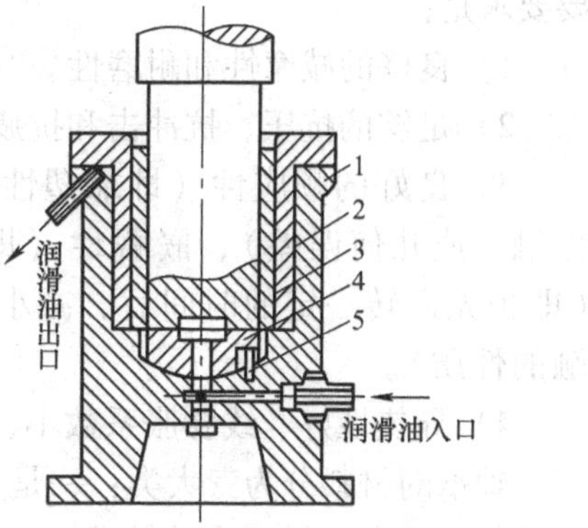

图 12-31 立式轴端推力滑动轴承

1—轴承座 2—衬套 3—轴瓦 4—止推瓦 5—销钉

12.7.2 轴瓦与轴衬

1. 轴瓦的结构

轴瓦是轴承中直接与轴颈接触的部分，轴承工作的好坏主要取决于轴瓦。为了改善和提高轴承的承载能力，有时在轴瓦的内表面浇铸一层减摩性好的金属材料，如图 12-32 所示，这层金属材料称为轴承衬，简称为轴衬。为了使浇铸上去的轴衬能更牢固地贴附在轴瓦上，常在轴瓦上预制出一些沟槽，其形式根据所选轴瓦的材料来确定，如图 12-32a 所示，有燕尾槽等。

轴瓦有整体式和剖分式两种（图 12-33）。常用的是剖分式轴瓦，它的两端制有凸缘以防止在轴承座中轴向移动。

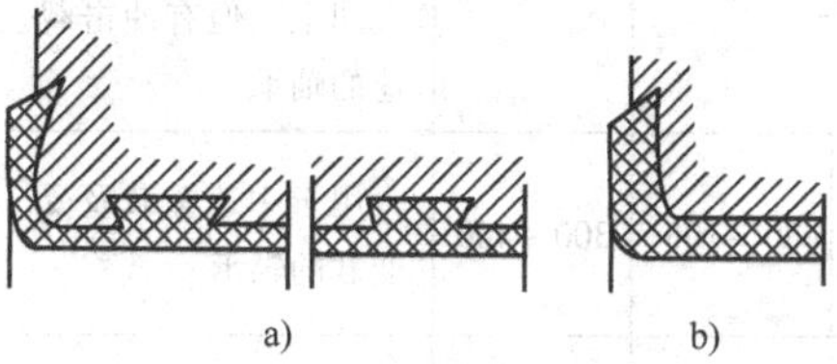

图 12-32 轴瓦与轴承衬结合的形式

a）用于钢或铸铁轴瓦 b）用于青铜轴瓦

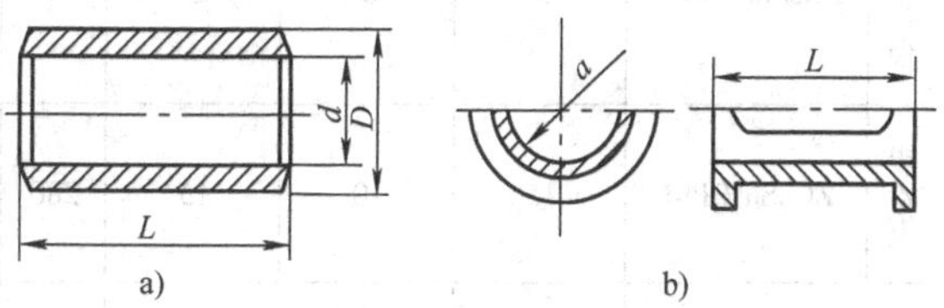

图 12-33 轴瓦

a）整体式轴瓦 b）剖分式轴瓦

为了使润滑油能分布到轴承工作面上去，轴瓦的内表面需开油沟。但应开设在轴瓦不承受载荷的内表面上，否则会破坏油膜的连续性，影响承载能力。油沟的棱角应倒钝角，以免发生刮油。为减少润滑油从端部泄漏，油沟不应开通，油沟长度可取轴瓦长度的 80%。

常见的油沟形式如图 12-34 所示。

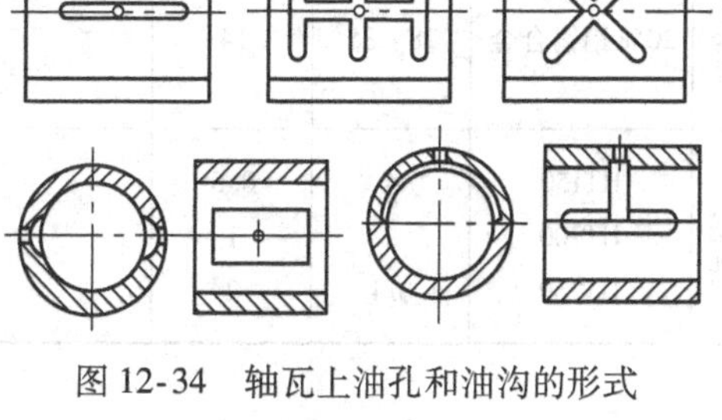

图 12-34 轴瓦上油孔和油沟的形式

2. 轴瓦的常用材料

轴瓦的主要失效形式是磨损和胶合，当强度不够时，也可能出现疲劳破坏。对轴瓦材料的主要要求是：

1）良好的减摩性和耐磨性。

2）足够的抗压、抗冲击和抗疲劳性能。

3）良好的顺应性（即靠塑性变形补偿适应由于轴的变形或对中性不好引起的局部接触，或几何误差）、嵌藏性（即可以嵌藏外来的硬颗粒，防止轴的划伤）、跑合性（即预先运转一定的时间后，减小接触表面的不平度，使轴瓦和轴颈的表面能良好地接触的性质）。

4）导热性好、线膨胀系数小、工艺性好等。

轴承的材料分为三大类：一是金属材料（如轴承合金、青铜、铝基合金、减摩铸铁）；二是粉末冶金材料（含油轴承）；三是非金属材料（如塑料、橡胶、硬木等）。

一般来说，任何一种材料都不可能完全满足上述要求。因此，只能根据具体的工作条件，按对材料性能的主要要求来选合适的材料，可参考表12-18。

表12-18　常用轴承材料的性能及应用

轴承材料		最大许用值				硬度/HBW		最小轴颈/mm	应用范围
名称	代号	[*P*]/MPa	[*v*]/(m/s)	[*Pv*]/(MPa·m/s)	*t*/℃	金属模	砂模		
锡锑轴承合金	ZSnSb11Cu6	平稳载荷			150	30		130~170	用于高速重载的重要轴承，变载下易疲劳，价格较贵
		25	80	20					
	ZSnSbCu4	冲击载荷							
		20	60	15		28			
铅锑轴承合金	ZPbSb16Sn16Cu2	15	12	10	150	30		130~170	用于中载、变载，但轻微冲击的轴承
	ZCuSn5PbZn5	5	6	5		32			同上，但有冲击载荷的轴承
锡青铜	ZCuSn10Pb1	15	10	15	280	90~120	80~100	300~400	用于中速重载及受变载的轴承
铅青铜	ZCuPb30	25	12	30	280	25	—	300	用于高速重载轴承，能承受变载及冲击载荷
黄铜	ZCuZn16Si4	12	2	10	200	100	90	200	用于低速中载轴承
	ZCuZn38Mn2Pb2	10	1	10		—			
铝合金	20%铝锡合金	28~35	14		140	26~32（轧制退火）		300	用于高速重载的变载荷轴承
灰铸铁	HT150 HT200 HT250	4 2 0.1	0.5 1 2	—	163~241			大于铸铁的硬度数20~40	用于低速轻载不重要的轴承，需良好对中，价格低廉

12.7.3　非液体摩擦滑动轴承的计算

不能保证液体润滑状态的轴承，统称为非液体润滑轴承。这类轴承的主要失效形式是磨损，因此，其计算准则主要也是防止轴承材料的磨损及维持轴颈与轴瓦表面之间的边界膜的存在。由于至今还没有完善的计算理论，故习惯上采用条件性计算，即控制轴承的平均压强 P、滑动速度 v 和乘积 Pv 的值。

设计轴承时通常已知轴颈 d、轴的转速 n 和载荷 F_r。设计计算步骤一般如下。

1）根据工作条件和使用要求选定轴承的类型和结构形式以及轴瓦材料。

2）选定宽径比 $\frac{B}{d}$，推荐重载时取 0.5～0.75，中载时取 0.7～1.1，轻载时取 1～1.5。

3）验算轴承的平均压强 P、滑动速度 v 和乘积 Pv 值。下面以向心滑动轴承为例，介绍其验算过程。

① 验算轴承摩擦表面平均压强 P。压强 P 是影响磨损的主要因素。对于滑动速度很低的轴承，只需要验算压强来控制其磨损。

$$P = \frac{F_r}{dB} \leqslant [P] \tag{12-8}$$

式中，F_r——轴承的径向载荷（N）；

d——轴径（mm）；

B——轴承宽度（mm）；

$[P]$——许用压强（MPa）。

② 验算滑动速度 v。当压强很小时，也可能因滑动速度过高而加速磨损，因此要用验算 v 来控制其磨损。

$$v = \frac{\pi dn}{60 \times 1000} \leqslant [v] \tag{12-9}$$

式中　n——轴径转速（r/min）；

$[v]$——许用速度（m/s）。

③ 验算 Pv 值。摩擦功与 Pv 成正比，因此验算 Pv 值就可以控制摩擦发热。即

$$Pv = \frac{F_r}{Bd} \cdot \frac{\pi dn}{60 \times 1000} \leqslant [Pv] \tag{12-10}$$

许用值 $[P]$、$[v]$、$[Pv]$ 见表 12-18。

如上述验算不符合要求，可改用较好的轴瓦材料或重新选取较大的 d 值和 B 值。

12.8　滚动轴承与滑动轴承的比较

轴承被广泛应用于现代机械中，轴承的类型很多且各有特点。设计机器时应根据具体的工作情况，结合各类轴承的特点和性能进行对比分析，选择一种既满足工作要求又经济实用的轴承。

表 12-19 列出了滚动轴承与滑动轴承的性能及特点，可供选用轴承时参考。

表 12-19　滚动轴承与滑动轴承性能的比较

性　能	滑动轴承		滚动轴承
	非液体摩擦轴承	液体摩擦轴承	
摩擦特性	边界摩擦或混合摩擦	液体摩擦	滚动摩擦
一般对轴承的效率 η	$\eta \approx 0.97$	$\eta \approx 0.995$	$\eta \approx 0.99$
承载能力与转速的关系	随转速增高而降低	在一定转速下，随转速增高而增大	一般无关，但极高转速时承载能力降低
适应转速	低速	中、高速	低、中速
承受冲击载荷的能力	较高	高	不高
功率损失	较大	较小	较小
起动阻力	大	大	小
噪声	较小	极小	高速时较大
旋转精度	一般	较高	较高、预紧后更高
安装精度要求	剖分结构、容易拆装		安装精度要求高
	安装精度要求不高	安装精度要求高	
外廓尺寸　径向	小	小	大
外廓尺寸　轴向	较大	较大	适中
润滑剂	油、脂或固体	润滑油	润滑油或润滑脂
润滑剂量	较少	较多	适中
维护	较简单	较复杂，油质要洁净	维护方便、润滑较简单
经济性	批量生产价格低	造价高	适中

同步练习

1. 按滚动轴承所受的负荷的方向和公称接触角的不同，可把滚动轴承分为哪几类？各有何特点？

2. 滚动轴承的基本额定动负荷 C 和基本额定静负荷 C_0 在概念上有何不同？

3. 何谓滚动轴承的基本额定寿命？何谓当量动载荷？如何计算？

4. 滚动轴承失效的主要形式有哪些？计算准则是什么？

5. 在进行滚动轴承组合设计时应考虑哪些问题？

6. 试说明角接触轴承内部轴向力产生的原因及其方向的判断方法。

7. 为什么两端固定式轴向固定适用于工作温度不高的短轴，而一端固定，一端游动式则适用于工作温度高的长轴？

8. 为什么角接触轴承通常成对使用？

9. 拆装滚动轴承时应注意什么问题？

10. 试通过查阅手册比较 6008、6208、6308、6408 轴承的内径 d、外径 D、宽度 B 和基本额定动载荷 C，并说明尺寸系列代号的含义。

11. 一深沟球轴承受径向载荷 $F_r = 7500\text{N}$，转速 $n = 2000\text{r/min}$，预期寿命 $[L_{10h}] = 4000\text{h}$，中等冲击，温度小于 100℃。试计算轴承应用的基本额定载荷。

12. 一对 7210C 角接触球轴承分别受径向载荷 $F_{r1} = 8000\text{N}$，$F_{r2} = 5200\text{N}$，轴向外载 F_A 的方向如图 12-35所示。试求下列情况下各轴承的内部轴向力 F_s 和轴向载荷 F_a：1）$F_A = 2200\text{N}$；2）$F_A = 900\text{N}$。

13. 根据工作条件，某机械传动装置中轴的两端各采用一个深沟球轴承，轴径 $d=35\text{mm}$，转速 $n=2000\text{r/min}$，每个轴承受径向负荷 $F_r=2000\text{N}$，常温下工作，载荷平稳，要求使用寿命 $[L_{10h}]=8000\text{h}$，试选择轴承型号。

14. 如图12-36所示的一对轴承组合，已知 $F_{r1}=7500\text{N}$，$F_{r2}=15000\text{N}$，$F_A=3000\text{N}$，转速 $n=1470\text{r/min}$，轴承预期寿命 $[L_{10h}]=8000\text{h}$，载荷平稳，温度正常。试问采用30310轴承是否适用？

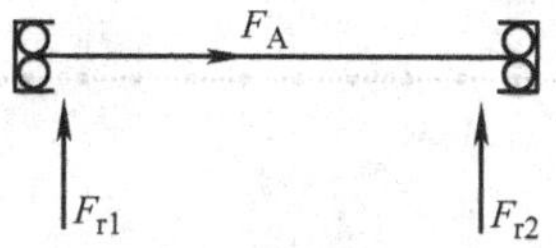

图12-35　同步练习12图

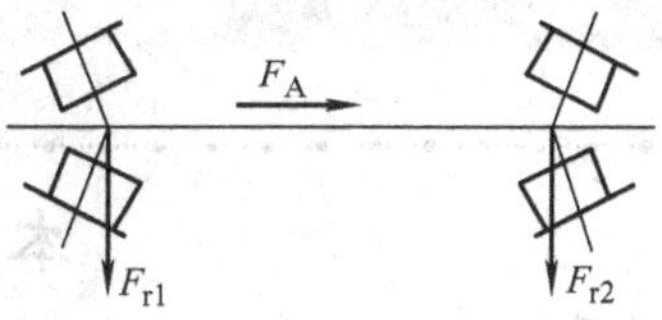

图12-36　同步练习14图

15. 一般在哪些场合下应考虑采用滑动轴承？

16. 滑动轴承有哪些类型？滑动轴承的结构形式有哪些？各适用在何种场合？

17. 滑动轴承开设油孔、油沟的作用是什么？如何正确地布置油沟？如布置不合理会产生什么影响？

18. 已知一承起重机卷筒的滑动轴承所受径向载荷 $F_r=25000\text{N}$，轴径直径 $d=90\text{mm}$，轴的转速为 $n=8.3\text{r/min}$，材料为ZCuZn38Mn2Pb2，试设计此非润滑轴承。

第13章 刚性回转件的平衡

本章知识导读

1. 主要内容

刚性回转件平衡的基本概念；静平衡和动平衡的计算方法和试验方法。

2. 重点、难点提示

刚性回转件的计算方法和试验方法。

机械中有许多构件是绕固定轴线转动的，这类构件称为刚性回转件（或称转子），如齿轮、飞轮等。这些回转件在旋转过程中的平衡问题关系到整个机械运转过程的平稳性、可靠性以及噪声的大小等，所以回转件的平衡也是机械设计中一个很重要的问题。

13.1 概述

13.1.1 刚性回转件平衡的目的

机械中的回转件都可看做由若干质量组成的，在转动的过程中，每部分质量都会产生离心力。假设一偏离回转中心距离为 r 的质量 m，其产生的离心力 F 为

$$F = mr\omega^2 \tag{13-1}$$

如果回转件的结构不对称、制造不准确或材质不均匀，便会使整个回转件在转动时产生离心力系的不平衡，使离心力系的合力（主矢）和合力偶矩（主矩）不等于零。它们的方向随着回转件的转动而发生周期性的变化并在轴承中引起一种附加的动压力，使整个机械产生振动。而这种振动往往会降低机械工作精度和可靠性，对零件材料造成疲劳破坏及产生过大的噪声等，甚至周围的设备和厂房设施也会遭到破坏。此外附加的动压力还会减少轴承寿命，降低机械效率。

因此，调整回转件的质量分布，使回转件工作时离心力达到平衡，尽量消除附加动压力，尽可能减轻有害的机械振动，这就是回转体平衡的目的。

在机械工业中，精密机床主轴、电动机转子、发动机曲轴、一般汽轮机转子等都需要进行平衡。

13.1.2 刚体回转件平衡的种类

当回转件的刚性较好，工作转速远低于其临界转速时，回转件可以看做是刚性物体，称为刚性回转件。而在高速运转的机械中，如高速大型汽轮机和各种回转式泵的叶轮等，回转

件将出现明显的弹性变形，此时回转件不能视为刚体，而成为挠性件，这种回转件称为挠性回转件。

本章的讨论对象仅限于刚性回转件的平衡问题，即一般转速机械中的回转件的平衡问题。

对于绕固定轴线转动的刚性回转件，若已知组成该回转件的质量的大小和位置，可对其进行平衡计算或平衡试验。现根据组成回转件质量的分布不同，可分成两种情况进行分析。

1. 静平衡

对于轴向尺寸很小的回转件（宽径比$\frac{B}{D}$小于0.2，其中：B为圆盘宽度，D为圆盘直径），例如叶轮、飞轮、砂轮等，可近似地认为其质量分布在同一平面内，当该回转件匀速转动时，这些质量产生的离心力构成同一平面内汇交于回转中心的力系，而这类回转件的惯性力系的不平衡称为静不平衡，因此，通过在同一平面内加平衡质量（或减平衡质量）达到惯性力的平衡，称为静平衡。

2. 动平衡

对于轴向尺寸较大的回转件（宽径比$\frac{B}{D}$大于0.2），例如多缸发动机的曲轴和机床主轴等，其质量的分布不能再近似地认为分布在同一平面内，而应看做分布于垂直轴线的许多相互平行的回转面内。显然，从一般力学原理分析，这类回转件转动时产生的离心力系不再是平面汇交力系，而是空间力系。当这类回转构件转动后，这种由惯性力偶矩引起支承附加动压力的现象称为动不平衡。通过加平衡质量（或减质量），使回转构件达到惯性力和惯性力偶矩的平衡，称为动平衡。

13.2 刚性回转件的平衡计算

13.2.1 静平衡计算

静平衡计算适用于轴向尺寸很小的回转件（宽径比$\frac{B}{D}$小于0.2）。当该类回转件匀速转动时，这些回转件可以看成是由若干分布于同一平面的质量组成，这些质量产生的离心力构成同一平面内汇交于回转中心的力系。如果该回转件质量分布不均匀，则该力系的合力不为零，系统不平衡。若给该回转件上加上或者减去一个平衡质量，使其合力为零，这样可以把其看成平衡状态，即

$$F = F_b + \sum F_i = 0$$

式中 F、F_b、$\sum F_i$——总离心力、平衡质量的离心力和原有质量离心力的合力。即

$$me\omega^2 = m_b r_b \omega^2 + \sum m_i r_i \omega^2 = 0$$

消去ω^2，可得

$$me = m_b r_b + \sum m_i r_i = 0 \tag{13-2}$$

式中 m、e——回转件的总质量和总质心的向径；

m_b、r_b——平衡质量及其质心的向径；

m_i、r_i——原有各质量及其质心的向径。

上式中质量与向径的乘积称为质径积，其大小与离心力成正比例关系，表达了各个质量所产生的离心力的相对大小和方向。

回转件平衡后，$e=0$，即总质心与回转轴线重合。该回转件可以静止在任何位置，而不会自行转动。这种平衡即称为静平衡。所以可得到静平衡的条件是：分布于该回转件上各个质量的离心力的向量和等于零，即回转件的质心与回转轴线重合。

由以上分析可知，一个静不平衡的回转件，可以在一个平面内的适当位置，用增加（或减去）一个平衡质量的方法予以平衡。这样，如果某些回转构件质量的具体分布是已知的，则要想让此类构件的惯性力平衡，可以通过计算确定出应增加的（或应减少的）平衡质量的大小和方位。举例说明如下。

如图 13-1a 所示，已知同一回转面内的不平衡质量 m_1、m_2、m_3，以及其向径 r_1、r_2、r_3，求要使回转件达到静平衡，求应加的平衡质量 m_b 以及向径 r_b。

解　由于这三个偏心质量产生的惯性力系是不平衡的，现在的任务就是为满足回转构件的平衡，确定应加平衡质量的大小和方位。

设应加的平衡质量为 m_b，向径为 r_b，方位角为 θ_b，则由此产生的平衡质量的惯性力为 F_b。要满足回转构件惯性力平衡，也即满足平衡条件 $F=F_b+\sum F_i=0$，

由式（13-2）可知

$$m_br_b+m_1r_1+m_2r_2+m_3r_3=0$$

式中只有向量 m_br_b 未知，可用矢量多边形求解。如图 13-1b 所示，依次作已知向量 m_1r_1、m_2r_2、m_2r_3，最后将向量 m_3r_3 的末端与向量 m_1r_1 的尾部相连，m_br_b 即是由 m_1r_1、m_2r_2、m_3r_3 组成的首尾相连的多边形的封闭向量。根据回转件的结构特点确定 r_b 的大小，即可求出平衡质量 m_b 的大小，向量图上 m_br_b 所指的方向即平衡质量的安装方向。通常尽可能将 r_b 的值选大一些，以使 m_b 的值稍小一些。

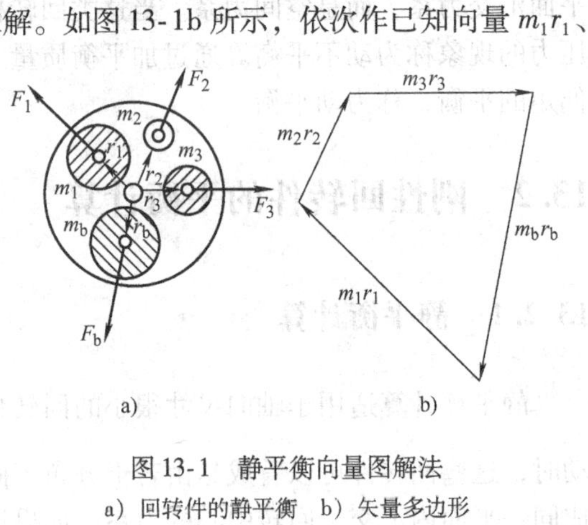

图 13-1　静平衡向量图解法

a）回转件的静平衡　b）矢量多边形

注意：向量 m_br_b 也可用解析法求解，将向量方程向直角坐标系的两坐标轴投影，得到两个代数方程，然后联立这两个代数方程可解出平衡质量的质径积 m_br_b 和方位角 θ_b。再根据实际需要或可能情况，在平衡质量 m_b 和所在半径 r_b 两者中选定一个后，即可确定另一个的值。

13.2.2　动平衡的计算

对于动不平衡的回转件，即轴向尺寸比较大的回转件（宽径比 $\frac{B}{D}$ 大于 0.2），其质量的分布不能再近似地认为分布在同一平面内，而应看做分布于垂直轴线的许多相互平行的回转面内。这类回转件转动时产生的离心力系不再是平面汇交力系，而是空间力系。因此，单靠在某一回转面内加平衡质量的静平衡方法是不能消除这类回转件转动时产生的不平衡。

如图 13-2 所示的回转件中，设不平衡质量 m_1、m_2 分布于相距 l 的两个回转面内，且有

离心力 $m_1=m_2$，$r_1=-r_2$，可得 $m_1r_1+m_2r_2=0$，则该回转件的质心落在回转轴 O_1O_2 上，满足静平衡条件；但因 m_1 和 m_2 不在同一回转面内，当回转件转动时，在包含 m_1、m_2 及回转轴的平面内存在一个由离心力 F_1 和 F_2 组成的力偶，该力偶的方向随回转件的转动而周期性变化，故回转件在转动时仍处于不平衡状态，这种因离心力系的合力偶矩不等于零而引起的不平衡称为动不平衡。如果上述回转构件中偏心质量 $m_1\neq m_2$，则此回转件既是静不平衡的，又是动不平衡的。

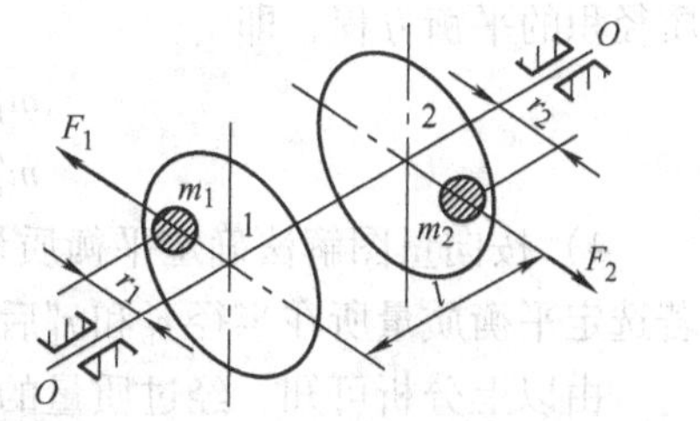

图 13-2　静平衡且动不平衡的回转件

因此，对轴向尺寸较大的回转件，其动平衡的条件是：回转件上各个质量的离心力的向量和等于零，而且离心力所引起的力偶矩的向量和也等于零。

则对于动不平衡的回转件，由工程力学可知，力偶必须由力偶来平衡，所以要达到完全平衡，必须分别在任选的两个回转面（即平衡平面或校正平面）内的相应位置处各加上适当的平衡质量，使回转件的离心力系的合力和合力偶矩都为零，才能达到完全的平衡。而动平衡计算的任务是计算出为满足回转构件的惯性力和惯性力偶矩平衡应加的平衡质量的大小和方位。

如图 13-3a 所示，设回转件的不平衡质量 m_1、m_2、m_3 分布在 1、2、3 三个回转面内，依次加以表示，其向径分别为 r_1、r_2、r_3，若向径不变，求其平衡质量的大小和方位。

解　1）选择两个可以加平衡质量块且垂直于轴线的平行平面 T' 和 T''（简称平衡平面）

2）根据平面平行力系平衡条件，即

$$F_i=F'_i+F''_i$$
$$F'_il''=F''_il'$$

又由式（13-1）代入 F_i，消去 ω^2，可将某平面内的质量 m_i 由任选的两个回转面内另两个质量 m'_i、m''_i 来代替。

如图 13-3a 所示，将各偏心质量块分别等效分解到 T' 和 T'' 面上，在保持所在的向径 r_1、r_2、r_3 不变的前提下，得到 m'_1、m''_1；m'_2、m''_2；m'_3、m''_3 分别为

$$m'_1=m_1\frac{l''_1}{l},\ m''_1=m_1\frac{l'_1}{l}$$

$$m'_2=m_2\frac{l''_2}{l},\ m''_2=m_2\frac{l'_2}{l}$$

$$m'_3=m_3\frac{l''_3}{l},\ m''_3=m_3\frac{l'_3}{l}$$

3）因此，上述回转件的不平衡质量可认为是完全集中在 T' 和 T'' 两个回转面内，分别在 T' 和 T'' 面内加平衡质量 m'_b 和 m''_b，列出

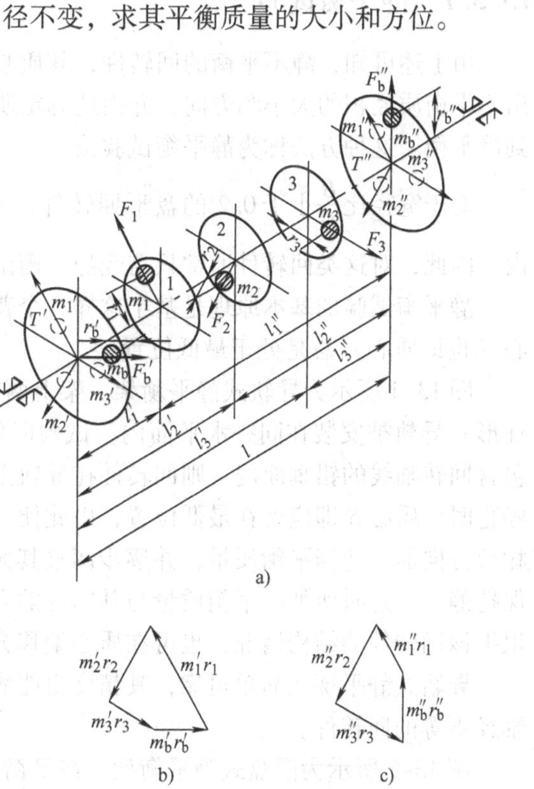

图 13-3　回转件的动平衡计算
a）动平衡　b）T' 平面内的矢量多边形
c）T'' 平面内的矢量多边形

质径积的平衡方程，即

$$m_b'r_b + m_1'r_1 + m_2'r_2 + m_3'r_3 = 0$$

$$m_b''r_b + m_1''r_1 + m_2''r_2 + m_3''r_3 = 0$$

4）按向量图解法确定平衡质量的质径积 $m_b'r_b$ 和 $m_b''r_b$ 的大小和方位，如图 13-3c 所示，若选定平衡质量所在半径 r_b' 和 r_b'' 后，即可确定平衡质量 m_b' 和 m_b'' 的大小和方位。

由以上分析可知，经过质量的分解，可将原来复杂的空间力系平衡问题转化为简单的两个平面汇交力系平衡问题。也就是说，回转构件的动平衡计算，最终是通过静平衡计算方法来实现的。

显然，动平衡包含了静平衡的条件，即动平衡的回转件一定也是静平衡的。但反过来，静平衡的回转件却不一定是动平衡的。

13.3 刚性回转件的平衡试验

结构上关于回转轴线不对称的回转件，可根据平衡计算所需的平衡质量，使其满足平衡条件。可是由于制造、装配误差以及材质不均匀等原因，实际上往往仍达不到预期的平衡，因此在生产过程中还需用试验的方法加以平衡。平衡试验分为如下两种。

13.3.1 静平衡试验

由上述可知，静不平衡的回转件，其质心偏离回转轴，产生静力矩。利用静平衡架，找出不平衡质径积的大小和方向，并由此确定质量的大小和位置，使质心移到回转轴线上以达到静平衡。这种方法称为静平衡试验法。

对于宽径比$\frac{B}{D}$小于 0.2 的盘形回转件，可近似地认为所有组成质量分布在同一回转面内，因此，对这类回转件通常只需经静平衡试验校正，不必进行动平衡。

静平衡试验的基本原理是基于这样一个普遍现象：任何物体在地球引力的作用下，其重心（也即质心）总是处于最低位置。

图 13-4 所示为导轨式静平衡架。架上两根互相平行的钢制刀口形（也可做成圆柱或棱柱形）导轨被安装在同一水平面内。试验时将回转件的轴放在导轨上。如回转件质心不在包含回转轴线的铅垂面内，则回转件在导轨上将发生滚动。若不考虑滚动摩擦，那么当滚动停止时，质心 S 即应处在最低位置，由此便可确定质心的偏移方向。然后再用橡皮泥在质心相反方向加一适当平衡质量，并逐步调整其大小或径向位置，直到该回转件在任意位置都能保持静止。这时所加的平衡质量与其向径的乘积即为该回转件达到静平衡需要加的质径积。根据该回转件的结构情况，也可在质心偏移方向去掉同等大小的质径积来实现静平衡。

导轨式静平衡架简单可靠，其精度也能满足一般生产需要，其缺点是不能用于平衡两端轴径不等的回转件。

图 13-5 所示为圆盘式静平衡架，待平衡回转件的轴放在由两个圆盘组成的支承上，其试验方法与导轨式静平衡架相同。这类平衡架一端的支承高度可调，以便平衡两端轴颈不等的回转件。但由于圆盘的滚动轴承容易弄脏，致使摩擦阻力增大，所以其精度略低于导轨式静平衡架。

图 13-4　导轨式静平衡架

图 13-5　圆盘式静平衡架

13.3.2　动平衡试验

对于宽径比$\frac{B}{D}$大于 0.2 或有特殊要求的重要回转件，一般都要进行动平衡。

由动平衡原理可知，轴向尺寸较大的回转件，必须分别在任意两个校正平面 T' 和 T'' 内各加一个适当的质量，才能使回转件达到平衡。令回转件在动平衡试验机上运转，然后在两个选定的平面内分别找出所需平衡质径积的大小和方位，从而使回转件达到动平衡的方法称为动平衡试验法。

回转件的动平衡试验一般需要在专门的动平衡试验机上进行。当待平衡回转件在试验机上回转时，可测出回转件在两平衡基面上不平衡质量的大小和方位，从而在两个选定的校正平面应加上或减去平衡质量，最终达到平衡的目的。动平衡机的具体原理和操作方法参看有关文献和产品说明书。

应当说明，任何回转件，即使经过平衡试验也无法达到完全的平衡。实际应用中，过高的平衡要求既无必要，又耗费成本，所以，不同工作要求的回转件规定不同的许用不平衡质量即可。

同步练习

1. 刚性回转件平衡的目的是什么？
2. 刚性回转件静平衡的充分必要条件是什么？静不平衡的回转件如何进行静平衡？
3. 刚性回转件动平衡的充分必要条件是什么？动不平衡的回转件如何进行动平衡？
4. 试比较静平衡与动平衡。

第14章 机械传动系统设计

本章知识导读

1. 主要内容

常用机械传动机构的工作特性和参数选择；机械传动方案的设计方法和设计顺序。

2. 重点、难点提示

机械传动方案的设计方法和设计顺序。

14.1 传动系统的功能与分类

现在各种生产部门中的工作机基本上都由电动机来驱动。在电动机与工作机之间以及在工作机内部，通常装置着各种传动系统，传动系统是机电系统中的重要组成部分之一。传动系统的设计就是以执行机构或执行构件的运动和动力要求为目标，结合所采用动力机的输出特性及控制方式，合理选择并设计基本传动机构及其组合，使动力机与执行构件之间在运动和动力方面得到合理匹配的过程。

传动机构的形式有很多种，如机械的、液压的、气动的、电器的以及综合的。其中最常见的为机械传动和液压传动。

机械传动的优点是：实现回转运动的结构简单；机械故障一般容易发现（液压传动的故障则不易找出原因）；传动比较为准确，实现定比传动较为方便等。故机械传动应用最广。

机械传动是机械装置和机械系统的简称。它是利用机械运动方式传递运动的动力机构，故又称为传动机构。

14.1.1 传动机构的功能

1）变速：通过实现变速传动，以满足工作机的变速要求。

2）传递动力：把原动机输入的转矩变换为工作机所需要的转矩或力。

3）改变运动形式：把原动机输入的等速旋转运动，转变为工作机所需要的各种运动规律，实现运动运动形式的转换。

4）实现运动的合成与分解：实现由一个或多个原动机驱动若干个相同或不同速度的工作机。

5）作为工作机与原动机的桥梁：由于受机体外形、尺寸的限制，或为了安全和操作方便，工作机不宜与原动机直接连接时，也需要用传动装置来连接。

6）实现某些操纵控制功能：如起停、离合、制动或换向等。

除了机械传动外，其他类型传动形式在本书中不做讨论，有需要时可参阅其他教材或资料。

14.1.2 传动机构的类型

表 14-1 列出了常用传动机构及其特点。机械传动是机器的重要组成部分之一，其设计的优劣，对于提高机器的工作性能、工作可靠度和效率、缩小外形尺寸、减轻重量、降低制造成本等具有较大的影响。

表 14-1 常用传动机构及其特点

	传动名称	简图	传动形式	传动比	效率	性能特点	相对成本
摩擦传动机构	摩擦轮传动	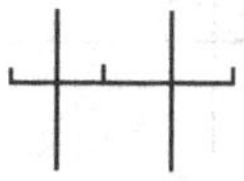	回转（各种轴向）	≤3（5）	0.85～0.90（开式） 0.94～0.96（闭式）	过载打滑，传动平稳，噪声小，可在运转中调节传动比	较低
	带传动	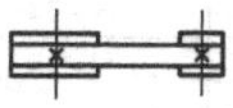	同向回转（平行轴）	V 带≤3～5（7） 平带≤3(5)	0.96（V 带） 0.97～0.98（平带）	传动比不准，过载打滑，能缓冲吸振，噪声小，可远距离传动	结构简单，安装精度较低，成本较低
啮合传动机构	链传动	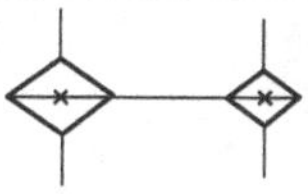	同向回转（平行轴）	≤5（8）	0.90～0.92（开式） 0.96～0.97（闭式）	瞬时传动比有波动，可在高温、油、酸、潮湿等恶劣环境下工作，远距离传动	适中
	齿轮传动	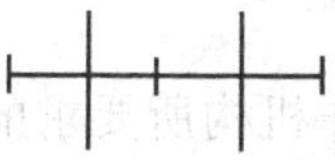	回转（各种轴向）	圆柱齿轮≤7（10） 锥齿轮≤3（5）	0.92～0.96（开式） 0.95～0.99（闭式）	传动比恒定，功率及速度范围广	制造安装精度有一定要求，成本较高
	蜗杆传动	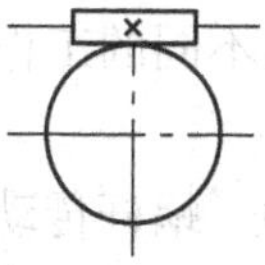	回转（空间交错垂直轴）	≤8~80(1000)	自锁蜗杆 <0.5 单头蜗杆 0.70～0.75 双头蜗杆 0.75～0.82 四头蜗杆 0.80～0.92	传动平稳，能自锁（$\gamma \leqslant \rho_V$），结构紧凑	成本较高
	螺旋传动		回转→移动	导程/转	$\eta = \dfrac{\tan\lambda}{\tan(\lambda + \rho_V)}$	传动平稳，能自锁（$\lambda \leqslant \rho_V$），增力效果好	适中

（续）

	传动名称	简　图	传动形式	传动比	效率	性能特点	相对成本
	平面连杆机构	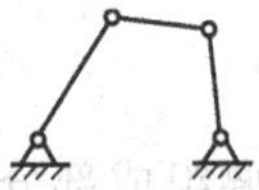	各种运动形式	1	较高	一定条件下有急回运动特性，可远距离传动	较低
	凸轮机构	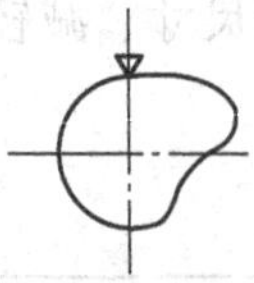	回转→移动 回转→摆动	从动件升程（或摆角）/凸轮回转一周	较低	从动件可实现各种运动规律，高副接触磨损较大	制造成本较高
其他机构	槽轮机构	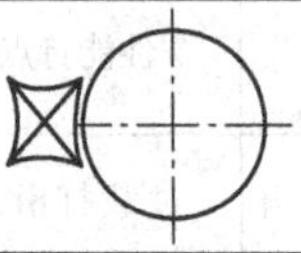	回转→间歇回转	槽轮回转角度/拨盘回转一周（360°）	较高	槽轮范围3～8，槽数少则冲击大	较高
	棘轮机构	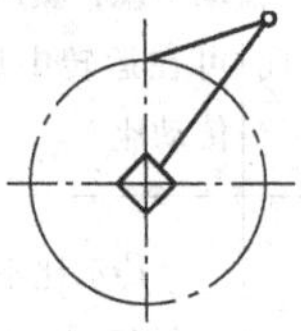	摆动→间歇回转间歇移动	棘轮转过角度/棘爪摆动一次	较低	可利用多种结构控制棘轮转角	较高
	不完全齿轮机构	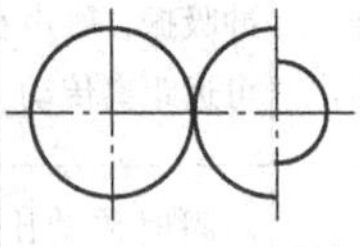	回转→间歇回转	从动轮回转角度/主动轮回转一周（360°）	较高	与齿轮传动类似	较高

14.2　常用机械传动机构的选择

根据各种运动方案，选择何种常用机构，分析如下。

1. 实现运动形式的转换

原动件（如电动机）的运动形式都是匀速回转运动，而工作机构所要求的运动形式是多种多样的。传动机构可以把匀速回转运动转变为诸如移动、摆动、间歇运动和平面复杂运动等各种各样的运动形式。实现各种运动形式的常用机构列于表14-2中。

2. 实现运动转速（或速度）的变化

一般情况下，原动件转速很快，而工作机构则较慢，并且根据不同的工作情况要求下获得不同的运动转速（或速度）。

当需要获得较大的定传动比时，可以将多级齿轮传动、带传动、蜗杆传动和链传动等组合起来满足速度变化的要求，即选用减速器或增速器来实现减速或增速的速度变化。根据具体的使用场合，可采用多级圆柱齿轮减速器、圆柱—锥齿轮减速器、蜗杆减速器以及蜗杆—圆柱齿轮减速器等来实现方案。

当工作机构的运转速度需要调节的时，齿轮变速传动机构则是一种经济的实现方案。当然也可以采用机械无级调速变速器，或者采用电动机的变频调速方案来实现。

表 14-2　实现各种运动形式变换的常用机构

运动形式变换					基本机构	其他机构
原动运动	从动运动					
连续回转	连续回转	变向	平行轴	同向	圆柱齿轮机构（内啮合）、带传动机构、链传动机构	双曲柄机构 回转导杆机构
				反向	圆柱齿轮机构（外啮合）	圆柱摩擦轮机构、交叉带（或绳、线）传动机构、反平行四杆机构（两长杆交叉）
			相交轴		锥齿轮机构	圆锥摩擦轮机构
			交错轴		蜗杆传动机构 交错轴斜齿轮机构	双曲柱面摩擦轮机构、半交叉带（或绳、线）传动机构
		变速	减速增速		齿轮机构、蜗杆蜗轮机构、带传动机构、链传动机构	摩擦轮机构 绳、线传动机构
			变速		齿轮机构无级变速机构	塔轮传动机构塔轮链传动机构
	间歇回转				槽轮机构	非完全齿轮机构
	摆动	无急回特性			摆动从动件凸轮机构	曲柄摇杆机构（行程速度变化系数 $K=1$）
		有急回特性			曲柄摇杆机构 曲柄摆动导杆机构	摆动从动件凸轮机构
	移动	连续移动			螺旋机构 齿轮齿条机构	带、绳、线及链传动机构中挠性件的运动
		往复移动	无急回		对心曲柄滑块机构 移动从动件凸轮机构	正弦机构不完全齿轮（上下）齿条机构
			有急回		偏置曲柄滑块机构 移动从动件凸轮机构	
	间歇移动				不完全齿轮与齿条机构	移动从动件凸轮机构
	平面复杂运动 特定运动轨迹				连杆机构（连杆运动连杆上特定点的运动轨迹）	
摆动	摆动				双摇杆机构	摩擦轮机构齿轮机构
	移动				摇杆滑块机构 摇块机构	齿轮齿条机构
	间歇回转				棘轮机构	

3. 实现运动的合成与分解

采用各种差动轮系可以进行运动的合成与分解。

4. 获得较大的机械效益

根据一定功率下减速增矩的原理，通过减速传动机构可以实现用较小驱动转矩来产生较大的输出转矩，即获得较大的机械效益的功能要求。

14.3 机械传动的特性和参数

机械传动是用各种形式的机构来传递运动和动力，其性能指标有两类：一是运动特性，通常用转速、传动比、变速范围等参数来表示；二是动力特性，通常用功率、转矩、效率等参数来表示。

1. 功率

机械传动装置所能传递功率或转矩的大小，代表着传动系统的传动能力。蜗杆传动由于摩擦功率损耗大、产生的热量大和传动效率低，所能传递的功率受到限制，通常 $P<200\text{kW}$。

传递功率 P 的表达式为

$$P=\frac{Fv}{1000} \tag{14-1}$$

式中 F——传递的圆周力（N）；

v——圆周速度（m/s）；

P——传递功率（kW）。

当传动功率 P 为一定时，圆周力 F 与圆周速度 v 成反比$\left(F=\frac{1000P}{v}\right)$。在各种传动机构中，齿轮传动所允许的圆周力范围最大，传递的转矩 T 的范围也是最大的。

2. 圆周速度的转速

圆周速度 v（m/s）与转速 n（r/min）、轮的参考圆直径 d（mm）的关系为

$$v=\frac{\pi nd}{60\times1000} \tag{14-2}$$

在其他条件相同的情况下，提高圆周速度可以减小传动外廓尺寸。因此，在较高的速度下进行传动是有利的。对于挠性传动，限制速度的主要因素是离心作用，它在挠性件中会引起附加载荷，并且减小其有效拉力；对于啮合传动，限制速度的主要因素是啮合元件进入啮合和退出啮合时产生的附加作用力，它的增大会使所传递的有效力减小。

为了获得大的圆周速度，需要提高主动件的转速或增大其直径。但是，直径增大会使传动的外廓尺寸变大。因此，为了维持高的圆周速度，主要是提高转速。旋转速度的最大值受到啮合元件进入和退出啮合时的允许冲击力、振动及摩擦功的大小等因素的限制。齿轮的最大转速为 $n=(1\sim1.5)\times10^5\text{r/min}$，链传动的链轮转速最高为 $n=(8\sim10)\times10^3\text{r/min}$，平带传动的带轮转速最大值为 $n=(7\sim8)\times10^3\text{r/min}$，V 带传动的带轮转速最大值为 $n=(8\sim12)\times10^3\text{r/min}$。

传递的功率与转矩、转速的关系为

$$T=9550\frac{P}{n} \tag{14-3}$$

式中 T——为传递的转矩（N·m）；

P——为传递的功率（kW）；

n——为转速（r/min）。

3. 传动比

传动比反映了机械传动增速或减速的能力。一般情况下，传动装置均为减速运动。在摩

擦传动中，V带传动可达到的传动比最大，平带传动次之，然后是摩擦轮传动。在啮合传动中，就一对啮合传动而言，蜗杆传动可达到的传动比最大，其次是齿轮传动和链传动。

4. 功率损耗和传动效率

机械传动效率的高低表明机械驱动功率的有效利用程度，是反映机械传动装置性能指标的重要参数之一。机械传动效率低，不仅功率损失大，而且损耗的功率往往产生大量的热量，必须采取散热措施。

传动装置的功率损耗主要是由摩擦引起的。因此，为了提高传动装置的效率就必须采取措施设法减少传动中的摩擦。如果以损耗系数 $\varphi = 1-\eta$ 来表征各种传动机构的功率损耗的情况，则齿轮传动 $\varphi = 1\% \sim 3\%$，蜗杆传动 $\varphi = 10\% \sim 36\%$，链传动 $\varphi = 3\%$，平带传动 $\varphi = 3\% \sim 5\%$（当 $v > 25\text{m/s}$ 时可达10%或更大），摩擦轮传动 $\varphi \approx 3\%$。

5. 外廓尺寸和重量

传动装置的尺寸与中心距 a、传动比 i、轮直径 d 及轮宽 b 有关，其中影响最大的参数是中心距 a。在传动的功率 P 与传动比 i 相同并且都采用常用材料制造的情况下，不同类型传动的外形尺寸比较如图14-1所示。

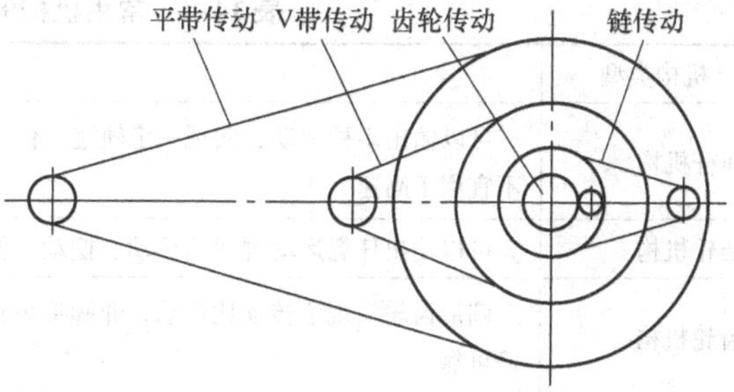

图14-1 不同类型传动的外形尺寸比较

挠性传动（如带传动、链传动）的外轮廓尺寸较大，啮合传动中的直接接触传动（如齿轮传动）外廓尺寸较小。传动装置的外廓尺寸及重量的大小，通常以单位传递功率所占用的体积（m^3/kW）及重量（kg/kW）来衡量。

表14-3列出几种常用机械传动装置的主要性能指标及特点。

表14-3 常见机械传动的主要性能指标及特点

类型		传递功率/kW	速度/(m/s)	特点
圆柱齿轮传动		≤3000	≤50	承载能力和速度范围大，传动比恒定，外廓尺寸小，工作可靠，效率高，寿命长。制造安装精度要求高，噪声较大，成本较高。直齿圆柱齿轮可用作变速滑移齿轮；斜齿比直齿传动平稳，承载能力大
锥齿轮传动		直齿≤1000 曲齿≤15000	≤40	
蜗杆传动	开式	≤750 常用≤50	滑动速度≤15~50	结构紧凑，传动比大，当传递运动时，传动比可达到1000，传动平稳，噪声小，可做自锁传动。制造精度要求较高，效率较低，蜗轮材料常用青铜，成本较高
	闭式			
单级NGW行星齿轮传动		≤6500	高低速均可	体积小，效率高，重量轻，传递功率范围大。要求有载荷均衡机构，制造精度要求较高
普通V带传动		≤100	≤25~30	传动平稳，噪声小，能缓冲吸振；结构简单，轴间距大，成本低。外廓尺寸大，传动比不恒定，寿命短
链传动（滚子链）		≤200	≤20	工作可靠，平均传动比恒定，轴间距大，能适应恶劣环境。瞬时速度不稳定，高速时运动不平稳，多用于低速传动
摩擦轮传动		≤200 通常≤20	≤25~50	传动平稳，噪声小，有过载保护作用，传动比不恒定，抗冲击能力低，轴和轴承均受力大

14.4 机械传动的方案设计

传动方案设计，就是根据机械的功能要求、结构要求、空间位置、工艺性能、总传动比以及其他限制性条件，选择机械传动系统所需要的传动类型，并拟定从原动机到工作机之间的传动系统的总体方案，即合理地确定传动类型，多级传动中各种类型传动顺序的合理安排及各级传动比的分配。

14.4.1 传动类型的选择

机械传动的类型很多，各种传动形式均有其优缺点，根据运动形式和运动特点选择几个不同的方案进行比较，最后选择较合理的传动类型。

表 14-4 列出了几种常用机构的传动及动力特性，供选用时参考。

表 14-4 常用机构的运动及动力特性

机构类型	运动及动力特性
连杆机构	可以输出多种运动，实现一定轨迹、位置要求。运动副为面接触，承载能力大，但动平衡困难，不宜用于高速
凸轮机构	可以输出任意运动规律的移动、摆动，但动程不大。运动副为滚动兼滑动的高副，不适于重载
齿轮机构	圆形齿轮实现定传动比传动，非圆形齿轮实现变传动比传动。功率和转速范围都很大，传动比准确可靠
螺旋机构	输出移动或转动，实现微动、增力、定位等功能。工作平稳，传动精度高，但效率低，易磨损
棘轮机构	输出间歇运动，并且动程可调；但工作时冲击、噪声较大，只适用于低速轻载
槽轮机构	输出间歇运动，转位平稳；有柔性冲击，不适用于高速
带传动	中心距变化范围较广。结构简单，具有吸振特点，无噪声，传动平稳。过载打滑，可起安全保护作用
链传动	中心距变化范围较广。平均传动比准确，瞬时传动比不准确，比带传动承载能力强，传动工作时动载荷及噪声大，在冲击振动情况下工作时寿命较短

机械传动类型可参照下述原则进行选择。

1. 定传动比传动的类型选用原则

(1) 功率范围　当传递功率小于100kW 时，各种传动类型都可以采用。但功率较大时，宜采用齿轮传动，以降低功率的损耗。对于传递中小功率，宜采用结构简单而可靠的传动类型，以降低成本，如带传动。此时，传递效率是次要的。

(2) 传动效率　对于大功率传动，传动效率很重要。传动功率越大，越要采用高效率的传动类型。

(3) 传动比范围　不用类型的传动装置，最大单级传动比差别较大。当采用多级传动时，应合理安排传动的次序。

(4) 布局与结构尺寸　对于平行轴之间的传动，宜采用圆柱齿轮传动、带传动、链传动；对于相交轴之间的传动，可采用锥齿轮或圆锥摩擦轮传动；对于交轴之间的传动，可采用蜗杆传动或交错轴齿轮传动。两轴相距较远时可采用带传动、链传动；反之采用齿轮传动。

（5）其他要求 例如噪声要求，链传动和齿轮传动的噪声较大，带传动和摩擦轮传动的噪声较小。

2. 有级变速传动的类型选择原则

3. 无级变速传动的类型选择原则

以上两点，本节不做讨论。

14.4.2 传动顺序的布置

在多级传动中，各类型传动机构的布置顺序，不仅影响传动的平稳性和传动效率，而且对整个传动系统的结构尺寸也有很大影响。因此，应根据各类传动机构的特点，合理布置，使各类传动机构得以充分发挥其优点。

合理布置传动机构顺序的一般原则如下。

1）承载能力较小的带传动易布置在高速级，使之与原动机相连，齿轮或其他传动机构布置在带传动之后，这样既有利于整个传动系统的结构尺寸紧凑、均匀，又有利于发挥带传动的传动平稳、缓冲减振和过载保护的特点。

2）链传动平稳性差，且有冲击、振动，不适合于高速传动，一般应将其布置在低速级。

3）根据工作条件选用开式或闭式齿轮传动。闭式齿轮传动一般布置在高速级，以减小闭式传动的外廓尺寸、降低成本。开式齿轮传动制造精度较低、润滑不良、工作条件差，磨损严重，一般应布置在低速级。

4）传递大功率时，一般采用圆柱齿轮。

5）在传动系统中，若有改变运动形式的机构，如连杆机构、凸轮机构、间歇运动机构等，一般将其设置在传动系统的最后一级。

此外，在布置传动机构的顺序时，还应考虑各种传动机构的寿命和拆装维修的难易程度。

14.4.3 总传动比的分配

合理地将总传动比分配到传动系统的各级传动中，是传动系统设计的另一个重要问题。它直接影响传动装置的外廓尺寸、总重量、润滑状态及工作能力。

在多级传动中，总传动比 i 与各级传动的传动比 i_1、i_2、…、i_n 之间的关系为

$$i = i_1 \cdot i_2 \cdots i_n$$

传动比分配的一般原则如下：

1）各级传动机构的传动比应尽量在推荐的范围内选取，其值列于表 14-5 中。

表 14-5 常用机械传动的单级传动比推荐值

类型	平带传动	V 带传动	链传动	圆柱齿轮传动	锥齿轮传动	蜗杆传动
推荐值	2 ~ 4	2 ~ 4	2 ~ 5	3 ~ 5	2 ~ 3	8 ~ 40
最大值	5	7	6	10	5	80

2）各级传动应做到尺寸协调，结构均匀、紧凑。

3）各级传动零件彼此避免发生干涉，防止传动零件与轴干涉，并使所有传动零件安装方便。

4）在卧式齿轮减速器中，通常应使各级大齿轮的直径相近，以便于对齿轮进行浸油润滑。

传动比分配是一项复杂又艰巨的任务，往往要经过多次测算，分析比较，最后确定出比较合理的结果。

14.5 机械传动的设计顺序

机械传动系统设计一般顺序如下所述。

1）确定传动系统的总传动比。对于传动系统来说，其输入转速 n_d 为原动机的额定转速，而它的输出转速 n_r 为工作机所要求的工作转速，则传动系统的总传动比为

$$i=\frac{n_d}{n_r}$$

2）选择机械传动类型和拟定总体布置方案。根据机器的功能要求、结构要求、空间位置、工艺性能、总传动比及其他限制性条件，选择传动系统所需的传动类型，并拟定从原动机到工作机的传动系统的总体布置方案。

3）分配总传动比。根据传动方案的设计要求，将总传动比分配分配到各级传动。

4）计算机械传动系统的性能参数。性能参数的计算，主要包括动力计算和效率计算等，这是传动方案优劣的重要指标，也是各级传动强度计算的依据。

5）确定传动装置的主要几何尺寸。通过各级传动的强度分析、结构设计和几何尺寸计算，确定其基本参数和主要几何尺寸，如齿轮传动的齿数、模数、齿宽和中心距等。

6）绘制传动系统的运动简图（即传动系统图）。

7）绘制传动部件和总体的装配图。

同步练习

1. 简述机械传动系统的功用。
2. 选择传动机构类型时应考虑哪些主要因素？
3. 常用机械传动装置有哪些主要性能？
4. 机械传动的总体布置方案包括哪些内容？
5. 简述机械传动装置设计的主要内容和一般步骤。

参考文献

[1] 陈立德. 机械设计基础 [M]. 3 版. 北京: 高等教育出版社, 2007.
[2] 吴宗泽. 机械零件设计手册 [M]. 北京: 机械工业出版社, 2004.
[3] 罗玉福, 王少岩. 机械设计基础 [M]. 大连: 大连理工大学出版社, 2006.
[4] 李威, 穆玺清. 机械设计基础 [M]. 北京: 机械工业出版社, 2007.
[5] 隋明阳. 机械设计基础 [M]. 2 版. 北京: 机械工业出版社, 2009.
[6] 杨可桢, 程光蕴, 李仲生, 等. 机械设计基础 [M]. 北京: 高等教育出版社, 2006.
[7] 李晋山. 机械设计基础 [M]. 南京: 南京大学出版社, 2010.
[8] 何克祥, 张景学. 机械设计基础 [M]. 北京: 电子工业出版社, 2009.
[9] 李茹. 机械工程基础 [M]. 西安: 西安电子科技大学出版社, 2004.
[10] 曾宗福. 机械设计基础 [M]. 北京: 化学工业出版社, 2008.
[11] 袁建新, 刘显贵. 机械设计基础 [M]. 北京: 北京理工大学出版社, 2007.
[12] 徐春艳. 机械设计基础 [M]. 北京: 北京理工大学出版社, 2006.
[13] 邵芳, 袁齐, 夏继梅, 等. 机械设计基础 [M]. 长春: 吉林大学出版社, 2009.
[14] 于兴芝, 朱敬超. 机械设计基础 [M]. 武汉: 武汉理工大学出版社, 2008.
[15] 孟玲琴, 王志伟. 机械设计基础 [M]. 北京: 北京理工大学出版社, 2012.